陕西省科技资源开放共享平台项目（2016FWPT-16）资助
国土资源部煤炭资源勘查与综合利用重点实验室重点资助项目（ZZ2016-2）资助

黄土塬煤矿采区三维地震勘探技术

冯西会　马　丽　高　阳　王中锋　唐建益　著

科　学　出　版　社
北　京

内 容 简 介

本书介绍了黄土塬煤矿采区三维地震勘探现状和勘探技术的研究进展，内容包括黄土塬煤矿采区三维地震数据采集、处理和精细解释方法，从应用角度结合实例讨论了该技术在解决黄土塬区煤矿开采中各领域不同地质问题的应用效果。

本书的实用性较强，对从事煤炭地震勘探的技术人员和管理人员具有一定的参考价值，也可供煤矿地质、采矿等有关院校师生参考。

图书在版编目(CIP)数据

黄土塬煤矿采区三维地震勘探技术/冯西会等著. —北京：科学出版社，2017.3

ISBN 978-7-03-051965-8

Ⅰ.①黄… Ⅱ.①冯… Ⅲ.①黄土高原-煤矿开采-采区-三维地震法 Ⅳ.①P631.4

中国版本图书馆 CIP 数据核字（2017）第 043167 号

责任编辑：张井飞 韩 鹏／责任校对：张小霞
责任印制：肖 兴／封面设计：耕者设计工作室

科学出版社 出版
北京东黄城根北街 16 号
邮政编码：100717
http：//www.sciencep.com

中国科学院印刷厂 印刷

科学出版社发行 各地新华书店经销

*

2017 年 3 月第 一 版 开本：787×1092 1/16
2017 年 3 月第一次印刷 印张：16 1/2
字数：391 000

定价：198.00 元

（如有印装质量问题，我社负责调换）

前　言

煤矿采区三维地震技术是在油气三维地震勘探技术理论与方法的基础上，针对煤矿开采的地质保障需求发展而来，并逐渐形成专门为煤矿采区采前勘探服务的一种高精度三维地震勘探技术。从历史上讲，它是1989年在原煤炭工业部地质局根据我国煤炭工业中广泛推广采用综合机械化采煤技术对地质保障的需求，瞄准地震勘探世界先进水平，组织完成山东省济宁煤田唐口井田首采区三维地震勘探和1993年在安徽淮南矿区谢桥煤矿东一、西一采区三维地震勘探示范工程的基础上，于1995年以后逐步发展起来。回顾我国煤炭地震勘探近60年的历史，早期（1955～1985年）主要用于煤炭资源勘探，近年（1985年至今）除了用于煤炭资源勘探外，更主要是用于煤矿的开发勘探（采前勘探）。三维地震是我国煤炭地球物理行业中发展最快的一个领域，这主要是由于它具有分辨率高、穿透力强、能够得到清晰且精度高的地质目标图像的特点。近20多年的勘探实践证明：三维地震可为优化矿井设计（包括井筒位置）提供可靠的地质资料；有助于准确规划采区、综采块段、炮采块段及构造复杂区，从而合理设计采区巷道；有助于确定采煤方法和配采方案，同时，对工作面的方向、长度及走向长度的合理确定也具有重要作用。与其他地球物理方法相比，三维地震勘探的数据采集、处理及解释的成本费用较高，但在不断地实践应用中，人们逐渐认识到它在煤矿开发中的重要作用和应用价值，现今全国每年都有100多个煤矿采区投入实施三维地震勘探工程，均获得较高的投资回报率。

目前，煤矿采区三维地震勘探已广泛用于我国的平原、城镇、水网、丘陵、沙漠和山区等煤矿区。由于黄土层具有强反射面的能量屏蔽作用，巨厚疏松的黄土层可对地震能量和高频成分进行强烈吸收，导致面波、次生干扰波、浅层折射波等干扰波十分发育，以至于在黄土区容易出现干扰强、地震信噪比低的问题，而且地形起伏大、静校正问题突出，因此复杂地震地质条件下的黄土塬煤矿区一直是煤田地震勘探的禁区，勘探难度较大。经过20世纪90年代较长时期的技术攻关，直至1998年才在陕西省韩城矿区黄土塬的二维直线地震勘探中取得突破。21世纪初至今才逐步建立起一套适用于黄土塬煤矿采区的三维地震勘探技术体系，并取得了非常好的地质效果，为在我国黄土塬区煤矿建设高效、安全、集约化的发展模式，提供了一种采前勘探的重要手段。

本书汲取了陕西省煤田地质集团公司、陕西省煤田物探测绘有限公司（原名“陕西省煤田地质局物探测量队”）广大技术人员近年来在黄土塬地区开展的煤矿采区三维地震技术研究的成果，在陕西省科技资源开放共享平台项目（2016FWPT-16）资助的地震数据处理与解释高性能平台的硬件支撑和国土资源部煤炭资源勘查与综合利用重点实验室重点资助项目（ZZ2016-2）等多个科研课题的支持下，参考了大量的国内外相关文献以及专著，结合丰富的勘探实践经验编著而成。希望本书能为从事煤炭资源勘探和煤矿开采的矿业、地质、物探工作的领导和技术研究人员提供一本黄土塬煤矿三维地震技术最基本的应用工具书及参考指南。考虑到只有理解地震勘探采集、处理、解释方面的有关原理，才能判断所用数据是否有效，才能判断解释中观察到的某种地震图像是否由采集或处理过程中的人为因素引起，因此在有关章节中介绍了一些地震勘探采集、处理、解释等三大环节中必要的基本原理。从基本原理入手，力求只对涉及的十分必要的数学关系引用有关文献作系统介绍，而对于一些十分冗长、数学要求较高的推导，本书仅提供建议的参考文献，以便读者查阅。在内容和结构安排上，本书力求强调实用性和连贯性，尽可能使用人们已习惯的术语和符号，尽可能适应不同读者选择不同章节阅读的需求。

全书共分为 7 章：第 1 章为绪论；第 2 章为三维地震勘探采集；第 3 章为三维地震资料处理；第 4 章为地质构造地震精细解释；第 5 章为煤层厚度地震预测；第 6 章为煤层瓦斯富集带 AVO 预测；第 7 章为煤层顶板富水带地震预测。书后附图展示了利用上述技术得到的一些地质效果图。

本书是集体智慧的结晶，除几位主编外，陕西省煤田物探测绘有限公司很多技术人员也参与了主要技术的实施：孙文华、袁峰等参与了地震数据的采集工作；汶小岗、郭强在地震数据处理部分做了大量工作；薛海军、李米田、徐换霞等对地震构造解释、煤层瓦斯富集带和砂岩富水带预测等技术实施方面做了很多工作；陈娟、侯丁根、杜磊等参与了图文编辑等，在此一并表示感谢！

本书涵盖了对陕西北部、甘肃东部、宁夏南部和山西中西部等典型黄土塬区地震勘探工作经验的总结，在黄土塬区地震勘探相关技术的研究、开发、应用及编写过程中，始终得到了陕西省煤田地质集团公司各位领导和国土资源部煤炭资源勘查与综合利用重点实验室段中会主任、张育平副主任的大力支持与帮助，得到了重点实验室首席专家朱芳香教授级高级工程师和王兴教授级高级工程师的指导，得到了重点实验室学术委员范立民教授级高级工程师的指导，研究应用中还得到了陕西陕煤彬长矿业有限公司、陕西陕煤澄合矿业有限公司、陕西陕煤黄陵矿业集团有限公司等各大矿业公司的大力支持，我们在此一并表示衷心感谢！

为了编好本书，我们尽了最大努力，但书中难免有不完善之处，敬请读者批评指正。

作　者

2016 年 9 月

目　　录

前言
第1章　绪论 …… 1
1.1　什么是煤矿采区三维地震 …… 1
1.2　煤矿采区三维地震勘探历史回顾 …… 2
1.3　黄土塬煤矿区的地震地质特点 …… 4
1.3.1　地貌特点 …… 4
1.3.2　表层结构剖面特征 …… 6
1.3.3　主要煤层反射波 …… 8
第2章　三维地震勘探采集 …… 15
2.1　黄土塬区的地震噪声及分析 …… 15
2.1.1　地震噪声及分布规律 …… 15
2.1.2　黄土塬区地震噪声 …… 19
2.2　地震检波器的选择 …… 25
2.3　地震激发方法和炸药量的选择 …… 28
2.3.1　地震激发井深 …… 31
2.3.2　炸药量大小问题 …… 34
2.3.3　地震井组合爆炸 …… 35
2.4　井中爆炸垂直叠加试验 …… 40
2.5　三维地震观测系统 …… 42
2.5.1　三维地震观测系统设计的一般原则 …… 42
2.5.2　常规三维地震观测系统 …… 43
2.5.3　半束状三维地震观测系统 …… 44
2.5.4　三维地震观测系统设计参数 …… 45
2.5.5　三维地震观测系统表述 …… 47
2.6　黄土塬煤矿采区三维地震勘探野外数据采集常用参数 …… 48
第3章　三维地震资料处理 …… 49
3.1　处理思路及资料分析 …… 49
3.1.1　处理思路 …… 49
3.1.2　资料分析 …… 50
3.2　处理难点及对策 …… 55

3.2.1　处理难点 …… 55
3.2.2　处理对策 …… 56
3.2.3　处理流程 …… 56
3.3　主要处理技术 …… 58
3.3.1　静校正技术 …… 58
3.3.2　提高信噪比处理技术 …… 61
3.3.3　振幅处理技术 …… 64
3.3.4　提高分辨率处理技术 …… 67
3.3.5　精细的速度分析和地表一致性反射波剩余静校正 …… 71
3.3.6　叠前时间偏移处理技术 …… 73
3.4　小结 …… 78
第4章　地质构造地震精细解释 …… 79
4.1　解释流程 …… 81
4.2　地震属性精细识别断层技术 …… 83
4.3　相干体分析技术识别断层 …… 88
4.3.1　方法原理 …… 89
4.3.2　相干体分析解释断层的步骤 …… 92
4.4　谱分解技术 …… 96
4.5　地震曲率识别断层技术 …… 99
4.5.1　曲率属性一般特性 …… 99
4.5.2　地震层位的曲率属性计算 …… 100
4.5.3　举例 …… 102
4.6　小结 …… 104
第5章　煤层厚度地震预测 …… 106
5.1　模拟 …… 106
5.1.1　楔形煤层模型 …… 107
5.1.2　煤层变薄带模型 …… 109
5.2　地震反演预测煤层厚度 …… 111
5.2.1　测井数据预处理 …… 112
5.2.2　约束稀疏脉冲地震反演 …… 114
5.2.3　随机模拟地震波阻抗反演 …… 121
5.2.4　效果 …… 127
5.3　多参数岩性地震反演预测煤层厚度 …… 127
5.3.1　一般概述 …… 127
5.3.2　基本原理 …… 128
5.3.3　应用中的几个问题 …… 131

5.3.4　典型剖面 …… 132
5.3.5　效果 …… 134
5.4　地震多属性预测煤层厚度 …… 136
5.4.1　煤层厚度地震属性提取与分析 …… 136
5.4.2　多元统计预测煤层厚度 …… 138
5.4.3　BP人工神经网络预测煤层厚度 …… 139
5.4.4　效果 …… 140
第6章　煤层瓦斯富集带AVO预测 …… 144
6.1　AVO分析的理论基础 …… 145
6.1.1　AVO常用弹性系数 …… 145
6.1.2　Zoeppritz方程 …… 148
6.1.3　AVO分析的岩石物基础 …… 152
6.1.4　煤层气AVO技术的地震波理论基础 …… 154
6.2　AVO处理 …… 158
6.2.1　一般讨论 …… 158
6.2.2　叠前处理 …… 160
6.2.3　叠后处理 …… 165
6.3　AVO正演模型 …… 165
6.3.1　薄煤层调谐效应的AVO分析 …… 166
6.3.2　多个煤层调谐效应的AVO分析 …… 172
6.3.3　裂隙瓦斯煤层气储层的AVO分析 …… 176
6.3.4　不同煤体结构AVO正演模拟 …… 179
6.4　二维楔形煤层模型 …… 181
6.4.1　模型正演 …… 181
6.4.2　AVO处理 …… 183
6.4.3　AVO反演 …… 185
6.5　AVO属性分析与解释 …… 195
6.6　黄土塬区AVO预测煤层瓦斯富集带应用实例 …… 201
6.6.1　陕西省HL煤矿煤层瓦斯富集带预测 …… 201
6.6.2　山西省ZJFQ煤矿煤层瓦斯富集带预测 …… 206
第7章　煤层顶板富水带地震预测 …… 213
7.1　地质统计学岩性反演 …… 214
7.1.1　地质统计学反演原理及反演过程 …… 214
7.1.2　地质统计学反演参数试验及岩性显示 …… 216
7.1.3　煤层顶板砂体含水性影响因素 …… 222
7.2　概率神经网络岩性反演 …… 223

7.2.1　概率神经网络概述 …… 224
7.2.2　孔隙度概率神经网络反演孔隙度 …… 226
7.2.3　概率神经网络反演岩体视电阻率 …… 229
7.3　煤层顶板岩层富水带预测实例 …… 231
7.3.1　陕西 WC 煤矿煤层顶板砂体及富水带预测 …… 231
7.3.2　山西 ZHAOJIA 煤矿煤层顶板灰岩及富水带预测 …… 236
参考文献 …… 241
附图

第1章　绪　　论

地震勘探是利用人工方法激发的弹性波来定位矿藏（包括油气、煤、水、地热资源等）、确定考古位置、获得工程地质信息的地球物理勘探方法。地震勘探所获得的资料与其他的地球物理资料、测井资料及地质资料联合使用，并根据相应的物理与地质概念，能够得到有关的构造及岩石类型分布的信息[1]。地震勘探的基本环节主要包括三个方面，即地震数据采集、地震数据处理、地震资料解释。地震勘探方法主要分为折射波法和反射波法，其中反射波法又分为二维地震勘探反射法和三维地震勘探反射法。根据观测波型地震勘探又分为纵波、横波和纵横波多分量联合勘探。在我国煤炭工业中主要采用二维、三维纵波反射地震勘探方法。

1.1　什么是煤矿采区三维地震

开采煤炭资源有两类方式：一类是露天开采，另一类是井工开采。露天开采也就是把开采煤层的上覆地层剥离后，直接用机采或炮采开采煤层，这种方式只适合于煤层埋藏较浅的矿区，一般其近似的深部境界剥采比（m^3/t）小于10（大型矿）或8（中型矿）[1]，用露天开采方式采煤是比较经济合算的；在煤层埋藏较深且大于上述剥采比的矿区，则普遍采用井工开采。我国的煤炭生产以井工开采为主，现今个别煤矿开采煤层的最大埋深已达1000m。井工开采的大中型、特大型煤矿普遍以综合机械化采煤为主。当前，随着采煤机械化、自动化的发展，对了解煤矿安全生产的各种地质影响因素的要求程度越来越高，要求更细微、准确地掌握矿井井下地质规律，以保障采煤工作面的安全、稳产、高产，以避免对地质情况不清而造成重大经济损失。然而，从我国各主要矿区的总体地质情况来看，煤层埋藏深，地质条件复杂，断层、褶曲、煤层尖灭、火成岩、岩浆侵入、陷落柱等地质因素普遍存在，直接影响到煤矿的安全生产。在我国煤矿建设和生产中，传统的勘探方法主要是依据钻孔采取岩心和地球物理测井来确定地质构造及煤炭储量，制作出与实际地质情况类似的地质模型。如果模型做得好，就可以准确回答煤炭建设和生产部门所提出的那些难以解决的问题；如果模拟精度差，甚至相反，就会给综采工作造成巨大损失，浪费大量掘进巷道，这在我国煤矿建井和生产多年历史中是屡见不鲜的[2]。20世纪50年代后期发展的二维地震与钻探相结合的综合勘探技术，特别是20世纪80年代发展的高分辨率二维地震与钻探相结合的综合勘探技术，对落差20m以上的断层和幅度较大的小褶曲的控制精度有了显著提高，但对落差20m以下，特别是对影响工作面和采区设计的落差在5m左右的小断层的控制情况不理想。直到20世纪90年代初，逐步发展起来的专为煤矿采前勘探服务的煤矿采区三维地震勘探技术才使小断层的地面探测问题得以解决。

煤矿采区三维地震勘探技术是指专为探查煤矿地质构造，特别是地质小构造，为煤矿建设和生产优化采区布设和采煤工作面、巷道、井筒位置，以及辅助工程位置设计服务的一种高分辨率、高精度地震技术。三维地震勘探的基本原理在一些文献[3-7]中已作阐述，概括地讲，这种技术就是在地表布设地震检波点和地震激发点，在地面通过人工激发地震波和接收地下反射回地面的地震波，研究地震波在地层中的传播情况以探测地下地质情况的一种物探方法。三维地震勘探系统能产生一个基本等距的地下数据点组成的地震网三维数据体，每个数据也称共深度点 CDP（共反射点 CRP），均为多道叠加而成，从而提高地震信噪比。煤矿采区三维地震勘探主要由地震数据采集、处理、解释三个环节构成。现代煤矿采区三维地震勘探技术的主要特点和勘探功能是：

1）野外地震数据采集的 CDP 面元小（5m×5m、5m×10m、10m×10m）；道距小（10m、15m、20m）；覆盖次数高（30～60 次）。

2）普遍采用先进的多道数地震数据遥测（电缆或无线）采集系统（1000～5000 道）。

3）勘探深度跨度大（200～2000m）。

4）分辨率高（较高信噪比区地震反射波主频 70～90Hz；低信噪比区地震反射波主频 40～60Hz）。

5）直接勘探煤层（煤层埋深、煤层地质构造、煤层厚度、煤层宏观结构等）。

6）要求查出的断层空间位置精度高（其平面位置误差 15～30m）。

7）可查出落差 5m 左右的断层，地震地质条件较好的东部平原煤矿区可查出落差 2～3m 的断层。

8）可查出直径为 30m 左右的陷落柱。

9）圈定主要煤层受古河道、古隆起、岩浆岩的影响范围。

10）预测主要含水层、富水块段。

11）预测煤层瓦斯富集带。

1.2 煤矿采区三维地震勘探历史回顾

地震技术在我国煤炭工业中的应用已有 50 多年历史，地震勘探前期主要采用二维地震技术找煤和配合钻探对煤炭资源进行普查、详查和精查。直到 1978 年才在内蒙古自治区伊敏煤田进行了三维地震试验，勘探面积 7.3km^2。野外采集使用两台 TYDZ-24 型模拟磁带地震仪、48 道接收、6 次覆盖，CDP 网格 15m×15m，资料处理采用 TQ-16 计算机系统和自编软件完成。本次试验工作历时 3 年，于 1981 年编制出煤炭地质系统的第一份三维地震勘探试验研究报告，为其后开展三维地震勘探进行了积极的探索。1989 年，在山东省济宁煤田唐口矿区中日合作的精查勘探项目中，采用法国产的 SN338 数字地震仪、96 道接收、12 次覆盖、CDP 网格 10m×15m，资料处理在日本东京地下勘探信息中心用 CYBER173 及 176 计算机系统和 Geoplan 软件包处理完成，解释工作由中国煤炭工业部地质局地球物理研究院解释中心采用 Land mark 地震解释软件完成。本次三维地震勘探面积

5.4km², 查明了区内落差大于10m的断层和幅度大于10m的褶曲，积累了一些宝贵经验。

煤矿采区三维地震勘探始于1993年，在淮南矿区谢桥煤矿东一、西一采区进行，三维地震面积5.07km²。该项目是在淮南矿区刘庄井田二维高分辨率地震技术的基础上，通过试验总结出了一套“三高二小一中”方法，即100Hz高频检波器接收，1ms时间采样率，前放高频低截滤波，小组内距组合检波，小道间距，中等炸药量的三维地震野外采集方法。CDP网格10m×10m、12次叠加，所获主要煤层的反射波主频达70~80Hz，信噪比高、连续性好、波形特征突出。本次勘探查出区内断层78条，首次用三维地震查出埋深400~700m、落差3~5m断层52条，5~10m断层21条，10m以上断层5条。三维地震勘探成果与二维地震成果相比，勘探精度大幅度提高，二者查出的落差大于10m断层的数量虽有较大差距，但基本方向是吻合的，查出的落差小于10m的断层却面目全非。三维地震成果为优化西一采区西翼和东一采区的开采布局提供了可靠精细的地质依据，从根本上避免了该区段内因地质构造不清而可能造成的布局失误。之后，1994年、1995年又相继在淮南矿区潘三煤矿东一、东二采区和西二、西三采区及山东省枣庄煤矿完成三块三维地震勘探区域，总面积约10km²，均获得显著效果[2,8]。至此，人们开始注意到地面高分辨率三维地震勘探技术的能力与潜力，以及给煤矿开发所带来的显著经济效益。中国煤炭地质总局于1995年10月在安徽省宿州市举办了煤矿采区三维地震勘探技术研讨班；1998年10月中国煤炭地质总局和国家开发银行联合在成都召开了全国煤矿采区地震勘探经验交流会暨成果发布会，总结了已完成的三维地震勘探项目的经验，提出了今后一个时期的技术发展方向。之后，在中国煤炭地质总局的组织协调、国家开发银行和各省（区）煤炭工业局（厅），以及广大煤炭企业、有关学校、科研院所的配合支持与市场经济需求的推动下，经过近20年来各物探专业队伍的不懈努力，从我国东部到西部，从平原到山区，从陆地到湖上、海上，从国有大中型、特大型矿井到地方煤矿，三维地震勘探得到了迅速推广应用，几乎所有三维地震勘探项目，无一例外都得到了较高地投资回报率。实践表明，煤矿采区三维地震技术地推广应用可以优化矿井建设的初步设计，减少无效巷道，降低矿井万吨掘进率、吨煤成本，增加回采工作面走向长度，从而提高了回采率，减少资源浪费，延长矿井服务年限及减少地质风险，是煤矿高产、高效、安全的矿井建设和生产中不可缺失的重要技术手段。

早期的煤矿采区三维地震勘探主要用于我国东部平原、丘陵地区，中西部地区的应用规模较小，主要难点是中、西部地区地形起伏剧烈、相对高差大，浅表岩性多变，低速层厚度变化大，表层结构十分复杂，地震数据信噪比低，地震数据的成像和归位问题突出。随着我国煤炭工业布局，即稳定东部、发展西部战略布局的逐步实施，煤炭建设和生产的市场经济需求加快促进了各有关物探单位科技攻关的步伐，围绕以下四方面技术取得了实质性的突破：①地表、地形复杂条件下的煤矿采区三维地震数据采集方法和技术；②复杂表层结构和地形复杂矿区的静校正技术；③复杂地区地震采集和处理中的压制噪声技术；④复杂地区三维地震叠加偏移地震成像处理技术。从21世纪初起，我国煤矿采区三维地震技术在沙漠区、戈壁区、山地区获得广泛地推广应用。黄土塬区煤矿采区三维地震勘探是在1998年黄土塬区直线二维地震技术取得突破性进展后，直到2004年才完成第一个薄黄土塬区煤矿采区三维地震项目，2005年完成第一个厚黄土塬区煤矿采区三维地震项目，如表1-1所示。由表1-1可见，黄土塬区煤矿采区三维地震勘探晚于平原区、山区7～11年，其原因主要有两个：①黄土塬区潜水面很深（一般为100～200m），黄土本身属于弱弹性介质，疏松干噪，干扰波十分发育，常规爆炸方法不能激发出信噪比较高的反射波；②地形复杂区表层速度纵横向变化剧烈，静校正问题十分突出。早期的黄土塬煤矿采区三维地震勘探仅在陕西彬长、山西大同、河南义马等矿区应用，经过近十多年的发展，至今已经先后在陕西韩城、澄合，甘肃庆阳，以及山西河东、沁水煤田，河南义马等煤矿区应用并取得良好的地质效果。

表1-1　煤矿采区三维地震勘探首次应用矿区一览表

地区类别	煤矿采区三维地震勘探矿区名称	勘探时间	勘探面积/km^2
平原区	安徽省淮南谢桥煤矿	1993年	5.07
湖泊区	山东省泗河煤矿	1999年	4.07
城镇工矿、房屋建筑区	辽宁省铁煤集团大隆煤矿东三采区	2002年	1.23
浅海区	山东省黄县矿区柳海煤矿	2004年	31.70
水库区	辽宁省铁煤集团大平煤矿三采区	2004年	4.30
半沙漠	宁夏自治区宁东矿区梅花井煤矿	2003年	12.00
全沙漠	内蒙古上海庙矿区鹰骏一号煤矿	2011年	37.38
戈壁区	新疆哈密大南湖	2005年	7.41
山地区	山西省阳泉矿区	1997年	1.35
黄土塬区：薄黄土层	陕西省戚家坡煤矿	2004年	5.10
黄土塬区：厚黄土层	陕西省彬长矿区大佛寺煤矿	2005年	4.40

黄土塬区煤炭资源主要分布在鄂尔多斯盆地东、西、南缘地带，即陕西中部、甘肃东部、山西中西部及河南西部。例如，韩城、澄合、铜川、黄陵、彬长矿区及即将开发的环县、庆阳等矿区，以及鄂尔多斯盆地以东的山西省境内的大同、平朔、左权、汾西、霍县矿区和河南省境内的陕渑、义马、新安等矿区。

1.3　黄土塬煤矿区的地震地质特点

1.3.1　地貌特点

黄土塬区的地貌十分复杂，黄土塬的形成在很多文献中都有详细论述[9-11]。黄土十分疏松、易被侵蚀，黄土塬上的黄土经过长期雨水冲刷、切割、侵蚀，在黄土塬区形成复杂的树枝状水系，典型的特殊地形如图1-1所示。通常把黄土塬地貌分别称为黄土塬、黄土梁、黄土峁、黄土沟等。黄土塬地表较平，高差不大，可大面种植农作物；黄土梁形似两翼为陡峭山坡的山梁，呈条带状，山梁较平地段可种植农作物，山梁两侧多为野生植被；

黄土峁形似蘑菇状，顶部较平而四周为陡坡，较平地段可种植农作物。

图1-1 鄂尔多斯盆地南缘煤矿区典型黄土塬地貌

（a）黄土梁、树枝状冲沟；（b）黄土塬冲沟；（c）黄土塬、冲沟、黄土峁

黄土塬、黄土梁、黄土峁与黄土沟纵横交错，构成了黄土塬区十分复杂的树枝状水系。在黄土塬煤矿区沟与峁、梁、塬之间的高差最大可达150～250m，甘肃环县、庆阳一带最大，铜川、彬长、韩城一带次之。按沟的规模和相对高差，将黄土沟分为四级[12-14]。一级主沟：沟长100km以上，沟谷宽达数百米至上千米，有平坦阶地，沟底有基岩出露，长年流水，多为河床地带；二级大沟：沟长50～100km，宽度达数十米至数百米，沟沿阶地较宽，沟底基岩出露，长年流水；三级支沟：短而窄，一般5～50km，沟两壁陡峭，基岩很少出露，常年干涸；四级毛沟：一般小于5km，沟宽几米至上百米。鄂尔多斯盆地南缘黄土塬区树枝状水系分布示意图如图1-2所示，图1-3为陕甘宁晋豫一带黄土分布示意图。

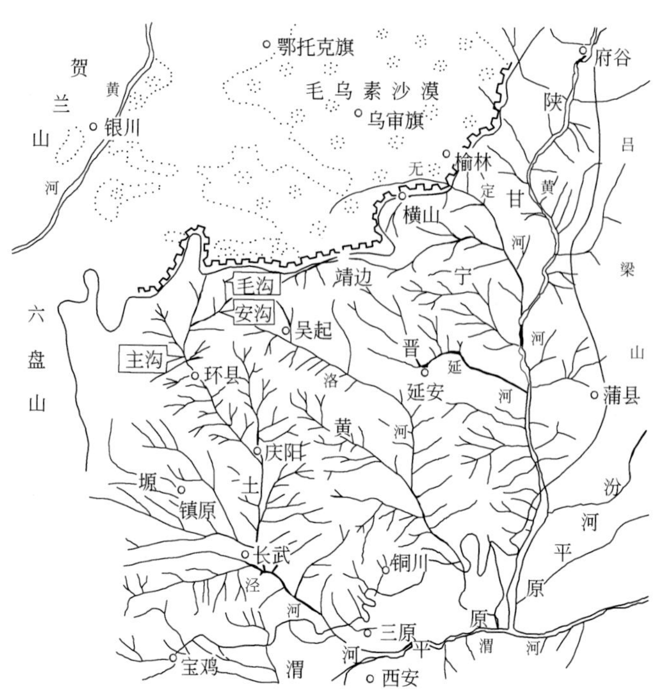

图 1-2　鄂尔多斯盆地南缘黄土塬区树枝状水系分布示意图

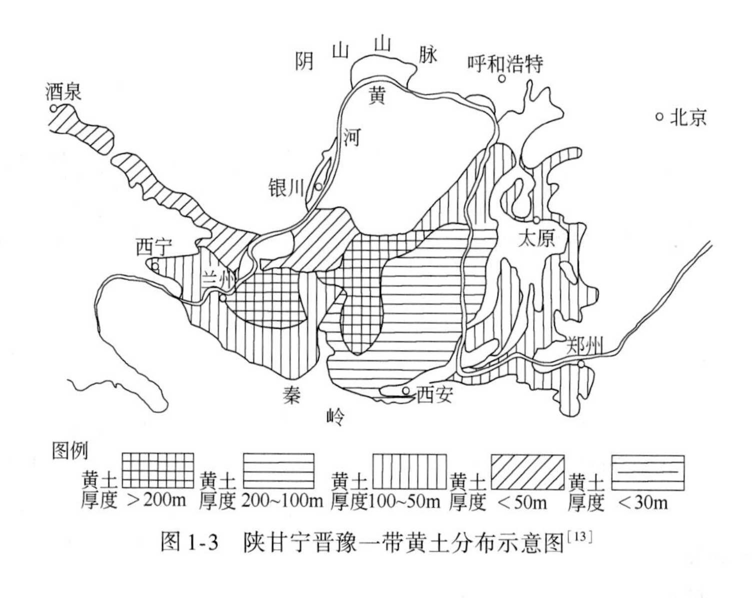

图 1-3　陕甘宁晋豫一带黄土分布示意图[13]

1.3.2　表层结构剖面特征

通过对文献[9-14]分析，认为黄土塬是在内陆干燥气候条件下的风力形成后又经雨水、河流切割和地面径流冲刷侵蚀，形成现今黄土塬地表奇特的塬、梁、坡、峁、沟交替的特征地貌。黄土主要成分为第四系亚黏土、亚砂土、亚粉砂、亚细砂等，砂粒为石英质成分。黄土又分原生黄土和次生黄土两种类型。原生黄土较致密，但总体上仍较疏松，具有成层性，多易成形。次生黄土是经过风、雨水、河流的再次侵蚀、搬运而在异地又形成，结构十分疏松且多孔。黄土成分在纵向上分布也十分不均匀，常夹多层砾石层、盐碱层和红胶泥层等，其厚度各地不一，最大可达250m以上，典型剖面如图1-4所示。

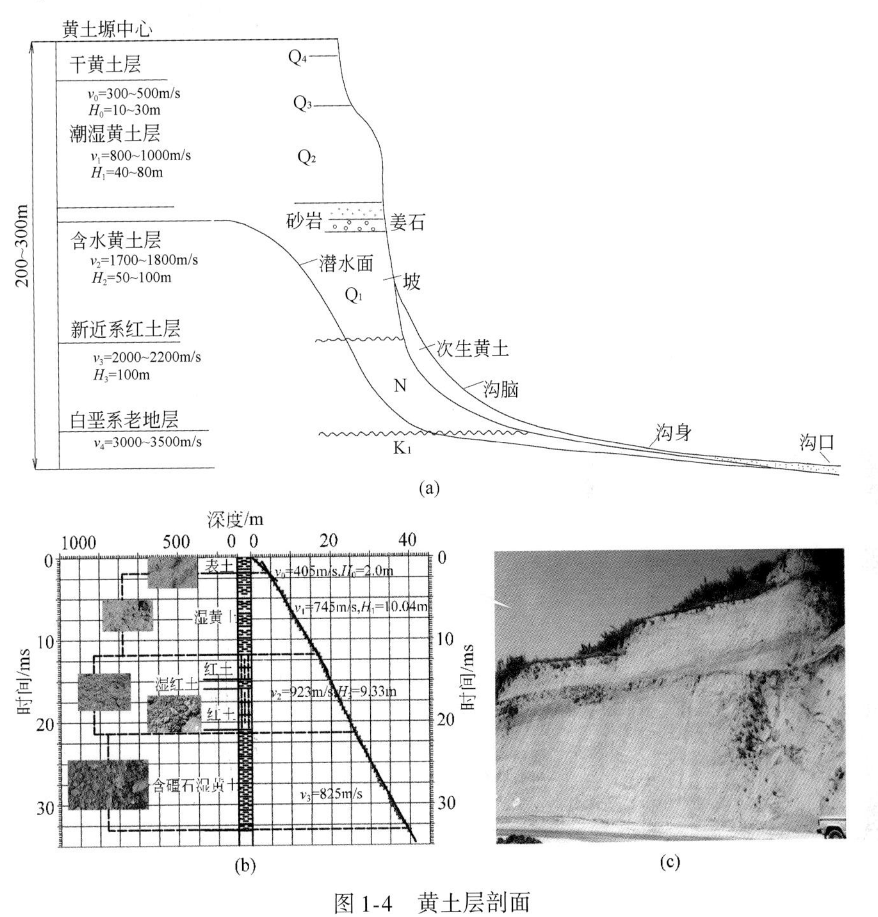

图1-4 黄土层剖面

（a）黄土层剖面[13]；（b）典型的微测井曲线；（c）典型黄土塬地层实拍照片

大部分区块黄土层分层性不是很明显，但有一个共同特点是埋深越深潮湿程度越大，胶结性更好。地层速度随深度变化为一连续性介质特征，如图1-4（b）、图1-4（c）所示。浅部速度仅300~400m/s，雨水可使黄土的黏结性增强。黄土层还有一个特点是黄土层在空间上并非构造均质体，各种溶缝、溶孔、柱状节理、裂缝及其他构造裂隙在有的区域较为发育，因此它就成为很强的散射干扰源。

1. 根据含水程度及速度划分

如图1-4（a）所示，根据含水程度与地层速度，黄土层自上而下大致可分为四层。

上层：干黄土层，性质干燥疏松、不含水、厚度10~30m，层速度300~500m/s。

中层：潮湿黄土层，厚度40~80m、层速度800~1000m/s。

下层：含水黄土层，厚度50~100m、层速度1700~1800m/s。

最下层：新近系红土层，厚度0~100m、层速度2000~2200m/s。

2. 根据黄土塬表层结构划分

根据黄土塬表层结构，夏竹[15]将其划分为三层结构，见表1-2。

表1-2 黄土塬表层结构参数特征统计表[15]

地区/结构参数	低速层		降速层			高速层
	v_0/(m/s)	H_0/m	v_1/(m/s)	H_1/m	v_g/(m/s)	H_g/m
陕甘宁盆地南部	350~500	10~30	800~1000（潮湿黄土层） 1700~1800（含水黄土层）	100~150	2000~3000	>3000
宁夏六盘山盆地	250~340	1~5	400~800	几十米到近百米	1800	>1800
塔里木盆地西南缘甫沙地区	350~500	10	700~1300	几十米到数百米	2400~3500	3500

1.3.3 主要煤层反射波

我国主要黄土塬区的煤炭资源，赋存于石炭系—二叠系和侏罗系。从可开采含煤（垂深1500m以浅）面积来看，侏罗系含煤面积大于石炭系—二叠系含煤面积。从开采煤炭资源历史上看，最早规模化开采的是石炭系—二叠系煤炭资源，并在30年前就已形成著名的韩城、澄合、铜川、霍西、平朔、西山等矿区。开发侏罗系煤田最大的矿区是大同矿区，近年来各地越来越重视侏罗系煤田的开发，并形成和即将形成一批大型、特大型煤矿区，如彬长矿区、宁中矿区、黄陵矿区、河东矿区等。

1. 石炭系—二叠系煤田的主要煤层和煤层反射波

石炭系—二叠系由老到新分别为本溪组、太原组、山西组、下石盒子组、上石盒子组和石千峰组，太原组和山西组为主要含煤地层，本溪组和下石盒子组基本不含可采煤层，石千峰组不含煤。

太原组：为海陆交互含煤地层，岩性与华北其他地区如河北峰峰、邢台、唐山等地区，河南焦作、平顶山等地区，山东济宁、兖州、肥城等地区，安徽两淮等地区基本相似，以泥岩，粉砂岩为主的细碎屑岩，夹灰岩和煤，但灰岩层数差别大，一般夹3~8层。大同、河曲等地夹灰岩1~2层，韩城、澄合等地夹灰岩2~3层。太原组在西山矿区，自下而上分为晋祠段、西山段和山垢段，共含煤10余层，可采3~4层。韩城矿区含煤9层，可采煤层2层；澄合矿区含煤6层，可采煤层2层。如表1-3所示。

表1-3　黄土塬煤矿区山西组、太原组可采煤层与煤层反射波一览表

<table>
<tr><th colspan="2" rowspan="3">地区</th><th colspan="4">山西组</th><th colspan="4">太原组</th></tr>
<tr><th rowspan="2">煤层名称</th><th>煤层厚度/m</th><th rowspan="2">一般间距/m</th><th rowspan="2">煤层反射波</th><th rowspan="2">煤层名称</th><th>煤层厚度/m</th><th rowspan="2">一般间距/m</th><th rowspan="2">煤层反射波</th></tr>
<tr><th>最小~最大
平均</th><th>最小~最大
平均</th></tr>
<tr><td rowspan="9">陕西省</td><td rowspan="3">澄合矿区</td><td>3煤</td><td>0~2.5
0.3</td><td rowspan="3">13</td><td>T3</td><td>4煤</td><td>0~3.5
0.9</td><td rowspan="3">2
20</td><td rowspan="2">T5</td></tr>
<tr><td></td><td rowspan="2"></td><td rowspan="2"></td><td>5煤</td><td>0.4~9.5
3.5</td></tr>
<tr><td></td><td>10煤</td><td>0~7.0
0.6</td><td>T10</td></tr>
<tr><td rowspan="4">铜川矿区</td><td>2煤</td><td>0.15~0.3
0.22</td><td rowspan="4"></td><td rowspan="4"></td><td>4煤</td><td>0~1.80</td><td rowspan="4">3~6</td><td></td></tr>
<tr><td>3煤</td><td>0.04~2.79
0.60</td><td>5煤</td><td>0~6.9
1.5~3.0</td><td rowspan="2">T5</td></tr>
<tr><td rowspan="2"></td><td rowspan="2"></td><td>6煤</td><td>0.7~2.2
0.7</td></tr>
<tr><td>10煤</td><td>0~6.6
1.3</td><td>T10</td></tr>
<tr><td rowspan="2">韩城矿区</td><td>2煤</td><td>0~3.0
1.03</td><td rowspan="2">10~15</td><td rowspan="2">T13</td><td>5煤</td><td>0~7.20
3</td><td rowspan="2">30~40</td><td>T5</td></tr>
<tr><td>3煤</td><td>0.2~9.4
2.9</td><td>11煤</td><td>0.3~11
2.8</td><td>T11</td></tr>
<tr><td rowspan="7">山西省</td><td rowspan="4">汾西矿区</td><td>2煤</td><td>0.4~4.6
1.9</td><td rowspan="2">20~23</td><td>T2</td><td>7煤</td><td>0.2~1.4
0.8</td><td rowspan="4">30~27
1~12</td><td>T7</td></tr>
<tr><td>5煤</td><td>0~2.5
0.8</td><td></td><td>9煤</td><td>0.2~2.4
1.4</td><td></td></tr>
<tr><td rowspan="2"></td><td rowspan="2"></td><td rowspan="2"></td><td rowspan="2"></td><td>10煤</td><td>0.9~4.5
3.7</td><td>T10</td></tr>
<tr><td>11煤</td><td>0~3.7
1.5</td><td></td></tr>
<tr><td rowspan="3">西山古交</td><td>2煤</td><td>0.6~5.3
3.3</td><td rowspan="3">4~8
50~60</td><td rowspan="2">T2</td><td>7煤</td><td>0.3~1.5
0.8</td><td rowspan="3">18~12
3~10</td><td></td></tr>
<tr><td>3煤</td><td>0.2~6.5
2.5</td><td>8煤</td><td>1.2~7.8
3.8</td><td>T8</td></tr>
<tr><td>6煤</td><td>0~1.80
1.2</td><td>T6</td><td>9煤</td><td>0.3~6.0
2.1</td><td></td></tr>
</table>

续表

<table>
<tr><th colspan="2" rowspan="3">地区</th><th colspan="4">山西组</th><th colspan="4">太原组</th></tr>
<tr><th rowspan="2">煤层名称</th><th>煤层厚度/m</th><th rowspan="2">一般间距/m</th><th rowspan="2">煤层反射波</th><th rowspan="2">煤层名称</th><th>煤层厚度/m</th><th rowspan="2">一般间距/m</th><th rowspan="2">煤层反射波</th></tr>
<tr><th>最小～最大
平均</th><th>最小～最大
平均</th></tr>
<tr><td rowspan="3">山西省</td><td rowspan="3">乡宁矿区</td><td>2 煤</td><td>3.1～8.7
6.2</td><td rowspan="2">2～30</td><td rowspan="2">T3</td><td>7 煤</td><td>0～1.6
0.6</td><td rowspan="3">4

7</td><td></td></tr>
<tr><td>3 煤</td><td>0～1.82
0.8</td><td>8 煤</td><td>0～1.68
0.5</td><td>T8</td></tr>
<tr><td></td><td></td><td></td><td></td><td>10 煤</td><td>0.8～5.2
2.4</td><td></td></tr>
</table>

山西组：分布范围与太原组基本一致，为滨海过渡相含煤建造，岩性主要为泥岩、页岩、粉砂岩、砂岩及煤层。本组下部可采煤层 1～2 层，单层厚度一般在 3m 以上，最厚达十余米。本组厚度变化较大，韩城一带 80～100m，铜川 26～87m，河东一带 48～60m，大同矿区 45m，西山矿区 45m，汾西矿区 50m 且与下伏太原组连续沉积。

黄土塬煤矿区石炭系—二叠系山西组、太原组可采煤层与煤层反射波情况及其特征，见表 1-3，见图 1-5、图 1-6。

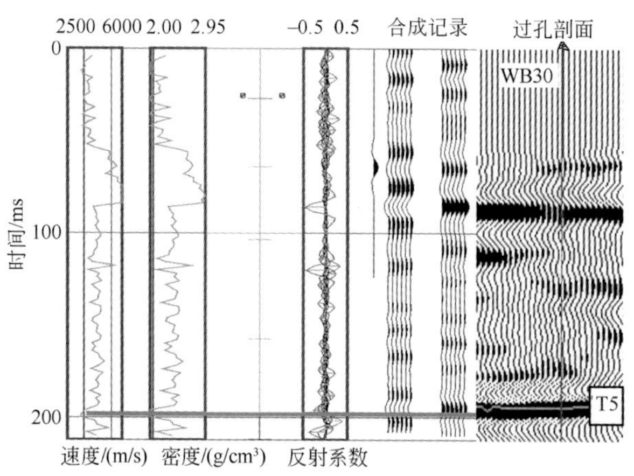

图 1-5　澄合矿区 WB30 钻孔人工合成地震记录与井旁地震时间剖面特征

图中 T5 波为 5 煤层反射波，5 煤层厚度 3.24m

2. 侏罗系煤田的主要煤层和煤层反射波

侏罗系由老到新分别为富县组、延安组、直罗组、安定组和芬芳河组，含煤地层主要为延安组。根据目前通用的地层划分方案，延安组自下而上分为五段[16-19]。

第一段以厚层砂岩为主，夹薄层粉砂岩、泥质岩，煤层位于上部。

第二段为粉砂质泥岩、泥岩、粉砂岩及薄层状细砂岩，下部有泥灰岩，上部砂岩增多，含煤 1～6 层，煤层厚 0.5～9.6m，段厚一般 50 多米。

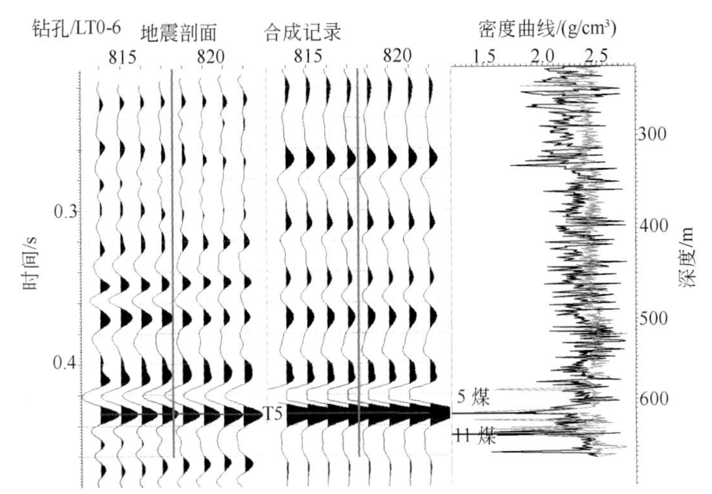

图 1-6 韩城矿区 LT0-6 钻孔人工合成地震记录与井旁地震时间剖面特征

图中 T5 波为 4 煤与 5 煤层复合反射波；5 煤厚 2.5m，4 煤下距 5 煤 6.8m

第三段下部为粉砂岩、砂质泥岩夹中厚层细砂岩、泥岩及泥灰岩透镜体，含薄煤层；上部为中厚层状中细粒长石砂岩、泥岩、粉砂岩、炭质泥岩夹煤层，含煤 1 ~ 6 层，段厚 23 ~ 65m，一般 30 ~ 50m。

第四段下部为中细粒长石砂岩，上部为粉砂岩、泥岩夹薄层细砂岩，含煤 2 ~ 9 层，段厚 18 ~ 72m，一般 35m。

第五段下部为中细粒长石砂岩夹钙质砂岩，上部为泥岩、粉砂岩夹薄细砂岩、炭质泥岩及煤层，含煤 2 ~ 8 层，因受后期破坏，该段保留厚度 2 ~ 85m。

全组厚度一般 200 ~ 300m，最大超过 500m，鄂尔多斯盆地东南缘厚度一般小于 100m。

与延安组同期沉积的晋北大同组，在大同矿区含主要可采煤层 6 层，总厚 14.6m，组厚 80 ~ 240m，一般厚 190m。

黄土塬煤矿区侏罗系延安组（大同组）主要可采煤层与煤层反射波情况及特征见表 1-4，见图 1-7、图 1-8、图 1-9。

表 1-4 黄土塬煤矿区侏罗纪延安组（大同组）主要可采煤层及反射波特征表

地区		延安组			
		煤层名称	煤层厚度/m 最小 ~ 最大 平均	一般间距/m	煤层反射波
陕西省	黄陵矿区	1 煤	0 ~ 1.26 0.4		T1
		2 煤	0 ~ 7.4 2.0	6 ~ 31 19	T2
		3-1 煤	0.2 ~ 1.90	0 ~ 13 2.5	
		3-2 煤	0 ~ 1.9	1.5 ~ 9	

续表

地区		延安组			
		煤层名称	煤层厚度/m 最小~最大/平均	一般间距/m	煤层反射波
陕西省	彬长矿区	1 煤	0.2~3.6/2.21	14~35	T1
		4 煤	0.15~20.87/12.07		T4
	焦坪矿区	2-2 煤	0~2.0/0.5	22	
		3-2 煤	0~3.3/0.6		
		3-3 煤	0~1.3/0.3		
		4-1 煤	0~1.8/0.3		T4
		4-2 煤	0~34/8~12		
甘肃省	华亭矿区	煤 1	0~2.01/0.57	14	
		煤 2-2	0~1.59/0.26	34	
		煤 3	0~3.11/0.83	15	
		煤 4	0~2.3/0.41	44	
		煤 5	0~83.03/29.4		T5
山西省	大同矿区	5 煤	0.34~6.07/2~3	40	T2
		8 煤	0~14.59/5.71	16	T8
		9 煤	0~2.1/1.0	20	
		11 煤	1.2~5.1/2.0	3	T13
		12 煤	0~4.4/2.0	2.8	
		13 煤	2.1~5.3/4.38		
		14 煤	1.0~4.0/2.5	3	

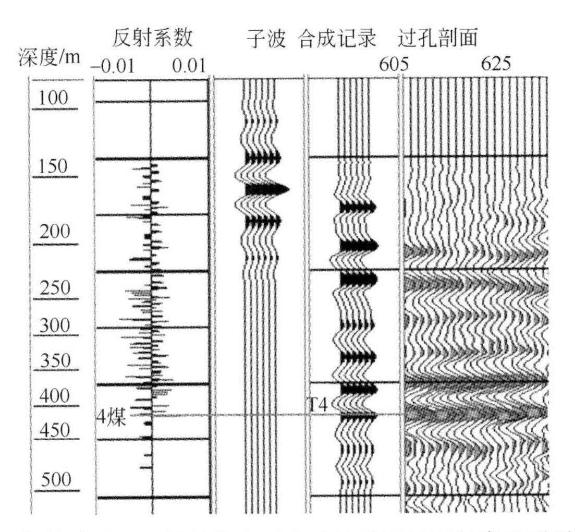

图 1-7　彬长矿区 188 号钻孔人工合成地震记录与井旁地震时间剖面

图中 T4 波为 4 煤层反射波，4 煤层厚度 17. 61m

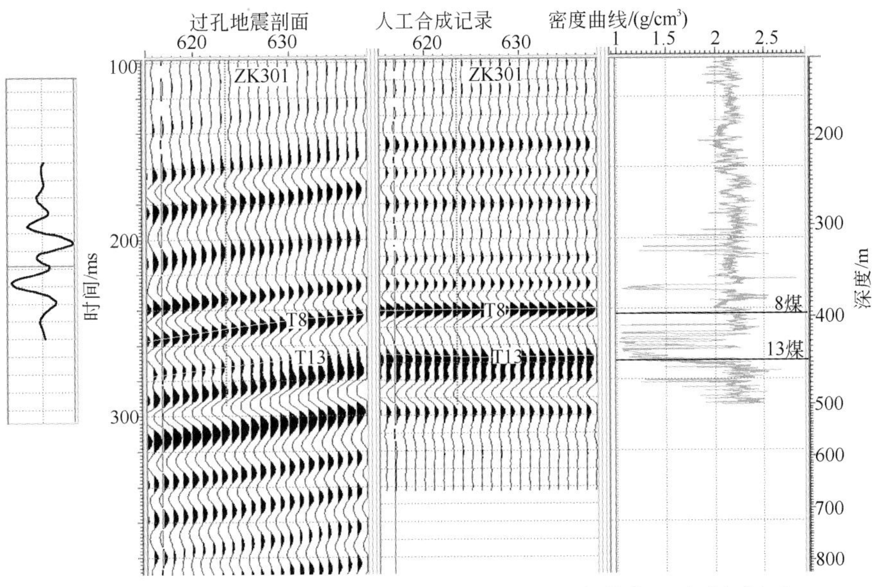

图 1-8　大同矿区 ZK301 钻孔人工合成地震记录与井旁地震时间剖面

图中 T8 波为 8 煤层反射波；T13 波为 13 煤层反射波。8 煤层厚度 3. 88 m；

13 煤层厚度 3. 35m；两层煤层间距 75m

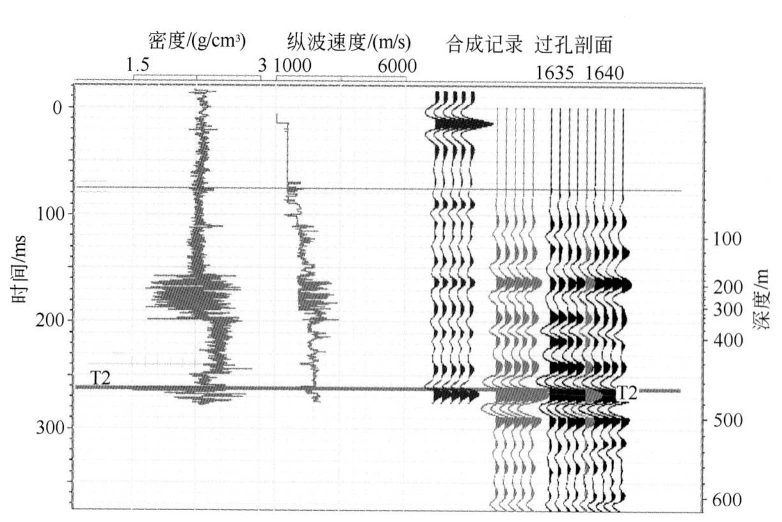

图 1-9　黄陵矿区 L44 钻孔人工合成地震记录与井旁地震时间剖面

图中 T2 波为 2 煤层反射波，2 煤层厚度 4.3m

第2章　三维地震勘探采集

黄土塬区的地形地貌及其地层结构特点，决定了黄土塬区属于复杂地震地质条件施工区。为了保证能够获得良好的原始地震数据，首先要了解黄土塬区地震数据采集的难点，通过地震试验了解黄土塬区典型地震干扰因素及干扰波发育的特点、确定合理的施工参数，并通过严格的施工管理与监督确保施工质量，保证各道工序之间的衔接，采用一种经济、快速、能保障地震质量的施工方法完成工程的数据采集。

2.1　黄土塬区的地震噪声及分析

2.1.1　地震噪声及分布规律

在我国煤炭工业中应用的地震方法主要是反射法，因此把地震反射波以外的其他地震波都称为地震噪声。地震噪声没有一个统一的分类标准，但是很多学者对地震噪声分类作了一些系统的归纳总结。实际上，自从1913年Reginald A Fessenden提出地震反射法[20]以来，1928年Mccollum成功地用反射波勘测了Barbers Hill穹窿，得到了工业上的应用，至今近一个世纪反射地震勘探中的一个关键问题是与干扰波做斗争，努力提高信噪比以突出有效波。

何樵登等把地震噪声分为规则干扰波和不规则干扰波，并指出具有一定频率和视速度的干扰波称之为规则干扰波。规则干扰波中包括声波、面波、工业干扰、反射-折射波、折射-反射波、多次反射、虚反射、重复冲击、侧反射、底波等。声波：在空中、浅坑、浅井、浅水中爆炸均可产生，它的实质是在空气中传播的弹性波，传播速度330～340m/s，在地震记录上形成频率较高、尖锐的强同相轴，延续时间长，见图2-1。面波：当表层具有明显的成层性，尤其是地表和空气的分界面易形成面波，其特点是速度低、强度大、频率低、振动延续时间长，物理上的解释则认为这种波是地表附近纵波和横波叠加的结果，见图2-2。工业电干扰：这种干扰其特点是在整张地震记录上或某几道地震记录上为50Hz正弦波，这主要是检波器和电缆受50Hz工业电网感应所致，有时其强度超过地震有效波许多倍，50Hz干扰波振幅大小与输电线路电压高低、检波器电缆的漏电、输电线距离检波器电缆远近等多种因素有关，数字检波器可以有效压制50Hz工业电干扰。反射-折射波和折射-反射波：地下不太深处存在强波阻抗界面时产生这两种波，其特点视速度为强波阻抗界面的速度，在续至区出现很长的干涉带。多次反射波：当深部存在强波阻抗界面时才能产生，其特点是与一次反射相近，但视速度稍低，简单的多次反射，其旅行时与对应的一次反射近似地有倍数关系。虚反射：当爆炸激发点有强波阻抗界面时可形成虚反射，其特点表现为有效波的补充相位，使脉冲形状复杂化。重复冲击：在井中和水中爆炸时气泡的脉动作用形成重复冲击，它的视速度与一次波相同，使波形强烈畸变。侧反射：陆地山地地形或地形剧烈变化黄土塬区能产生，侧面波有时可能是绕射波，其时距曲线比反射更陡。不规则干扰波：指无一定频率、无一定视速度的干扰波。不规则干扰波包括微震、爆炸产生的高频背景、正常背景、低频背景等。微震：由风吹草动、机械和车辆运转等外力引起的震源，其特点是频带宽（20 ~ 150Hz），强度变化大。爆炸时产生的高频背景：爆炸时浅部不均匀体上的因散射而形成的高频不规则干扰背景，其特点是在整张记录上出现高频振动（80 ~ 200Hz）。正常背景：它是由许多规则波合成的结果，或者是波在较大的不均匀体上散射而形成，其特点是频率与反射波相当（30 ~ 60Hz），从初至开始整张记录上都出现。低频背景：它是地表面疏松层如风化岩层、松散堆积物、沼泽、流沙等疏松地层的固有振动，特别是在疏松的不稳定岩层中爆炸时最容易产生，其特点是振幅很强的低频不规则振动（10 ~ 30Hz）。

根据震源的激发因素，邹才能等[21]将地震噪声分为：①由激发震源本身所产生的噪声；②由风、交通等外部震源所产生的噪声。外部震源产生的噪声具有随机的特性，而激发震源产生的噪声则是确定性的，这是因为目的层和其他非目的层都同样会产生反射的缘故。激发震源会产生噪声的一个主要原因是近地表处存在非均质性，它能引起地震波场的反射和折射。由于这些反射、折射发生在震源和接收点附近，因此，非期望信号能量强，

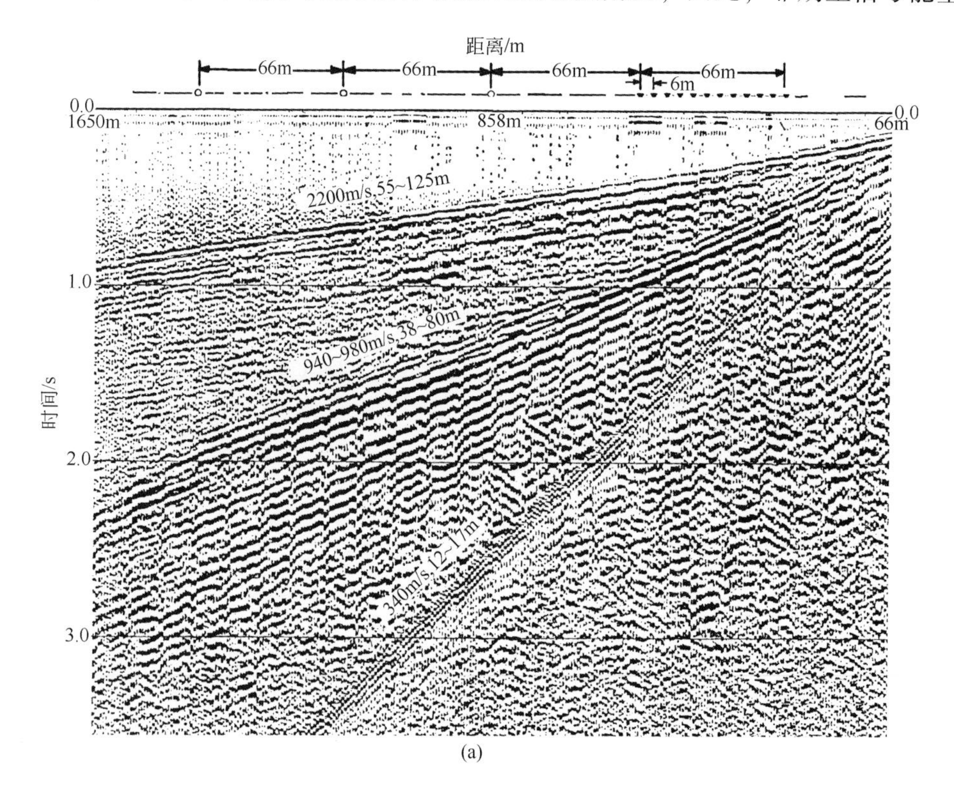

(a)

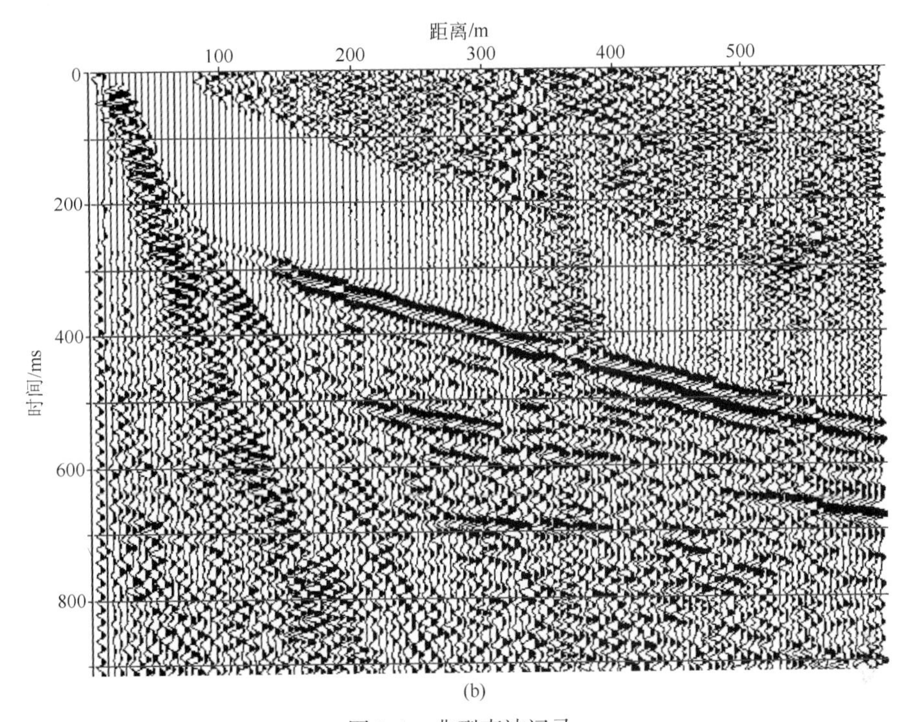

图 2-1　典型声波记录

（a）典型声波地震记录；（b）黄土塬区典型声波地震记录

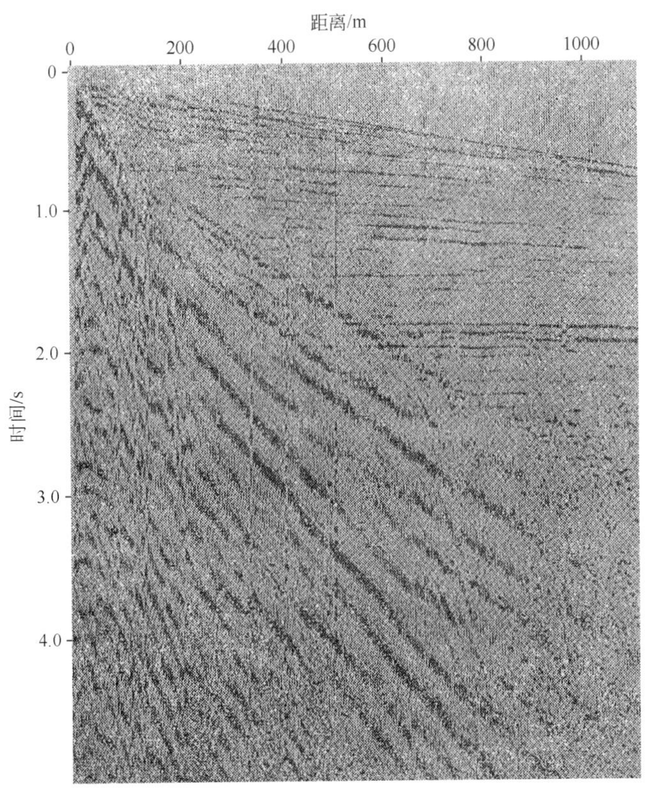

图 2-2　典型面波地震记录

普遍具有发散特性。地震资料中最强烈的非期望信号通常是面波，比较有代表性的是直达瑞雷波面波，因其具有椭圆形运动轨迹的特点而常被称作地滚波，通常比反射信号要强得多。瑞雷波的运动规律十分复杂，在自然界成层的非均匀介质中，瑞雷波的传播速度与频率密切相关，也就是说频散是瑞雷波的典型特征之一。瑞雷波中长波成分往往传播更快，能波及更深范围，随着深度不断加深，瑞雷波速度增大越快，波散越明显，面波发育的中点放炮地震记录见图 2-3。散射干扰是由地表附近的各种散射源产生，如石块、土堆等。大散射源产生相干噪声，小散射源产生随机噪声。震源能量越强，激发出的这种次生散射干扰就越强。叠前道集地震记录上常见到的噪声主要有直达波、折射波、面波、声波、交流电干扰、散射波、随机噪声及各类多次波。

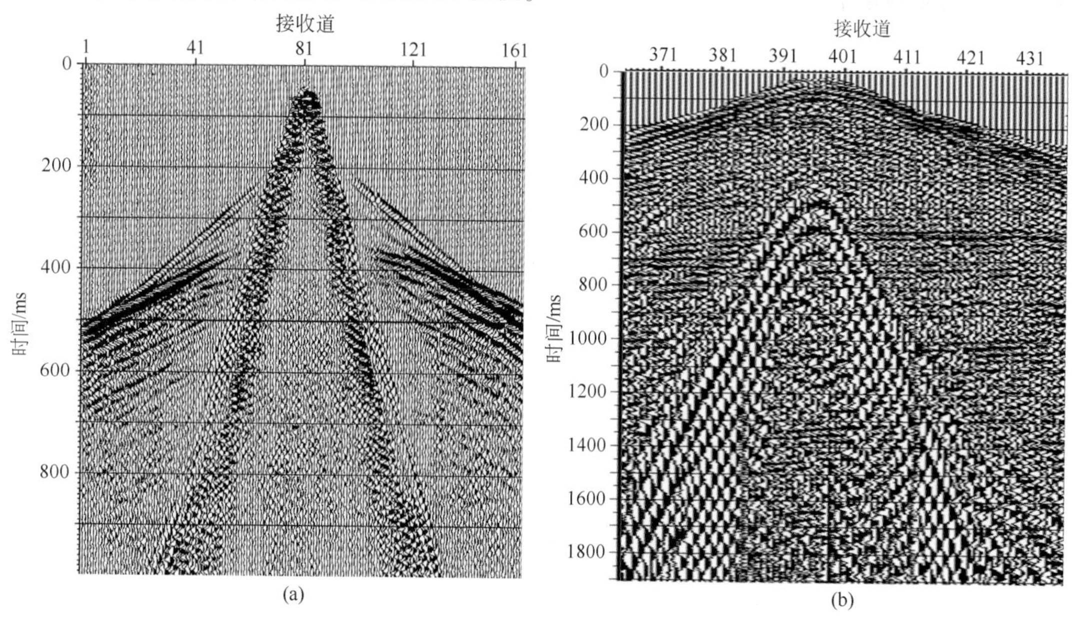

图 2-3　面波发育的中点放炮地震记录

（a）直达波、折射波、折射多次波；（b）面波发育的中点放炮地震记录

谢里夫（Sherif. R. E）和吉尔达特（Geldart. L. P）[3]认为用信号来表示地震记录上期望得到的任何同相轴，其他的都称为噪声。包括由信号干扰产生的看起来连续的同相轴，从噪声数据特征上考虑，将地震噪声类型分为相干噪声和非相干噪声。相干噪声至少可以在一些地震道上追踪出来，非相干噪声在所有的地震道上都不会有相似之处，根据相邻道的特征不能预测出这一道上究竟有什么。相干噪声与非相干噪声之间的区别通常与记录有关，如果检波器之间的距离变小，非相干噪声可能看起来像相干噪声，不过在地震记录中讨论非相干噪声时，并不考虑检波器之间究竟有多近。相干噪声有时再分两类：①能量基本上是沿水平方向传播的；②能量基本上以垂直方向到达测线的。两种噪声之间另外一个重要区别就是前一种噪声具有重复性，而后一种却没有。换句话说，当在震源处重复放炮时，在同一地震道的同一时刻观测到的是否是同一种噪声。相干性、传播方向性与可重复性三种性质构成了改善地震记录质量大多数方法的基础。相干噪声包括面波、近地表结构产生的反射波和反射-折射波，近地表构造有断层面、地下河道、高速薄互层等都会产生

折射波和多次波。非相干噪声具有空间随机性，但也可以重复，主要是由近地表异常体和不均匀体的散射造成的，包括卵石和小规模断层，这种噪声能量小。不可重复的随机噪声可以是由于风摇动检波器或风吹树、草产生地震波，从炮点爆炸抛出的石头落在检波器周围或是人在检波器周围走动产生地震波等。

按照噪声产生的原因，通常又分为原生噪声和次生噪声。原生噪声是指激发直接产生的地震噪声如面波、声波、井口干扰等。次生噪声是指次生干扰源激发的干扰噪声。李庆忠[22]专门对地震次生干扰进行了研究并把地震次生干扰分为三类：次生面波（次生低速干扰）、次生折射波（即次生高速干扰）及次生反射波。图2-4为次生干扰分类，图2-5为各种地震波的频率谱视波长、视速度和地震记录示意。

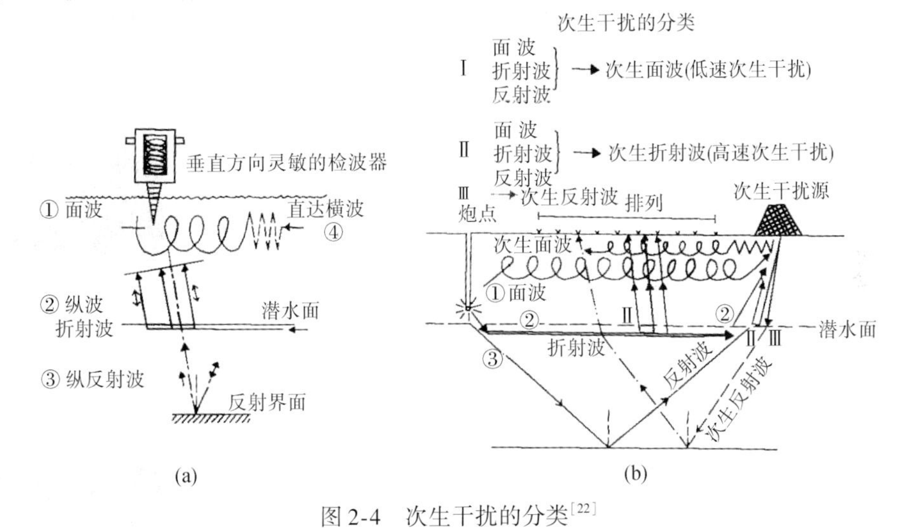

图2-4　次生干扰的分类[22]

（a）检波器易于接收的四种波；（b）次生干扰分类及射线路径

次生反射波强度一般很弱，可以忽略，但由强反射所激发的多次反射往往是不可忽略的。激发次生干扰的原生波可以是面波、折射波或反射波。次生低速干扰可能在次生源附近还包括一部分次生的直达横波，到稍微远的地方转为次生面波。因为面波的速度为横波速度的0.91倍，所以二者之间较难分辨。次生干扰地下射线路径示意如图2-4（b）所示。三种次生低速干扰和三种次生高速干扰的时距曲线如图2-6、图2-7所示，可见各种次生干扰的干涉图形十分复杂。

2.1.2　黄土塬区地震噪声

黄土塬区地形高差很大，黄土十分疏松，其间常夹红土、钙质结核、砾石层，潜水面埋藏很深、变化又大。复杂的表、浅层地震条件非常不利于地震液的激发与传播，当条用炸药震源激发地震液时，还容易产生各类强烈的地震干扰波。在地震记录上通常可见到的强烈地震噪声主要有：①面波，常成组出现，通常可见三组以上，在地震记录上呈“扫帚状”，上窄下宽，其视速度因地而异，一般在410～630m/s。再一个特点是面波的强度大，延续时间长，严重干扰目的层反射波，面波的频率也很低。它是黄土塬区地震勘探中的主

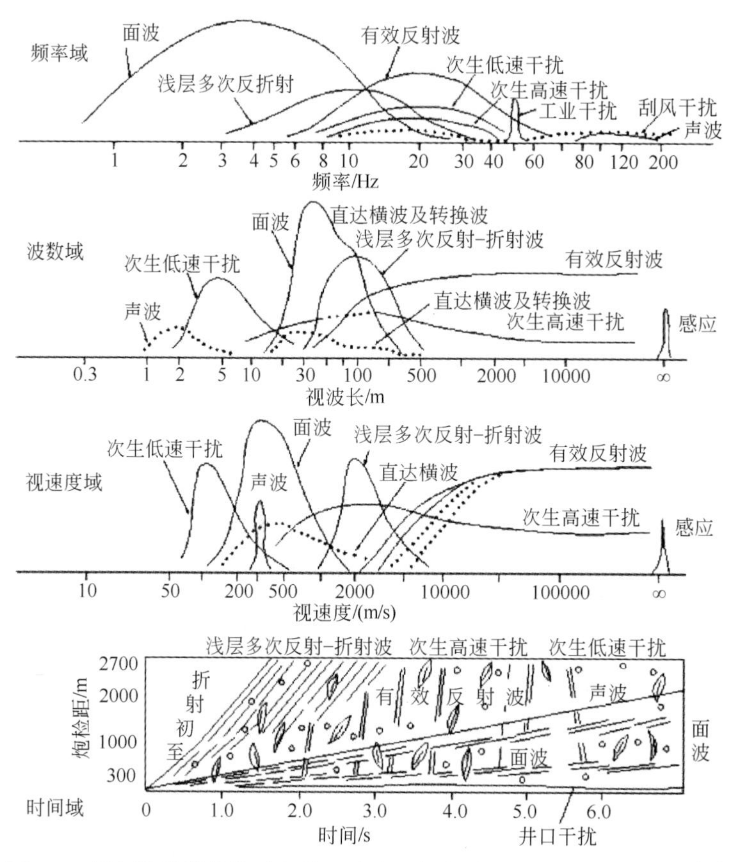

图 2-5　低频检波器接收时各种地震波的频率谱、视波长和视速度谱[22]

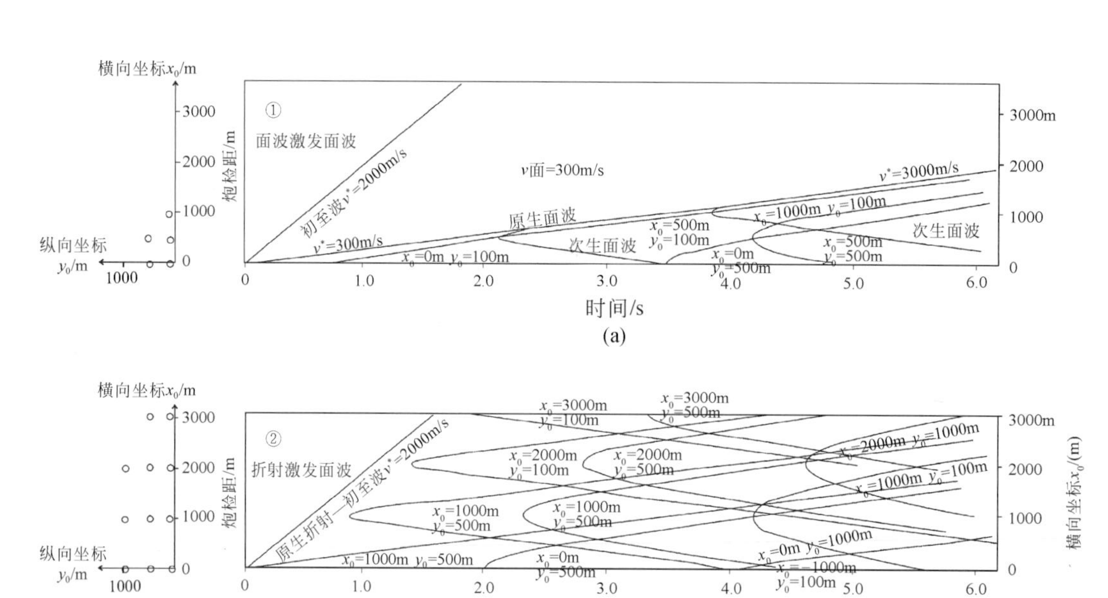

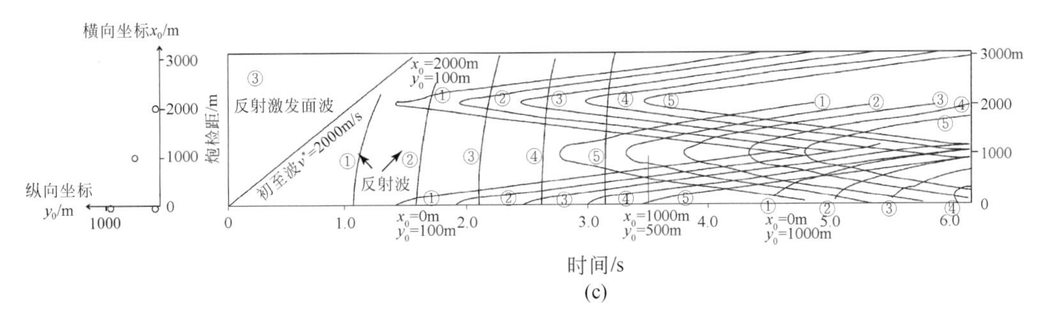

(c)

图 2-6　三种低速次生干扰及相应的干扰源平面图[22]

(a) 面波激发面波；(b) 折射激发面波；(c) 反射激发面波

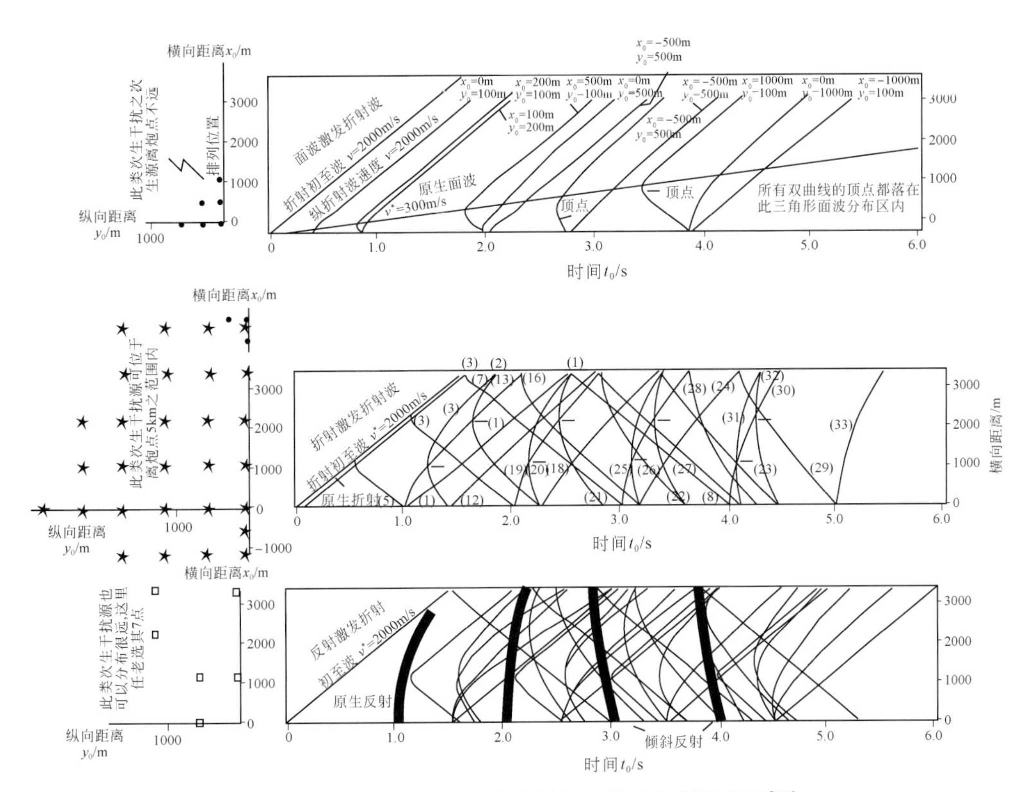

图 2-7　三种高速次生干扰及其相应的干扰源分布图[22]

要地震干扰波之一。②折射多次波，容易在地震记录上识别出来，呈线性分布，经常可见到视速度在 3500 ~4800m/s 的折射多次波同相轴分布在初至波与面波之间，直接干扰目的层反射的远炮检距道的反射同相轴，它是黄土塬地震勘探中又一种主要干扰波。③浅层多次反射波，一般也有三组[23]，分别为潜水面和地面之间的多次反射［图 2-8（a）］，潜水面和红土层底界面之间多次反射［图 2-8（b）］，地面与红土层底界之间的多次反射［图 2-8（c）］。④侧面波，由于黄土塬、梁、峁与黄土沟间大都是陡峭的山坡，有的区块高差都在 100m 以上，地震生产中放炮引起的振动传到陡崖面后又反射回来，形成各种视速度的侧面波干扰。陆邦干曾作专门采用垂直排列方式观测其两翼时差确定真反射方向的测量侧面波试验，图 2-8（d）为研究中记录到的侧面波地震记录。⑤随机噪声，主要指在地震记录上看到的基本上毫无规律可循的杂乱无章的噪声，包括风吹草动等引起的干扰。黄土塬煤矿区、黄土塬、黄土坡、黄土沟中激发的地震记录见图 2-9 ~ 图 2-11。

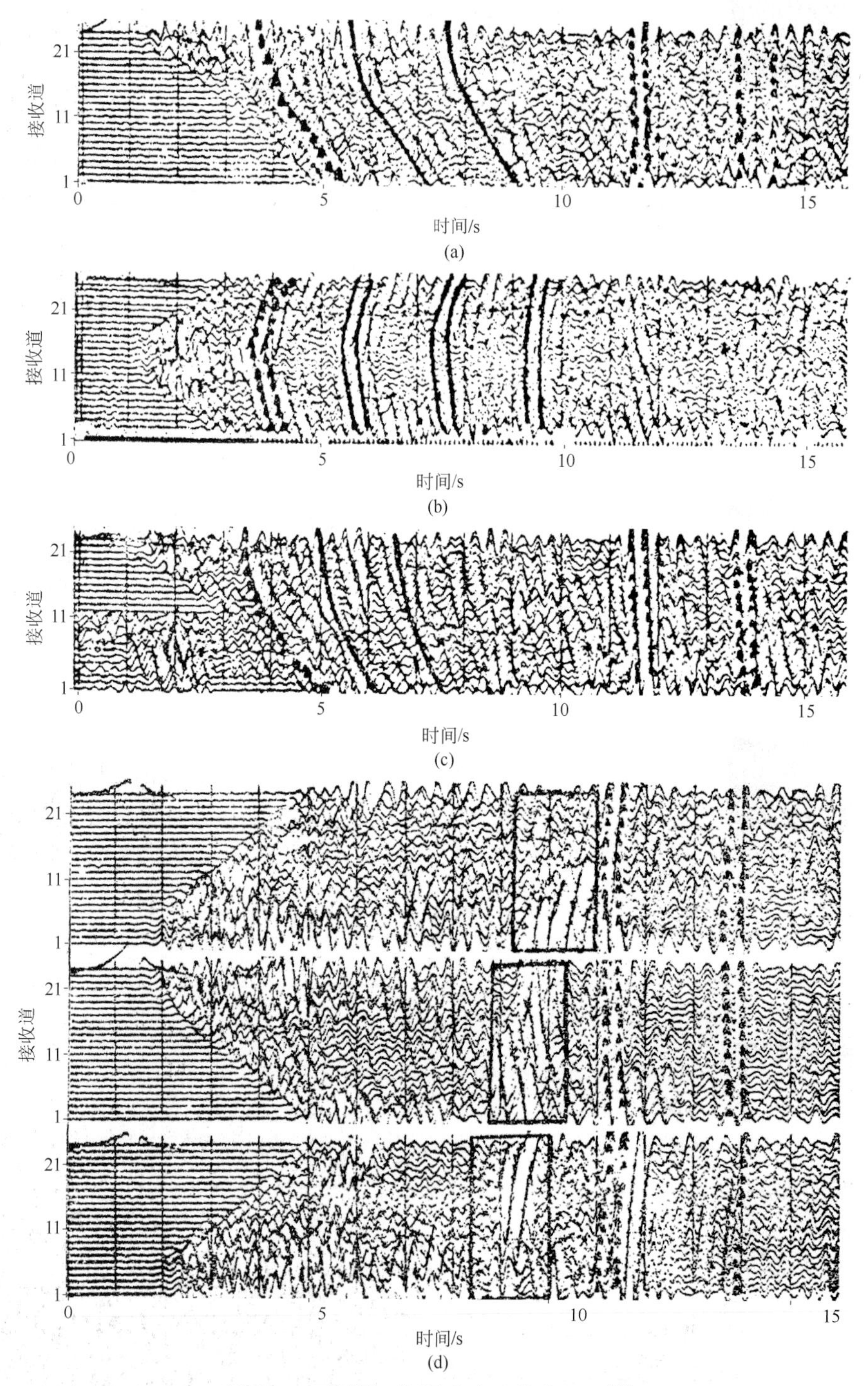

图 2-8　不同界面间的多次反射波记录[23]

（a）潜水面与地面之间的多次反射；（b）潜水面与红土层底界面之间的多次反射；（c）地面与红土层底界面之间的多次反射；（d）侧面波记录

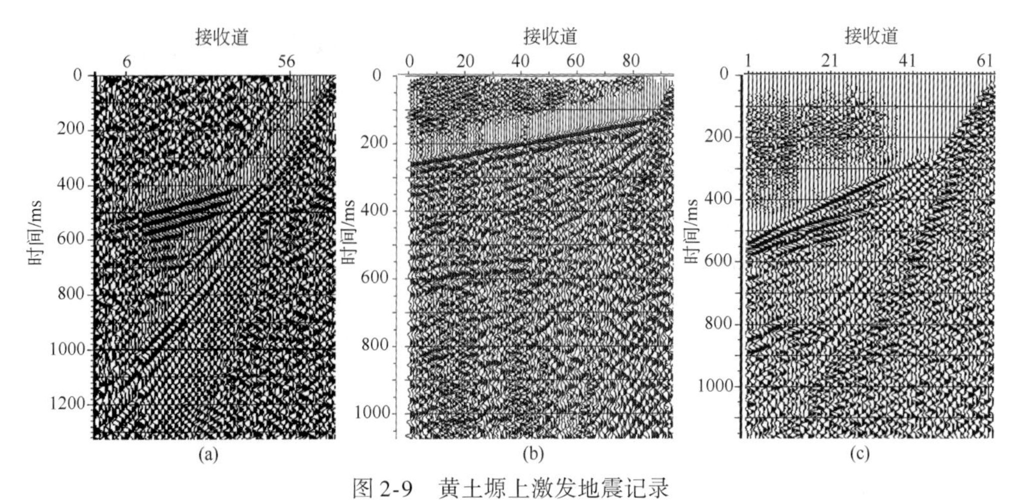

图 2-9　黄土塬上激发地震记录

（a）澄合矿区；（b）韩城矿区；（c）彬长矿区

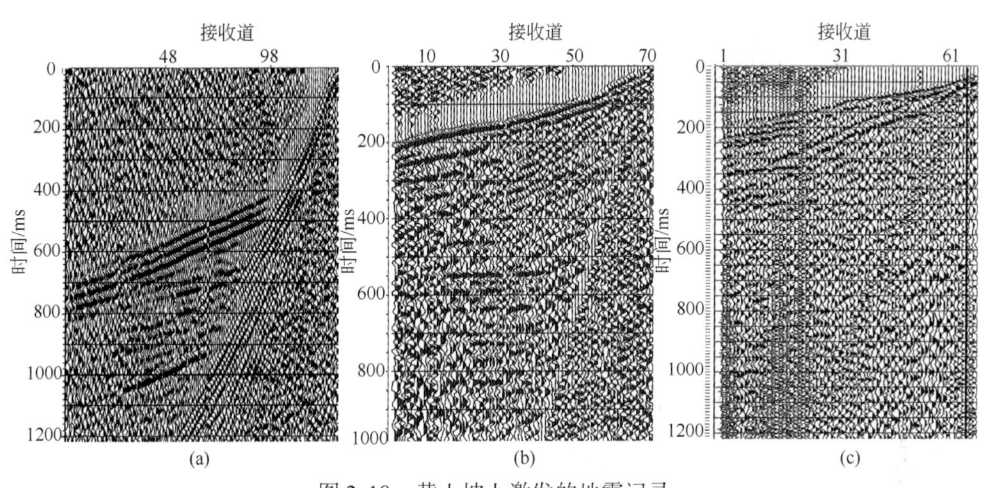

图 2-10　黄土坡上激发的地震记录

（a）澄合矿区；（b）韩城矿区；（c）彬长矿区

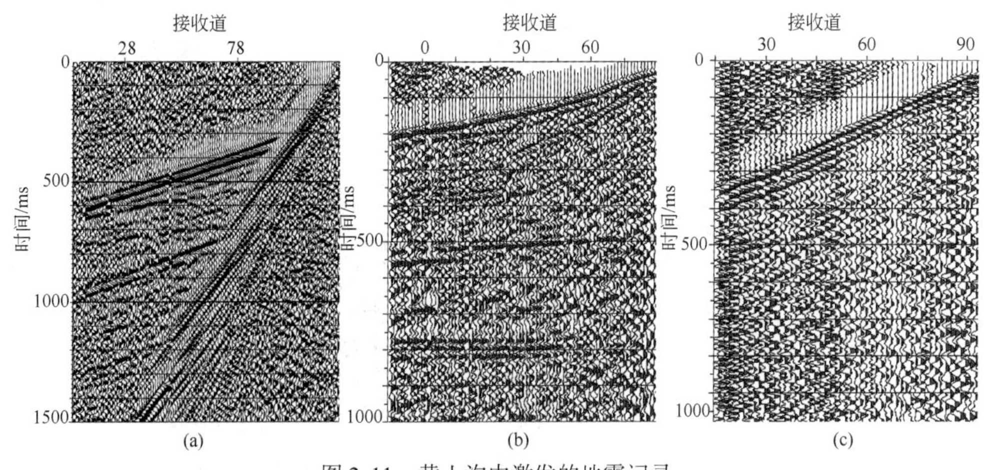

图 2-11　黄土沟中激发的地震记录

（a）澄合矿区；（b）韩城矿区；（c）彬长矿区

我国东部平原煤矿区、中部山地煤矿区和西部沙漠煤矿区的典型地震记录如图2-12～图2-14所示。从图中可见，由于这些地区地震条件较好、煤层反射波信噪比较高，且易于识别，干扰波不太发育，煤层反射波主频达50～70Hz。

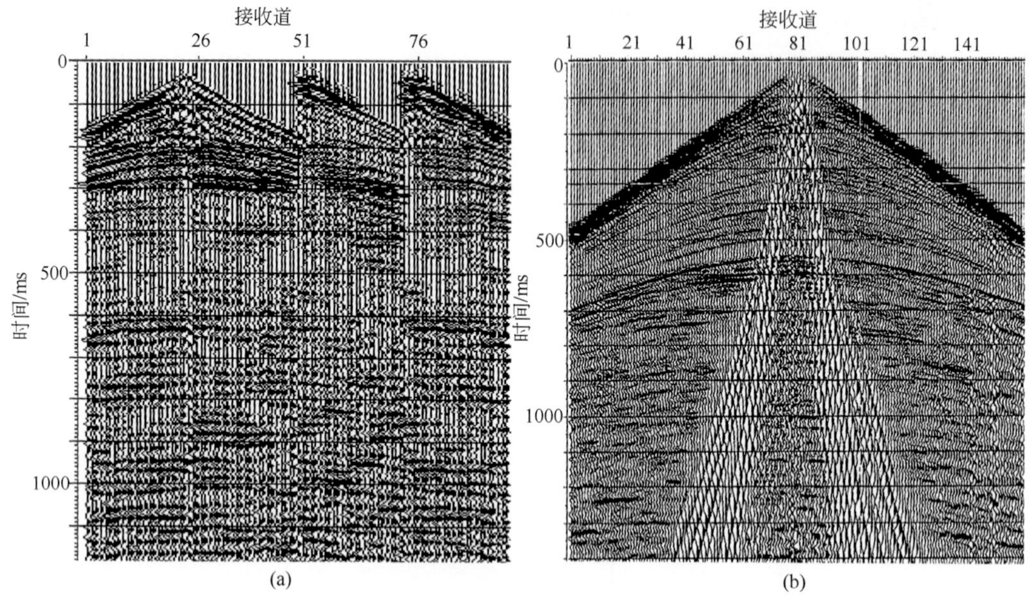

图2-12　我国东部平原煤矿区典型地震记录

（a）兖州矿区；（b）淮南矿区

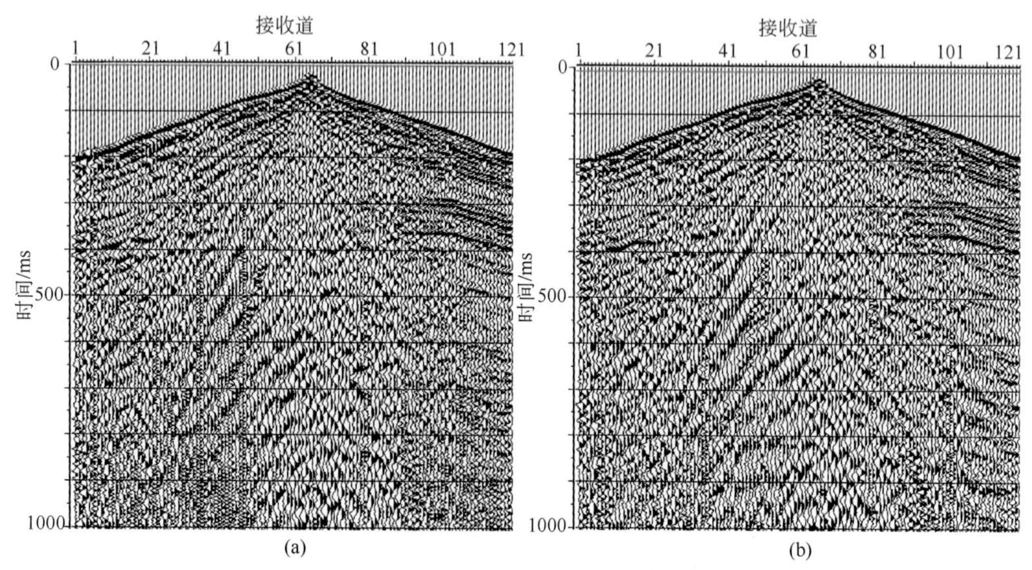

图2-13　我国中部山区典型地震记录

山西阳泉矿区单炮：单井、井深7m。（a）激发药量1kg；（b）激发药量2kg

图2-12为我国东部平原煤矿区典型地震记录，图2-12（a）为兖州矿区单炮记录，激发因素为单井激发，井深20m，药量1kg，在200～300ms附近发育一组煤层反射波，为15

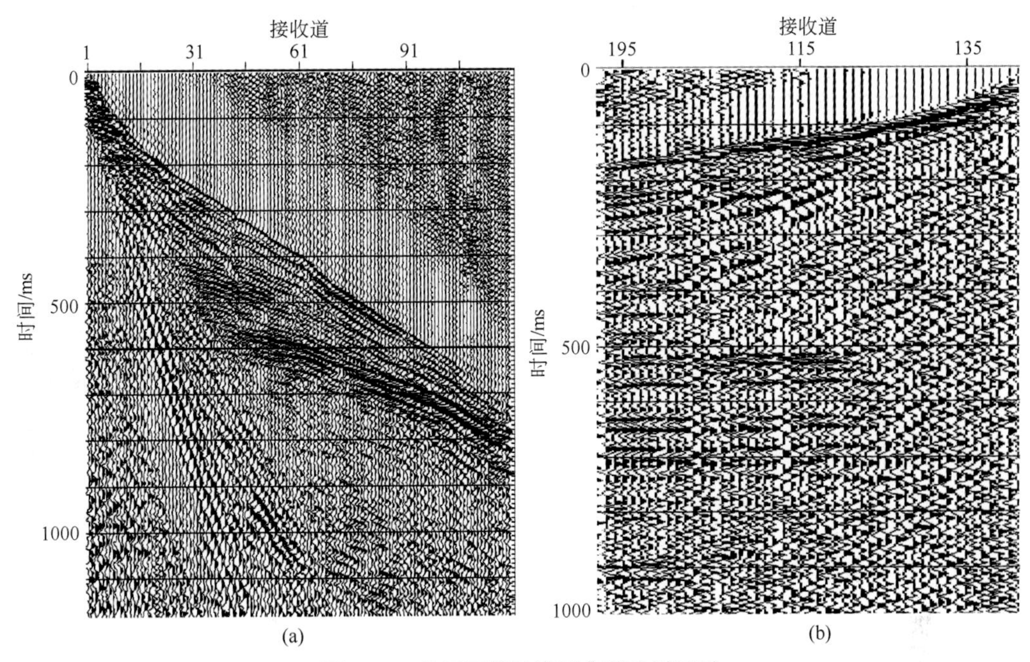

图 2-14　我国西部沙漠区典型地震记录

（a）红四井田典型记录；（b）清水营井田典型记录

煤、16 煤、17 煤、18 煤的煤层反射波。图 2-12（b）为淮南矿区单炮记录，激发参数为：单井激发，井深 8m，药量 1kg，在 550 ~ 750ms 发育多组煤层反射波，为 8 煤、11 煤、13 煤的煤层反射波。

图 2-13 为阳泉矿区的典型单炮记录，激发参数为单井激发，井深 7m，图 2-13（a）炸药量 1kg、图 2-13（b）炸药量 2kg；图中在 300 ~ 400ms 附近发育一组煤层反射波，为 3 煤、8 煤、15 煤的煤层反射波。

图 2-14 为西部沙漠区的典型单炮记录，图 2-14（a）为红四井田单炮记录，采用单井激发、3. 5m 井深，3kg 药量，在 500 ~ 800ms 发育一组反射波，为 5 煤、9 煤的反射波组；图 2-14（b）为清水营井田单炮记录，采用单井激发，16. 5m 井深，药量 2kg，在 500 ~ 700ms 发育一组反射波，为 2 煤、8 煤、18 煤的反射波组。

2. 2　地震检波器的选择

地震检波器是一种埋置在地面（或井中）把由人工震源激发引起的地面（或井中）振动转换成电信号的装置，即拾取地震信号直接输出至采集站数字化后再输出到地震仪进行记录的装置。目前陆地用地震检波器主要有两种类型：一类是模拟地震检波器，另一类是数字地震检波器。前者是油气、煤炭地震勘探中最常用最普及的一类检波器，后者代表了先进技术的发展方向，由于装备使用费用昂贵，目前仅用于地震地质条件较好的区块进行高精度三维地震勘探，基本上处于小规模工业化应用阶段。模拟地震检波器是接收地震振动信号后，检波器输出的是模拟地震电信号，而数字检波器接收振动信号后输出的是数字信号。

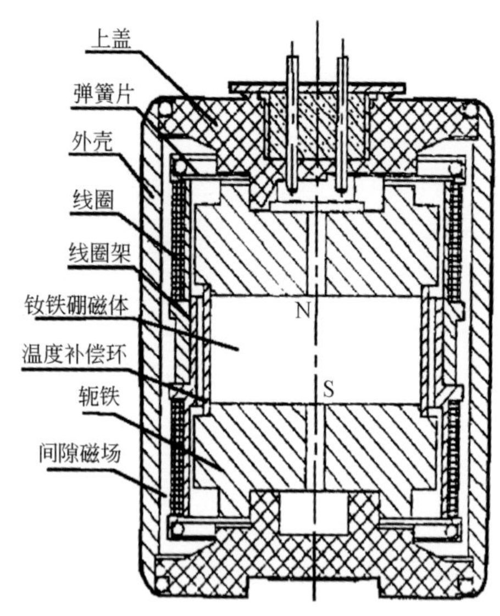

图 2-15　电磁检波器的结构[26]

在陆地地震勘探中所使用的模拟地震检波器几乎全部是采用动圈式电磁型地震检波器，这种检波器拾取地震波所引起地面振动，其机电转换是通过在磁场中安置的线圈与磁铁做相对运动，线圈切割磁力线产生感应电动势来实现的。许多文章和地震勘探教科书都讨论过地震检波器的结构原理[20,24-26]，电磁检波器的一般结构原理如图 2-15 所示。

电磁型地震检波器主要由强磁铁和线圈组成，磁铁牢固在外壳上，线圈由弹簧片与外壳相连，线圈经弹簧悬挂在磁铁生成的磁场之中。当地面开始振动时外壳与磁铁振动，由于惯性线圈不会立即运动，这样磁铁相对线圈做上下振动，并在线圈两端产生电压，这个电压就是检波器的输出信号。线圈的两端接到引出线上，并通过电缆（通常称为“小线”）接到采集站上，采集站将信号数字化后通过大线电缆接到地震仪并记录在磁带上。电磁型检波器是用来检测地面垂直运动的。而对于地面的水平运动来说，因为受线圈悬挂方式的限制，线圈相对磁铁几乎保持不动，即不存在相对运动，磁场中线圈没有切割磁力线，因此对于水平方向运动，检波器输出几乎是零。这种检波器适用于纵波地震勘探，对于横波地震勘探来讲，所用检波器的原理类同，只不过它主要用于检测水平方向的地表运动。

此外，还要防止检波器振荡，因为振荡导致接收信号分辨力降低，故要使检波器具有合适的阻尼，阻尼太大会降低灵敏度，阻尼太小又会导致振荡。一般可通过对检波器的响应特性进行显示检查，阻尼数值可由检波器末端并联合适的分路电阻进行选择。

野外地震数据采集时，是将地震检波器外壳底部的尾锥插入地下，确保所埋置的地震检波器与地面耦合良好。

在海洋、大江、大河等水域地震勘探中使用的地震检波器，通常叫水听器或海洋压力检波器，一般都是压电型的。常使用合成压电材料，如锆酸钡、钛酸钡或黄硅铌钙矿与铅的合金等压电材料制成的薄片，如果压电材料薄片受到外力的作用发生弯曲，则薄片的两面会产生电压差。水听器反映的是压力变化，也就是测量流体介质的加速度，因此又叫加速度地震检波器。无论是哪种类型的检波器，原理都是把地震机械震动转换成电信号，送入地震仪记录下来。

目前，我国煤炭地震勘探采用的模拟地震检波器型号主要有：DZ-CDJ-Z/P100 100Hz、DZ-CDJ-Z/P60 60Hz、DZ-CDJ-Z/P40 40Hz、DZ-CDJ-Z/P30 30Hz、DZ-CDJ-Z/P10 10Hz 等，其参数如表 2-1 所示。

表 2-1　常用地震检波器型号及参数

型号	DZ-CDJ-Z/P 100 100Hz	DZ-CDJ -Z/P 60 60Hz	DZ-CDJ -Z/P 40 40Hz	DZ-CDJ -Z/P 30 30Hz	DZ-CDJ -Z/P 10 10Hz
自然频率 f_n/Hz	100±5%	60±5%	40±5%	30±5%	10±5%
失真度 D/%	≤0. 2				
灵敏度 G/(v/cm/s)	0. 25±5%	0. 3±5%	0. 26±5%	0. 28±5%	
内阻 R/Ω	1020±5%	800±5%	580±5%	415±5%	335±5%
线圈电阻 R_c/Ω	1080±5%	1030±5%	690±5%	500±5%	365±5%

黄土塬煤矿区浅层地震地质条件十分复杂，激发接收条件差，加之浅层黄土层与基岩面强波阻抗界面的能量屏蔽，透射不下去的那部分能量所产生的各种干扰波，使得各种多次波和其他噪声能量特别强。对此，在不同矿区进行了高、中、低频检波器试验和检波器组合试验，目的是利用检波器的频率响应和组合检波技术的方向特性及统计效应压制干扰以提高信噪比，典型地震记录见图 2-16。图 2-16（a）为沟底，坑炮激发、3 井线形组合爆炸，井间距 5m、炸药量 3. 6kg；图 2-16（b）为塬上单深井激发，打入红土层，30m 井深、4kg 药量，60Hz 和 100Hz 检波器对比试验，可以看出 60Hz 检波器接收的地震记录信噪比明显高于 100Hz 检波器。图 2-17 为宁东矿区鸳鸯湖矿区清水营井田地震检波器试验地震记录。井深 6m、3 井组合、井间距 10m、单井炸药量 2kg。可见，60Hz 检波器接收的地震记录信噪比明显高于 100Hz 检波器接收的地震记录信噪比。

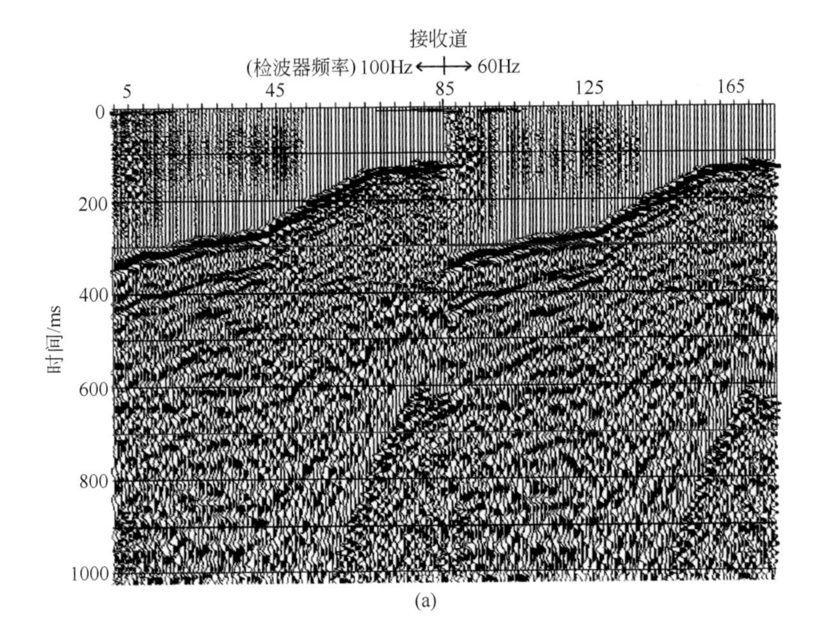

(a)

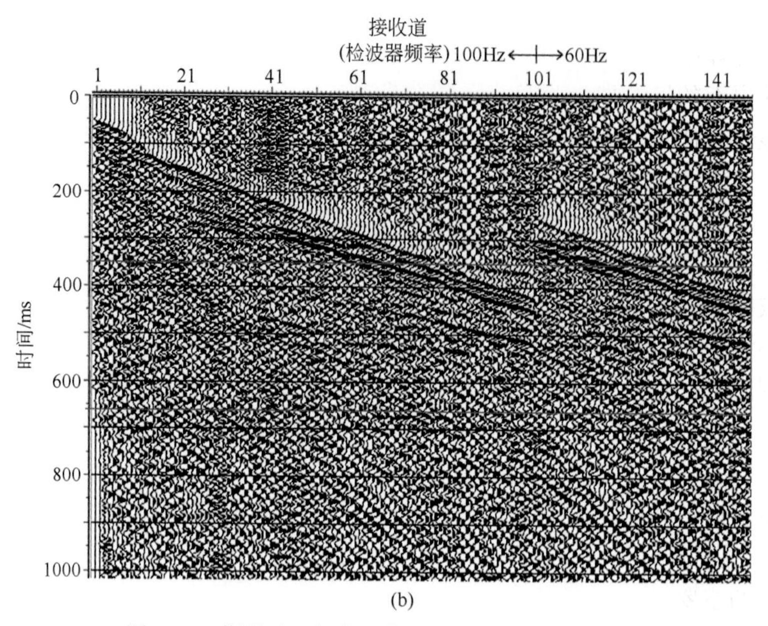

(b)

图 2-16　彬长矿区郭家河井田地震检波器试验记录

(a) 沟底 60Hz、100 Hz 检波器对比；(b) 塬上 60Hz、100 Hz 检波器对比

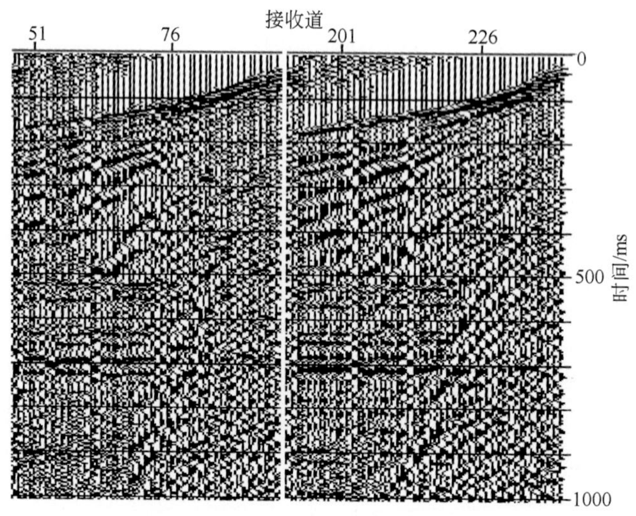

图 2-17　宁东矿区鸳鸯湖矿区清水营井田地震检波器试验记录

2.3　地震激发方法和炸药量的选择

黄土塬煤矿区地形起伏不平，交通十分不便，长期以来炸药一直是黄土塬区地震勘探的唯一震源。炸药是一种特殊的化合物或混合物，它在外力的作用下（如起爆电雷管），

瞬间释放出气体和高热，形成高压气团并急剧膨胀，瞬间将压缩作用施于周围物体，即产生冲击波。在爆炸中心，物体被粉碎和破坏，形成破坏带。在破坏带以外，物体只产生弹性形变，形成岩石的振动带，此时冲击波变成弹性波。研究表明，由爆炸激发的介质的振动衰减速度很快，似正弦脉冲，脉冲的前缘很陡，能量高度集中。在均匀介质中爆炸时近似于中心对称的膨胀型震源主要产生纵波，其等效空洞（指爆炸后开始产生弹性波的那个球体洞）呈球状。在十分疏松非均匀介质中爆炸时，产生的爆炸空洞并非球状。当爆炸空洞并非球状而呈如图 2-18 所示的椭球状时，这是非常不希望发生的情况。因为炸药震源激发的地震波振幅随着与激发点距离的增大而衰减（而黄土塬巨厚黄土层最主要的特点是十分疏松、不均匀，浅部十分干燥，造成这种衰减非常巨烈）。如果炸药激发后所形成的等效空洞与圆球形相差较大，将对不同方向的振幅均有影响。根据球面波振幅衰减规律，振幅应与开始产生弹性波的曲面的曲率半径有关。如图 2-18 所示，X 方向上拟合球面半径为 r_1，Z 方向上拟合球面半径为 r_2，显然 $r_1>r_2$，所以在 X 方向所产生的能量要比在 Z 方向强，因此向下传播的有效能量不强，而向侧面传播的强能量将产生强的面波、折射波和次生干扰[27-29]。这种在黄土弱弹性介质中激发形成的非球状爆炸空洞产生的各种干扰是黄土塬地震激发的主要问题之一。

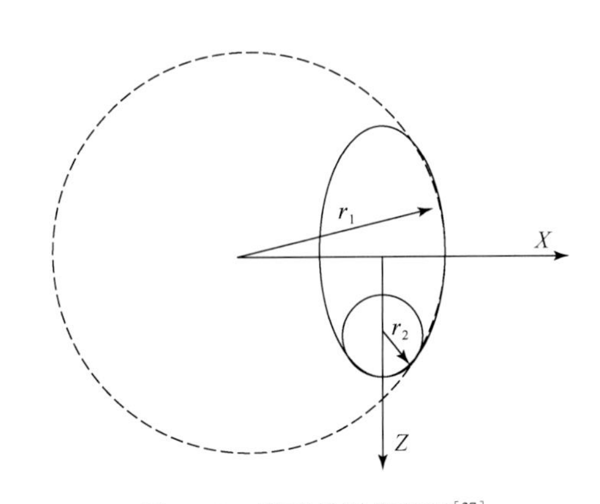

图 2-18 椭球状爆炸空洞[27]

图中实线为椭球状爆炸空洞；r_1 为 X 方向上的曲率半径；r_2 为 Z 方向上的曲率半径

在黄土塬矿区地震勘探中，黄土层与基岩之间的强反射界面屏蔽了地震激发的能量，不利于得到煤层有效反射波。这种能量屏蔽作用常产生的效应是纵波能量透射不下去，临界角小，很小的入射角就产生全反射；透射不下去的那部分能量产生了各种干扰波，使得折射波及多次波能量特别强；中、深层有效反射窗很窄，远道接收不到反射波信号；浅层反射系数大，多次波特别强，容易和地面产生多次反射波。2003 年，王建花[30]等计算给出的鄂尔多斯盆地陕北黄土塬中生界（基岩）界面上能量反射、透射情况，如图 2-19 所示。

在此说明一下，上面讲的爆炸等效空洞与爆炸工程动力学讲的爆炸空腔是不一样的，前人研究认为炸药在土介质中爆炸后，土介质在高温高压爆炸气体的作用下，邻近炸药的土壤受到强烈的压缩，土壤颗粒结构完全被破坏，甚至呈液体状态，整个介质受到爆炸产

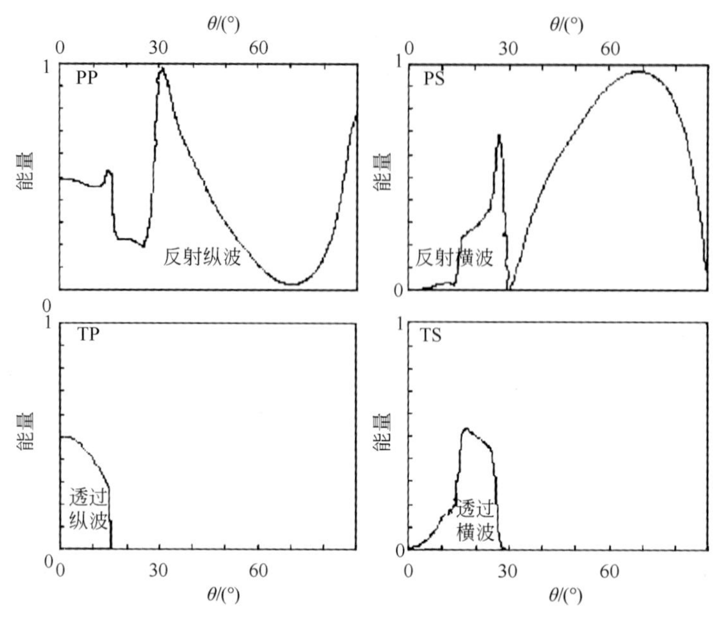

图 2-19　鄂尔多斯盆地降速带（QM）与中生界（MZ）界面的反射、透射能量图[30]

物的挤压而产生径向运动，形成空腔，这个空腔称之为爆炸空腔。在此区域内 $P>\sigma_c$（P 为冲击波的压力，σ_c 为土介质的极限抗压强度），介质的性状与液体相同（不传递剪切波），高压比低压传播得快，是一个稳定的超声速冲击区，P 总是大于 σ_c。在爆炸空腔之外，有一个土体变形较高的区域，其介质结构被破坏和压碎，压缩变形较大，即压塑区（压碎破裂区）。在该区中爆炸能量形成一个超声速传播的应力冲击波。此区域介质性状与液体相同，是稳定的亚声速冲击区，如图 2-20、图 2-21 所示。随着冲击波阵面与爆炸源距离的增加，爆炸能量在冲击波传播距离 3 次方的体积空间内分布，冲击波的压力将迅速下降。此区域内冲击波不能破坏土体结构，但能发生塑性变形，形成带有残余变形的弹塑性区，传播的应力波是弹塑性波。弹塑性区域之外为弹性区，此区域传播的应力波即为弹性波。也就是前面所谈到的爆炸等效空洞之外的区域。

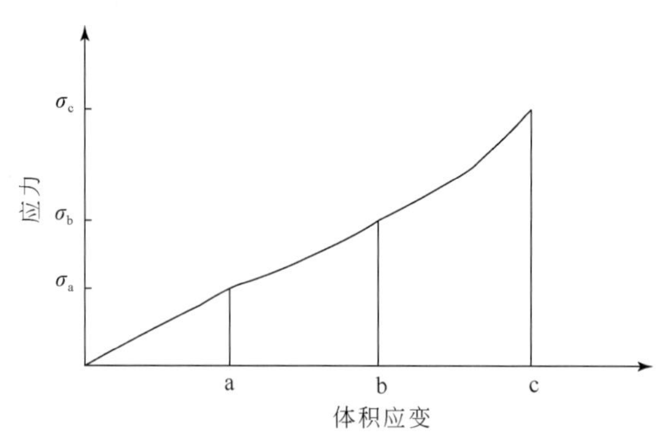

图 2-20　土壤的应力-体积应变关系示意图[28]

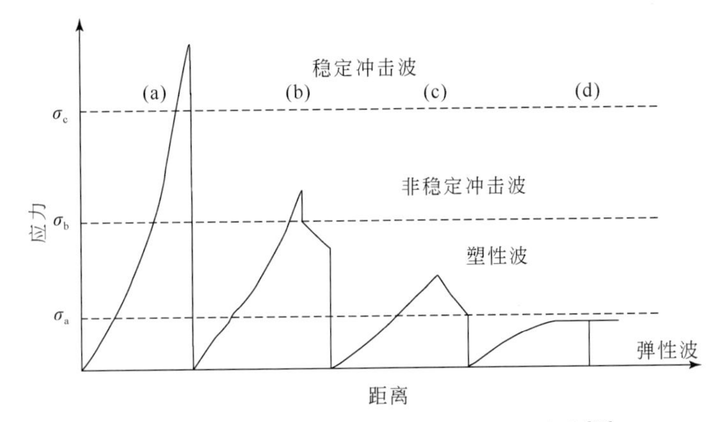

图2-21　土壤介质中爆炸波应力随距离的变化[28]

（a）稳定冲击波区（形成爆炸空腔）；（b）非稳定冲击波区（形成压碎破裂区）；（c）塑性变形区；（d）弹性区

2.3.1　地震激发井深

在黄土塬地震勘探中，主要采用井中爆炸，只是在黄土山沟基岩出露或沟内黄土覆盖很薄仅2～3m且常年流水地段偶尔采用坑中或浅井爆炸。应该说井中爆炸是黄土塬区激发地震波最常用的方法。一般都采用轻便钻机、“洛阳铲”钻井，钻井深度视地震勘探项目所在地地震试验所选定的参数为准。一个新区，试验点钻井深度一般在10～40m，最深达60m。根据过去各地勘探的经验可知：第四系松散层覆盖区地震激发在潜水面以下爆炸效果要比潜水面以上爆炸的效果好；在黏土中爆炸比在沙层中爆炸产生的有效能量大。黄土塬区潜水面埋藏很深，前已述及黄土塬区浅层速度很低，只有底部黄土层速度可达1700～1800m/s。

吕公河[31]认为黄土塬区的黄土及南方碳酸盐岩裸露区的石灰岩是地震勘探中最差的爆炸介质，在这两种介质中激发地震有效波相当困难，其根本原因是黄土层、石灰岩这两类介质的弹性性质不好。弹性相对较差的岩层通常称之为弱弹性介质[25-35]，根据介质具有的性质，弱弹性介质可分为两类：一类是塑性较强的弱弹性介质如黄土塬黄土；另一类是刚性较强的弱弹性介质如石灰岩。塑性较强的介质易产生变形，但不能恢复这种变形，也就是易产生塑性变形；而刚性较强的介质则不易产生形变，表现为刚性。因此这两类介质中激发产生的弹性波都有不足之处，对产生较高能量的弹性波造成困难。黄土塬的黄土是典型的塑性较强而弹性较弱的介质。

以往在渭北黄土塬煤矿区地震勘探前都要进行系统的井深测试（黄土层厚度均大于100m），图2-22为韩城矿区40m和75m井深，6kg药量单井激发单炮记录；图2-23为彬长矿区30m和60m井深，6kg药量单井激发单炮记录；图2-24为澄合矿区9m和20m井深，6kg药量单井激发单炮记录。试验中将所有的爆炸井中灌满水或用土填埋来夯紧炸药包，以防止井口干扰的产生。防止炸药漂浮移动的办法是在炸药包上捆绑一束草。

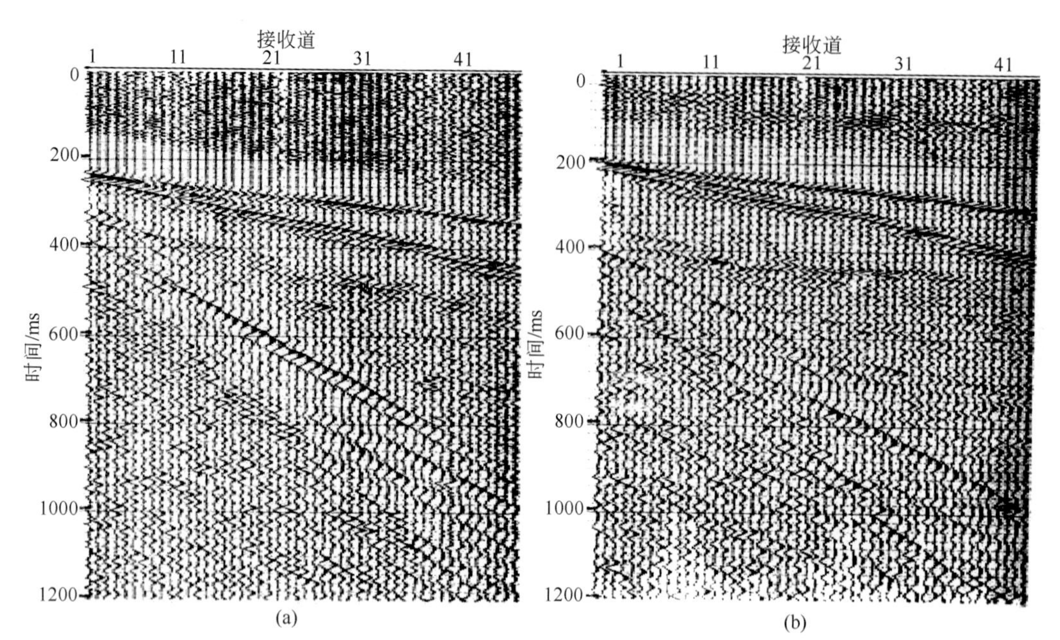

图 2-22 韩城矿区乔子玄普查地震激发井深试验地震记录（黄土厚 150m）

（a）井深 40m；（b）井深 75m

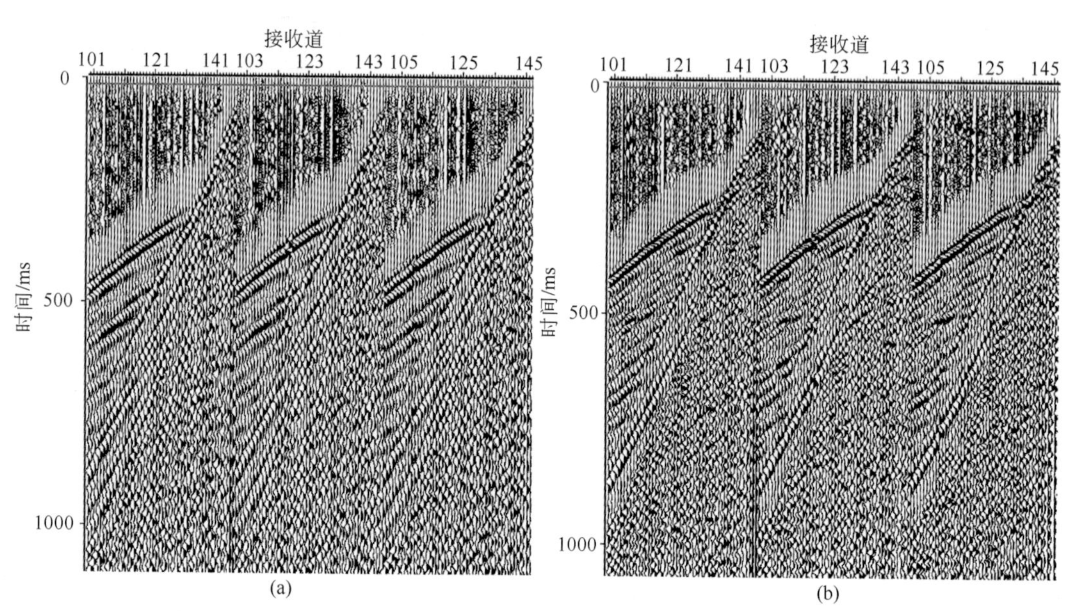

图 2-23 彬长矿区大佛寺煤矿地震激发井深试验地震记录（黄土厚 200m）

（a）30m；（b）60m

由以上地震记录可见，其特点是：

1）爆炸深度较浅时面波很强，爆炸深度增加大于面波波长，则可使面波干扰得到削弱，但效果不是非常明显；

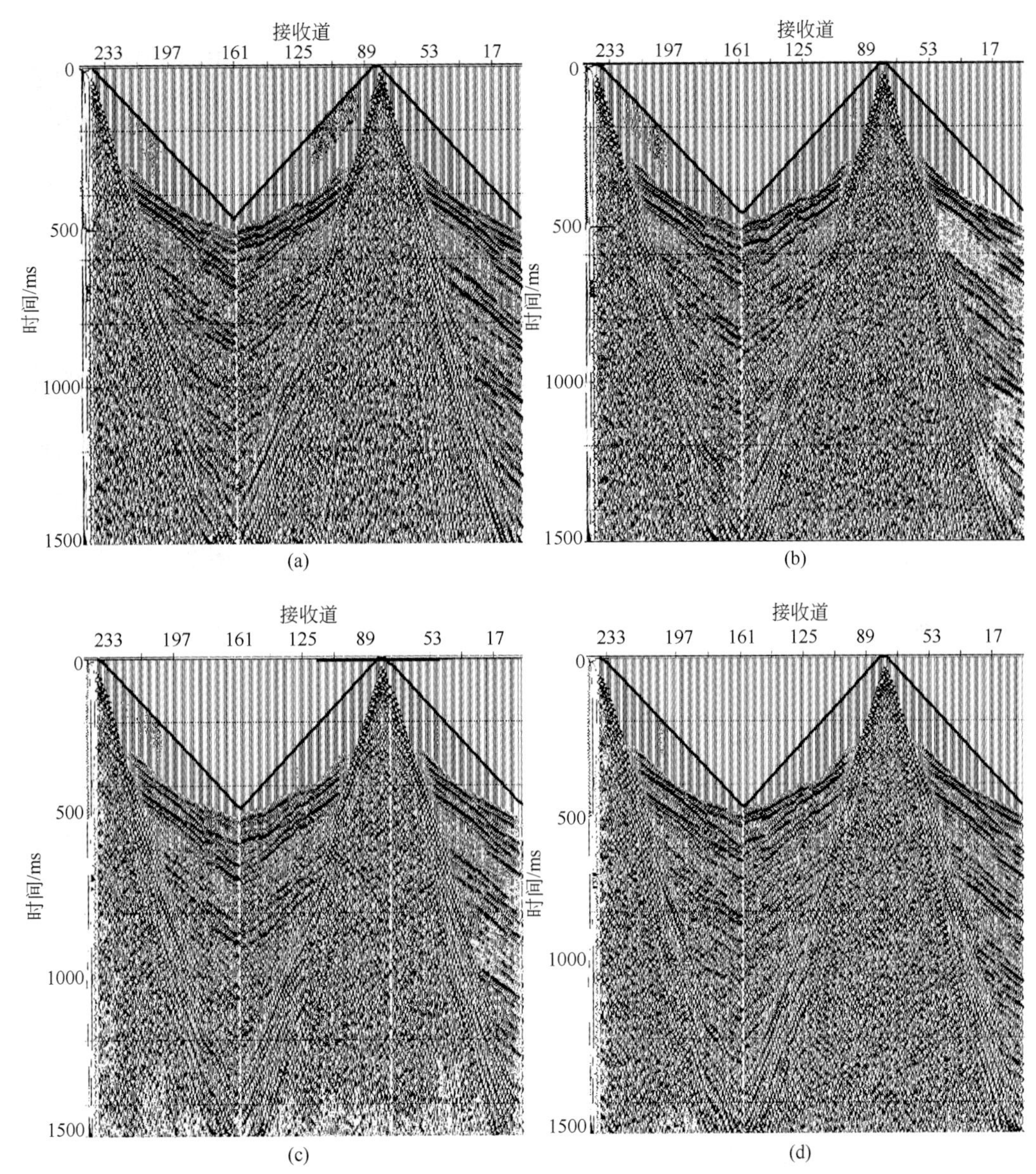

图 2-24　澄合矿区山阳井田地震激发井深试验地震记录（黄土厚 150m）

（a）9m；（b）12m；（c）15m；（d）20m

2）黄土胶结差、结构松散，对地震波能量吸收衰减作用强烈，在黄土中激发，有效波能量弱，干扰占主导地位；

3）单井激发，井深达到一定深度才能获得较为理想的有效波，否则干扰过大，有效波能量太弱，激发效果差。

综上所述，可认为巨厚黄土塬区不适宜采用单井激发。

2.3.2　炸药量大小问题

爆炸所产生的冲击波能量与炸药的物理化学性质有关，当然也与炸药量大小有关。目前煤炭地震勘探中采用的炸药种类主要有三种，即硝胺炸药、地震勘探专用震源药柱、乳化甘油炸药，这几种炸药的物理化学性质基本能满足煤炭地震勘探的要求。

一般认为炸药量 Q 与地震脉冲的振幅 A 有以下关系：

$$A = K_1 Q^{m_1} \tag{2-1}$$

式中，K_1 和 m_1 都是系数，当炸药量较小时 m_1 趋于 1，地震脉冲振幅与炸药量成正比；炸药量大时，m_1 可减小至 0.5，甚至 0.1。这主要是由于炸药量很小时，对周围介质破坏作用小，爆炸产生的大部分能量转为弹性波；而炸药量较大时，大部分能量损耗破坏周围的介质，分配于弹性波的能量比例减小。振动振幅与炸药量的关系随不同地区地震地质条件而异[1]。炸药量大小和勘探深度有关，一般要求最大勘探深度的反射波振幅，应比环境噪声大 2 ~4 倍才认为炸药量是适中的，黄土塬区达不到这个标准。黄土塬区，能在单炮地震记录上看见反射波或断断续续的反射同相轴，这种地震记录就已经是较好的地震记录了。有了这样的勘探记录，提高信噪比还要靠高次覆盖技术，这样一般都可取得好的勘探效果。

另外，由爆炸理论可知，激发地震波的频率与炸药量有如下关系[1,21]，即：

$$\frac{1}{f} = K Q^{m_2} \tag{2-2}$$

式中，f 为地震波的主频；K 为与激发介质有关的比例常数；m_2 为与炸药量有关的系数；Q 为炸药量。

由式（2-2）可见，炸药量大时产生的波频率低，相反小炸药量可提高激发频率，但高频率的抗噪能力低。此外，随着炸药量增大，波的延续度增大，相位数目增加，但炸药量改变，对不同相位的振幅比影响很小。图 2-25 为彬长矿区文家坡井田三维地震勘探生产前炸药量试验地震记录，图 2-25（a）、图 2-25（b）、图 2-25（c）分别为 15m 井深，1kg、2kg、3kg 药量单炮记录。

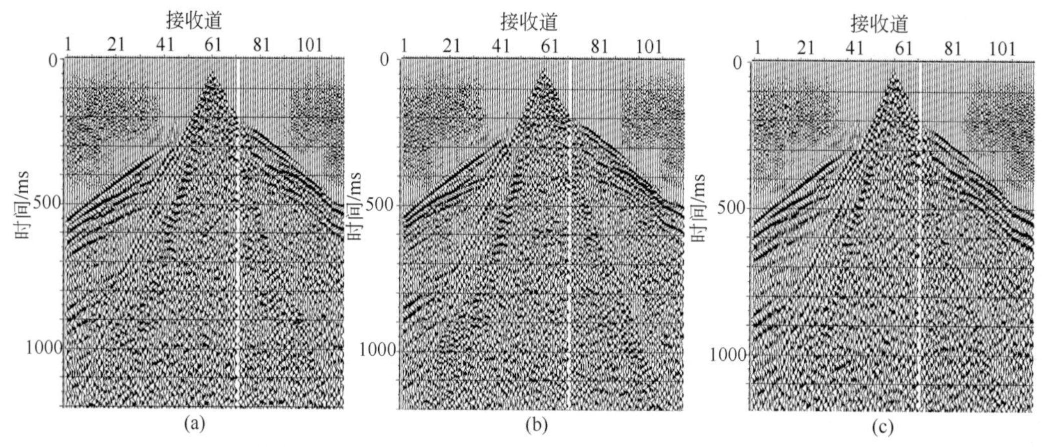

图 2-25　彬长矿区文家坡井田三维地震勘探生产前炸药量试验地震记录

（a）药量 1kg；（b）药量 2kg；（c）药量 3kg

2.3.3　地震井组合爆炸

1. 组合爆炸基本原理

地震组合爆炸是指在相距一定距离（一般为 5 ~ 20m）的多口钻井中装入一定量炸药，多口井炸药包同时爆炸构成的一个总震源来激发地震波。地震组合爆炸分为两大类：一类是线形组合爆炸，即将激发点沿地震测线方向等间距地布置各个激发点，也可垂直测线方向等间距地布置各个激发点。另一类是面积组合爆炸，即将激发点分布在一个面积内布置多个激发点。面积组合有各种不同的组合图形，如放射状圆形、三角形、平行四边形、菱形、矩形、正方形等。采用组合爆炸法压制干扰提高地震信噪比的基本理论是人们发现干扰波与有效波除了频谱差异外，还有两方面的差异，一个是出现规律的差异，另一个是传播方向的差异。利用组合爆炸（组合检波）的方向性效应可以压制规则干扰波，而利用组合爆炸（组合检波）的统计效应可以压制不规则随机干扰。地震组合法包括组合爆炸和地震检波器组合，在原理上与混波器有很多相似之处，它们都是利用有效波前与干扰波前的传播方向不同来压制干扰波、突出有效波，从而提高单炮记录的信噪比，这在许多教科书和论文已有详细讨论[1,3,18-20]。应用组合爆炸方法工作，能否保证在地震记录上识别有效波，在很大程度上由爆炸点的布置方式来确定。因此，研究各种不同的爆炸点布置方式及其如何压制干扰提高信噪比，将有十分重要的实际意义。

2. 黄土塬煤矿区组合爆炸试验

黄土塬煤矿区地震勘探的问题是得不到可用于地质构造解释的反射地震记录，因此一直是煤炭地震勘探的“禁区”。作者于 1998 年首次在近 200m 厚黄土层覆盖的渭北黄土塬区，通过试验采用一种大基距组合爆炸方法，取得了我国第一个黄土塬煤矿地震剖面，见图 2-26、图 2-27。从图中可以看出，在爆炸井间距加大，井深、炸药量不变的情况下，低频噪声得到明显压制，有效波的连续性、信噪比明显提高。直线形组合爆炸技术在其后黄土塬区的几十个三维地震勘探项目中因地制宜的广泛应用，取得了较好的地质效果。

随后在类似黄土塬地区，如陕西渭北澄合矿区、彬长矿区、宁中矿区等开展的地震勘探工作中，在正式生产前均进行单井与组合井的爆炸试验并对比其效果，优选出适合于该勘探区的最佳激发参数。澄合矿区激发对比效果如图 2-28 所示，由图 2-28（a）知：井深为 12m 时，单井激发获得的单炮记录上面干扰波占主导地位，看不到有效波；由图 2-28（b）知：井深增至 19m 时，单井激发得到的记录显示对干扰的压制效果较为明显，但是仍看不到有效波；由图 2-28（c）知：采用 12m 井深，3 井组合，组内距 5m 时，在 570 ~ 620ms，目的层反射波有了一定反映；由图 2-28（d）知：将组内距增加至 10m 时，目的层反射波清晰、连续。图 2-29 为组合井激发获得的典型时间剖面图，可以看到目的层反

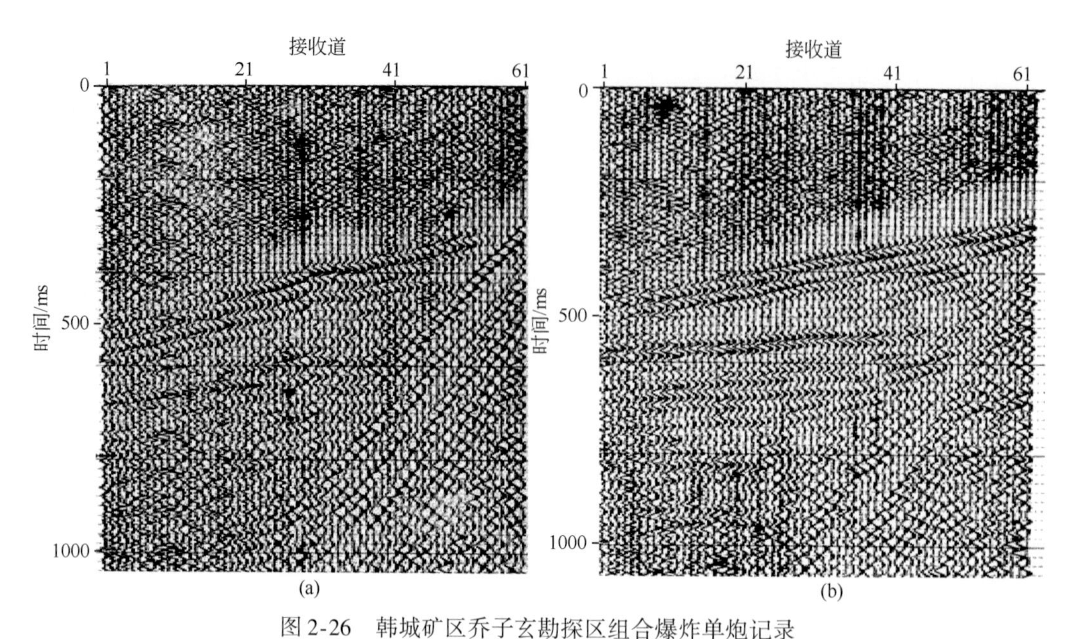

图 2-26　韩城矿区乔子玄勘探区组合爆炸单炮记录

(a) 3 井组合，组内距 5m，井深 12m，药量 2kg/井；(b) 3 井组合，组内距 10m，井深 12m，药量 2kg/井

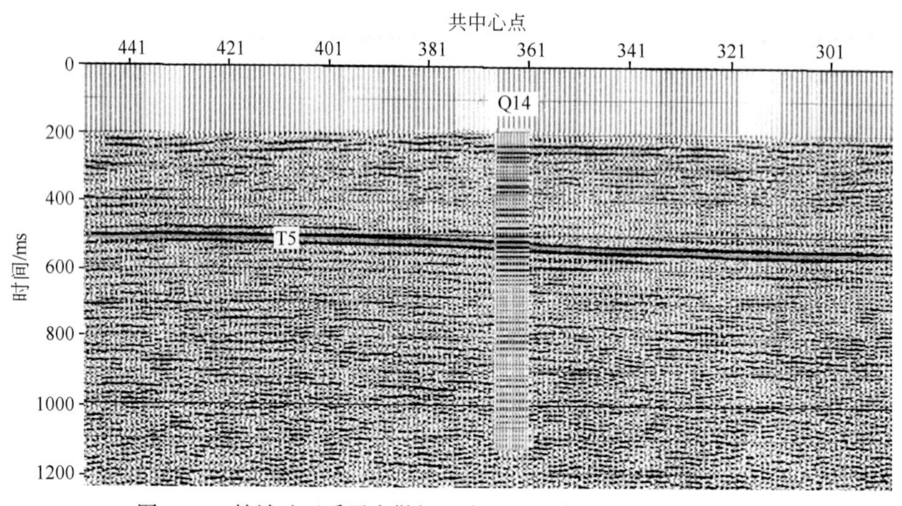

图 2-27　韩城矿区乔子玄勘探区大基距组合爆炸地震时间剖面

激发参数：3 井组合，组内距 10m，井深 12m，药量 2kg/井；T5 波为 5 号煤层反射波

射波能量强、连续性好、剖面质量高，也进一步印证了组合激发的有效性。

图 2-30 和图 2-31 为彬长矿区单井激发与组合井激发效果对比分析图。从图 2-30 (a)、图 2-30 (b) 上可以看出，单井激发所获的地震记录上看不到有效波；从图 2-30 (c) 和图 2-31 (d) 上明显可以看出，在 600 ~ 700ms 处，发育一组煤层反射波，连续性较好、能量也较强。从 4 张单炮记录分析，单井激发效果较差，而组合井激发采用同相的激发深度和药量，能有效压制干扰，增大激发能量，获得较为理想的激发效果。图 3-31

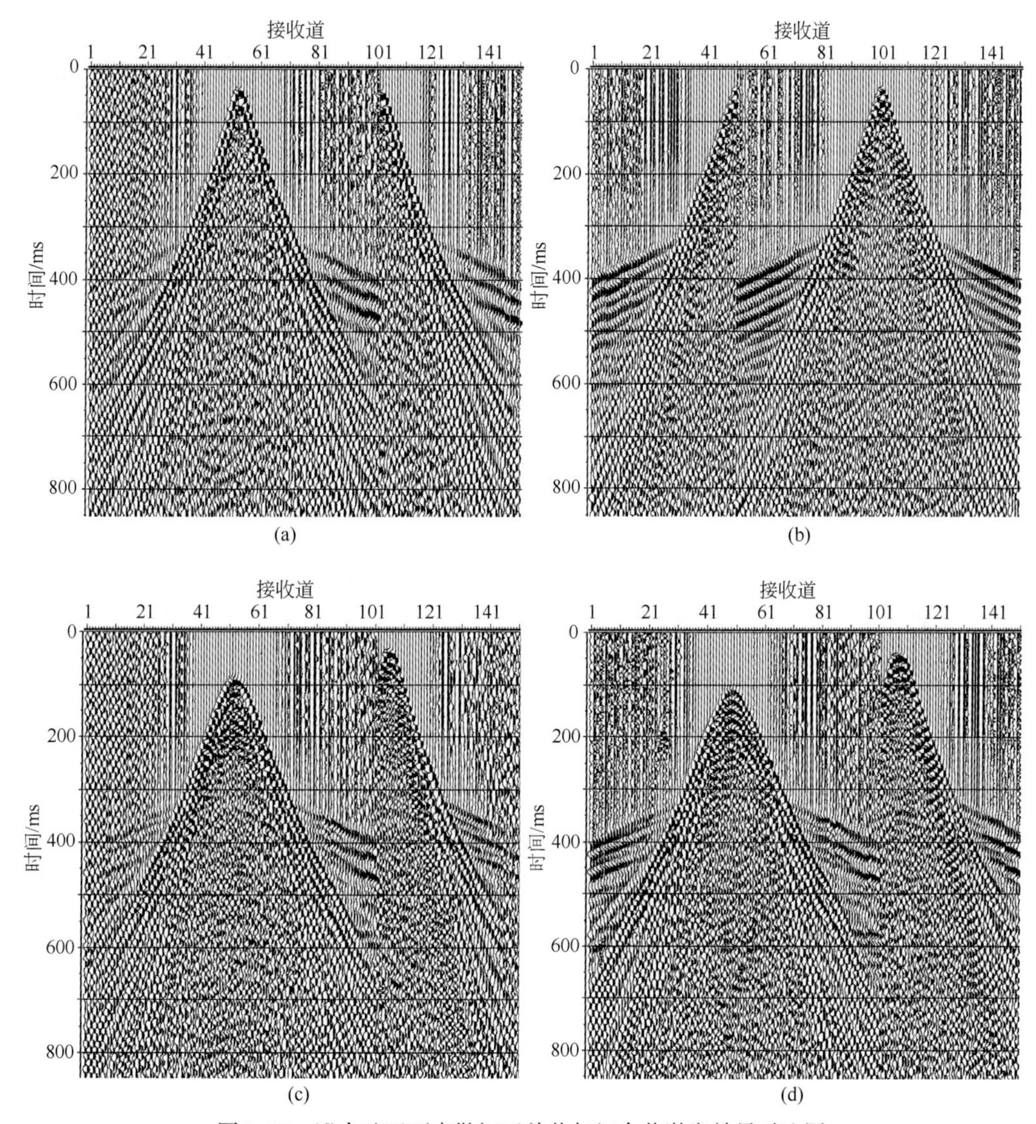

图2-28　澄合矿区西卓勘探区单井与组合井激发效果对比图

（a）单井激发，12m井深，3kg药量；（b）单井激发，19m井深，3kg药量；

（c）三井组合激发，12m井深，药量1kg/井，组内距5m；

（d）三井组合激发，12m井深，药量1kg/井，组内距10m

为采用三井组合激发，组内距5m，获得的典型时间剖面，可以看出有效波T4波能量强、连续性好，进一步印证在黄土塬区组合激发的适用性。

从以上彬长矿区的典型地震记录及各黄土塬勘探区地震勘探的实践经验表明：在黄土塬煤矿区地震采集中，采用组合爆炸技术是最经济、合理、有效的。归纳出以下三点。

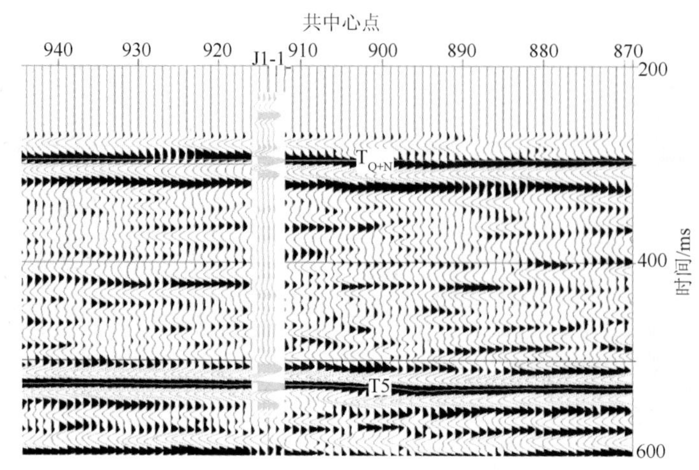

图 2-29　澄合矿区西卓勘探区组合井激发时间剖面图

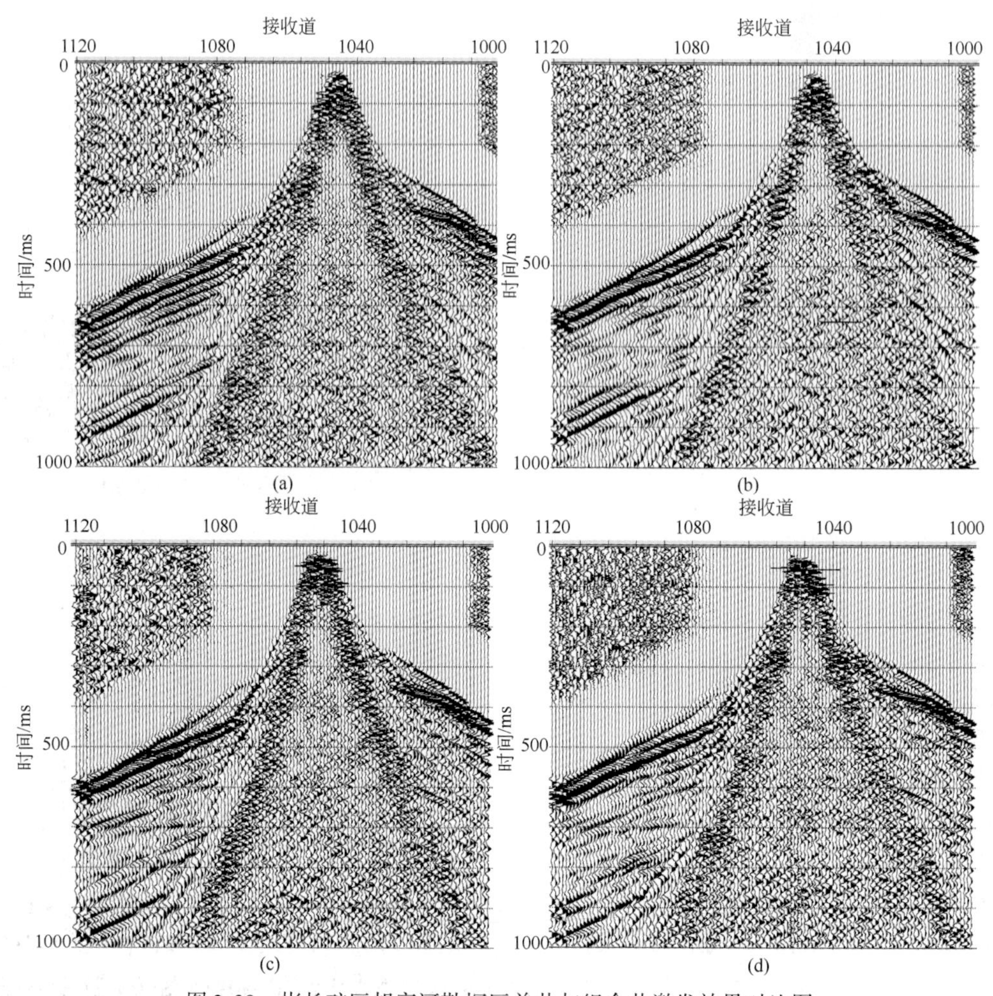

图 2-30　彬长矿区胡家河勘探区单井与组合井激发效果对比图

（a）单井激发，17m 井深，2kg 药量；（b）单井激发，17m 井深，3kg 药量；

（c）三井组合激发，15m 井深，药量 1kg/井；（d）五井组合激发，15m 井深，药量 1kg/井

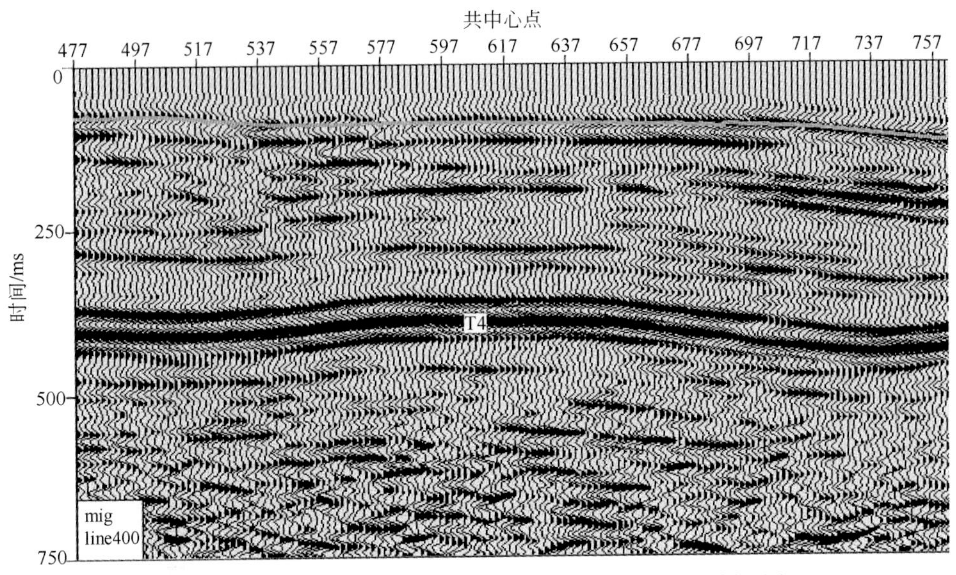

图2-31　彬长矿区胡家河勘探区组合井激发典型时间剖面图

1）黄土塬区开展地震勘探工作，必须采用因地制宜的大基距、大组内距地震组合爆炸技术。各爆炸井的炸药包沉放深度，应尽可能埋设在同一高程。组合爆炸井距根据井数而定，三井组合爆炸井距一般5～10m。随着组合激发基距的加大，在弱弹性介质中激发的地震波信噪比即可提高，尤其是对低频噪声的压制较明显，有效波连续性也明显提高，说明较大的激发组合基距较好利用了弱弹性介质的弹性性质，能够产生较强的地震波信号。

2）每炮总炸药量根据地区和勘探深度而定，一般不能小于3kg，厚且速度更低的黄土区，一般不得小于6kg。鄂尔多斯盆地西部黄土塬煤矿区（黄土层厚200～300m）块段，每炮（5～7井组合）总炸药量14kg以上。

3）激发条件以选择较高速潮湿黄土层或红色古土壤地层为好，药量不宜过大，药量过大容易带来较强的面波干扰、降低有效波频率。

为什么组合爆炸能在黄土塬区获得较好的地震反射记录，而单井爆炸时地震信噪比却很低？主要原因是黄土是一种塑性较强的介质，黄土易产生塑性变形，故弹性差。在地震勘探中，总是希望有更多的外力作用的能量转换成弹性形变，从而增强弹性波能量，而过多的塑性形变会消耗较多能量。研究认为[31,36]，一个物体在确定的外力作用下，主要表现弹性还是塑性，一般取决于三个条件：①物体本身的性质（它的成分、晶体结构、加工和处理情况及其尺寸等）；②外力特点（大小、方向、作用时间、变化频率即载荷速度等）；③物体所在的环境（温度、压强等）。这三个条件中唯一能改变的是对介质施加力的特点，包括大小、方向和作用时间、变化频率等，同时还认为物体大小和作用力施加面的大小，也对物体的弹性和塑性甚至是刚性表现有一定影响。当作用力足够小和作用时间足够短时，许多固体可以看成弹性体，物体较小，物体密度较低时，易表现为塑性，密度较大时，易表现为刚性（即不可形变）；对物体施加力的作用面小时，易显示物体的塑性，作用面大时，易显示物体的弹性。即增大激发作用面，可更好地利用弱弹性介质的弹性性质，激发出较强的弹性波。单井激发增加炸药量当然可增加作用面，但在横向上会产更强的近地表次生噪声；而组合爆炸特别是基距大的适当药量的组合爆炸可以增加作用面，增加下传能量。从平面波前法来看，平面波前法为什么具有穿透浅层反射界面的屏蔽作用，主要是它可以使波阵面接近于平面波前入射到浅强反射面上的入射角很小，接近于垂直入射，从弹性波能量透射规律来看，当入射角很小时，纵波容易透过第四系与煤系基岩间的强反射界面，但这种方法有局限性，适于地层倾角接近水平，注意这种平面波前法会导致以下结果：①倾斜地层的反射波被压制；②横向分辨率会降低。从平面波前法的理论启示来看，采用较大基距组合爆炸应该是一种折中的方法，它有利于提高黄土塬地震记录的信噪比，当然组合爆炸的方向特性和统计效应也起到重要作用[30]。

近年来在各地黄土塬煤矿采区三维地震采集中，地震组合爆炸采用的参数如表 2-2 所示。

表 2-2　鄂尔多斯盆地黄土塬煤矿区采区三维地震组合爆炸参数表（据不完全统计）

地区		井数/口	井深/m	组内距一般/m	组合基距一般/m	组合图形	炸药量/(kg/井)
鄂尔多斯盆地黄土塬区	东缘河东地区	3、5、7	6 ~ 25	5 ~ 10	15 ~ 35	线性组合	1 ~ 2
	东南缘韩城地区	3、5	13 ~ 35	5 ~ 10	15 ~ 25	线性组合	1 ~ 2
	南缘	3、5	13 ~ 35	5 ~ 10	15 ~ 40	线性组合	1 ~ 2
	西南缘	3、5、7	13 ~ 35	5 ~ 10	15 ~ 40	线性组合	1 ~ 3

2.4　井中爆炸垂直叠加试验

通常所谓的延迟爆炸是指在同一炮井内的几包炸药按一定空间间隔依次放置，激发时首先起爆最上面的第一包炸药，当所激发的地震波到达第二包炸药所在的位置时，第二包炸药开始爆炸，按此方式从上到下依次起爆下面的几包炸药。这种煤炸方法通常用于提高深层反射信号强度，具有明显的方向性[37,38]。

基于延迟爆炸的基本原理思路，作者用同一井不同井深爆炸所获地震记录进行直接垂直叠加试验。由于爆炸深度不同，因此各炸药包激发的振动液到达地震反射面的时间各有差别，时差大小与爆炸深度、浅层速度结构及速度变化有关，从某种意义讲各炮地震记录的叠加也就意味着不同时间差的地震记录的叠加，这对压制低速干扰和不规则随机干扰是有利的，这种叠加方法我们称之为井中爆炸垂直叠加，又叫井中爆炸垂直延时叠加。这种方法的好处是各炸药包激发后不形成较大的能量干涉区，大部分能量被抵消，从某种意义看类似于混波。这种方法的缺点是降低了反射分辨率，对于小断层可能成像更模糊。图 2-32 为山西省煤炭地质物探测绘院在宁中煤田 JLC 井田采用药量 2kg，分别获得的 18m、30m、42m、48m、54m、60m 井深单炮记录。图 2-33 为宁中煤田 JLC 井田 6 种激发井深，井中爆炸垂直叠加记录。

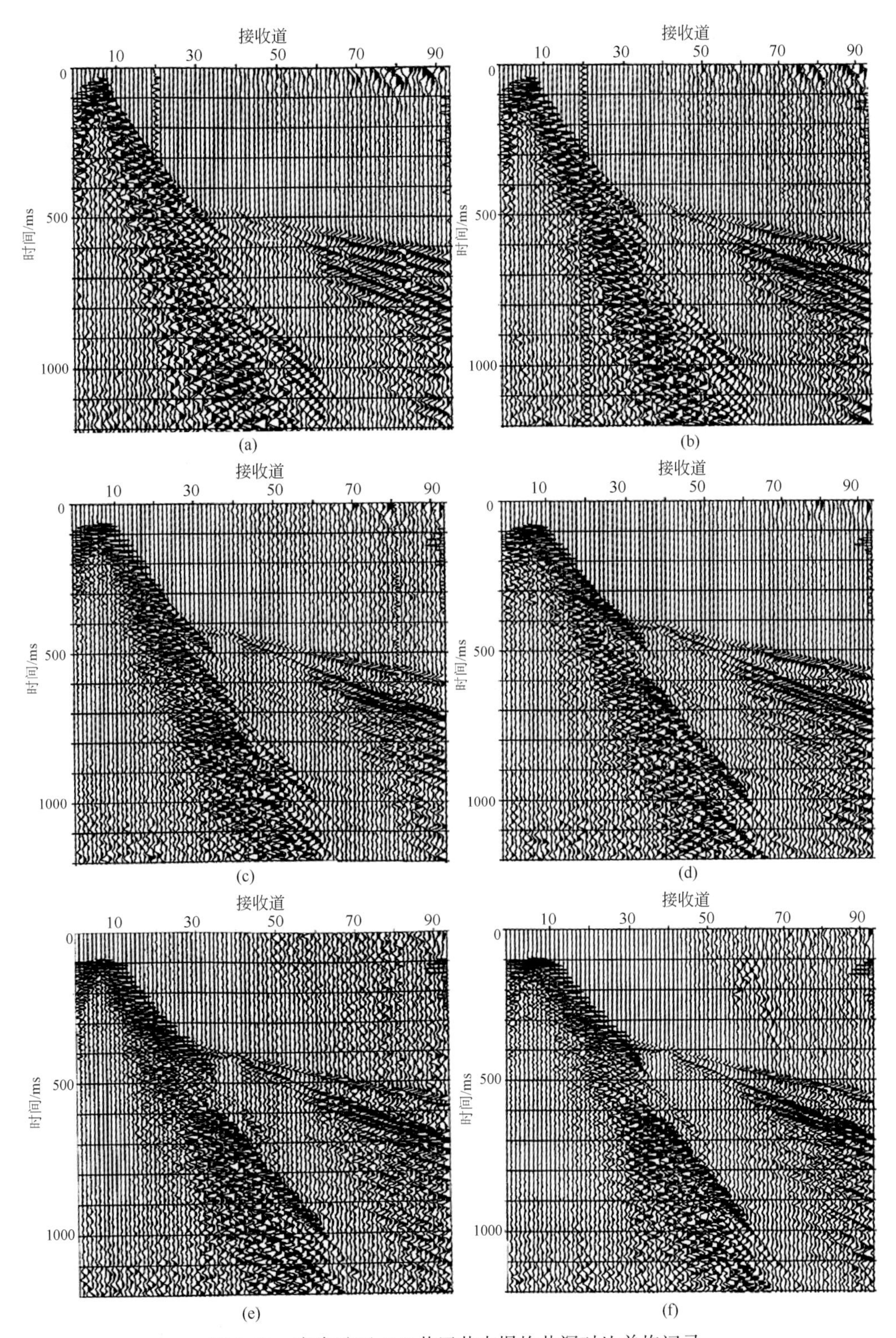

图2-32　宁中矿区JLC井田井中爆炸井深对比单炮记录

(a) 2kg药量，18m井深单炮；(b) 2kg药量，30m井深单炮；(c) 2kg药量，42m井深单炮；(d) 2kg药量，48m井深单炮；(e) 2kg药量，54m井深单炮；(f) 2kg药量，60m井深单炮

在厚黄土覆盖区，当激发井深不能打穿厚黄土层时，激发井深的加大，对于记录的清晰度改善作用不明显。在图 2-32 上可以看出，随着井深从 18m 增大至 60m，在获得的 6 张单炮记录上，井深小于 40m 的单炮干扰波发育，随着井深的增加，干扰波频率有所提升，但有效波仍不清晰，仅在 60m 井深单炮的远道上（600 ~ 700ms）看到有较弱的有效波发育，但其能量较弱。

对 JLC#6 种激井深地震记录进行重直延时叠加后，在图 2-33 上可以看到，在 650 ~ 680ms 发育较强的一组煤层反射波，该组波能量相对较强，连续性较好，叠加效果明显。这一结论在陕西澄合矿区、彬长矿区等黄土塬区也得到了印证。

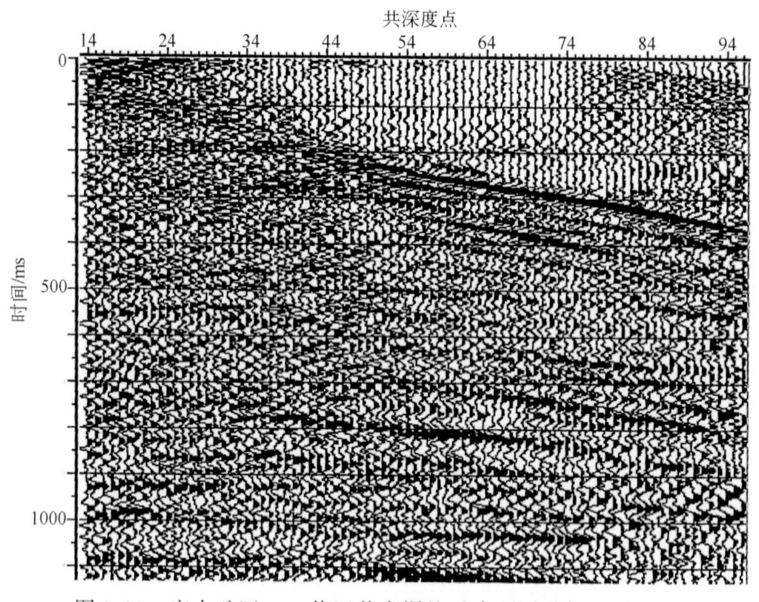

图 2-33　宁中矿区 JLC 井田井中爆炸垂直延时叠加地震记录

2.5　三维地震观测系统

三维地震观测系统的类型主要包括正交线束三维观测（直线法、砖墙式、奇偶法）、Flexi 面元或面元细分（非正交线束设计、六角形设计、钮扣状排列片）等[39-41]。由于黄土塬区地形十分复杂，目前主要采用线束三维地震观测系统和束状接收网状炮点激发三维地震观测系统。

2.5.1　三维地震观测系统设计的一般原则

三维地震观测系统设计的一般原则通常包括：

（1）面元道集内炮检距分布均匀；

（2）共中心点或共反射点覆盖次数分布均匀，保证目的层有足够的覆盖次数；

（3）静校正耦合较好（相邻 CMP 道集中有较多的相同激发点和接收点）；

(4) 充分利用设备资源，在获得较好地质效果的前提下，降低采集费用；
(5) 共中心点或共反射点间隔根据勘探目的层复杂程度而定；
(6) 尽力避免采集脚印；
(7) 接收线距宜为道距的整数倍。

2.5.2　常规三维地震观测系统

黄土塬煤矿区的常规三维地震观测系统主要为线束三维地震观测系统。这个系统由多条（8～12 条）平行的接收线和以一定间距且垂直于接收线的炮点（炮线）组成。黄土塬煤矿区典型的观测系统有 8 线 10 炮、10 线 10 炮、10 线 15 炮等，图 2-34 为 10 线 10 炮线束三维观测系统。

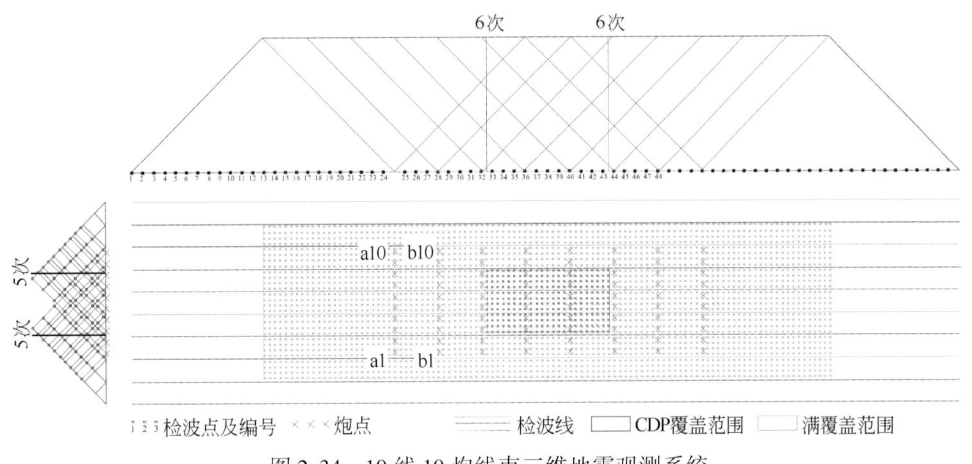

图 2-34　10 线 10 炮线束三维地震观测系统

二维地震勘探时，激发点和接收点排列在一条线上，而三维地震勘探时激发点和接收点在地表是按面分布布置的，它可以产生基本等距的地下地震数据组成的三维地震数据体，并且每个共深度点（或共反射点）的数据均为重叠接收。图 2-34 中的炮点和接收点的平面布置看得很清楚，在这个系统里每个块段有 10 条接收线，10 条炮线，每放一炮有

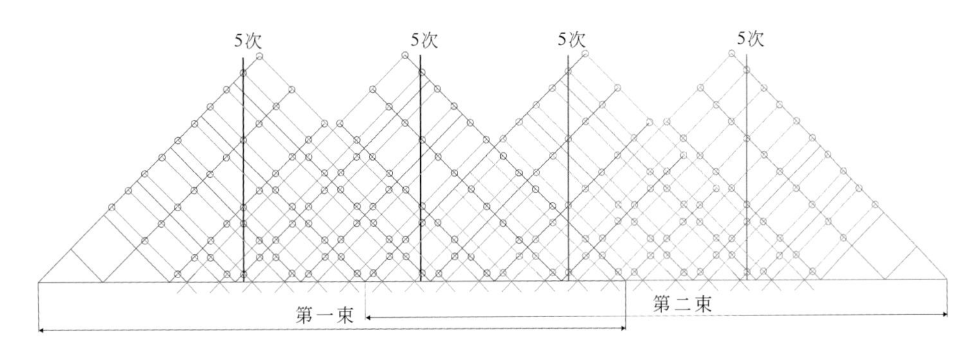

图 2-35　线束三维地震观测系统横向移动排列示意图

600（10×60）道（组合检波）同时接收。勘探时第一炮为a1，第二炮为a2，……，第十炮为a10，至此第一块段勘探完成，接收线向前滚动4道组成新的排列块段，继续依次放炮，第十一炮b1，第十二炮b2，……，第二十炮b10。依此逐点爆炸完成第一束采集后，向下束线滚动5条接收线，按上述方法完成第二束线采集。排列滚动方法，如图2-35所示。

2.5.3 半束状三维地震观测系统

基于黄土塬煤矿区沟壑纵横，地表起伏变化剧烈，黄土覆盖厚度在100～200m，干燥、疏松，激发条件很差。黄土塬区的沟系呈不规则的网状分布，沟系呈树枝状不闭合状，有的沟常年流水，有的沟中黄土很薄且潮湿。2005年笔者在鄂尔多斯西南缘黄土塬某煤矿区三维地震勘探中，因地制宜采用的一种半束状接收网状（沟中）激发三维观测系统，如图2-36所示。

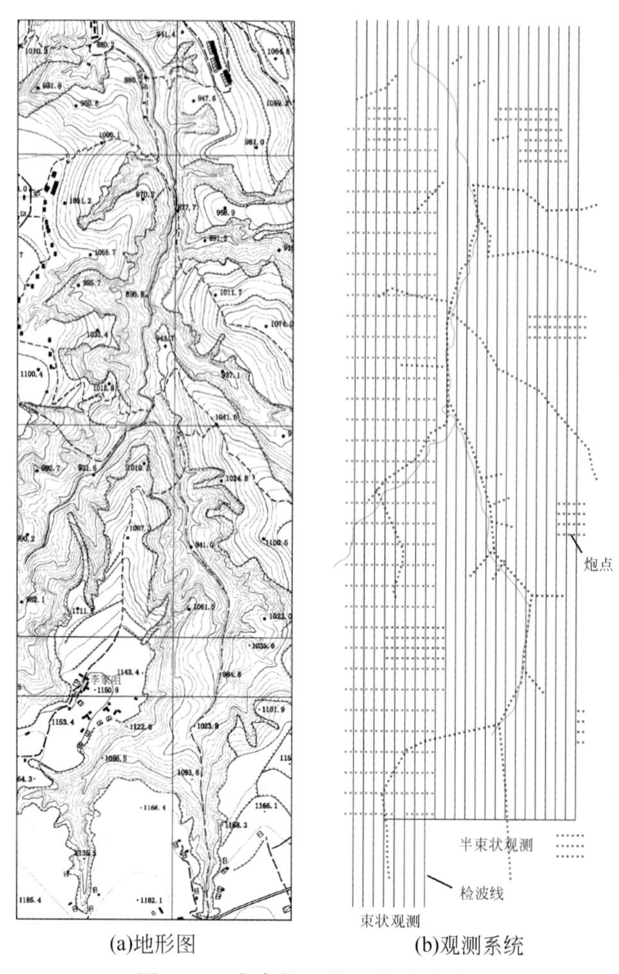

图2-36　半束状三维地震观测系统

（a）炮点接收点分布图；（b）覆盖次数图。图中·为炮点，南北走向的直线为接收线

采用这种观测系统，必须在现场采用交互地震工作站进行设计及监控，其方法一般是先进行野外实地调查踏勘；然后根据所了解到的地质资料及地表资料建立表层和地下地质构造模型；再用交互软件检查炮点、检波点布置的合理性，覆盖次数均匀性，炮检距分布和方位角分布的合理性；最后对野外参数进行调整，作实时质量控制与检查。

2.5.4　三维地震观测系统设计参数

三维地震观测系统设计的主要参数[39-42]为以下几个方面。

1. 面元边长

面元边长是指叠加道范围的边长。面元边长应满足防止产生偏移假频（混叠频率）及横向分辨率要求。一般情况下地震道距是接收线方向面元边长的两倍。CMP 点距和面元边长是同一数值。构造较简单地区，面元边长是目标尺度的 1/4，复杂区块的面元边长是目标尺度的 1/10。

（1）横向分辨率

根据经验，每个优势频率的波长至少保证取 3 个采样点，才能得到对目标较好的横向分辨率。面元边长经验公式为

$$b = \frac{V_{int}}{2F_{dom}} \tag{2-3}$$

式中，b 为面元尺寸；F_{dom} 为目的层的优势频率；V_{int} 为目的层的上一层的层速度。

（2）最高无混频率

经验公式为

$$b = \frac{V_{int}}{4F_{max}\sin\theta} \tag{2-4}$$

式中，b 为面元边长；V_{int} 为目的层的上一层的层速度；F_{max} 为最高无混叠频率；θ 为目的层倾角。

2. 总覆盖次数

总覆盖次数是指纵线方向覆盖次数与横线方向覆盖次数之和。总覆盖次数选择：最低不少于最佳品质二维地震覆盖次数的 2/3，并保证地下中心点覆盖次数分布均匀，为克服横向介质的非均匀性，应保证横线方向有足够的覆盖次数。根据经验一般也采用三维地震覆盖次数为二维地震覆盖资料的 1/2，也可以达到与质量良好的二维地震数据相当的结果，为了留有余地，还是采用二维地震覆盖次的 2/3 以上为好。

计算覆盖次数有很多方法，可参见文献[39]，最简单的方法如 2. 5. 2 中采用的 10 线 10 炮线束状观测系统，从纵向和横向观测系统上可见（图 2-33），纵向覆盖次数为 6 次，横向覆盖次数为 5 次，两者相乘总覆盖次数为 30 次。

3. 最大炮检距 X_{max}

最大炮检距选择的限定值与多种因素有关，并受多种因素制约。最大炮检距的一般选择原则包括：①应满足最深目的层的要求；②有效地压制多次波；③保证有足够的叠加速度精度，使动校正拉伸产生畸变较小，还要考虑在接收排列内使反射系数相对稳定；④主要目的层反射波尽量避开直达波、初至折射波的干涉；⑤应小于最深目的层临界折射炮检距，在进行 AVO 分析时，应满足其要求。总之应根据勘探区地质条件，地球物理参数综合研究确定。在实际勘探中通常考虑的重点因素包括目的层深度、速度分析精度和动校拉伸率。关于最大炮检距选择还有三种说法：第一种认为排列长度近似等于主要反射目的层的深度，因为这时所选择的最大入射角 θ 大约为 25°；第二种认为对倾角很小的勘探目的层界面来说，在入射角小于 40°时，纵波反射系数仍较稳定，几乎不产生转换波，所以可以以此为限度考虑最大炮检距；第三种认为最大炮检距必须满足 AVO 的需要，在炮检距范围内至少能让目的层反射的角度足以表现出 AVO 效应。

1）目的层深度

许多模型数据和勘探数据已证明，三维地震采集中的最大炮检距 X_{max} 一般接近目的层深度，表达式为

$$X_{max} \approx \text{目的层深度} \tag{2-5}$$

2）满足速度分析精度要求

根据反射波时距曲线导出的通用公式：

$$X_{max} = \left[\frac{2\,t_0 \Delta t}{\left(\frac{1}{(V - \Delta V)^2} - \frac{1}{V^2} \right)} \right]^{\frac{1}{2}} \tag{2-6}$$

式中，X_{max} 为最大炮检距；t_0 为零炮检距目的层反射双程旅行时间；Δt 是当速度分析时可检测的最小时差；ΔV 为速度误差；V 为界面以上介质速度。

3）动校正拉伸

动校正拉伸与排列长度的关系式为

$$D = \frac{X^2}{2\,t_0^2\,V^2} \times 100\% \tag{2-7}$$

式中，D 为动校正拉伸百分比；X 为排列长度；t_0 为零炮检距目的层反射双程旅行时间；V 为界面以上介质速度。

4. 最小炮检距 X_{min}

最小炮检距 X_{min} 应该足够小，以便能对浅层反射有适当的采样和一定的覆盖次数。一般选择最小炮检距为最浅反射层埋藏深度或稍浅一点，并保证有一定的覆盖次数。

5. 偏移孔径 M

在设计时应考虑偏移孔径 M 应大于第一菲涅尔带半径，并大于 $Z\tan30°$（Z 为最深目的层深度），以使绕射波能量偏移处理后可以很好收敛；还应大于倾斜目的层偏移的横向移动距离，$Z\tan\Phi_{max}$（Φ_{max} 为最深目的层最大倾角）。偏移孔径 M 应选择上述因素中的最大值。

在地层倾角较大的地区，炮检方位角限定应考虑目前资料处理的能力，检查因方位角不同产生的动校正时差，限定横向最大炮检距和炮检方位角的变化。根据共深度点时距曲线方程可计算 CMP 时距曲线，并用一种最佳拟合速度进行动校正，动校正后各道的剩余动校时差最大值不超过 1/8 地震波视周期，共深度点时距曲线公式为

$$t = \left[t_0^2 + \frac{X^2(1 - \sin^2\varphi \cos^2\alpha)}{V_{rms}^2} \right]^{\frac{1}{2}} \tag{2-8}$$

式中，Φ 为地层倾角；α 为炮检连线和反射界面倾向的夹角；t 为传播时间；t_0 为零炮检距的双程旅行时间；X 为炮检距；V_{rms} 为均方根速度。

宽方位角采集设计不考虑这些限定。

6. 覆盖次数渐减带

覆盖次数渐减带一般要求大于偏移孔径和大于或等于 $0.2X_{max}$（X_{max} 为最大炮检距）。

2.5.5　三维地震观测系统表述

《煤炭煤层气地震勘探规范》（MT/T897-2000）中对三维地震观测系统作了规定。《地震资料采集技术规程》（SY/T5314-2004）[42] 中规定三维地震观测系统表述，应反映出主要观测参数、炮点、检波点的相对位置和炮点相对接收线的形状。

1. 规则观测系统

接收线数×炮点数×单条接收线的接收道数×下束滚动接收线条数+形状。即 $L_n \cdot S_m \cdot N \cdot R$+形状。其中，$L_n$ 为接收线数；S_m 为炮点数；N 为单条接收线的接收道数；R 为下束滚动接收线条数。

例如，20L14S168N2 砖墙式，代表 20 线 14 炮单线 168 道，横向滚动 2 条检波线，砖墙式激发观测系统。纵向观测系统表述按二维观测系统命名原则进行，即单边放炮：大号放炮 X_{max}-X_{min}-ΔX 或小号放炮 ΔX-X_{min}-X_{max}；中间放炮 X_{max}-X_{min}-ΔX-X_{min}-X_{max}。其中，ΔX 为道距，X_{min} 为最小炮检距，X_{max} 为最大炮检距。

2. 不规则观测系统

一般按接收线、炮点线及相对形状来表述，如“网状三维”等。

2.6　黄土塬煤矿采区三维地震勘探野外数据采集常用参数

经过近年来的实践，黄土塬煤矿采区三维地震勘探野外数据采集中常用参数如表2-3所示。

表2-3　黄土塬煤矿采区三维地震勘探野外数据采集常用参数表

地区	鄂尔多斯盆地南缘黄土塬煤矿三维地震勘探			山西大同盆地煤矿三维地震勘探
	东部	中部	西部	
观测系统	10线8炮 10线10炮	10线8炮 10线10炮 10线15炮	10线8炮 10线10炮 10线15炮	10线8炮 8线3炮
面元尺寸	5m×10m、10m×10m	5m×10m、10m×10m	5m×10m、10m×10m	5m×10m、10m×10m
覆盖次数	20～48	20～48	20～48	16～25
接收道数	480～960	360～960	480～1080	480～960
接收线距/m	40	20、40	20、40、60	40
道距/m	20	10、20	10、20	20
炮点间距/m	20	20	20	20
炮排距/m	80	80、100	80、100	80、100
最大炮检距/m	541.2	576.8	631.2	346.5～541.2
线束滚动/m	200	200	200	200
纵横比	0.75	0.75	0.88	0.75
爆炸井深/m	12	8～10	10～12	6～18
爆炸组合	3井、5井	3井、5井	3井、5井	单井、3井

从表中可以看出，在以往的黄土塬煤矿采区三维地震勘探中，野外数据采集仍以规则束状观测，CDP面元5m×10m、10m×10m，组合井激发，半束线滚动的常规观测为主要观测方式。虽然满足常规构造勘探的要求，但是对于岩性地震勘探而言，由于受勘探投入费用的限制，距采集参数的优化还有一定的空间，毫无疑问，今后数据采集技术及硬件设备都需要较大的发展。

第 3 章　三维地震资料处理

地震勘探资料处理技术是指将野外观测采集得到的单炮记录，在安装有专用地震资料处理软件的数字计算机上进行计算处理，以获得地下地质构造和地层（岩性）信息，未寻找、勘探和开发油气、煤炭等矿藏的一门技术。从 20 世纪 60 年代发展至今，我国煤田地震勘探已有近 60 年历史，随着技术的不断发展进步和市场需求的推动，地震处理软件系统功能不断得到完善，出现的一些新方法正得到采用，使地震资料的信噪比、分辨率和地震成像精度进一步得到提高，这方面的情况已有很多专著和文献做过详细介绍和论述。

地震资料处理通常要经过的步骤，一般来讲包括野外原始资料的验收（单炮数据磁带/硬盘、仪器班报、有关观测系统资料、野外测量数据等）、数据格式转换、观测系统定义、叠前去噪、振幅补偿、反褶积、静校正、速度分析、倾角时差校正（DMO）、水平叠加、叠后噪声衰减、叠后时间偏移、叠前时间偏移、修饰处理等。任何一个步骤都需要严格的质量监控，以保证处理成果的高质量，不允许任何一个步骤失误。

3.1　处理思路及资料分析

3.1.1　处理思路

黄土塬煤矿区地形条件恶劣，山峦起伏沟谷交错，沟与塬、梁、峁间最大高差可达 300 米以上，静校正问题十分突出。加之黄土疏松，属弱弹性介质，黄土层底部基岩顶界面能量有较强的屏蔽作用，地震原始资料信噪比低，因此静校正问题和如何提高信噪比是黄土塬煤矿采区三维地震数据处理的核心问题。

近年来为了解决复杂地区的静校正问题，已经想出了很多种静校正方法，如模型静校正、多域迭代折射静校正、模拟退火静校正、地震层析反演静校正、基于近地表模拟的广义线性反演静校正、波动方程延拓静校正、综合寻优静校正等。这些技术在一定条件下改善了复杂近地表的静校正效果[43-46]。由于静校正方法众多，又各有优缺点，在实际工作中只有通过大量试验以确定使用哪种静校正方法适合于黄土塬勘探区。我们试验了折射静校正方法解决黄土塬地区地震资料中、长波长静校正问题，基于反射波的剩余静校正解决黄土塬地区地震资料短波长校正，用二者紧密结合的方法以提高静校正的精度，以改善地震资料叠加成像的质量。试验了多种去噪方法以提高信噪比，黄土塬地震噪声强且类型复杂，首先要根据地震资料的不同噪声对其进行分类，针对不同类型噪声的不同特点采用不同的去噪方法，如实行叠前多域去噪、有效压制噪声提高信噪比等。

3.1.2　资料分析

1. 噪声及能量分析

近地表条件的变化和采集过程中各种复杂因素的影响，使获得的地震记录中会存在多种类型的干扰波，如图 3-1 所示，黄土塬区典型的噪声类型包括面波、多次波、线性干扰、微振等，这些干扰波降低了地震记录的信噪比和分辨率，影响着数据处理的整个过程，限制了地震剖面质量的进一步提高，尤其是在高精度目标处理中，有效地分析和压制地震记录中的噪声是资料处理工作中最基础也是非常关键的步骤。

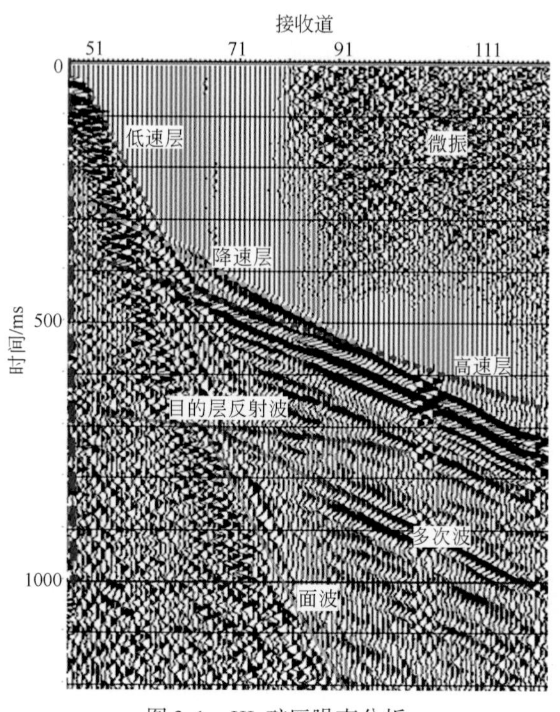

图 3-1　HL 矿区噪声分析

对单炮能量进行分析，如图 3-2 所示，黄土塬区激发接收条件变化复杂，单炮信噪比差异较大，在 20～60Hz 内，有效波能量总体较强，能量下传时间达 1.5s 以上，大大超过煤层埋藏的深度范围。

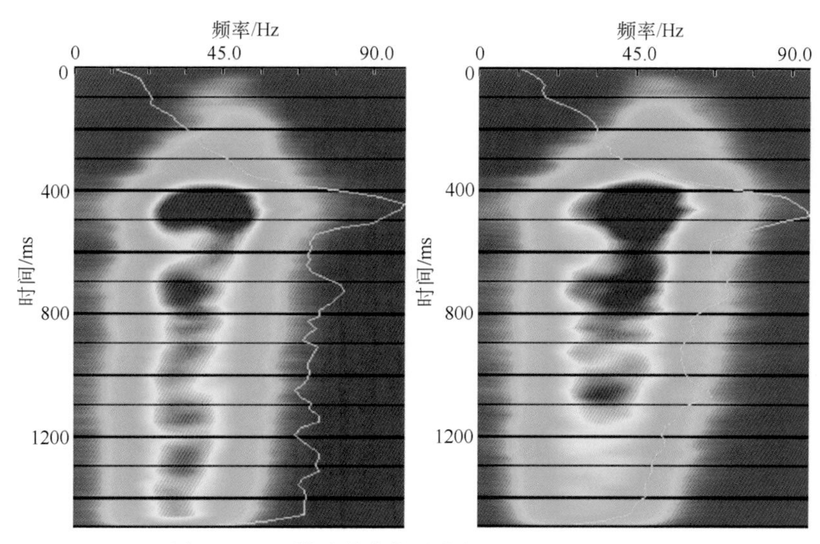

图3-2 WC煤矿单炮能量分析（shoot108、112）

2. 频率分析

通过对原始单炮进行分频扫描，可见黄土塬矿区原始地震资料频率方面具有以下特点，见图3-3（图上400～500ms为有效波发育的时窗）：

1）有效反射波频率在20～60Hz；

2）目的层平均频宽在8～60Hz；

3）中、深层高于60Hz以上基本无有效信号。

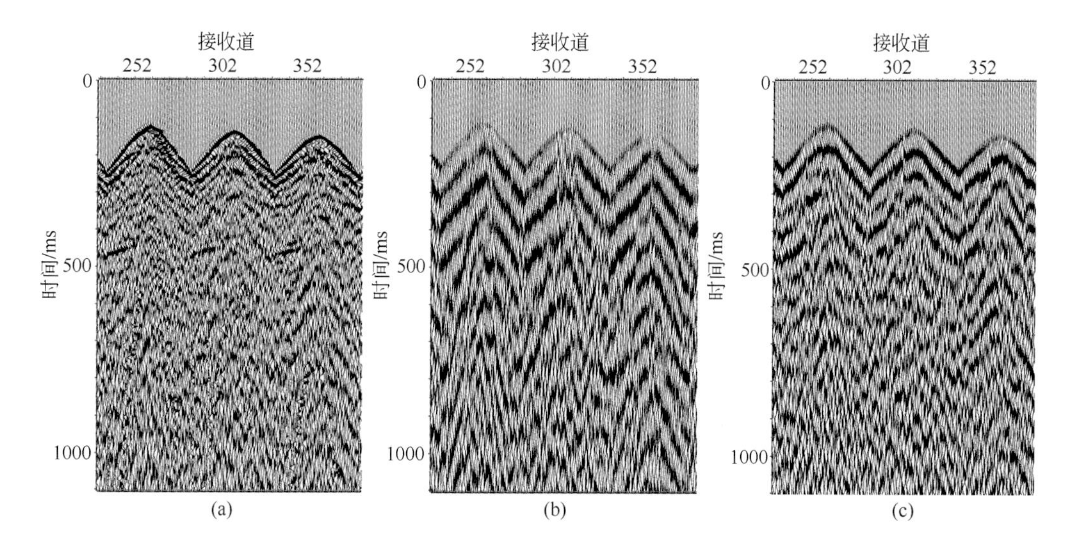

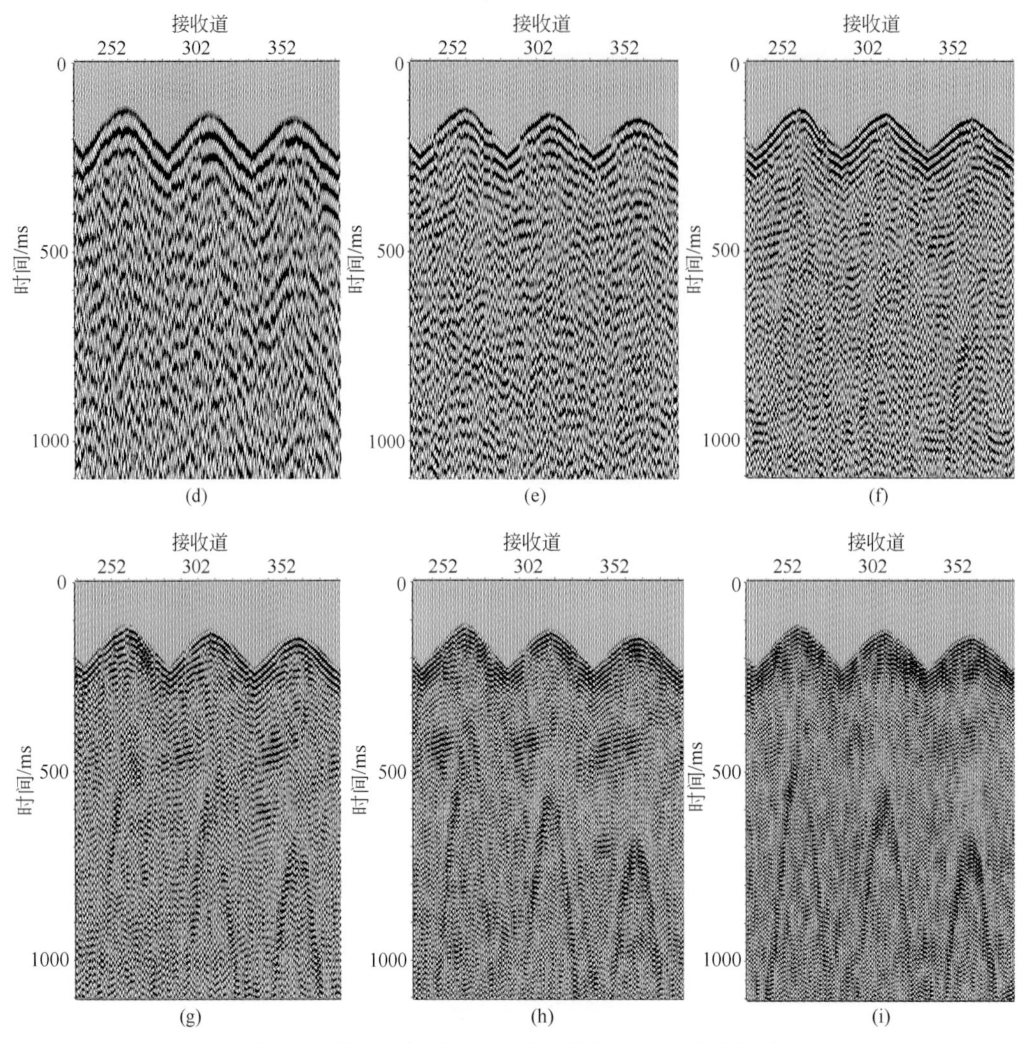

图 3-3　炮集有效反射低、高频限扫描固定增益显示

(a) 原始单炮；(b) 0 ~ 15Hz；(c) 5 ~ 20Hz；(d) 10 ~ 25Hz；(e) 20 ~ 35Hz；
(f) 30 ~ 50Hz；(g) 45 ~ 65Hz；(h) 60 ~ 80Hz；(i) 75 ~ 95Hz

3. 静校正量分析

图 3-4、图 3-5、图 3-6 为黄土塬矿区 HL 矿井高程、高程校正量和折射校正量分布图。由图 3-4 ~ 图 3-6 可以看出，黄土塬区地形复杂，静校正量也较大。从图 3-7 静校正前后单炮对比图上来看，采用单一静校方法可以解决黄土塬区的主要静校正问题，但解决效果并不突出。

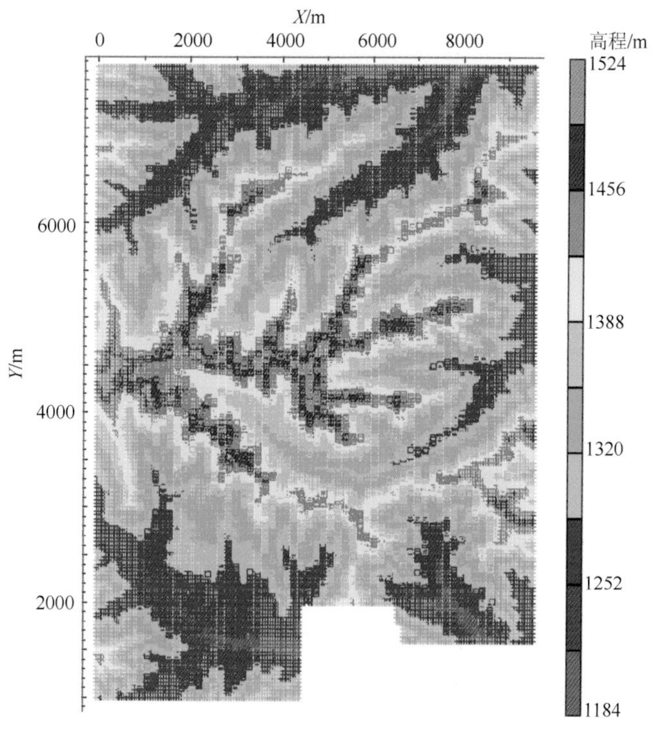

图3-4　HL煤矿区高程分布图

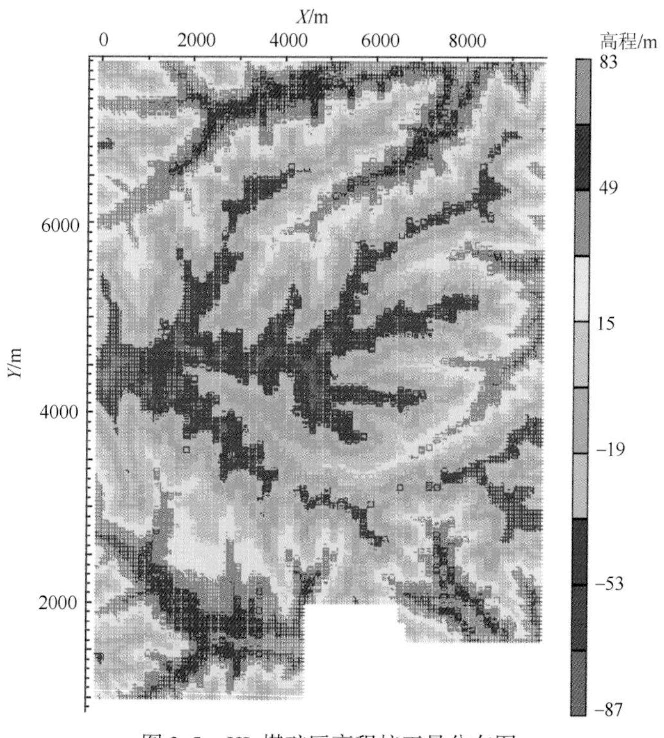

图3-5　HL煤矿区高程校正量分布图

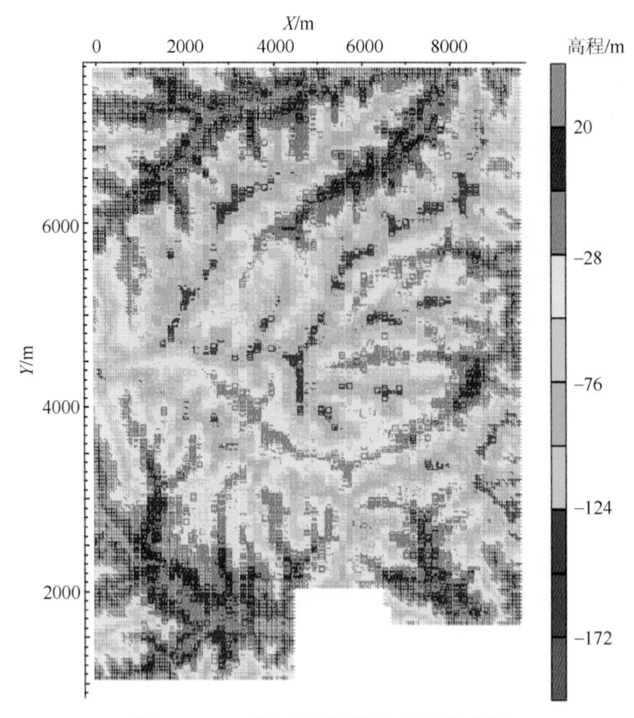

图 3-6　HL 煤矿区折射校正量分布图

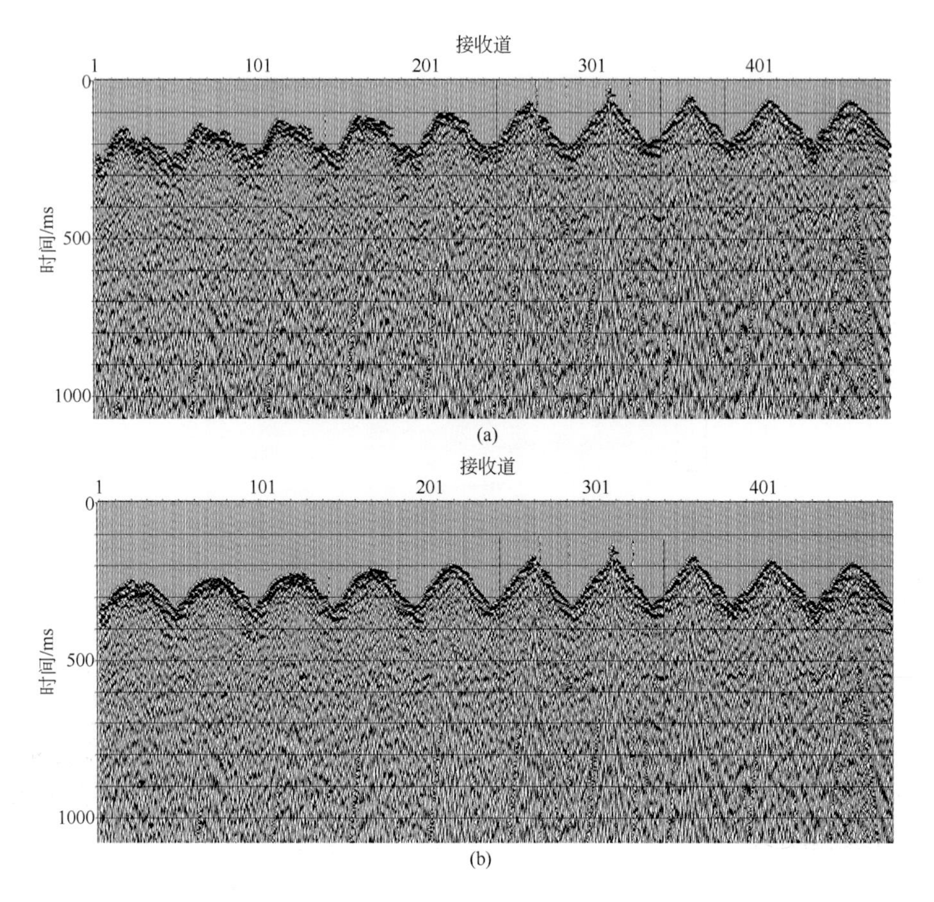

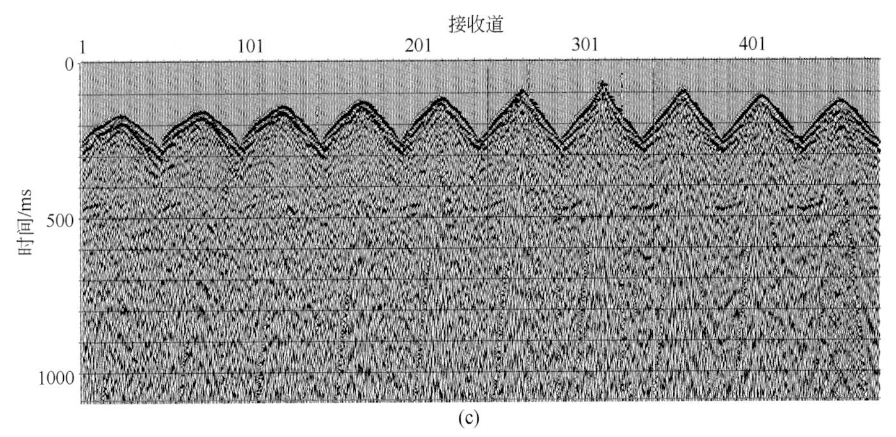

图 3-7　HL 煤矿区静校正前后炮集记录对比图

（a）原始炮集记录；（b）高程静校正记录；（c）折射静校正记录

3.2　处理难点及对策

3.2.1　处理难点

通过对大量黄土塬区原始地震数据的认真分析，可以得出黄土塬煤矿区数据处理存在以下难点。

1. 准确的野外一次静校正量求取

黄土塬煤矿区地表条件复杂，相对高差大，低降速层厚度变化巨烈，使黄土塬区地震资料静校正问题比较突出。

2. 强干扰的有效压制

地表条件和激发条件变化较大，不仅造成黄土塬区地震资料干扰波十分严重，而且干扰波特征（频率、视速度等）变化很大，给去噪工作造成困难。

3. 子波处理

黄土塬地表地震地质条件复杂，不同激发点的地震数据在频率、能量存在着一定的差异，如何有效的消除这些差异，使子波保证信号同相叠加，突出小断层地震响应特征，是黄土塬地震数据处理的又一重点问题。

4. 精确的剩余静校正

随着地震勘探精度的提高，要求勘查的目的层构造规模较小，地震资料要有很高的分辨率才能识别出细微的构造或断层。因此，求取准确的剩余静校正量，保证剩余静校正处理的精度也是黄土塬数据处理的重点内容。

5. 采集脚印的去除

部分地区原始资料中采集脚印现象比较严重，严重影响小构造解释的精度，去除采集脚印也是一个突出问题。

3.2.2 处理对策

在详细分析黄土塬煤矿区地震资料的基础上，针对叠前时间偏移处理过程中的高信噪比、高分辨率、高保真度的“三高”要求，通常采用以下应对策略。

1. 保幅性处理

采用高保真噪声压噪技术和地表一致性处理技术。

2. 低幅度构造

采用长波长静校正、剩余静校正、精细速度分析、叠前时间偏移成像技术。

3. 提高分辨率

叠前采用地表一致性反褶积技术消除地震子波差异、叠前和叠后利用预测反褶积技术压缩地震子波。

3.2.3 处理流程

黄土塬煤矿区三维地震资料处理，通常采用常规处理（图 3-8）和叠前时间偏移处理（图 3-9）两种处理方式来实现。

常规处理重点集中在叠前去噪、叠前振幅处理和叠前反褶积这三大环节，叠前时间偏移处理重点在叠前偏移参数测试和偏移速度求取上。

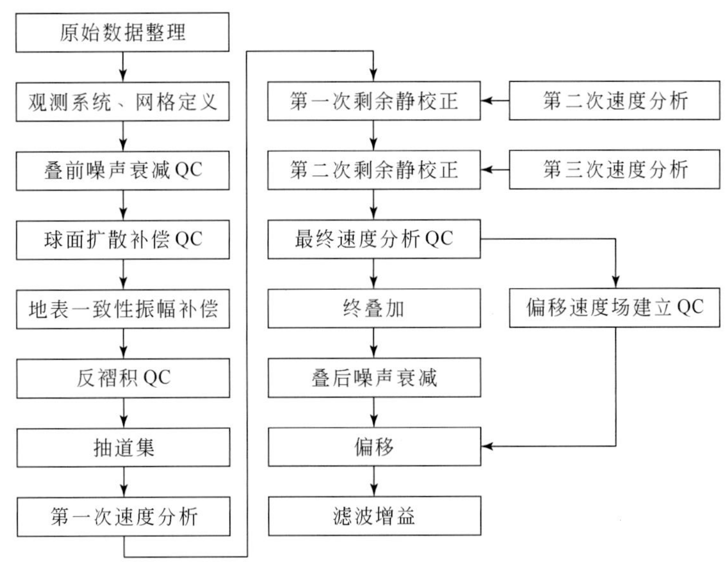

图 3-8　常规处理流程

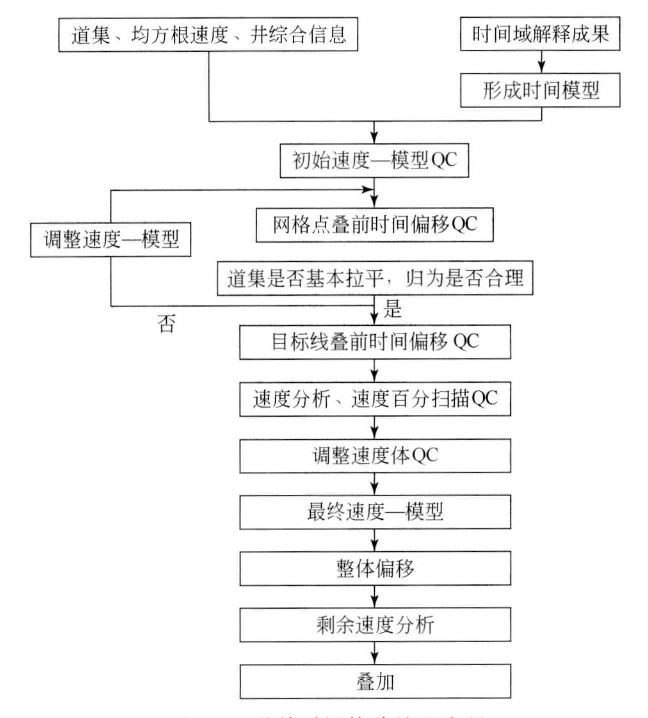

图 3-9　叠前时间偏移处理流程

3.3　主要处理技术

对黄土区数据分析结果表明，处理中需要着重解决低幅度构造带处的能量补偿、信噪比、分辨率及复杂构造成像问题，为了获得高精度成像结果，处理中还要做好静校正、精细速度分析及最终叠前时间偏移成像。

3.3.1　静校正技术

对于黄土塬地震勘探，静校正是必不可少的，它不完全是一种处理手段，而是从野外采集工作时就已经开始，好的静校正处理对最后成像质量起着至关重要的作用。

1. 静校正概念

静校正就是采用简单时移的方法消除由地形和表层速度的不均匀性引起的时差，将观测面及其近地表速度转化成为等效的均匀水平层。图 3-10 是未做静校正与静校正后的地震记录对比，在图 3-10（a）未做静校正的原始记录上，几乎看不见反射同相轴；在图 3-10（b）静校正后的地震记录，表层速度已经均匀，反射同相轴清晰可见。

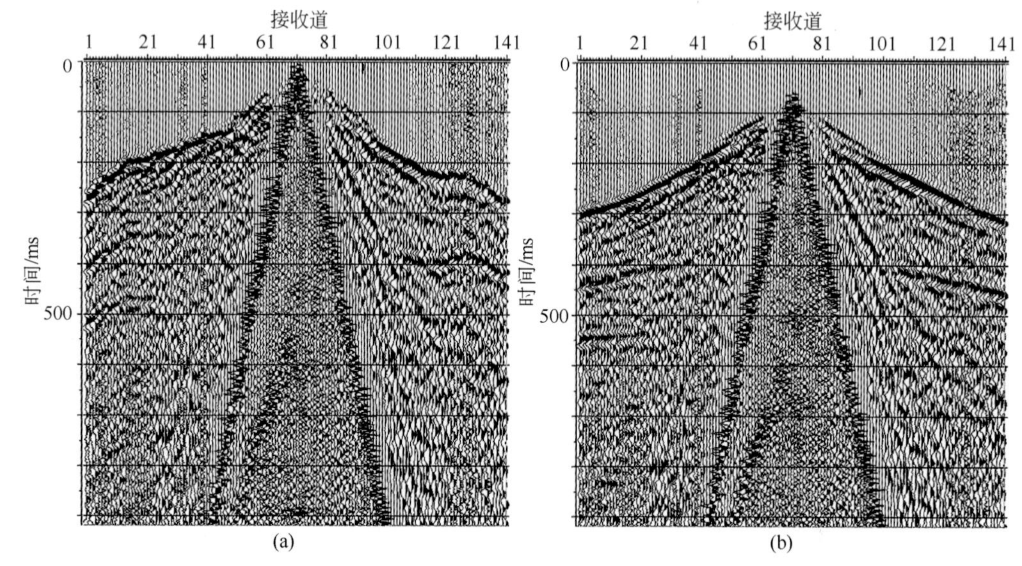

图 3-10　静校正前与静校正后的单炮对比

（a）静校正前单炮；（b）静校正后单炮

地形起伏的高程变化影响了地震初波至时间，使构造形态和成像质量产生畸变。同时，近地表处存在的低、降速带也影响到地震剖面的品质。静校正就是对这两种影响进行校正。通常，选择一个参考基准面（常常是水平面），根据基准面计算校正量，把炮点和接收点都校正到这个基准面上去，在基准面以下不存在低速带。

图 3-11 是静校正的示意图，其中井口时间为 t_{uh} 。

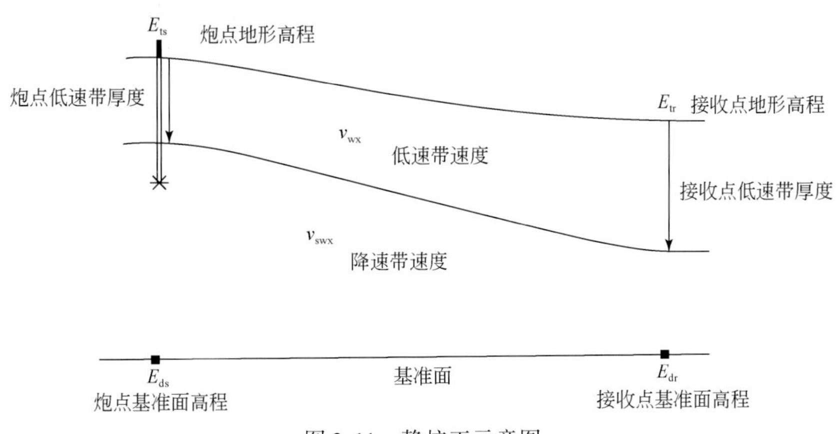

图 3-11　静校正示意图

静校正包括炮点静校正和接收点静校正：

$$t_{静} = t_s + t_r \tag{3-1}$$

其中，炮点静校正：

$$t_s = t_{es} + t_{us} - t_{uh} \tag{3-2}$$

接收点静校正：

$$t_r = t_{er} + t_{ur} \tag{3-3}$$

炮点高程校正：

$$t_{es} = (E_{ts} - E_{ds})/v_{swx} \tag{3-4}$$

炮点低速带校正：

$$t_{us} = d_{us}/v_{wx} - d_{us}/v_{swx} \tag{3-5}$$

接收点高程校正：

$$t_{er} = (E_{tr} - E_{dr})/v_{swx} \tag{3-6}$$

接收点低速带校正：

$$t_{ur} = d_{ur}/v_{wx} - d_{ur}/v_{swx} \tag{3-7}$$

式中，$t_{静}$、t_s、t_r、t_{es}、t_{us}、t_{er}、t_{ur}分别表示静校正时间、激发时间、接收时间、炮点高程校正时间、炮点低速带校正时间、接收点高程校正时间、接收点低速带校正时间；E_{tr}、E_{dr}、E_{ts}、E_{ds}分别表示接收点地形高程、接收点基准面高程、炮点地形高程、炮点基准面高程；d_{ur}、d_{us}分别表示接收点处低速层厚度、激发点处低速层厚度；v_{wx}、v_{swx}分别表示低速层速度、降速层速度。

对于地表高程变化较大的地区，直接把观测点校正到基准面，不利于速度分析与叠加。因此，一般不直接校正到最终基准面上，而是先校正到一个中间参考面——浮动基准面，见图 3-12。通常，把实际观测面平滑后作为浮动基准面，这样能够保证野外静校正量变化不大，有利于进行速度分析[47-51]。

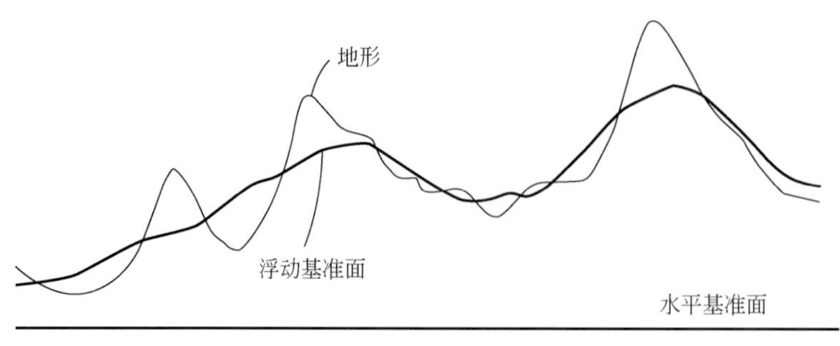

图 3-12　浮动基准面

2. 方法应用

静校正工作的好坏与资料处理成果的质量有着密切关系，针对黄土塬区复杂的表、浅层地震地质条件，通常采用基于折射波理论的绿山折射静校正方法，并反复多次迭代，方可保证处理成果质量。

绿山折射静校正方法，是通过对原始单炮初至折射波的拾取，建立地下折射面模型，然后求出低速带的速度和厚度，通过给定的替换速度和统一基准面，求出静校正量，最终消除因地形及低速带的速度和厚度变化等因素所带来的静校正问题。黄土塬区资料静校正的具体实现方法为：

1）首先利用测量成果做高程静校，消除地表高差的影响；

2）利用低速带调查成果，结合原始单炮初至折射波资料，将低速层剥去，校正到近地表浮动面；

3）选择全区统一基准面和替代速度，将浮动基准面校正到统一基准面。

NZG 煤矿区三维地震资料原始单炮记录静校正效果见图 3-13，有效波集中在图中 150 ~ 200ms，静校正后显著提高了有效波的连续性。

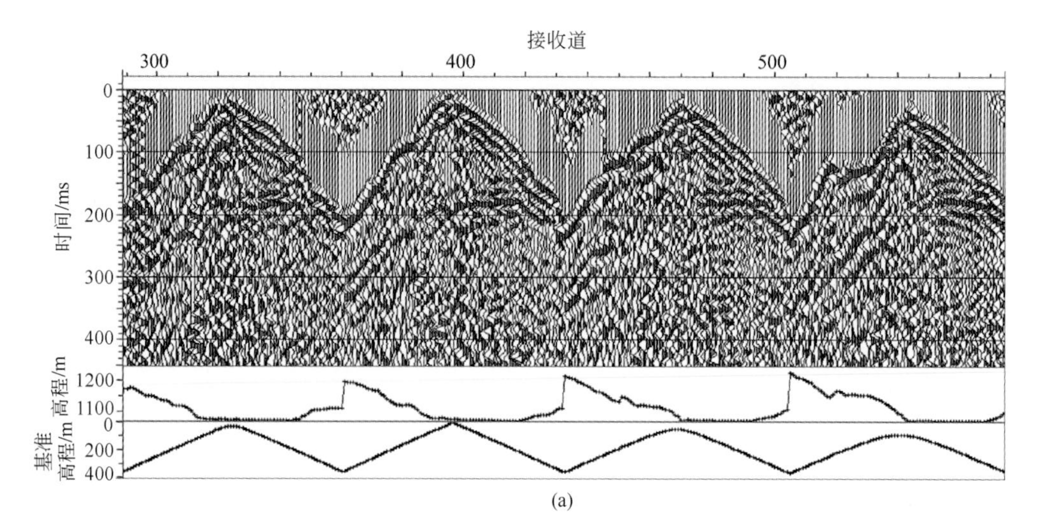

(a)

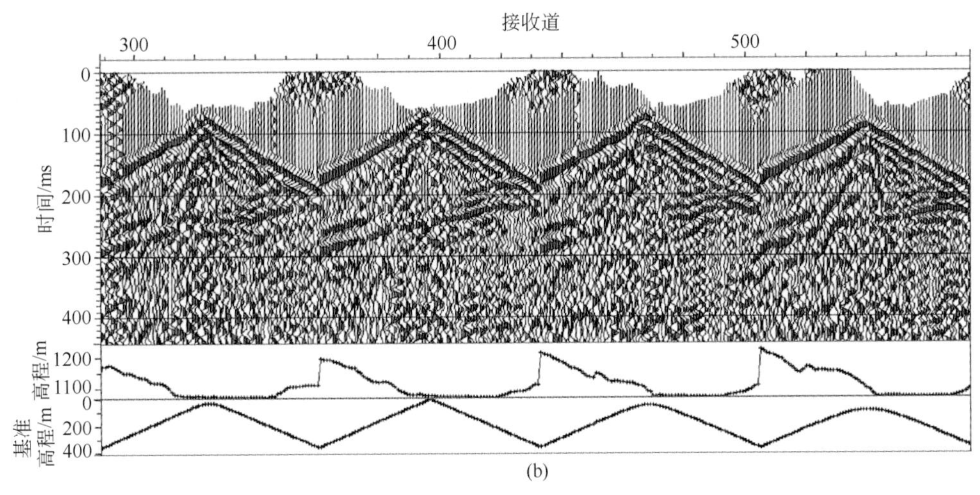

(b)

图 3-13　NZG 区静校正前后炮集记录对比图
（a）原始单炮记录；（b）折射静校正后单炮

3.3.2　提高信噪比处理技术

在振幅保真的前提下，有效去除噪声和干扰、提高资料信噪比，是保证准确成像的基础。针对资料存在的面波、强单频干扰、脉冲干扰、随机干扰、高频噪声和多次波干扰等噪声，在叠前和叠后不同处理域综合应用多种方法和技术进行压制，并采取人工逐炮剔道的方式消除顽固噪声，逐步提高资料信噪比（噪声压制效果见图 3-14）。

1. 相干噪声压制

根据规则干扰与有效波在视频率和视速度上的差异，利用 FXCNS 模块，把相干噪声从记录中分离出来，从而达到去噪的目的。

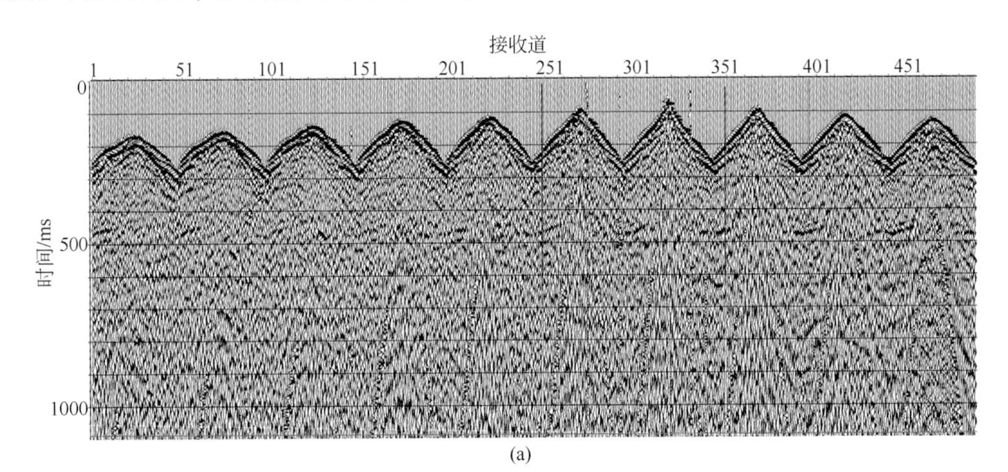

(a)

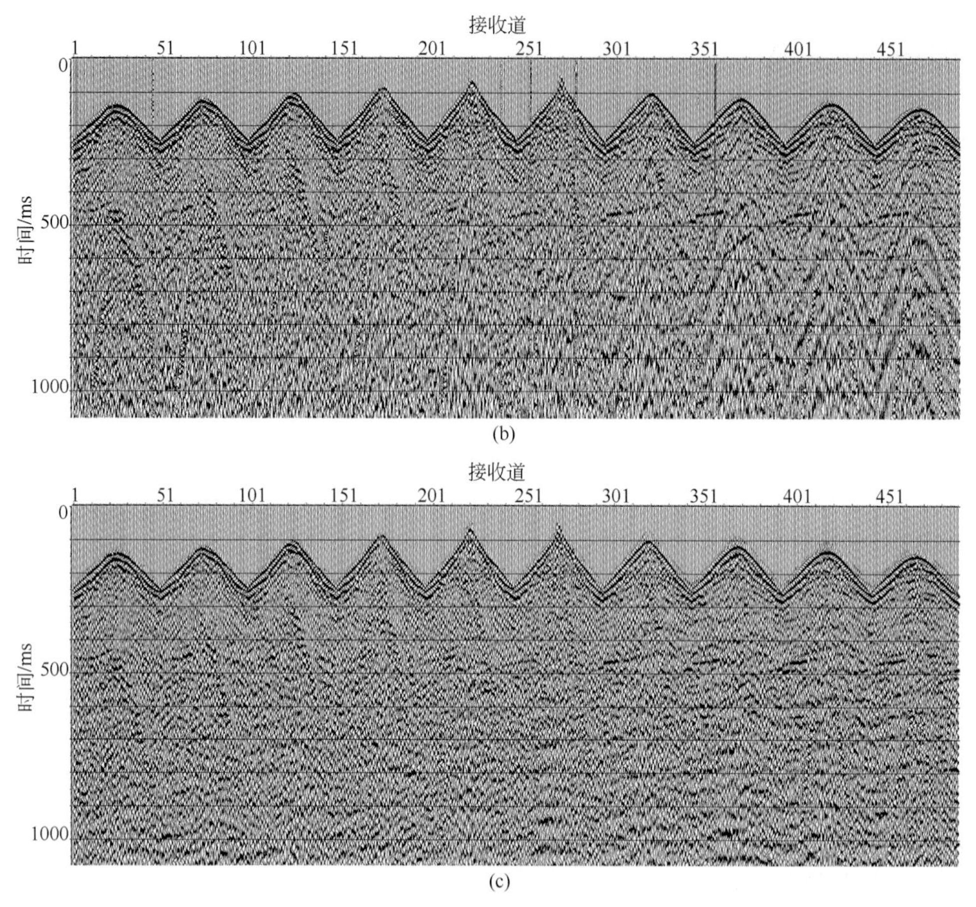

图 3-14　HL 矿区 303 炮去噪前后效果对比图

（a）第一步去噪后单炮记录；（b）第二步去噪后单炮记录；（c）第三步去噪后单炮记录

2. 区域异常处理

根据地表一致性原理用高斯-赛得尔迭代法，利用 ZAP 模块，把地震记录从上到下分成若干时窗，然后对各个时窗内的地震道进行横向统计，从而对那些由非地表一致性因素造成的异常值进行衰减。

3. 面波等低频干扰的压制

从图 3-10 原始炮集上可以看出，黄土塬区存在能量很强的低频面波。对于此类干扰不能简单地采用低截滤波的方式对整体数据进行处理，因为这样做的结果往往不能两全其美，低截频太低、干扰不能有效去除，低截频提高又势必丢掉许多有效低频信息。

具体的做法是首先利用面波和反射波在频率特征、空间展布及能量强度等方面的差异，确定面波在时间和空间上的分布范围；其次根据面波与反射波传播路径不同导致的时距曲线形态不同这一固有特征，确定面波和有效波的速度范围；最后根据上述特征，将面波与有效反射波分离。这种压制面波干扰的方法对低频有效反射波的损伤很小。

4. 地表一致性噪声衰减技术[52-54]

均方根振幅统计公式：

$$p(i)=\left[\frac{1}{N}\sum_{j=t}^{t+N}a^2(j)\right]^{1/2} \tag{3-8}$$

平均绝对振幅统计如式：

$$p(i)=\frac{1}{N}\sum_{j=t}^{t+N}|a(j)| \tag{3-9}$$

最大绝对振幅统计如式：

$$p(i)=\mathrm{MAX}|a(j)| \quad t\leqslant j\leqslant t+N \tag{3-10}$$

式中，$p(i)$ 为第 i 个时窗里统计的振幅值；t 为时窗的起始时间；N 为时窗时间长度；j 大于 t 且小于 $t+N$；$a(j)$ 为时窗内的 j 时间处的样点振幅值。

通过简单的地表一致性模型，认为大地对地震子波的响应只和炮点位置、检波点位置、偏移距及CMP位置有关，而与地震波在地下的传播路径无关。如式（3-11）所示。

$$A_{ijh}=S_j\cdot R_i\cdot G_{kh}\cdot M_{nh} \tag{3-11}$$

式中，A_{ijh}为第 i 炮，第 j 检波点，深度为 h 的道统计振幅值；S_i为第 i 炮分量；R_j为第 j 检波点分量；G_{kh}为深度为 h，第 k_{CMP}点分量；M_{nh}为偏移距为 n，深度为 h 的分量。

将地震道统计振幅值分解成地表一致性炮点、检波点、偏移距以及CMP等分量。于是对式（3-11）两边同时取自然对数，得出式：

$$\lg A_{ijh}=\lg S_i+\lg R_j+\lg G_{kh}+\lg M_{nh} \tag{3-12}$$

对地震数据应用式（3-12），得到方程个数远大于未知量个数的大型线性方程组，可以用最小二乘法对方程组求解。定义误差函数为

$$E=\sum_{i,\ j}\sum_{k,\ h}(\lg A_{ijh}-\lg S_i-\lg R_j-\lg G_{kh}-\lg M_{nh})^2 \tag{3-13}$$

利用高斯–赛德尔迭代法可求出各个分量，使误差函数值最小，各个分量求取表达式为

$$\lg G_{kh}=\frac{1}{N}\sum_{m=1}^{N}(\lg A_{ijh}-\lg S_i-\lg R_j-\lg M_{nh}) \tag{3-14}$$

$$\lg S_i=\frac{\sum_{j+k}\sum_{h}(\lg A_{ijh}-\lg R_j-\lg G_{kh}-\lg M_{nh})}{\sum_{h}N} \tag{3-15}$$

$$\lg R_j=\frac{\sum_{i+k}\sum_{h}(\lg A_{ijh}-\lg S_i-\lg G_{kh}-\lg M_{nh})}{\sum_{h}N} \tag{3-16}$$

$$\lg M_{nh}=\frac{1}{N}\sum_{m=1}^{N}(\lg A_{ijh}-\lg S_i-\lg R_j-\lg G_{kh}) \tag{3-17}$$

其中，各个变量的初始值为

$$\lg G_k = \lg S_i = \lg R_j = \lg M_{nh} = 0 \tag{3-18}$$

分解出来的炮点分量，检波点分量，偏移距分量和 CMP 点分量计算出一个新的振幅统计值 B_{ijh}，于是每一道的均衡因子为

$$C_{ijh} = B_{ijh}/A_{ijh} \tag{3-19}$$

均衡因子是基于地表一致性模型的前提假设的，通过对大量数据的统计而计算出，对每道数据的时窗内振幅应用均衡因子。无噪声的地震道能完全分解成炮点、检波点、偏移距和 CMP 点分量，因此其均衡因子为 1，应用后数据无改变；而有噪声的地震道的振幅还包括噪声分量，因此其均衡因子小于 1，对其应用均衡因子后便能达到使噪声衰减的效果。

5. 人机交互去噪

单炮记录中普遍存在一些坏道、空道，分布不规则，会造成偏移画弧、影响叠加效果。对于去除这类噪声通常采用人机交互道编辑的方法剔除。

6. 检波点域、炮域分离强单频干扰处理技术

针对 50Hz 工业电干扰固有频率和能量稳定的特点，利用实际地震记录提取子波和能量衰减曲线，然后合成理论 50Hz 记录，再将实际地震记录与理论 50Hz 合成记录进行相关分析，当相关系数达到给定的门槛值时对该地震记录进行陷波处理。该方法与简单的陷波处理相比，不会伤害地震记录有效信号信息。

强单频干扰通常在炮域很多记录上都普遍存在，但分布不集中，而在共检波点域表现非常明显，把资料从炮域转到检波点域，从中将干扰严重的分选出来，单独对其进行分离，这样既能分离出干扰，又能较好地保存下有效信号。通过在炮域和检波点域对强单频干扰的分离处理，将使得各层的信噪比得到明显改善，为断点和构造点的准确成像打下基础，对落实断裂系统，查清小断层和低幅度构造具有积极作用。

7. 随机噪声去除

通过叠前去噪和叠加对噪声的压制，剖面的信噪比会得到明显的改善，但随机噪声和高频噪声等仍较强，在叠后通过适当的去噪手段能使剖面的信噪比得到更明显的改善。采用随机噪声衰减技术将地震信号分成可预测的有效信号部分和不可预测的随机噪声部分，然后将不可预测的随机噪声进行衰减，增强相干的有效信号。图 3-15 为叠后去除噪声前后的剖面对比图。

3.3.3　振幅处理技术

为了消除地震波在传播过程中波前扩散、介质吸收的影响，以及地表条件的变化引起的振幅变化等，在处理过程中采用球面扩散补偿、地表一致性振幅补偿和剩余振幅补偿相

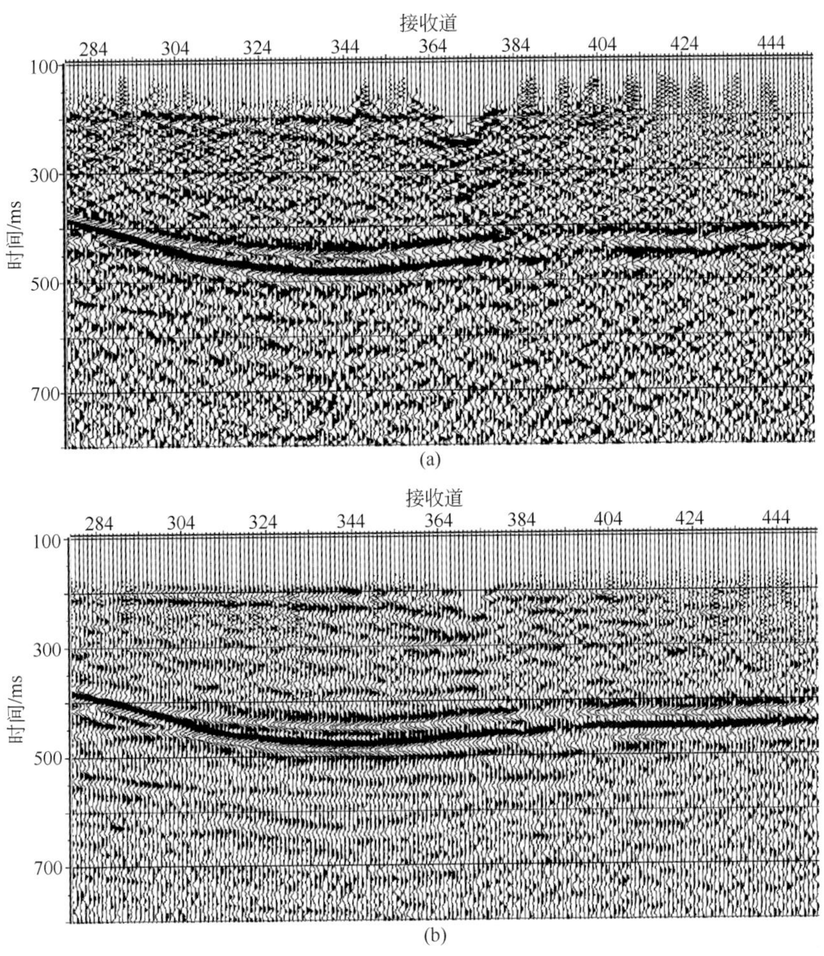

图3-15　叠后随机噪声去除前剖面对比图

（a）去噪前剖面；（b）去噪后剖面

结合的方法进行振幅处理，使地震波的振幅能够较真实地反映地下岩性变化。为了切实做到高保真振幅处理，确保振幅在时间与空间的一致性，在球面扩散补偿和地表一致性振幅补偿的基础上，统计全工区内炮检距与振幅的分布规律，采用地表一致性剩余振幅补偿技术，可以均衡几何扩散补偿与地表一致性振幅补偿在部分炮、道记录上补偿的不足或过量。具体如下所述。

1. 几何扩散补偿处理[55]

地震波在地层中传播时，因球面波前发散能量受到严重的损耗。球面发散因子可表述为

$$M_{\mathrm{d}}=\frac{v_{\min}}{v_{\mathrm{rms}}^{2}t} \tag{3-20}$$

因此补偿因子为

$$G_{(t)}=1/M_{\mathrm{d}} \tag{3-21}$$

式中，M_{d}为球面发散因子；$v_{\min}$为最小速度；v_{rms}为平均平方根速度；t为地震波传播的时间；$G_{(t)}$为补偿因子。

具体做法是首先对道集进行区域速度分析，找出最小速度及本区均方根速度的大体分布特点；其次对速度进行插值，利用式（3-11）计算每一时间的补偿因子；最后按照动校时距曲线对地震数据进行几何扩散补偿。

2. 地表一致性振幅补偿（SCAC）[56]

地表一致性振幅补偿是以地表一致性方式来消除不同炮点、不同检波点及不同偏移距之间的振幅差异，使地震数据各道的振幅达到均衡。经过地表一致性振幅补偿处理后的地震道振幅与相邻炮的振幅是一致的，并且不改变资料原有的信噪比。严格意义上讲，振幅一致性处理包括地表一致性处理（surface- consistant）、地下一致性处理（subsurface-consistant）、道集一致性处理（gather- consistant）和模型一致性处理（model- consistant）。假设第i炮的接收点j处某一时窗的均方根振幅为A_{ij}，A_{ij}可分解成与地表一致性相关的项（炮点项、接收点项和偏移距项）、与地下一致性相关的项（CMP项）、与道集一致性相关的项和模型相关项。于是A_{ij}可表示为

$$A_{ij}=S_i\cdot R_j\cdot G_k\cdot M_l\cdot T_m\cdot U_n \tag{3-22}$$

式中，S_i为与第i炮相关的振幅分量；R_j为与第j个检波器相关的振幅项分量；G_k为与第k个CMP相关的振幅分量，$k=(i+j)/2$；M_l为与偏移距l相关的振幅分量，$l=i-j$；T_m为与道号m相关的振幅分量；U_n为用户自己定义的与模型相关的振幅分量。

对上式取对数后利用Gauss-Siedel迭代求取各个分量的值，然后应用到相应时窗的地震记录中。

3. 剩余振幅补偿（RAAC）

由于用于几何扩散补偿的速度、地表一致性振幅补偿使用的模型等不可能完全准确，可能造成部分数据补偿不足或补偿过头，有必要进行剩余振幅补偿。剩余振幅补偿的基本思路：使得一定范围内的地震资料，在一定的偏移距范围之间和一定的时窗之间振幅特性是一致的。利用这一原理在整个工区对地震数据在不同范围、不同偏移距、不同时窗进行剩余振幅补偿。

以上均为相对保幅处理，这样为后续的反褶积处理准备了较好的基础数据。

4. 叠后采集脚印去除

利用三维FK滤波来压制三维叠加体的采集脚印。采集脚印在每一时刻的频率域切片上显示为K_x-K_y（波数）的峰值。采用陷波滤波器来压制采集脚印。数据是在叠在一起的

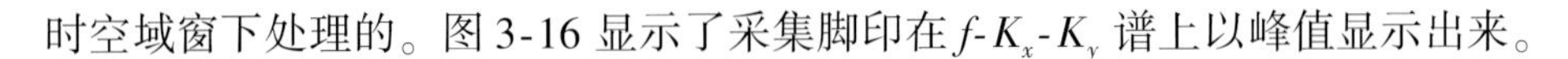
时空域窗下处理的。图 3-16 显示了采集脚印在 f-K_x-K_y 谱上以峰值显示出来。

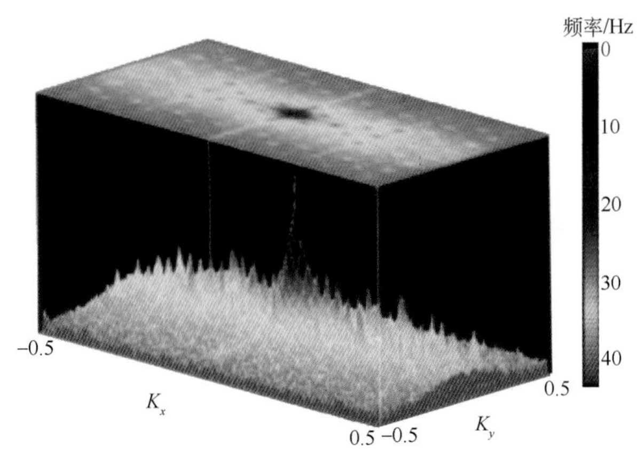

图 3-16　三维叠加数据体的平均 K_x-K_y 谱

3.3.4　提高分辨率处理技术

在保证有较高的信噪比和较好目的层成像的基础上，有必要进行反褶积处理以提高资料的分辨率。处理中，提高资料的分辨率分叠前和叠后两步来进行。

1. 叠前反褶积

对于叠前反褶积通常采用地表一致性反褶积与单道预测反褶积串联的方法进行反褶积处理。对于地面某一特定位置，子波受到的影响是一定的，与地震波传播路径无关，这就是地表一致性特性。由此可见，对于同一炮集记录中的各道具有相同的炮点滤波影响，而对于同一接收点的各道具有相同的接收点滤波影响。因此对同一炮点记录可求一个统一的反因子，对同一接收点记录也可求一个统一的反因子，分别与单炮记录褶积，来实现地表一致性反褶积。同时也在 CMP 域和共炮检距域内进行反褶积处理。由于地表一致性反褶积是在不同域内求反因子，还具有波形一致性校正的作用，故采用地表一致性反褶积，能在保证一定信噪比的基础上，提高资料的分辨率。之后通过串接单道预测反褶积，补偿时间分辨率不够的遗憾。在处理时要科学地统计反褶积因子，求取合适的预测步长、算子长度和相位延迟，以达到既合理地控制高频噪声的产生，又提高资料的分辨率的目的。

（1）地表一致性反褶积原理[57,58]

地表一致性反褶积处理目的是提高信号的分辨率，同时从多方面消除因地表产生的信号差异。它采用地表一致性假设，即假设近地表介质与地表介质对子波的影响是不变的，是地表一致性的，即不论接收点在何处，对震源的近地表影响的校正只与震源位置有关；不论震源在何处，对接收点的近地表影响的校正只与接收点位置有关。除了地表一致性假设之外，还假设了近地表响应是最小相位的，反射系数序列是白噪声，子波是时不变的。

地表一致性反褶积的思路是由 Taner 所提出的“地表一致性谱分解”的方法。该方法

的褶积模型主要算法是

$$x(t)=\omega(t)\cdot r(t)+n(t) \tag{3-23}$$

式中，$\omega(t)$ 为地震的综合子波；$r(t)$ 为反射系数；$n(t)$ 为噪声。假设综合子波是由炮点 S、检波点 G、共中心点 M 及共炮检距 P 四种因素所造成的，则它们是互相褶积的关系。即

$$\omega_{ij}(t)=s_j(t)\cdot g_i(t)\cdot m_{(i+j)/2}(t)\cdot p_{(i-j)/2}(t) \tag{3-24}$$

傅氏变换后，得

$$W(\omega)=S(\omega)\cdot G(\omega)\cdot M(\omega)\cdot P(\omega) \tag{3-25}$$

它们的振幅部分为

$$A_{ij}=A_S\cdot A_G\cdot A_M\cdot A_P \tag{3-26}$$

相位部分为

$$\phi_{ij}=\phi_S\cdot\phi_G\cdot\phi_M\cdot\phi_P \tag{3-27}$$

假设相位部分都是最小相位。并对振幅部分取对数，有

$$\ln A_{ij}=\ln A_S+\ln A_G+\ln A_M+\ln A_P \tag{3-28}$$

于是褶积的关系变成相加的关系，下标 i 代表第 i 个道，j 代表第 j 炮。于是可设定误差函数：

$$E=\sum_{ij}(A_{ij}-\overline{A_{ij}})^2 \tag{3-29}$$

按式（3-29），在每个 ij 道上可以得到一个 $\overline{A_{ij}}$ 的值，它与实际地震道 A_{ij} 的值就有了误差。令此误差函数为最小，用 Gauss-Seidel 方法即可求解 A_S、A_G、A_M、A_P4 个分量。再根据子波最小相位的假设，把 4 个分量的振幅谱求和，求一个综合的反褶积因子，对每个地震记录分别用反褶积因子进行褶积就完成了地表一致性反褶积。

（2）预测反褶积原理[52,59]

预测反褶积是通过预测滤波来实现的，预测滤波的基本思路是，设计一个滤波器，使得该滤波器具有某种预测能力，通过它对信号的当前值和过去值的滤波，预测未来某个时刻将要出现的信号成分。预测时刻和当前时刻的距离称为预测距离。预测滤波器的设计采用了最小平方准则，即要求预测结果和实际信号间误差的最小平方和最小。

该方法的主要算法是：

输入信号：$x(t)$

设预测滤波因子：$c(t)=[c(0),\ c(1),\ c(2),\ \cdots,\ c(m)]$

期望输出：$x(t+\tau)\quad(\tau>0)$

预测输出：

$$x'(t+\tau)=c(t)x(t)=\sum_{s=0}^{m}c(s)x(t-s) \tag{3-30}$$

预测误差：

$$e(t+\tau)=x(t+\tau)-x'(t+\tau)=x(t+\tau)-\sum_{s=0}^{m}c(s)x(t-s) \tag{3-31}$$

误差总能量：

$$Q=\sum_{t=-\infty}^{+\infty}e^2(t+\tau)=\sum_{t=-\infty}^{+\infty}\left[x(t+\tau)-\sum_{s=0}^{m}c(s)x(t-s)\right]^2 \tag{3-32}$$

选取 $c(s)$ ，是 Q 达到最大。为此令

$$\frac{\partial Q}{\partial c(j)} = 0 \tag{3-33}$$

得

$$\sum_{s=0}^{m} c(s) r_{xx}(s-j) = r_{xx}(\tau + j) \tag{3-34}$$

该方程叫做预测方程，求解此方程，得到最小平方意义下的预测滤波因子 $c(s)$ ，用 $c(s)$ 对 $x(t)$ 滤波，输出 $e(t+\tau)$ 即是预测反褶积。

（3）反褶积参数试验

对于预测滤波，滤波算子长度原则上是越长越好。但过长的算子长度会增加运算时间，而且也没有必要。通过对比试验结果可以看出，预测距离为 20ms 时（图 3-17），算子长度为 200ms（图 3-20），既达到了预测反褶积的目的，算子长度又不至于太长，因此在地表一致性反褶积和预测反褶积中都将利用此算子长度。

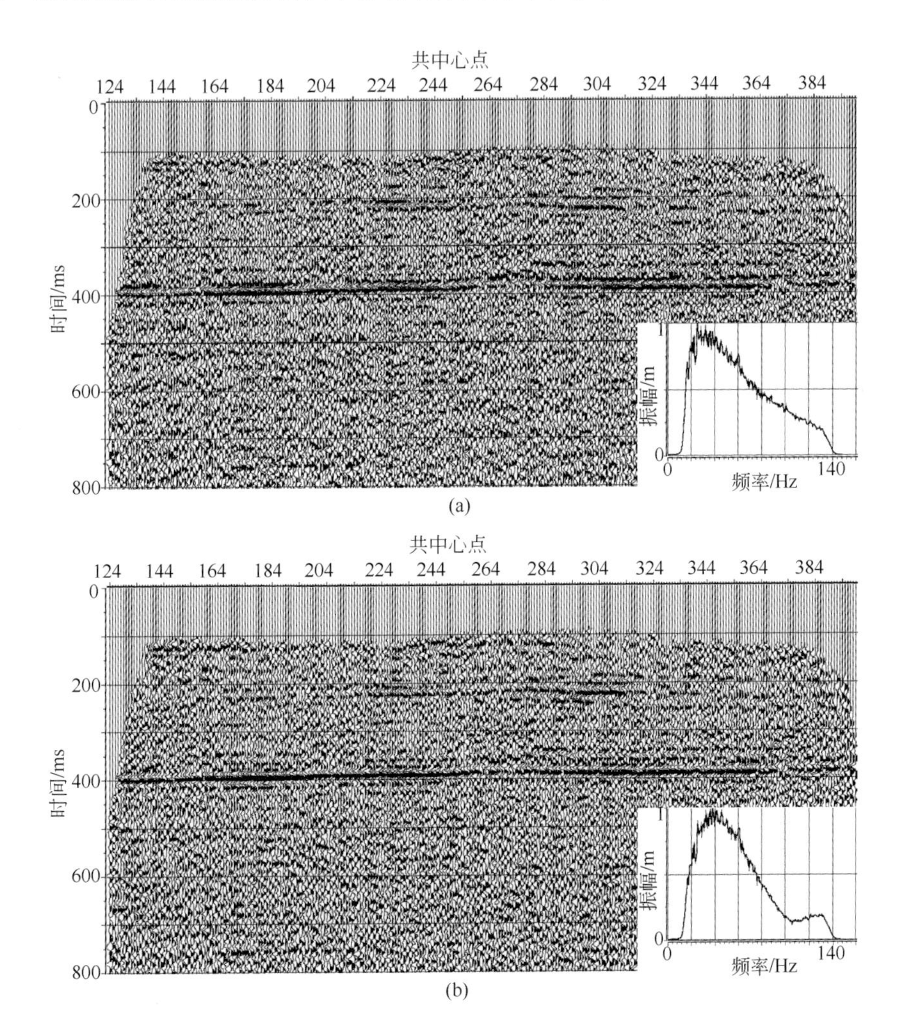

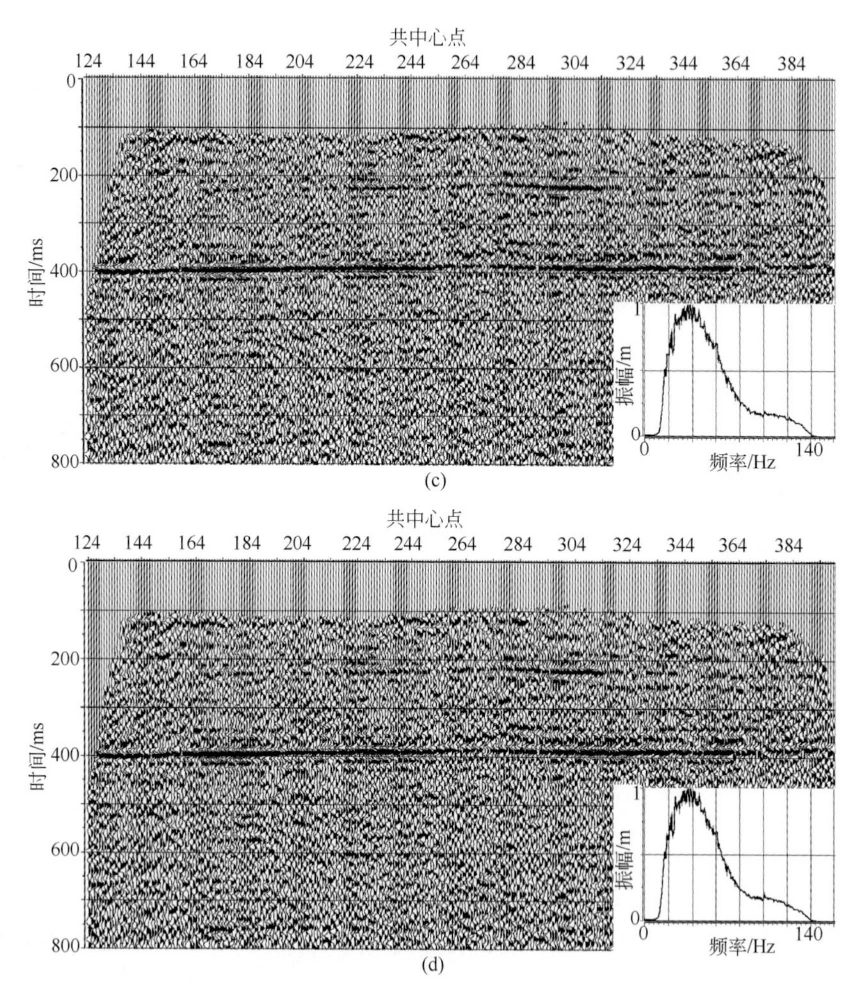

图 3-17　HL Line194 不同预测距离时地表一致性反褶积后叠加剖面和振幅谱对比图

(a) 8ms; (b) 16ms; (c) 20ms; (d) 24ms

通过不同参数的试验，发现不同白噪系数对反褶积效果影响不大，因此在地表一致性反褶积和单道预测反褶积中选用系统默认的白噪系数 0.01。

综合参数试验分析研究，对于地表一致性反褶积通常采用的参数是算子长度：200ms，预测距离：20ms，白噪系数：0.01。从图 3-17、图 3-18 中可以看出，通过反褶积主频得到了提高，分辨率也得到很大提高，基本达到了压缩子波，提高分辨率的目的。

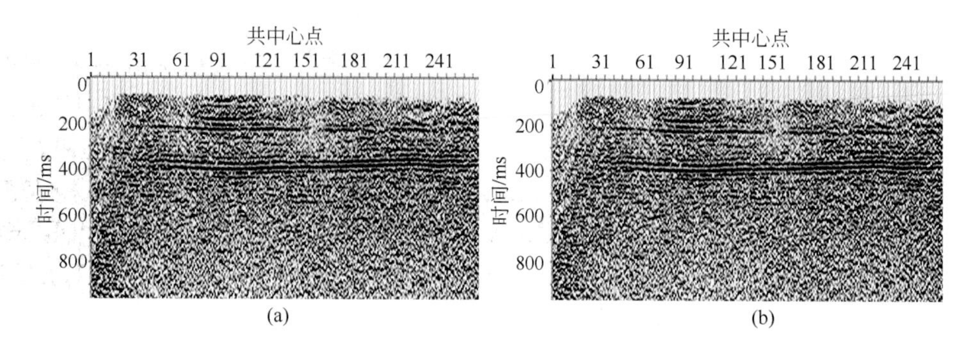

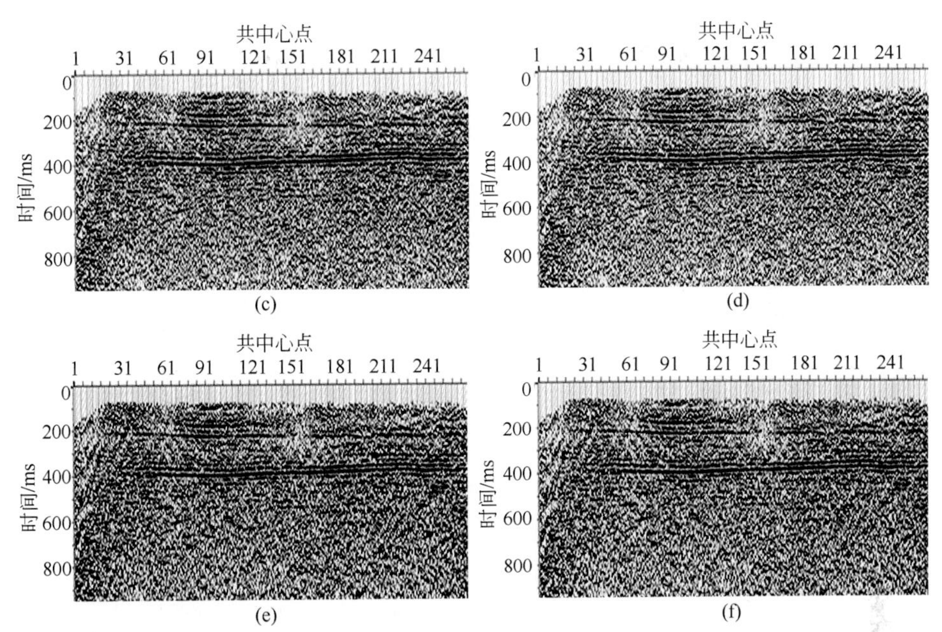

图3-18　不同算子长度时预测反褶积后叠加剖面和振幅谱对比图（HL Line194）
图中预测距离和算子长度分别为：(a) 16ms、120ms；(b) 16ms、160ms；
(c) 16ms、200ms；(d) 16ms、240ms；(e) 8ms、200ms；(f) 12ms、200ms

2. 叠后提高分辨率

叠前由于受信噪比的限制，分辨率的提升能力有限，而且叠加、去噪、偏移都会或多或少造成部分高频能量的损失，导致剖面的分辨率有所降低，因此，叠后有必要补偿高频损失，因此在叠后也采用单道预测反褶积进一步提高资料分辨率。

3.3.5　精细的速度分析和地表一致性反射波剩余静校正

在地震资料处理中，速度是最重要的基础数据。速度分析的精度直接影响到叠加与静校正的效果及偏移成像的准确性。为了求取准确的速度，需要进行多次的速度分析并生成叠加剖面，见图3-19、图3-20。速度是叠加成像质量的一个关键参数，但速度分析的精度在一定程度上也取决于静校正的效果。

地表起伏和低降速带的变化造成各地震道的激发、接收条件不一致，使得反射同相轴错断、反射信号不能同相叠加，在剖面上表现为复波、低频，因此静校正的处理是至关重要的。在利用野外测量的高程信息进行一次静校正后，长波长静校正问题得到消除，但短波长静校正问题依然存在，必须进行反射波剩余静校正处理。反射波剩余静校正处理是在假设速度模型准确的前提下进行的，剩余静校正量的估算采用的是NMO以后的道集，而速度分析时又假设静校正量不存在。当存在静校正量时，速度分析的质量

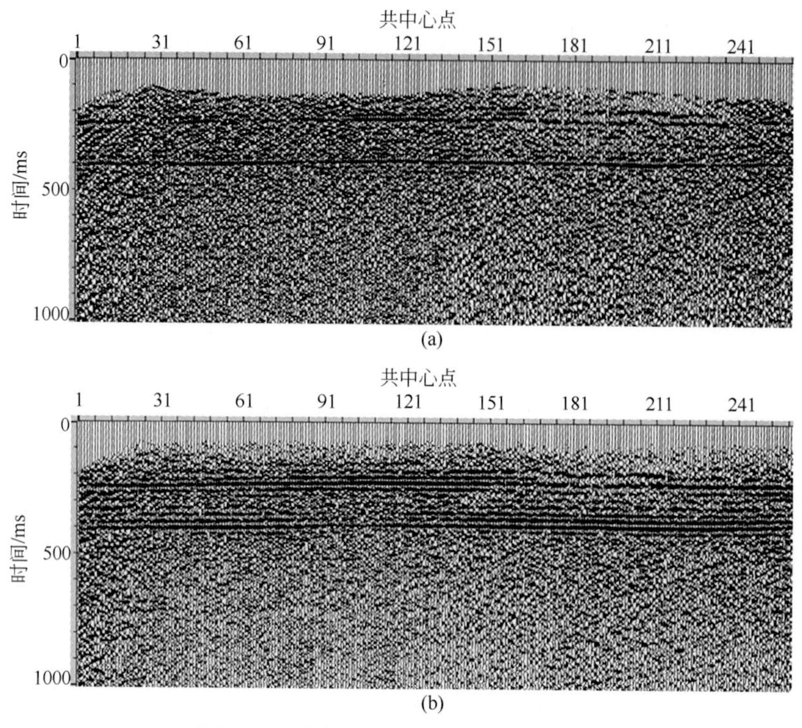

图 3-19　剩余静校正叠加剖面效果对比

Line180 静校正前（a）、后（b）剖面对比图

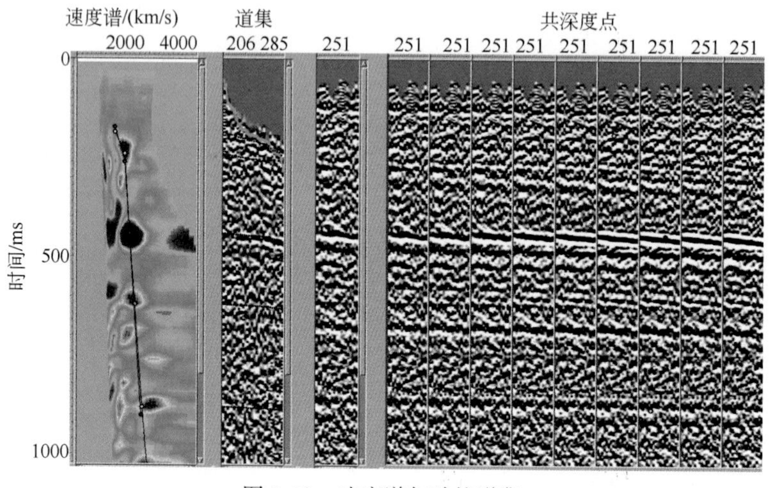

图 3-20　速度谱与动校道集

和精度会降低。采用速度分析和剩余静校正多次迭代的方法可以消除静校正影响和提高速度的精度。有鉴于此，处理中遵循的是剩余静校正、压噪、速度分析循环迭代，逐次逼近的处理思路。

速度分析的具体思路是对各层位进行速度扫描，找到不同层位的速度范围；通过滤波、增益、去噪等手段提高速度谱的质量和精度；结合道集、叠加段及叠加剖面来综合判断速度的选取；首先在大网格上进行速度分析，然后逐步缩小速度分析网格，提高分析的精度，在地质构造变化大的地方加密速度分析控制点。

3.3.6　叠前时间偏移处理技术

水平层状介质模型是客观上十分复杂的地球介质的一种简化模型。这种简化模型是假设地下介质横向均匀、垂向水平分层。实践证明，该模型只能适用于水平层状或变化平缓的构造地区的地震资料处理。对于地质构造复杂地区，当地层倾角较大或地层严重褶皱时，基于水平层状介质模型的水平叠加和叠后时间偏移处理方法就无法解决构造成像问题。由于目前勘探对复杂构造成像精度要求越来越高，叠前时间偏移技术的发展和应用是一种必然的趋势。

地震处理一方面要解决好复杂构造的成像问题，另一方面还要解决煤层预测问题。目前影响叠前时间偏移成像效果的两个关键因素：一是偏移方法，二是偏移速度。为了使叠前时间偏移处理成果满足本区地质勘探的要求，要合理地选取叠前时间偏移方法和准确地求取偏移速度。

在偏移方法的选取上，从偏移精度、偏移效率和保幅性方面来考虑。自适应偏移孔径的 Kirchhoff 保幅叠前时间偏移方法具有偏移精度高、偏移效率高、保幅性好的特点，是偏移方法的首选。

对于 Kirchhoff 叠前时间偏移方法，除了偏移孔径对偏移效果的影响较大外，数据均匀性对偏移效果的影响也是非常明显的。针对数据分布不均匀的解决方法目前有两种，一是在偏移算法中考虑覆盖次数加权，二是偏移前通过插值等手段进行数据规则化处理。具体处理时通过对这两种方法进行试验，选取效果较好的一种。

在偏移速度求取方面，要从速度分析效率和精度两方面考虑。采用的思路是：模型法控制区域速度，百分比扫描和剩余速度分析控制精度。首先利用叠后偏移成果或老剖面的解释层位，利用叠加速度或 RMS 速度建立初始速度模型，基于道集拉平的方法，得到一个较为准确的区域速度模型；其次使用百分比扫描技术和剩余速度分析技术，进一步提高局部速度估算精度。这一步骤实际上需要进行若干次迭代，以获得最佳偏移成像，并更好地反映局部细微地质现象。

综上所述，叠前时间偏移主要采取三方面的应对措施：①偏移方法要能实现精细构造成像；②数据规则化处理；③偏移速度求取。

1. 偏移方法

（1）常规 Kirchhoff 叠前时间偏移的基本原理[60-62]

常规 Kirchhoff 积分法波动方程偏移方法是在波动方程 Kirchhoff 积分解的基础上，把 Kirchhoff 积分中的格林函数用它的高频近似解（即射线理论解）来代替而实现的。其基本过程是：首先从震源和接收点同时向成像点进行射线追踪或波前计算，然后按照相应走时从地震记录中拾取子波并进行叠加。如果所有的路径计算得到的走时都正确，那么对应的所有记录数据的叠加结果会在某些部位产生极大值，这些极大值就给出了反射体的位置，如图 3-21 所示。

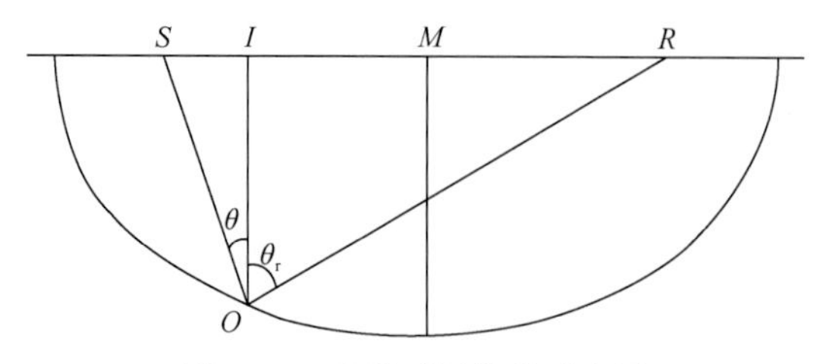

图 3-21　叠前时间偏移示意图

设 S 点为炮点、R 点为接收点、M 为地面观测点的中心点即通常所说的 CMP 点、O 点为地下反射点，I 为 O 点之地面成像点。令（$\bar{x}_s$，$z=0$），（$\bar{x}_r$，$z=0$）（$\bar{x}$，$z=0$）分别代表炮点、检波点和反射点的坐标，那么令 p（$\bar{x}_s$，$\bar{x}_r$，$z=0$）为波场在地表观测得到的波场值。可推导出地下反射点（$\bar{x}$，z）处在 t 时刻的波场值为

$$p(\bar{x},\ z,\ t)=\int A\left(\frac{\partial}{\partial t}\right)^{\frac{1}{2}}P\left(\bar{x}_s,\ \bar{x}_r,\ z=0,\ t+\frac{\bar{r}_s}{v_d}+\frac{\bar{r}_r}{v_u}\right)\mathrm{d}\bar{x}_s\mathrm{d}\bar{x}_r \tag{3-35}$$

式中，r_s 和 r_r 分别为炮点到反射点和检波点到反射点的距离；v_d 和 v_u 分别为下行波和上行波沿射线路径的层速度。在 Kirchhoff 偏移中，为了进行保幅处理引入了系数 A，令

$$A=\frac{\cos\theta_s\cos\theta_r}{\sqrt{v_d v_u r_s r_r}} \tag{3-36}$$

为振幅比例因子，实现保幅处理。

根据成像原理，地下 $O(\bar{x},\ z)$ 点处的波场为

$$p(\bar{x},\ z)=\int A\left(\frac{\partial}{\partial t}\right)^{\frac{1}{2}}P\left(\bar{x}_s,\ \bar{x}_r,\ z=0,\ t+\frac{\bar{r}_s}{v_d}+\frac{\bar{r}_r}{v_u}\right)\mathrm{d}\bar{x}_s\mathrm{d}\bar{x}_r \tag{3-37}$$

令 $\tau=\tau_s+\tau_r=\frac{r_s}{v_d}+\frac{r_r}{v_u}$　　(3-38)

而 τ_s，τ_r 可在速度模型已知的情况下，通过射线追踪、波前走时计算等各种旅行时计算方法求得。

（2）自适应偏移孔径 Kirchhoff 保幅叠前时间偏移技术[63]

偏移孔径是指用于偏移成像的地震资料分布范围。在 Kirchhoff 积分理论中，偏移孔径技术认为可用于积分计算的区间。在给出高精度的速度分布规律后，叠前时间偏移的品质主要取决于格林函数的计算精度，加权函数和偏移孔径的选取，这里仅考虑偏移孔径的影响。一般来说，为保证偏移成像的质量，要求偏移孔径内必须含有来自地下反射点的主体能量部分，主体能量满足几何光学的 Snell 定律（入射角等于反射角）。为提高成像质量，在成像过程中，应选取以主体能量为中心的相干带（绕射带）的地震资料，这样即可保证成像结果中的构造准确性，同时也可改善地震剖面的信噪比。据 Yilmaz 的偏移孔径试验结

果，当选取小的偏移孔径时，偏移结果只保证剖面小倾角构造成像和高信噪比特征，而无法保证陡倾角构造成像，同时陡倾角构造会失真地出现“水平化”现象。选取大的偏移孔径时，偏移可保证陡倾角构造成像，但剖面会出现同相轴连续性变差，分辨率和信噪比变低的现象。这表明采用固定偏移孔径将难以保证偏移结果的品质。

通过实际资料计算可以得知，小偏移孔径时难以保证大幅度构造的成像；大偏移孔径时存在着同相轴相互交叉的问题。采用自适应孔径选取的剖面整体上均优于常数偏移孔径处理的剖面，特别在连续性、断层形态、构造形态、分辨率上较为明显。

2. 数据规则化处理

覆盖次数分布不均匀会引起 Kirchhoff 偏移画弧的问题，目前对于该问题的解决有两种方法，但各有不足之处，需要通过试验加以确定哪种方法更有效，这两种方法实现的具体描述如下。

（1）偏移方法中加入覆盖次数分布加权因子

通过偏移算子直接计算出波场值，理论上这种要比插值得到的更精确，但由于数据分布不对称，抵消不彻底，故还会出现偏移画弧现象，为此，在算子相加抵消过程中加入覆盖次数加权的方法来加以控制，能得到更好的成像。

（2）叠前插值

在叠前共偏移距道集上，采用频率空间域（F-X-Y）方法道内插，对内插后的数据置上 XY 坐标，重新定义网格，然后进行抽道形成新的 CMP 道集数据。具体实现步骤如图3-22所示。

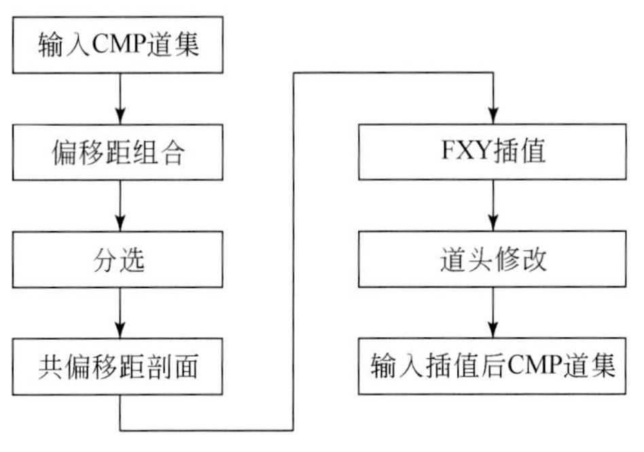

图3-22　叠前插值处理流程

3. 百分比扫描叠前时间偏移速度分析

百分比扫描叠前时间偏移速度分析的目的在于由共中心点道集相干函数反演之后，进一步改进速度模型的精度，特别是改善标准同相轴之间弱反射波成像效果。其方法原理是首先用一系列百分比值建立新的速度模型；其次用每个速度模型进行叠前时间偏移，又得到一系列叠前时间偏移剖面；最后对偏移剖面从整体上进行地质解释，选择与成像结果地质效果最佳相对应的百分比作为速度模型的修正值。

4. 叠前与叠后偏移效果对比

对叠后时间偏移与叠前时间偏移效果进行比较：图 3-23 是 HL 矿区 Line300 叠后与叠前时间偏移的剖面对比图，图 3-24 为 YZG 矿区某剖面叠后与叠前偏移剖面对比。

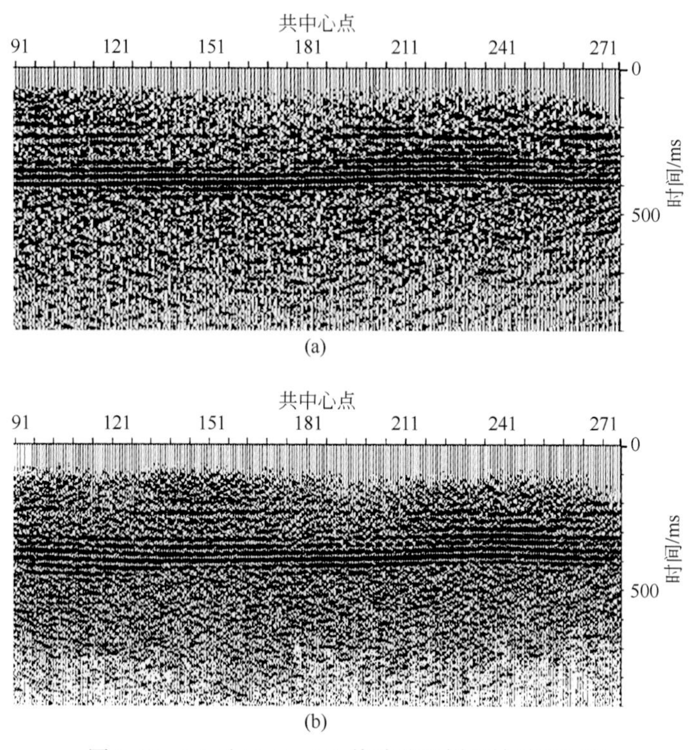

图 3-23　HL 矿区 Line300 偏移处理剖面效果对比图

（a）叠后时间偏移；（b）叠前时间偏移

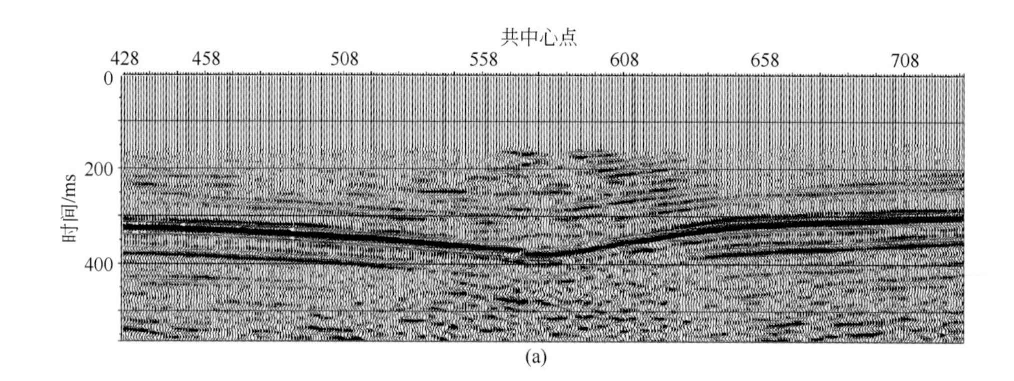

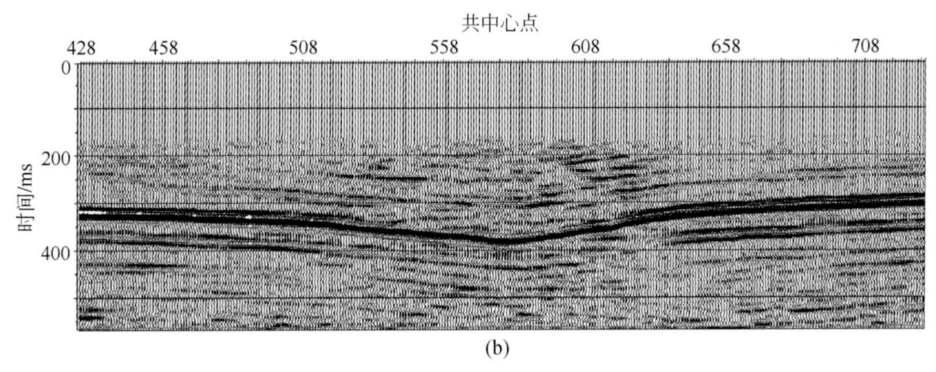

(b)

图 3-24　YZG 矿区偏移处理剖面效果对比图

（a）叠后时间偏移；（b）叠前时间偏移

通过大量对比认为，在通常情况下叠后与叠前偏移所得地震时间剖面形态基本一致，但是在沿着沟或黄土塬、梁发育的地段，叠前偏移数据地层的起伏幅度变小了，叠前偏移较叠后偏移更能反映地下地层的真实形态，见图 3-25、图 3-26。

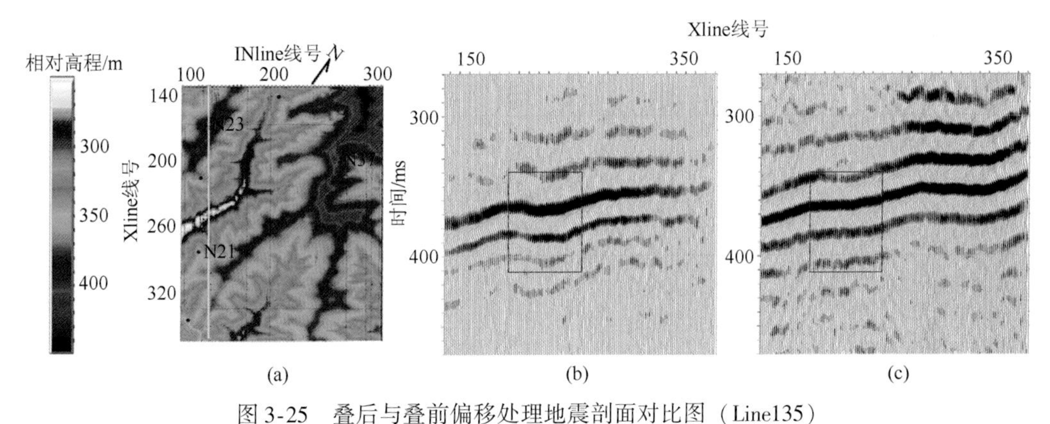

(a)　(b)　(c)

图 3-25　叠后与叠前偏移处理地震剖面对比图（Line135）

（a）地表相对高程示意图；（b）叠后偏移地震剖面；（c）叠前偏移地震剖面

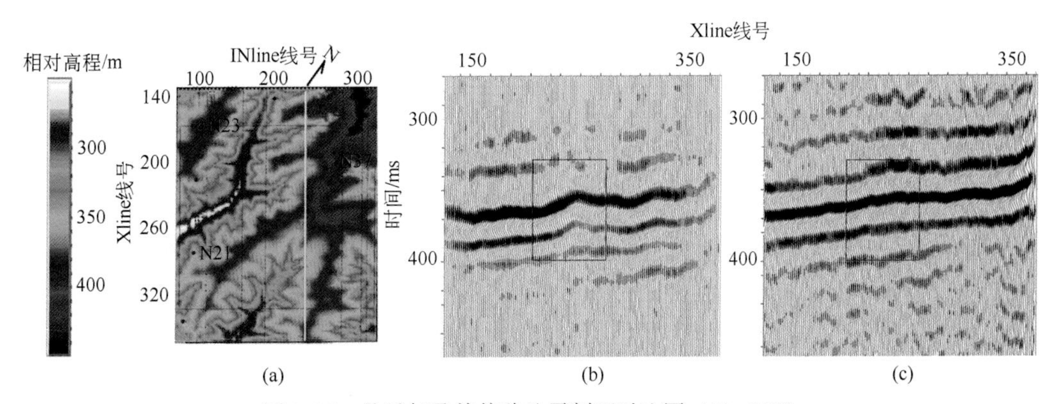

(a)　(b)　(c)

图 3-26　叠后与叠前偏移地震剖面对比图（Line240）

（a）地表相对高程示意图；（b）叠后偏移地震剖面；（c）叠前偏移地震剖面

从图3-25上可以看出，Line135线上Trace164至Trace214间（图中红框处）叠前与叠后偏移剖面地震资料起伏相差较大，从地表相对高程示意图中可以看出，沿着沟塬走向的，叠前偏移效果更好。

从图3-26上可以看出，Line240线上Trace230至Trace280间（图中红框处）叠前偏移剖面地震资料起伏的幅度比叠后的地震资料起伏的幅度要小，从地表相对高程示意图中可以看出，此处是垂直于沟走向的。在去除静校正的因素时，在地形复杂的地段，叠前偏移处理效果明显好于叠后偏移处理；在地形相对较为平缓、浅层低速带变化较小的地段，二者效果相当。

3.4 小　　结

从前第1章和第2章介绍的黄土塬典型的塬、梁、峁地形特点及树枝状发育的沟谷，湿陷性的黄土因长期遭受冲刷而形成较大的地形高差和陡崖。通过黄土层巨厚、松散、干燥，急骤变化的低速带厚度等一系列特点不难看出：黄土塬区除激发、接收困难外，数据中的有效波能量弱、振幅和频率横向变化大、信噪比和分辨率不高、静校正量变化大、层间多次波较发育等特点显著。

在数据处理中，要求处理人员与地质人员紧密结合，除了对处理关键技术和主要处理参数、处理流程进行认真分析外，还要重点做好一致性处理、衰减补偿、反褶积、静校正、干扰压制及速度场的求取与偏移工作[64,65]。

第4章　地质构造地震精细解释

煤岩层在形成时，一般是水平或近水平的，并在一定范围内是连续的、完整的。后来受地壳运动的影响，煤岩层的形态和产状发生了变化。这种由地壳运动所引起的岩层变形和变位的过程，在构造地质学中称之为构造变动。构造变动按其表现形式主要分为两类，即褶皱和断裂。褶皱是指岩层受地壳运动的影响发生柔性变形，使岩层变成弯弯曲曲的形状，但仍能保持其连续性和完整性；而断裂是指煤岩层受地壳运动的影响，发生脆性变形，作用力超过岩层强度就产生断裂。断裂后的两侧煤岩层若发生脆性变形，煤岩层便失去了连续性和完整性，若无显著位移称为裂隙，若发生显著位移称为断层。这些由地壳运动而造成的岩层的空间形态，在构造地质学中称之为地质构造[66]。

黄土塬区的煤矿地质构造多种多样，构造复杂程度多属简单构造和中等构造。基本的构造类型有三种，即单斜构造、褶曲构造（向斜、背斜）和断裂构造。其中断裂构造在煤矿开采生产中具有非常重要的意义，也是煤矿采区三维地震资料解释工作中的核心。断层在煤矿区分布很广，规模大小不一。煤矿区断层规模大小分类目前还没有一个统一标准，通常用它对煤矿开采工作影响的范围分为大型断层、中型断层、小型断层。大型断层落差大于50m；中型断层落差在20～50m；小型断层落差小于20m。近年还有一种说法，把落差在5～20m的断层称为小断层，而把落差在2～5m的断层称之为微小断层。断层规模不同，对煤矿设计和开采生产的影响也不同。从已有实际开采经验来看：①大型断层主要影响井田的划分。在划分井田时要考虑这些大断层，因为井田内存在着大型断层必然会增加大量的岩石巷道，给掘进、运输和巷道维护都带来很多问题。在水文地质条件复杂矿区，发生大断层时还容易造成突水事故的发生。根据矿井井田地质情况大型矿井和中型矿井可以将落差大于100m的断层作为井田边界；小型矿井可以将落差大于50m断层作为井田边界。②中型断层主要影响采区布置、采区边界。③小型断层主要影响工作面回采，给掘进带来困难[66]。在布置工作面前一般都需要查出落差2～3m的断层，处理的好就可减少小断层对生产的影响，保持稳产高产。此外，断层还会影响安全生产，主要是因为断层带岩石十分破碎，地表水和含水层水往往沿断层破碎带流入井下巷道内，使井下涌水量增加。在水文地质条件复杂的矿区甚至发生突水地质灾害，造成矿井淹没事故。在瓦斯突出矿井中，由于断层附近岩石破碎，岩石强度降低，容易积聚大量瓦斯，造成瓦斯突出和坍塌冒顶。断层还会增加煤炭资源量损失，这主要是基于安全的考虑，为了保证安全生产，在断层两侧需留一定宽度的保安煤柱。断层越多，煤炭资源损失量越大，断层也直接影响掘进进度与安全，可能会造成废巷。

断层使岩层（煤层）的连续性遭到破坏，断层是沿断裂面发生明显相对移动的一种断裂构造现象，它反映在地震时间剖面上的特点是反射波或波组、波系的错断、终止、扭曲、产状突变、同相轴分叉合并、相位转换，并出现断面波、绕射波等（同相轴是指地震时间剖面上或地震记录上每个波相同相位的连线），关于三维地震资料地质构造解释的方法在地震勘探的规范、教科书和有关文献[1,67]中都有详细讨论（包括层位标定、波的对比等），传统的常规地质构造三维地震解释的技术思路是：①用人工合成地震记录对反射波的地质层位进行标定，并进行波的对比。②选择部分纵、横向基干垂直地震时间剖面（包括过井剖面），根据前述标志解释地震时间剖面的断点，在重点解释的基础上逐渐加密网格进行解释。③用水平切片结合纵、横向垂直地震时间剖面进行断层组合综合解释。在水平时间切片上识别断层的标志主要有同相轴中断、错动、扭曲和频率突变，而解释的断点断层位置应与垂直地震时间剖面上的断点、断层相吻合。上述许多地震解释工作都是在地震解释工作站上，用人机联作的方式交互进行的，在所有的工作站中都配备有地震可视化软件，解释中拾取层位，断层及其他结果都可以叠合到地震剖面上，可以对地震（或其他）数据进行时移或用彩色显示地震剖面，以拓宽数据的动态范围，提高区分某些不明显特征的能力。还可利用层拉平技术从不同角度来观察地震剖面，减少对某些重要地质特征的遗漏。④利用相干体切片或方差体切片结合垂直时间剖面调整断层组合关系，进一步落实断层搭接相交、分岔、合并。⑤时深转换成煤层底板等高线图（即构造图）。

这里所讲的地质构造三维地震精细解释是指在传统的常规地震解释基础上，采用哪种适合于黄土塬煤矿区地质条件下的主要精细解释方法，也就是说精细解释是指一种相对传统解释的概念，其含义包括：①提高解释小断层的能力；②提高断层走向的精细刻划能力；③减少断层组合上的失误率。

在地震时间剖面上精细解释微小断层是十分困难的。这里根据黄土塬煤矿采区地层产状，岩性组合及煤层展布情况建立了一个简单地质模型，如图 4-1（a）所示，地震正演模拟所获地震剖面如图 4-1（b）所示，图中地震子波为零相位雷克子波，主频 50Hz。从合成地震剖面上可见，图中落差大于 10m 的断层，可直接在地震剖面上识别解释出来；落差 5m 的断层，时差仅 4ms；而落差 3m 的断层仅仅是同相轴扭曲了一下；落差 2m、1m 的断层极不易发现，同相轴无错断现象，难以横向追踪。

由于各区地质情况和地震地质条件的不同，本章所介绍的构造识别技术效果也不尽相同。因此，建议应通过试验进行优选，在此基础上进行综合与融合是十分重要的。例如，相干体技术，只有信噪比高的资料解释出的断层才可信，而不相干数据异常不一定都是断层，也可能是因岩性变化或其他地质体所致，再者当断层落差在反射波的一个视周期或它的整数倍时，在相干体中断层没有反映，反射时间剖面上波峰连着波峰，造成相干极大，因而反映不出断层来。

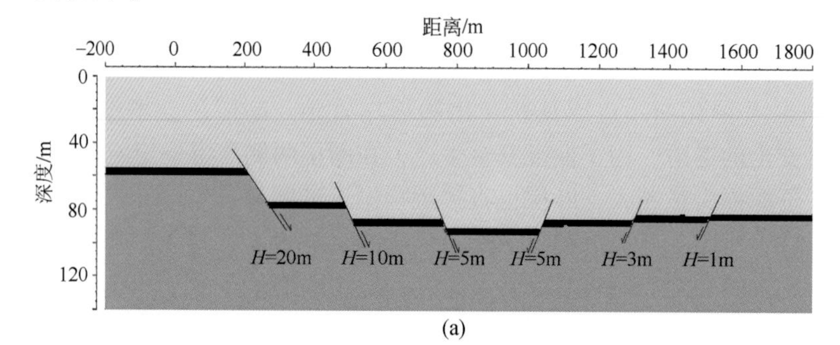

(a)

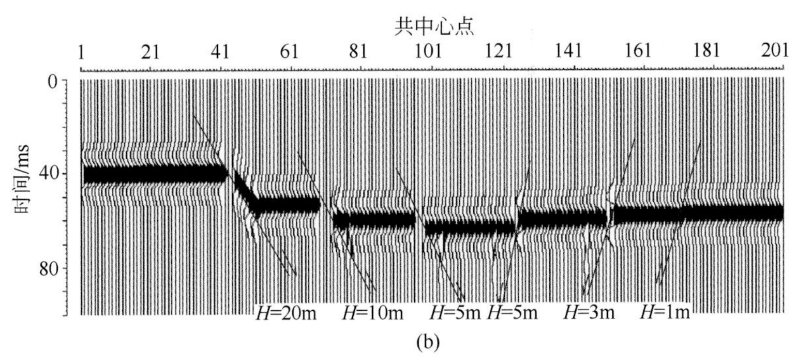

(b)

图 4-1　地质模型与地震正演模拟

（a）地质模型；（b）合成地震时间剖面

4.1　解 释 流 程

黄土塬煤矿采区地质构造的地震精细解释与常规地震解释方法步骤从形式上很相似，但关键技术的应用则区别较大，其中主要是利用关键技术来反复修改地质构造解释成果，进而解释出小地质构造。一般而言，需经历以下 7 个步骤（图 4-2）：①数据加载；②三维地震数据浏览；③层位标定与层位对比、拾取；④断层解释；⑤编制目的层 t_0 等值线图；⑥速度分析与时深转换，编制煤层底板等高线图（构造图）和新生界厚度图；⑦制作地震地质剖面。对黄土塬地震数据解释步骤分述见图 4-2。

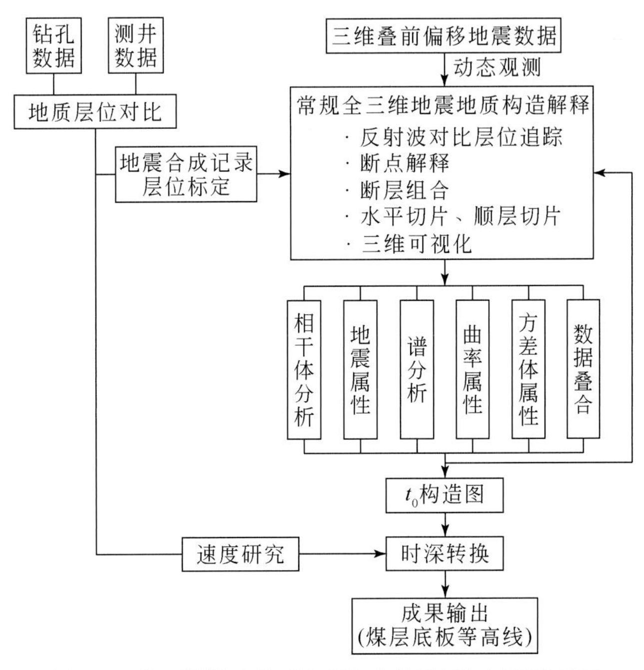

图 4-2　黄土塬煤矿采区地质构造地震精细解释流程图

1. 数据加载

加载到工作站的数据包括钻孔、测井、地质、测量和三维地震偏移数据。加载前要对数据作分析与检查。包括三维探区边界拐点的坐标、地表高程、测线的最大最小线号、记录长度和要加载的时间范围、采样间隔等；还包括钻孔资料的孔号、孔位坐标、钻孔分层数据、时深转换数据等。加载后首先要检查屏幕、底图与测线位置图的对比无差别，孔位与测线位置是否正确，并计算线、道号与实际工区是否完全一致，然后做屏幕剖面检查。

2. 三维地震数据浏览

用可视化技术对三维地震数据从各个方向上浏览，了解工区地质构造框架情况。

3. 层位标定与层位对比、拾取

通常我们采用人工合成地震记录对地震层位进行标定，赋予地震剖面以地质含义。对于黄土塬地震而言，精细的人工合成记录是必不可少的，由于黄土层松散，地震波频率低，加之多次波较为发育，地震剖面中有效波的识别变得复杂，因此尽可能多做几个人工合成记录与过井剖面对比，然后通过建立骨干剖面，确定目的层，进行精细的对比与解释。

4. 构造解释

构造解释包括对断层、地层起伏、陷落柱等解释，通常构造解释要在纵横时间剖面和时间切片解释的基础上，用地震属性等主要技术进行综合分析、对比，并反复、不断修改。由于黄土塬地震波频率相对较低，加之黄土塬地形相对复杂，静校正问题突出，如果静校不好会存在“静校不静”现象而引发构造假象，因此对黄土塬区的构造解释更应细致，同时在提取多种属性的基础上做好属性优选，对确定的地质构造应与地形地质图进行对比，排除静校正问题，最终确定构造方案。

5. 编制目的层 t_0 等值线图

这一步骤与常规地震解释工作相同，即由计算机自动拾取目的层反射波的时间值，自动形成 t_0 等值线平面图。

6. 速度分析与时深转换

用钻孔揭示的地层信息，标定钻孔处的时深转换的速度值，将离散的速度值采用与 t_0

等值线平面图等大的网格插值形成速度平面图。在分析过程中，对于速度异常点处的地震资料应进一步分析，根据地震数据的反映情况决定对异常的点去留，根据时深转换公式进而计算编制煤层底板等高线图（构造图）和新生界厚度图。

7. 制作地震地质剖面

根据地质成果图（如煤层底板等高线平面图、新生界底界面图等）、地形等高线平面图等，给定所需制作地质剖面的坐标，由计算机自动切取。

在地质成果成图的过程中，由于计算机在地质构造处自动化和人工智能判定的能力相对较差，因此构造复杂处的地质成果需要人为地根据地质构造发育特征进行一定修正。进行地震地质剖面制作时，需要与地质成果平面图进行平-剖对比，并反复此步骤，保证地质成果的互相吻合。

4.2　地震属性精细识别断层技术

地震信息中包含着丰富的地质信息，而且不同的地质特征在地震信息中具有不同的反映。通过不同的数学变换手段将地震数据中的多种可利用的信息赋于明确概念，并且提取出来，通过对这些信息数据图象的分析，从各个角度对地震资料作细致解释，以揭示出原始地震资料中不易发现的地质现象，通常称之为地震属性分析。按照目前普遍的认识，所谓地震属性指的是那些由叠前或叠后地震数据经过数学计算而导出的有关震波的几何形态、运动学特征、动力学特征、统计学特征的特殊测量值。

现在可计算的地震属性约有 300 多种，而常用的属性有明确地质意义的属性仅几十种。地震属性的分类方法很多，Taner 等将地震属性归纳为两大类，即几何属性和物理属性；1997 年 Chen 将地震属性分成八类，即振幅、频率、相位、能量、波形、衰减、相关、比值。也有人提出按属性目标分为三类，即剖面属性、层位属性、数据体属性。也有部分学者按地震属性功能进行分类，即亮点与暗点、不整合圈闭和断块隆起、油气方位异常、薄储层、地层不连续性、石灰岩储层和碎屑岩、构造不连续性、岩性尖灭等与地质异常区域识别有关的属性[68]。

图 4-3 为 1996 年 Alistair R. Brown 的分类表，他认为属性必须为基本的地震测量成果。所有可用的层位和地层信息属性不是相互独立的，而只是表征和研究有限基本信息的不同方式，这些基本信息是时间、振幅、频率及衰减特性，它们构成了图 4-3 中所示的属性分类的基础。概括的讲，由时间得到属性能提供构造信息；振幅的属性能提供地层与储层的信息；频率得到的属性尚未完全理解，但普遍认为它们将能提供其他有用的储层信息，衰减特性可提供有关渗透率的信息。属性可以从常规叠加和偏移的三维地震数据提取，也可从叠前道采集数据中提取。属性分析不仅用于断层检测，而且也正广泛用于岩性识别、古河道描述、地震相分析、储层参数估算等。2001 年 Roberts 总结了各种属性的适用范围，并给出不同地质情况下各属性的显示效果（表 4-1）。基于黄土塬煤矿采区的地震地质情

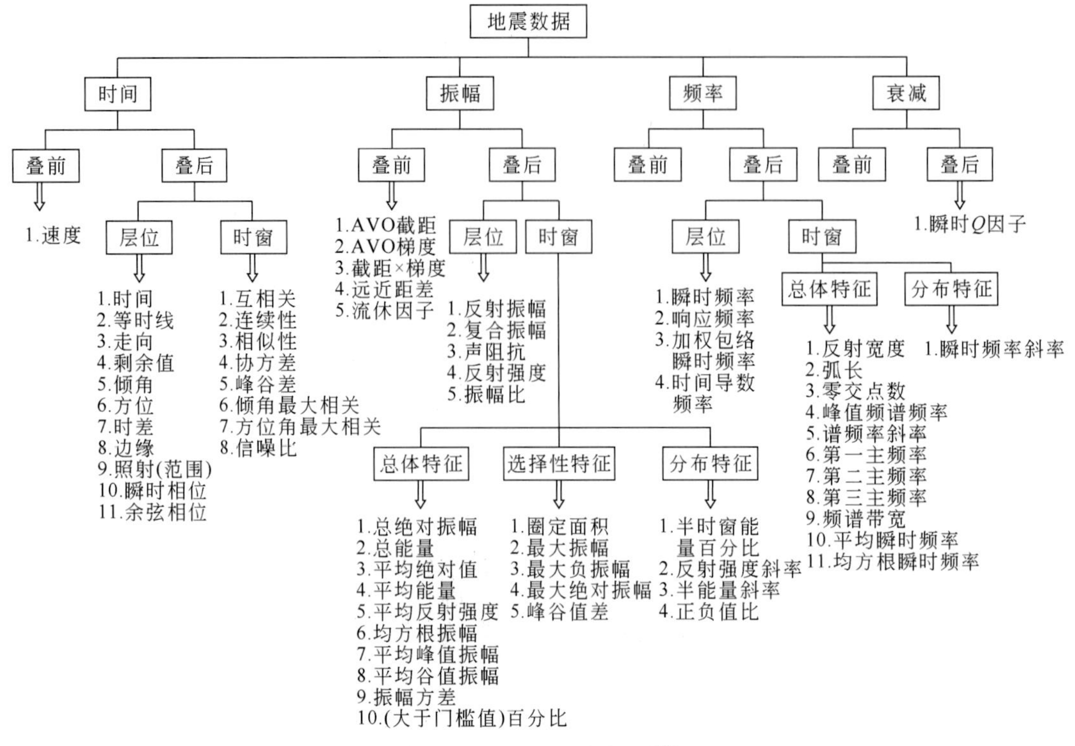

图 4-3　地震属性分类图[68]

况，通过系统试验发现倾角、方位角、曲率、倾角/方位分析等地震属性对断层异常反映比较敏感，不同程度上较直观的显示出目标层的断层分布，有利于小断层的识别。

表 4-1　不同地质情况下各属性的显示效果[69]

断层类型	倾角/边缘	方位角	曲率
	好	良	好
	好	差	好
	好	好	好
	中	差	好
	中	好	好
	中	好	好
	差	差	差

1. 倾角属性

倾角属性定义为时间梯度的大小，其表达式为[70]

$$\text{dip} = \sqrt{\left(\frac{\mathrm{d}t}{\mathrm{d}x}\right)^2 + \left(\frac{\mathrm{d}t}{\mathrm{d}y}\right)^2} \tag{4-1}$$

上式的意义即在 x、y（主测线与联络线）方向分别检测倾角，然后由其梯度得到该点的倾角值。倾角分布图可以展示层位起伏的大小。单独一个倾角值无特别意义，但在倾角分布图上所示的倾角的相对变化则可识别出有地质意义的现象。倾角计算的精度与滑动分析窗口的大小成正比，大尺寸的窗口计算的倾角代表数据的主要走向而非局部的倾角。

图 4-4，为用黄土塬区 WC 煤矿 d 采区三维地震资料，T5 反射层（5 煤层对应反射波）沿层开时窗 5ms，对时窗内数据进行计算提取的倾角属性检测平面图。

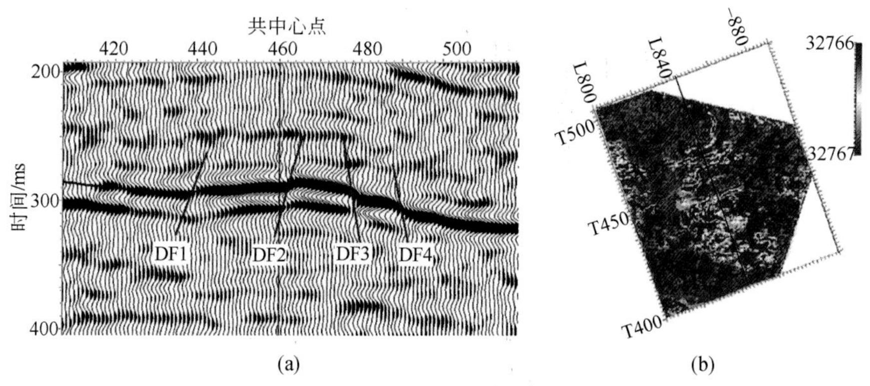

图 4-4　黄土塬区 WC 煤矿三维地震资料倾角检测图

（a）地震时间剖面；（b）倾角检测

2. 方位分析属性

方位（azimuth）定义为 Y 方向时间梯度与 X 方向梯度之比的反正切，其表达式为

$$\text{azimuth} = \arctan\left(\frac{\mathrm{d}t}{\mathrm{d}y}\bigg/\frac{\mathrm{d}t}{\mathrm{d}x}\right) \tag{4-2}$$

方位分析中正北方为 0°，沿顺时针方向依次增加至 360°，方位分析数据能提供出地层的倾向信息。图 4-5 为黄土塬区 BL 煤矿三维地震资料 T5 反射波（5 煤层对应反射波）沿层进行计算提取的方位分析属性检测平面图，本书采用 T5 波+5ms 的时窗进行属性提取。

3. 倾角/方位分析

将按式（4-1）、式（4-2）计算出的倾角属性和方位属性信息综合在一张图上显示。有的软件上显示方法如图 4-6（a）所示，颜色表示方位即倾向，同一种颜色的亮暗程度表示倾角的大小，由亮变暗表示倾角由缓到陡。

图 4-5　BL 煤矿三维地震资料方位检测属性平面图

由于这种图件综合了倾角与方位信息，因此它的展布从总体上可展示出目的层地质构造变化的框架。图 4-6（b）为黄土塬区 BL 煤矿三维地震资料 T5 反射层（5 煤层）沿层倾角图，图 4-6（c）中为倾角方位角属性融合图，图中色彩较深，线性异常条带明显的地方均为断层发育的表现。

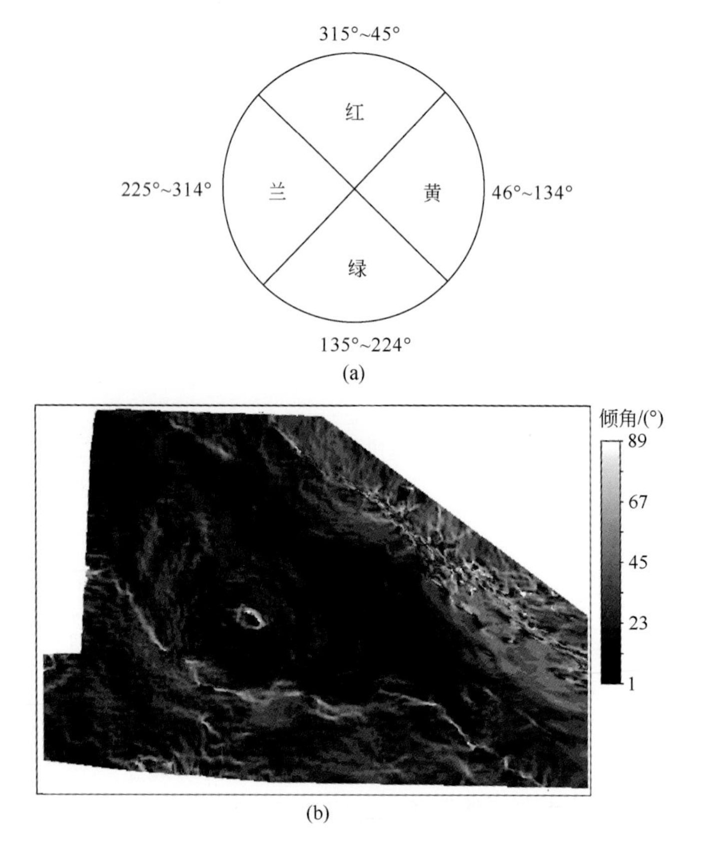

(b)

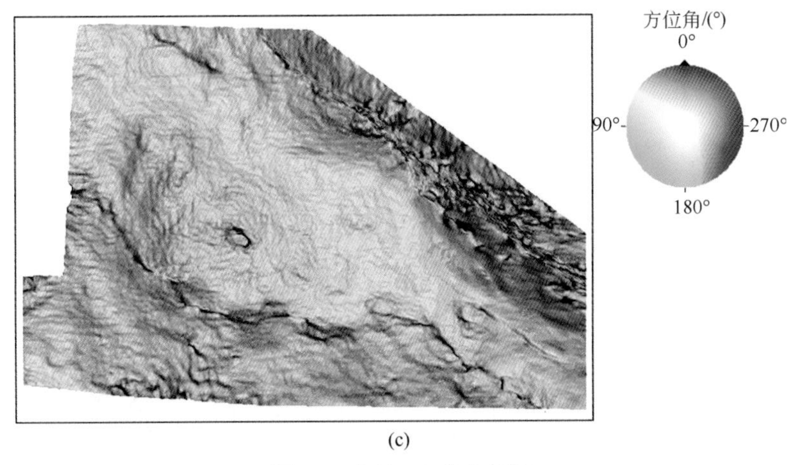

(c)

图4-6　倾角/方位分析图

（a）倾角/方位分析示意图[11]；（b）黄土塬区 BL 煤矿某采区三维地震 T5 反射层倾角属性图；（c）黄土塬区 BL 煤矿某采区三维地震 T5 反射层倾角/方位属性综合

4. 地震边缘检测属性

边缘检测算法如下：对于一个由 9 个地震道组成的平面，首先计算主测线方向及联络测线方向的一阶导数，两个方向的一阶导数平均值作为该平面中心的边缘检测值 edge。实际计算过程如图 4-7（a）图中 E 为中心点。

X 方向二阶导数：
$$x=[(C+2F+K)-(A+2D+G)] \tag{4-3}$$

Y 方向二阶导数：
$$y=[A+2B+C)-(G+2H+K)] \tag{4-4}$$

$$\text{Edge}=(x^2+y^2)^{1/2} \tag{4-5}$$

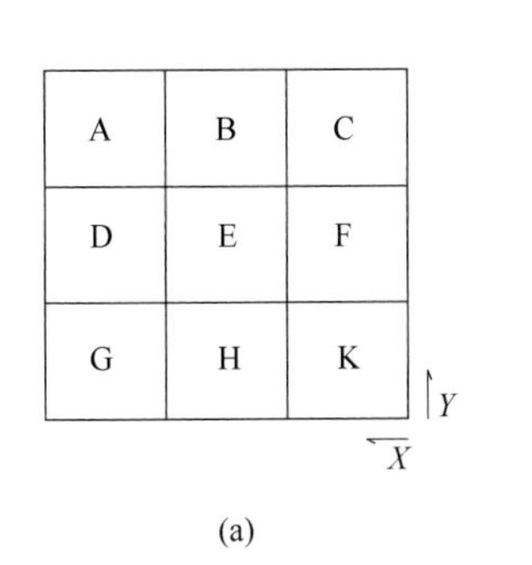

(a)

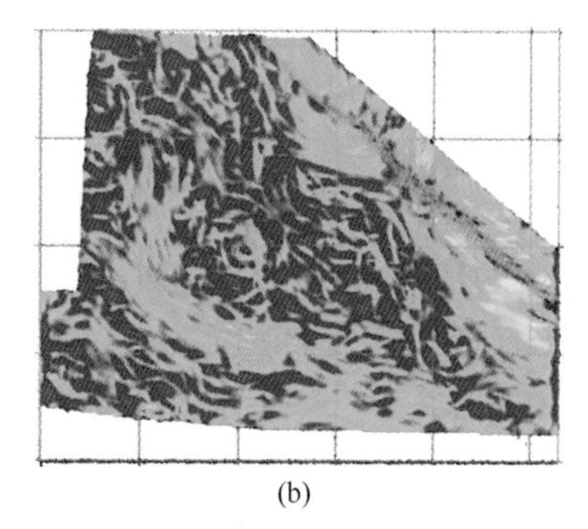

(b)

图4-7　边缘检测属性图

（a）计算过程示意图；（b）黄土塬区 WC 煤矿 d 采区三维地震资料边缘检测属性图

5. 地震落差属性

落差定义为断层将煤层（储层）分割的垂直分量。最大垂直差异是由计算在窗口范围内有效层面的每个像素得出的。图 4-8 为黄土塬区 HJH 煤矿三维地震资料地震落差属性图。

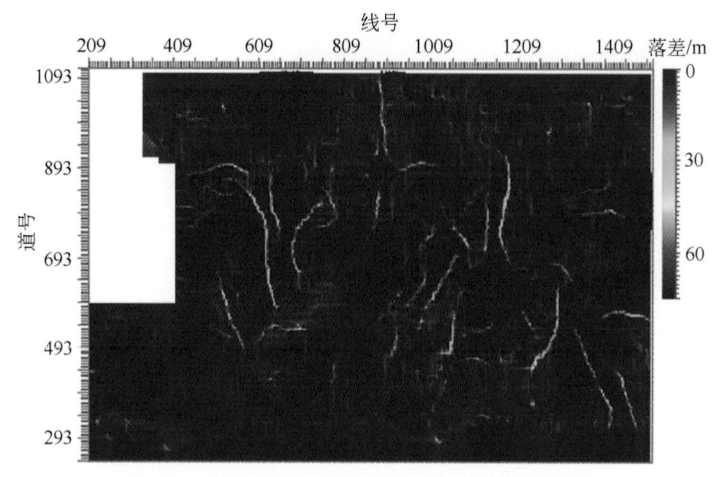

图 4-8　HJH 煤矿三维地震资料地震落差属性图

4.3　相干体分析技术识别断层

用三维地震资料解释地质构造的一个主要优点是它不像用二维地震资料解释那样局限于二维地震垂向时间剖面，它能以水平时间切片方式显示地震资料。通常使用水平时间切片和地震沿层切片，但水平时间切片通常难以解释，这主要是因为时间切片穿过不同地层，所以解释起来常常比较复杂，而顺层切片是解释过的数据体沿某反射层的地震振幅图，所以顺层切片对追踪断层展布是十分有用的，如图 4-9 所示。首先解释人员必须对地震数据同相轴对比追踪拾取出一个层位，并作构造解释后沿层再作时间切片，这样做的一个蔽端是图像中的小断层极易发生遗漏现象。

相干体切片与顺层时间切片相比，相干体分析技术能更清晰地识别断层和其他地层特征，有助于断层和地层特征的精细解释。1955 年 Simpson 提出相干概念，但当时只限于道间的相关性，1994 年 M. Babrich 和 S. Farmer 在 65 届 SEG 年会上正式提出了相干概念和地震相干数据的应用方法，并于 1995 年在 *The Leading Edge* 发表《断层和地层特征的三维地震不连续性：相干数据体》文章。1997 年相干体技术公司（CTC）和 Amoco 公司获相干技术专利，名称为“信号处理与勘探的方法”（专利编号：95191202）[70]。随后，这种技术得到了迅速推广应用，目前它已成为解释断层和地层特征的一种常规的方法技术。并从第一代 C1 算法发展至第二代 C2 算法、第三代 C3 算法，所获得的相干图对断裂显示得更加清楚、细致。

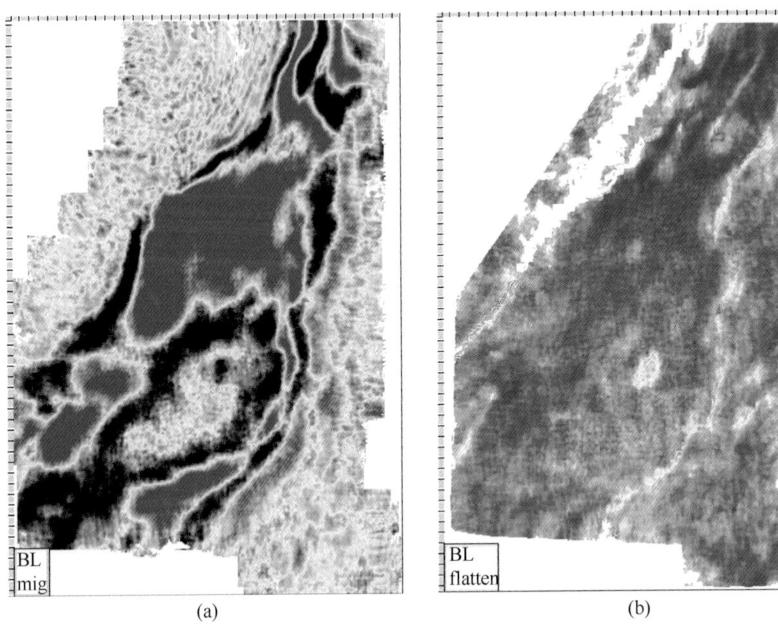

图4-9　BL煤矿三维地震水平切片与顺层切片
（a）340ms水平切片；（b）T5波顺层切片

4.3.1　方法原理

多道相干分析的原理在很多文献中已作详细讨论。相干技术的基本原理是基于三维地震资料中地震记录道是以时间、振幅为轴的波，通过将资料分成规则网格，计算纵向和横向上局部波形的相似性，从而得到三维地震相干性估计值。由于在断层、地层岩性突变、特殊地质体的小范围内，地震道之间波形发生变化，从而导致局部道与道之间的相关性发生突变，相干值较低的点与如断层、地层岩性突变、特殊地质体边界密切相关。因此沿某一时间水平时间切片，就看到沿断层低相关值的输廓，作一系列时间切片，这些各切片上的低相干条带的轮廓就构成断层断面的形状。

生成三维地震相干属性数据体的算法很多，主要都是基于水平方向来实现。根据资料的信噪比及算法的稳定性主要包括第一代C1、第二代C2、第三代C3三种相干算法。这三种相干算法各自的优缺点是第一代C1相干算法计算速度快、对计算机内存要求低，但受噪声干扰的影响大、稳定性差、分辨率低；第二代C2相干算法抗干扰能力强、分辨率高，但计算量较大且横向分辨率低；第三代C3相干算法具有更佳的稳定性及更强的抗干扰能力，分辨率高，但计算量大，不适合大倾角地层数据计算。第三代C3相干算法实际上是基于第二代C2算法的协方差矩阵进行三维地震数据体的相干值计算[72]，本节中只介绍C1相干算法和C2相干算法。

1. C1 相干算法[70,71]

大部分相干体计算软件，相干算法都是基于传统的能量归一化互相关原理进行相干体计算，也称之为第一代算法，它的计算原理相对简单且易于理解。

C1 相干算法以经典的归一化互相关为基础。首先定义纵测线上 t 时刻、道位置在 $(\chi_i,\ y_i)$ 和 $(\chi_{i+1},\ y_i)$ 与地震道 u 之间延迟为 l 的互相关系数 C_χ 为

$$C_\chi(t,\ l,\ \chi_i,\ y_i) = \frac{\sum_{\tau=-w}^{+w} u(t-\tau,\ \chi_i,\ y_i)u(t-\tau-l,\ \chi_{i+1},\ y_i)}{\sqrt{\sum_{\tau=-w}^{+w} u^2(t-\tau-l,\ \chi_i,\ y_i)\sum_{\tau=-w}^{+w} u^2(t-\tau-l,\ \chi_{i+1},\ y_i)}} \tag{4-6}$$

式中，$2w$ 为相关时窗的时间长度。

再定义横测线上 t 时刻、道位置在 $(\chi_i,\ y_i)$ 和 $(\chi_i,\ y_{i+1})$ 与数据道 m 延迟的互相关第数 C_y 为

$$C_y(t,\ m,\ \chi_i,\ y_i) = \frac{\sum_{\tau=-w}^{+w} u(t-\tau,\ \chi_i,\ y_i)u(t-\tau-m,\ \chi_i,\ y_{i+1})}{\sqrt{\sum_{\tau=-w}^{+w} u^2(t-\tau,\ \chi_i,\ y_i)\sum_{\tau=-w}^{+w} u^2(t-\tau-m,\ \chi_i,\ y_{i+1})}} \tag{4-7}$$

把上面纵测线（l 延迟）和横测线（m 延迟）的相关系数组合起来得到相关系数 $C_{\chi y}$ 为

$$C_{\chi y} = \sqrt{[\max\rho_x(t,\ l,\ \chi_i,\ y_i)][\max\rho_y(t,\ m,\ \chi_i,\ y_i)]} \tag{4-8}$$

式中，$\max\rho_x(t,\ l,\ \chi_i,\ y_i)$ 和 $\max\rho_y(t,\ m,\ \chi_i,\ y_i)$ 分别为延迟为 l 和 m 时，C_χ 和 C_y 的最大值。最大相干值的求取可以表示为

$$C1_{\chi y} = \max[C1(l,\ m)] \tag{4-9}$$

对于高质量的地震数据，时移 l 和 m 可分别近似地计算出每道在 x 和 y 方向上的视时间倾角。对于含相干噪声的地震数据，仅用两道计算的视倾角预测干扰将是相当大的，这也正是互相关算法的局限。C1 相干算法的最大优点就是可以分别沿三维地震数据的 InLine 与 CrossLine 线方向计算互相关系数，计算量小、易于实现。

每一道与不同时移的相邻道的互相关对每一个延迟（l，m）形成不同的 2×2 阶协方差矩阵。把式（4-6）推广到三道，就要要求一个应用特征值分析更高阶协方差矩阵的广义分析。

从原理上分析，根据所给数据体的道数、倾角大小和计算选择时窗大小，用下式计算出相关系数。

$$R(t,\ \Phi_{\max}) = \frac{\sum_{L=t-N/2}^{L=t+N/2} T_L T_L^{\mathrm{T}} + \Phi_{\max}}{\sum_{L=t-N/2}^{L=t+N/2} T_L^2 T_L^{\mathrm{T}2} + \Phi_{\max}} \tag{4-10}$$

式中，R 为相干系数，是地震道时间和两地震道倾角函数；t 为时间；Φ 为倾角；T^{T} 和 T 为

地震道数据对。倾向受方位的影响不易给定，计算时主要确定数据体的相干数据和相干时窗。

2. C2相干算法[72]

C2相干算法是近年来广泛采用的一种算法，它可以对任意多道地震数据进行相似分析，计算其相干性。除了能在噪声环境下更稳定地计算相干性、倾角与方位角之外，在分析垂直时窗内也能够限制时间数据采样点的范围大小，更好地计算地层特征的细微变化。对于第二代C2算法，考虑到整个数据体的反射层倾向和方位角，使得对某一方向的断层显示更清楚。特别是在垂直方向上采用非零均值互相关算法，减少了上覆或下伏地层特征的混淆，大大提高了垂向分辨率。其算法如下：

首先，在三维平面上定义一个以分析点为中心的J道椭圆或矩形分析时窗。若取分析点为局部坐标轴（x，y）的中心，则相似系数$C(\tau,\ p,\ q)$定义为

$$C(\tau,\ p,\ q)=\frac{\left[\sum_{i=1}^{J}u(\tau-p\chi_j-qy_j,\ x_j,\ y_j)\right]^2+\left[\sum_{i=1}^{J}u^{\mathrm{H}}(\tau-p\chi_j-qy_j,\ x_j,\ y_j)\right]^2}{J\sum_{j=1}^{J}\{[u(\tau-p\chi_j-qy_j,\ x_j,\ y_j)]^2+[u^{\mathrm{H}}(\tau-p\chi_j-qy_j,\ x_j,\ y_j)]^2\}} \tag{4-11}$$

式中，三变量（τ，p，q）在时间τ处定义了一个局部平面同相轴，p和q分别为在x，y方向上的视倾角，单位ms/m；上标H为实际地震道Hilbert变换。计算分析道的相似性甚至得到地震反射同相轴中过零点的稳定相干性估计。该算法可以看作是三维地震信号$U(t,\ x,\ y)$的t-p变换$U(\tau,\ p,\ q)$，它与三维倾角滤波或道插值的最小平方拉冬变换紧密相关，即

$$U(\tau,\ p,\ q)=\sum_{i=1}^{J}u[\tau-(p\,x_j+q\,y_j),\ x_j,\ y_j] \tag{4-12}$$

实际上，可以定义这个平均相似系数为相干估计值C：

$$C(\tau,\ p,\ q)=\frac{\sum_{K=-K}^{+K}\{[\sum_{j=1}^{J}U(\tau+K\Delta t-p\chi_j-qx_j,\ x_j,\ y_j)]^2+[\sum_{j=1}^{J}u^{\mathrm{H}}(\tau+K\Delta t-p\chi_i-qy_i,\ x_j,\ y_j)]^2\}}{J\sum_{K=-K}^{+K}\sum_{j=1}^{J}\{[u(\tau+K\Delta t-p\chi_j-qy_j,\ x_j,\ y_j)]^2+[u^{\mathrm{H}}(\tau+K\Delta t-p\chi_j qy_i,\ x_j,\ y_j)]^2\}} \tag{4-13}$$

式中，Δt为采样时间间隔，半时窗长度$K=\frac{\omega}{\Delta t}$。由于分析时窗始终是以$x=0$，$y=0$为中心，截距时间$\tau$可以等于$t_0$，C2相干算法的相干值可以表示为

$$\mathrm{C2}_{\chi y}=\max[\mathrm{C2}(p,\ q)] \tag{4-14}$$

C2算法采用了多道处理技术，该算法具有较好的稳定性，适用于低信噪比数据资料，也可以通过调整时窗大小，提高信噪比和分辨率。同时，C2算法是以三维相似性为基础的，它提供了一个很好的地震相干性的计算方法，所获得的相干数值表现更清楚。通过使用任意大小的分析时窗，在最大的横向分辨率和提高信噪比互为矛盾的要求之间取得平衡。对于第二代C2算法，由于考虑到整个数据体的反射层倾向和方位角，对某一方向的

不连续性显示更清楚。特别是在垂直方向上采用非零均值互相关算法，减少了上覆或下伏地层特征的混淆，大大提高了垂向分辨率。这种更精确、非零均值滑动时窗的互相关算法在计算上十分费时，而且计算量与对内存的要求大幅度提高。

4.3.2 相干体分析解释断层的步骤

由于地震相干分析技术是通过计算多地震道之间或计算不同地震道与一标准道间的相关系数来研究地震特征的变化，因而地震相干分析技术对断层（或岩性变化带）、裂缝带等地质因素引起的地震道间的变化反应比较敏感，在被断层截断的地震道块段内地震道相干数据突然中断，从而形成沿断面生成的弱相干值的轮廓。简单的说，计算相干数据的主要目的是对地震数据进行求同存异，以突出那些不相关的数据，相干体分析一般有以下几个步骤。

1. 相干数据计算

地震相干数据体处理效果的好坏主要受参与相干计算的地震道数和选取时窗大小的控制。因此，每个项目要根据工区的地质情况和地震资料情况先作一定量的试验，试验地震道空间组合模式、了解各个参数对处理结果的影响，其方法是：①固定时窗、改变道数；②固定道数、改变时窗；③选定时窗，选定道数，改变地震道组合模式图形，如图 4-10 所示。图中试验参数分别为相干时窗为 40ms，相干道数 3 道（垂直、水平、左对角线、右对角线）、5 道、8 道；相干道数为 9 道时，相干时窗 30ms、40ms、50ms、60ms 的对比图。当相干道数均为 3 道时，右对角线的相干效果更为显著；当时窗相同，9 道相干效果最好；9 道相干时，30ms 的相干效果最好，这与 T5 波视周期有关，在地震剖面上可见 T5 波视周期 T 约为 20ms，当相干时窗小于 $T/2$ 时由于相干时窗窄小，看不到一个完整的波峰或波谷，据此计算的相干数据往往是噪声部分；而时窗过大视野宽，可见多个同相轴，据此计算的相干数据往往反映的是波组的不连续性，均衡许多细小变化；时窗接近目的层视周期 T 成像效果最好。

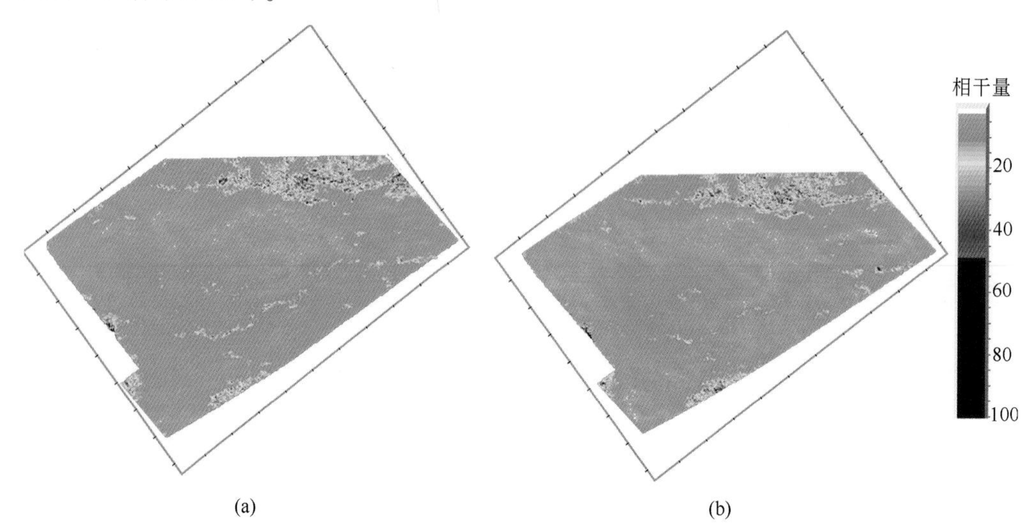

(a) (b)

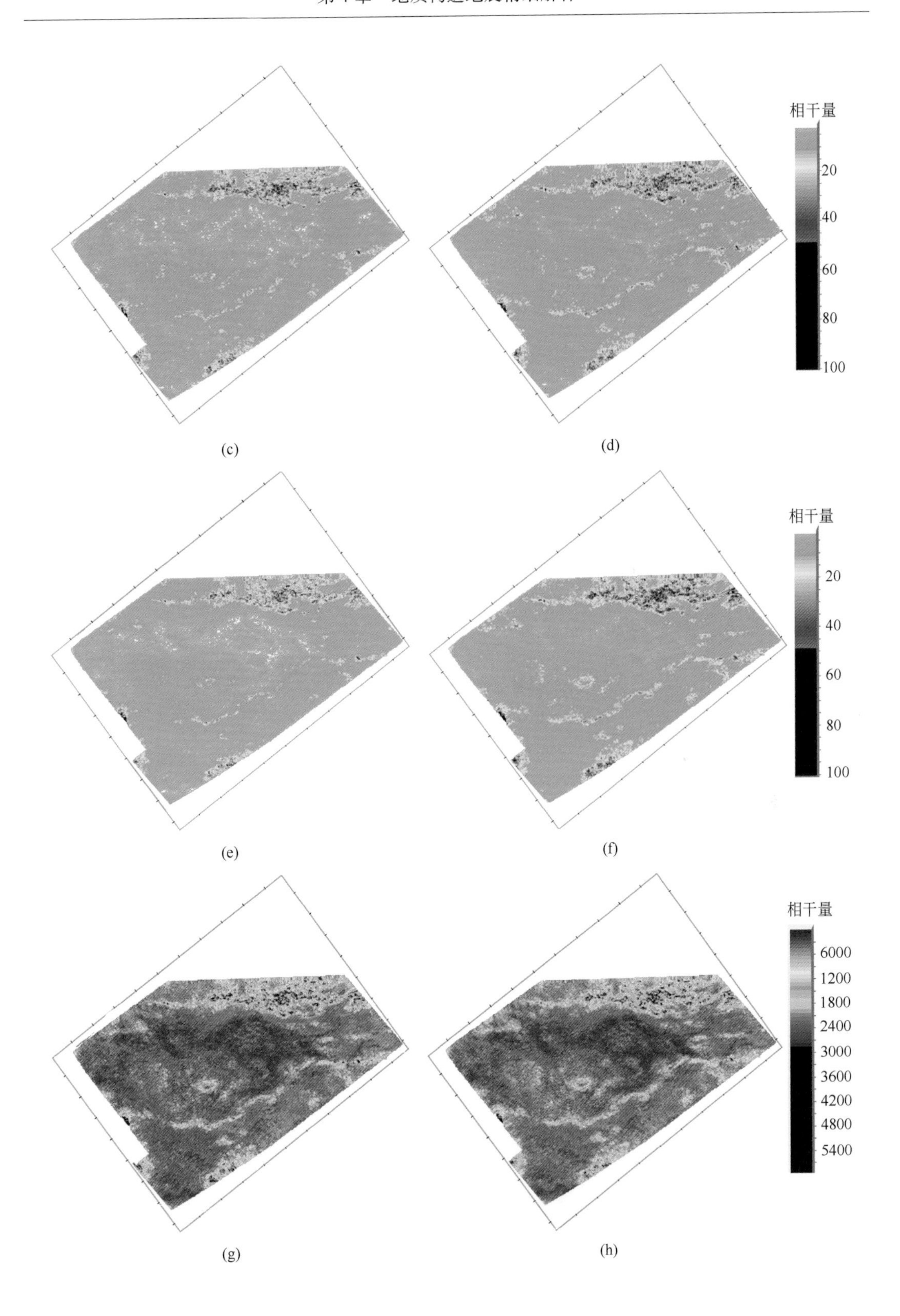
相干量
20
40
60
80
100
相干量
20
40
60
80
100
相干量
6000
1200
1800
2400
3000
3600
4200
4800
5400

(c)　(d)

(e)　(f)

(g)　(h)

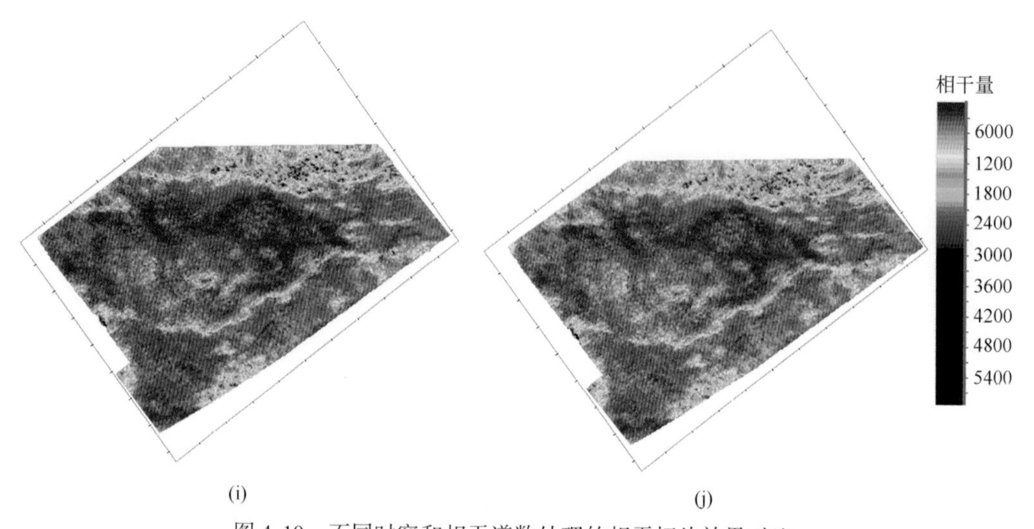

图 4-10　不同时窗和相干道数处理的相干切片效果对比

（a）3 道水平 40ms；（b）3 道垂直 40ms；（c）3 道左对角线 40ms；（d）3 道右对角线 40ms；（e）5 道 40ms；（f）周围 8 道 40ms；（g）9 道 30ms；（h）9 道 40ms；（i）9 道 50ms；（j）9 道 60ms

2. 滤波

相干体中存在许多垂直的不连续带，这大多是因为信噪比低造成，因此用中值滤波去除干扰背景，断层图像会更清晰，如图 4-11 所示。

3. 加载相干数据体进行可视化分析

将三维相干数据体加载到三维可视化系统中，进行动画浏览，了解地质构造轮廓。并对主测线、联络测线、任意线在垂向上的变化进行浏览。

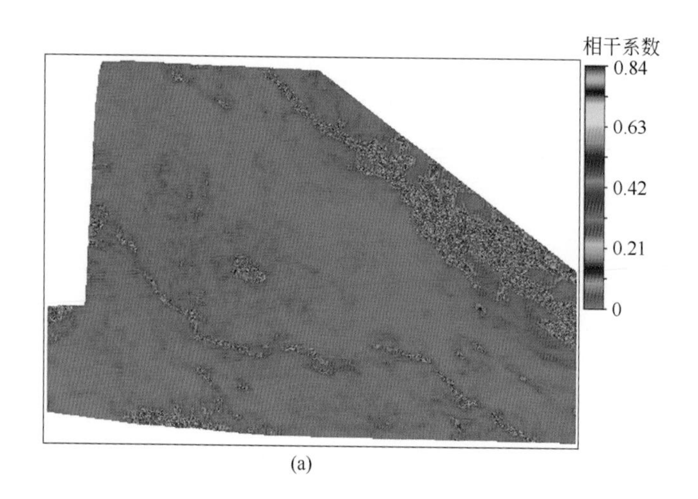

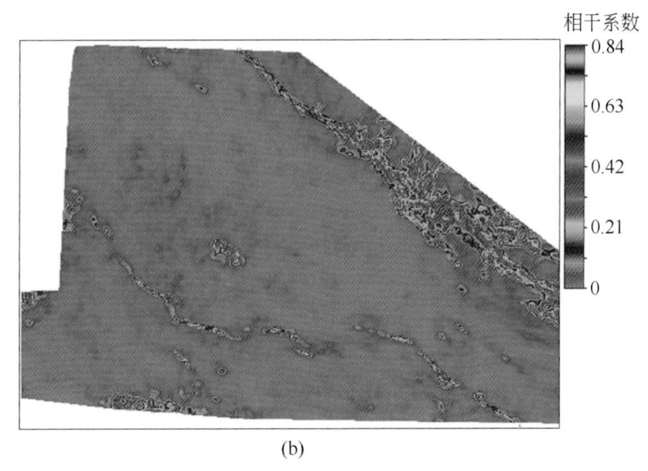

(b)

图4-11　相干体中值滤波对比
（a）未滤波切片；（b）滤波后切片

4. 制作相干体切片进行数据分析

用地震相干数据作水平时间切片和顺层时间切片解释，与常规解释三维地震数据体层位断层解释相结合、反复对比。检查断层解释的合理性，与新解释断层对比，解释中一定要十分注意空间切割的关系，地质构造应符合构造解释的原则。

5. 将断层解释成果导出

把相干数据体解释出的断层成果导出，加载到常规地震数据体中，进行常规成果图件编制。

6. 煤层底板等高线图件制作

应该指出的是因为相干体计算突出的不连续性，所以只要能获得高精度地震成像数据体，相干体技术就能生成断层的无偏差图像，有利于对断层特别是小断层的解释。但有三点需要特别注意：①地震资料信噪比要比较高，较低信噪比的资料，其成像可信度极差，有可能把我们引入错误的解释困境；②要对工区的地质情况作细致深入了解，不相干数据不一定都是断层，也可能是煤层厚度突然变化，煤层冲刷带等地质异常引起，具体问题具体分析，可以采用多参数多方法进行综合解释；③当断层垂直落差为地震波视周期的整数倍时，反射时间剖面上波峰连波峰，相干系数极大，从而造成对断层处没有反映。所以，我们一直强调解释断层要采用综合解释的方法。

4.4　谱分解技术

谱分解技术是指利用短时窗离散傅里叶变换（DFT）将地震资料从时间域转换到频率域，得到振幅谱及相位谱调谐数据体的一项技术。20 世纪 90 年代以来人们主要用频率域振幅的调谐响应解释薄储层厚度[72-74]。近年人们注意到断层对相位的稳定影响比较大，在断层附近相位谱变得不稳定，而无断层块段的相位谱表现比较稳定或呈渐变特征，故应用相位调谐体频率切片比传统的相位属性能更加准确地识别和解释断层[75]。在本节中利用商业谱分解软件，将黄土塬 JL 煤矿 XY 采区三维地震资料 5 煤层段的时间域地震资料，进行谱分解处理，并对其成果作了解释。

1. 解释处理方法

1）对已作常规解释的三维地震数据体进行浏览，了解地质构造轮廓。

2）选定目标层段 T5 波开时窗（-100 ~ +100 ms）作频谱分析如图 4-12 所示，可见 T5 波频谱宽度为 25 ~ 65Hz。

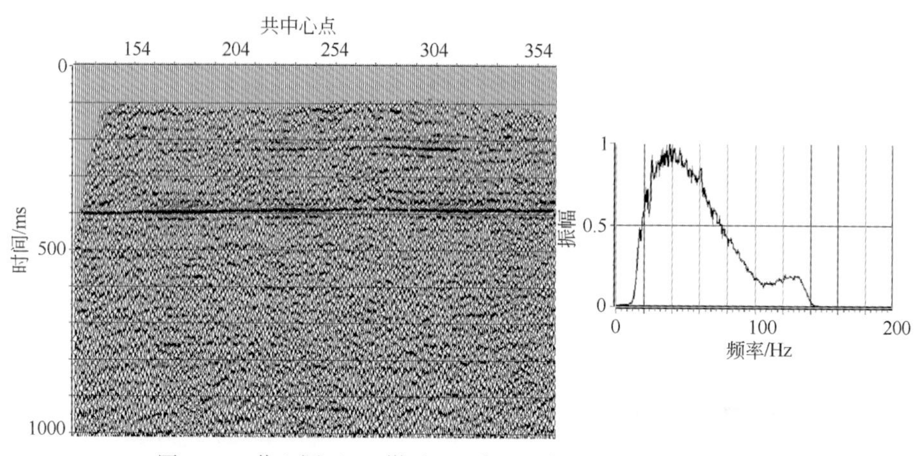

图 4-12　黄土塬区 LG 煤矿 BL 采区三维地震 T5 波频谱特征

3）对目的层段作谱分解处理，得到振幅调谐体和相位调谐体数据体。

4）对振幅调谐体和相位体调谐体作频率切片。

需要指出的是传统频谱分析方法与谱分解技术的主要差别之一是数据分析时窗的长短。长时窗频谱形态由子波形态决定，故长时窗频谱分解无法得到薄层的反射信息；而采用短时窗小于 60ms 分析，由于时窗短可供分析的数据量小，无法满足傅立叶变换条件的要求，频谱分析会产生较大误差，导致结果失真。为此，在分析计算过程中为解决短时窗傅立叶变换失真问题，在频谱分解计算过程中，主要采用加时窗镶边（高斯算法）的方法，这样既可压制由于时窗截断而产生的假高频成分，又提高了计算精度。

2. 断层识别方法

1）断层在相位体（或振幅体）频率切片上振幅变化呈密集条带形状突变或密集条带发生错断（图4-13、图4-14）。

2）断层在调谐体剖面上的不连续性表现为频率域振幅间断或上拱。

3）依据上述1）和2）的特征，对一系列振幅、相位频率切片进行对比分析。

4）一般来讲低频率切片反映落差相对较大的断层，而高频率切片对落差较小的断层反映好一些。

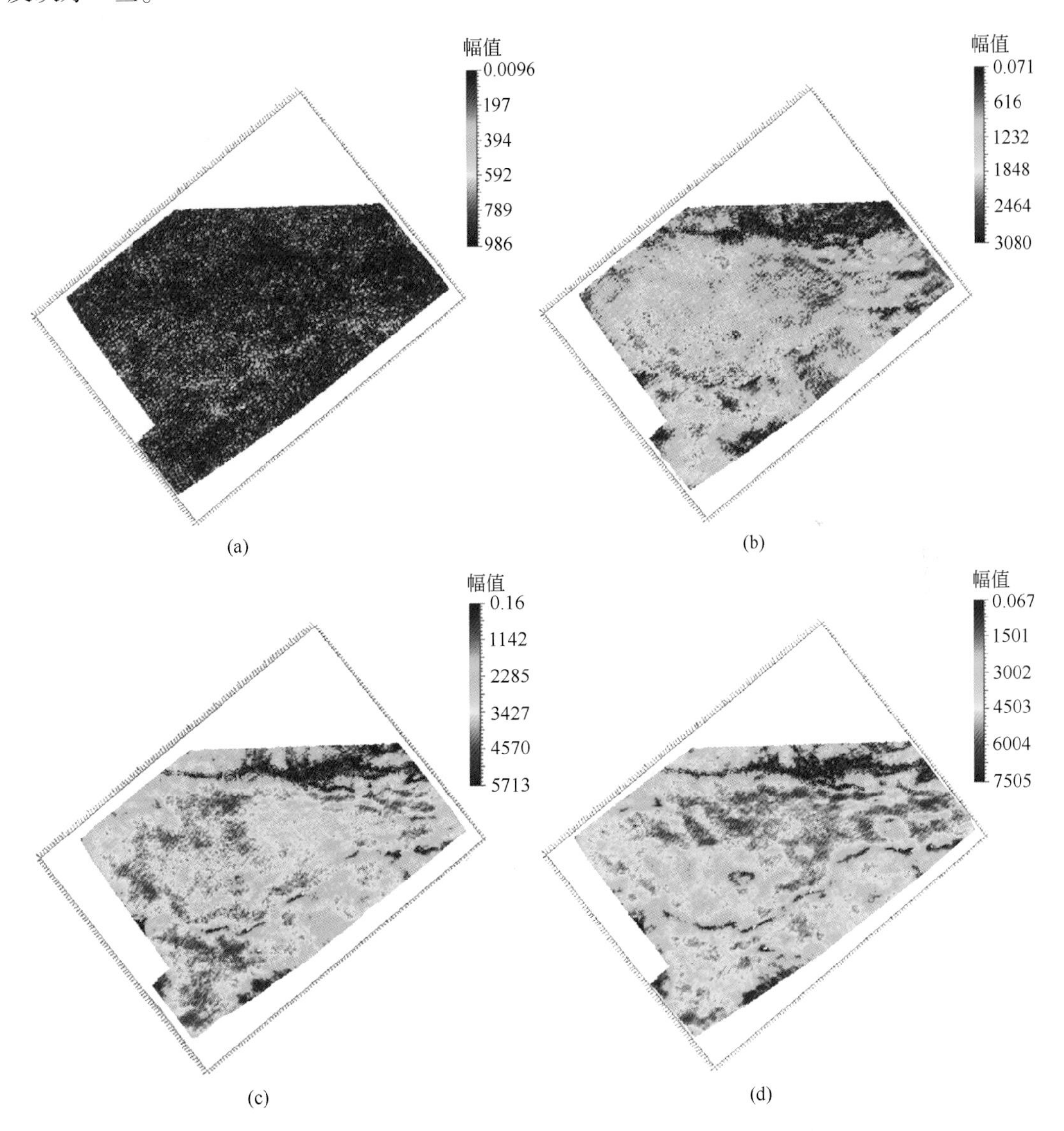

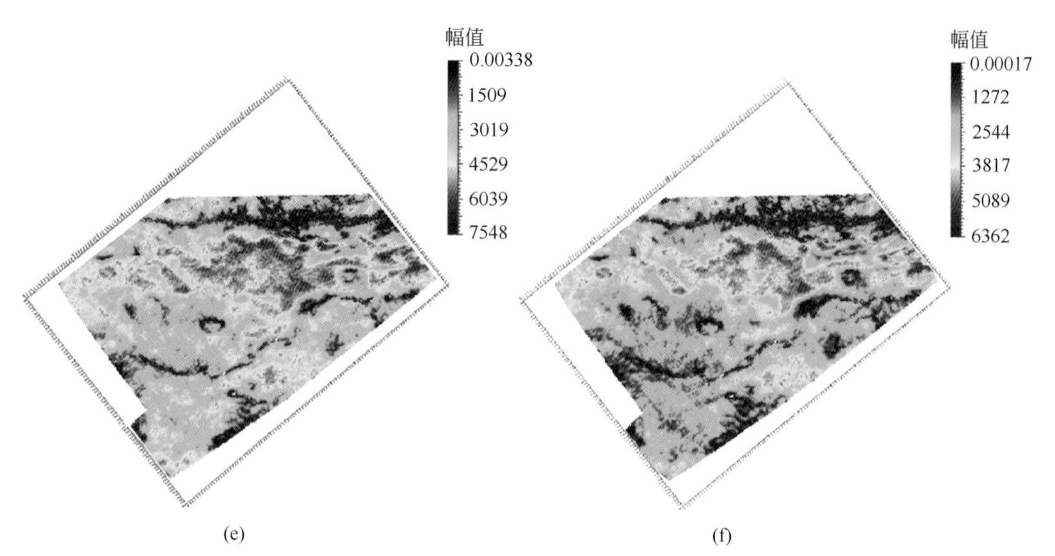

图 4-13　黄土塬区 BL 煤矿 D 采区相位数据体 20Hz、30Hz、40Hz、50Hz、55Hz、60Hz 频率切片
(a) 20Hz 切片，目的层反射波尚未出现；(b) 30Hz 切片，目的层反射波蓝色条带初显，但是能量较弱；(c)～(e) 40Hz、50Hz、55Hz 切片，目的层反射波蓝色条带清晰，能量强，在反射波能量减弱或扭曲错断处，断层发育；(f) 60Hz 切片，目的层反射波蓝色条带能量渐弱，对构造也有一定反映

5）按照由低频到高频，先相位后振幅，并与相干体地震属性相互对比进行断层解释。从图 4-14 中可以看出，30Hz 振幅和相位属性对构造的反映较为清晰。50Hz 振幅和相位属性对构造也有一定反映。

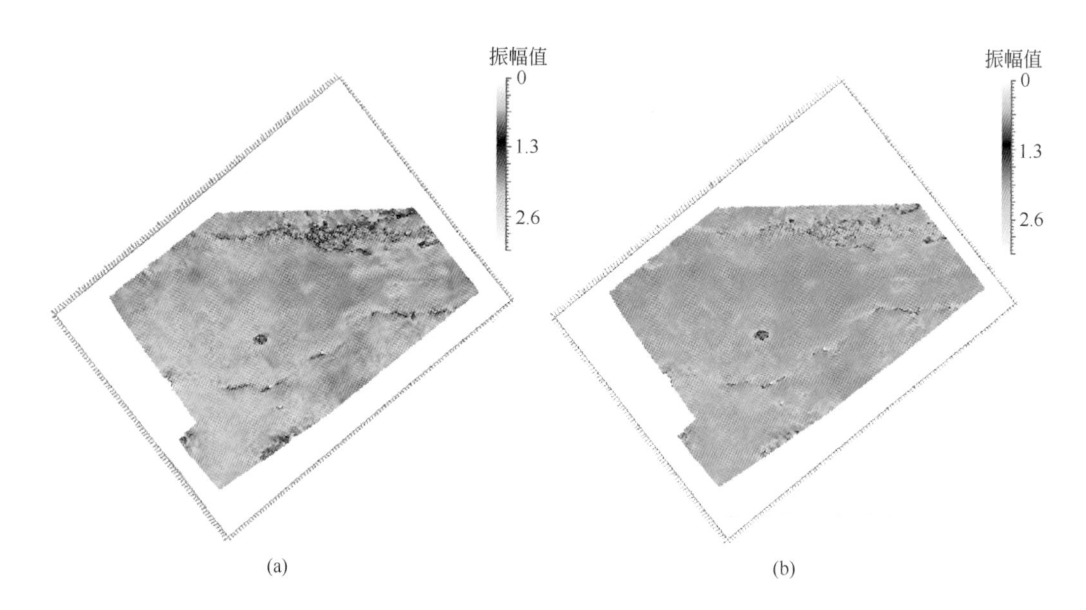

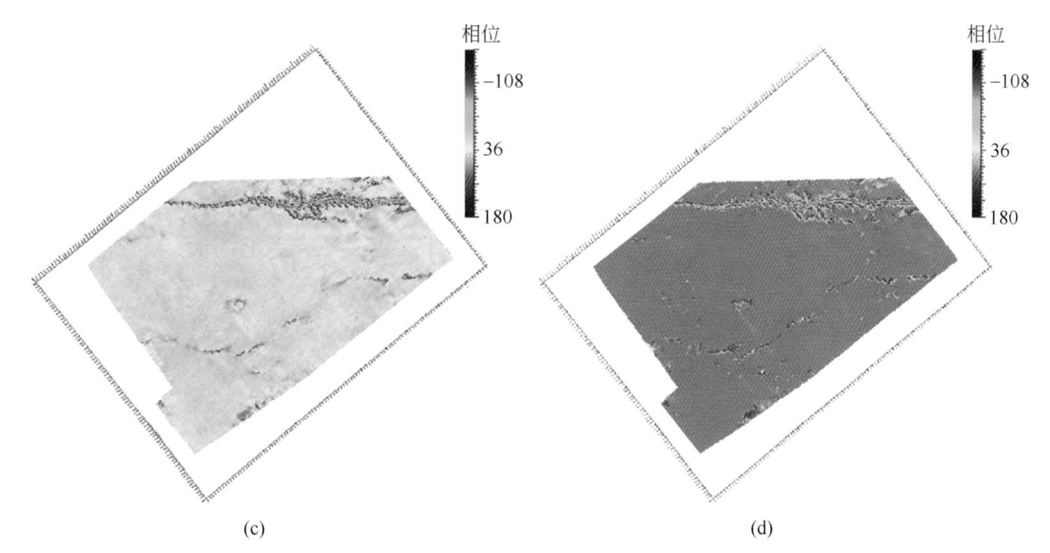

图4-14 黄土塬区BL煤矿D采区30Hz、50Hz频率时振幅和相位属性切片
(a) 30Hz振幅属性切片；(b) 50Hz振幅属性切片；(c) 30Hz相位属性切片；(d) 50Hz相位属性切片

4.5 地震曲率识别断层技术

曲率属性最早应用于医学、军事等领域，直到1994年才被引入到地质构造研究领域，其后一些学者总结分析多种曲率属性在地质体上的反映并用于断层、裂缝及河道的刻画，取得了很好效果[76-78]。

地震曲率属性是基于目的层形态变化特征描述的一种属性。它反映了目的地层受构造应力挤压后目的层弯曲的程度，当作用力超过岩层的强度就产生断裂。断裂后两侧岩层若没有发生显著位移，称之为裂缝，如发生显著位移则称之断层。大小断层在地震层曲率属性上都表现为线形构造。特别是小断层在地震时间剖面上只能看到反射同相轴的微小错开、扭曲、振幅突然变化，极不易可靠地相互横向对比追踪。但在曲率属性上因呈线性特征则易于发现。从黄土塬区三维地震勘探的实践中体会到，曲率属性法在识别断层和裂缝地质异常方面，在一定地质条件下，其独特作用是显而易见的。

4.5.1 曲率属性一般特性

一般来讲，地震层面曲率越大，张应力越大，张裂缝也就越发育，裂缝进一步发展就形成断层。

曲率作为描述曲线（或曲面）上任一点的弯曲程度的数学参数与曲线 $y=f(x)$ 的二阶导数相关，数学表达式为[79]

$$K = \frac{\left|\frac{\mathrm{d}^2 y}{\mathrm{d}x^2}\right|}{\sqrt{\left[1 + \left(\frac{\mathrm{d}y}{\mathrm{d}x}\right)^2\right]^3}} \tag{4-15}$$

当地层为水平层或斜平层时定义曲率为零，背斜时为正，向斜时为负。

曲面曲率的基本要素为平均曲率、主曲率和高斯曲率。

1. 平均曲率

平均曲率是指曲面上某一点任意两个相互垂直的正交曲率的平均值。若以 K_1、K_2 代表一组相互垂直的正交曲率，则平均曲率 K_m 表示为

$$K_m = \frac{k_1 + k_2}{2} \tag{4-16}$$

2. 主曲率

主曲率是指过曲面某一点的无穷多个正交曲率中的一条曲线，该曲线的曲率最大时，这个曲率称为极大曲率 K_{max}。垂直于极大曲率 K_{max} 的曲率称为极小曲率 K_{min}。这两个曲率 K_{max}、K_{min} 属性称为主曲率，它们代表了法曲率的极值，法曲率 K_i，可用 Euler 公式表示：

$$K_i = K_{max}\cos^2\delta + K_{min}\sin^2\delta \tag{4-17}$$

式中，δ 为法曲率 K_i 所在平面与极大曲率 K_{max} 所在平面之间的夹角。可见法曲率 K_i 可由主曲率导出。

3. 高斯曲率

高斯曲率 K_g 定义为极大曲率 K_{max} 与极小曲率 K_{min} 的乘积：

$$K_g = K_{max} \cdot K_{min} \tag{4-18}$$

4.5.2 地震层位的曲率属性计算[78,79]

将地震资料解释的层位数据进行网格化计算后，得到的构造曲面可用一个二次方程表示：

$$Z(x, y) = Ax^2 + By^2 + Cxy + Dx + Ey + F \tag{4-19}$$

式（4-19）中的系数可分别用一阶和二阶导数表示，即

$$A = \frac{1}{2}\frac{\mathrm{d}^2 z}{\mathrm{d}x^2} \tag{4-20}$$

$$B = \frac{1}{2}\frac{\mathrm{d}^2 z}{\mathrm{d}y^2} \tag{4-21}$$

$$C = \frac{\mathrm{d}^2 z}{\mathrm{d}x\mathrm{d}y} \tag{4-22}$$

$$D = \frac{\mathrm{d}z}{\mathrm{d}x} \tag{4-23}$$

$$E = \frac{\mathrm{d}z}{\mathrm{d}y} \tag{4-24}$$

根据方程中的系数，可以算出地震层位的各种曲率属性。

1. 平均曲率 K_m

计算平均曲率的公式为

$$K_m = \frac{A(1 + E^2) + B(1 + D^2) - CDE}{(1 + D^2 + E^2)^{3/2}} \tag{4-25}$$

2. 高斯曲率 K_{g}

高斯曲率的计算公式为

$$K_{\mathrm{g}} = \frac{4AB - C^2}{(1 + D^2 + E^2)^2} \tag{4-26}$$

3. 极大曲率 $K_{\max}$ 与极小曲率 $K_{\min}$

极大曲率 $K_{\max}$ 的计算公式为

$$K_{\max} = K_{\mathrm{m}} + \sqrt{K_{\mathrm{m}}^2 - K_{\mathrm{g}}} \tag{4-27}$$

极小曲率 $K_{\min}$ 的计算公式为

$$K_{\min} = K_{\mathrm{m}} - \sqrt{K_{\mathrm{m}}^2 - K_{\mathrm{g}}} \tag{4-28}$$

4. 最大正曲率 K_+ 和最小负曲率 K_-

某点所有曲率中的最大正值和最小负值即为最大正曲率和最小负曲率，其计算公式为

最大正曲率 K_+

$$K_+ = (A + B) + \sqrt{(A - B)^2 + C^2} \tag{4-29}$$

最小负曲率 K_-

$$K_- = (A + B) - \sqrt{(A - B)^2 + C^2} \tag{4-30}$$

5. 倾向曲率 K_{d} 和走向曲率 K_{s}

在最大倾角方向上求取的曲率称之为倾向曲率，而在走向上求取的曲率称之为走向曲

率，其计算公式分别为

倾向曲率 K_d

$$K_d = \frac{2(AD^2 + BE^2 + CDE)}{(D^2 + E^2)(1 + D^2 + E^2)^{3/2}} \tag{4-31}$$

走向曲率 K_s

$$K_s = \frac{2(AE^2 + BD^2 - CDE)}{(D^2 + E^2)(1 + D^2 + E^2)^{1/2}} \tag{4-32}$$

4.5.3　举例

黄土塬区 CJH 煤矿 d 采区三维地震资料 T5 反射层的平均曲率、极大曲率、极小曲率、最大正曲率、最小负曲率、倾向曲率和走向曲率属性展示于图 4-15 中，从图 4-15 可以看出断层在各属性图中表现为线形条带异常。

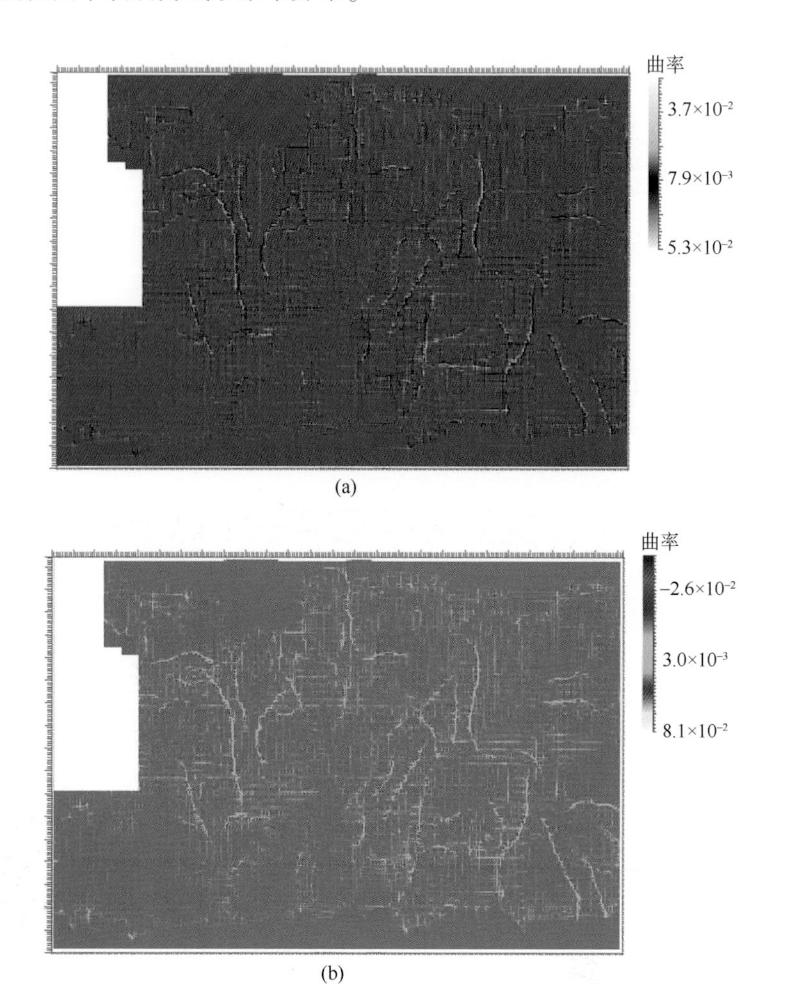

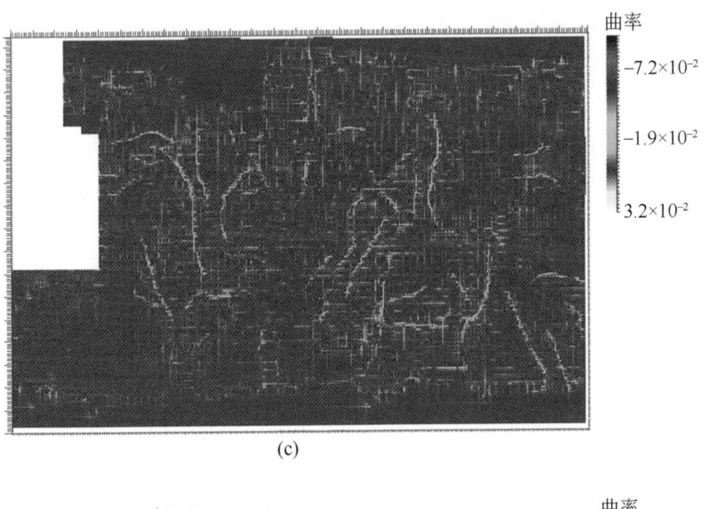
曲率
−7.2×10⁻²
−1.9×10⁻²
3.2×10⁻²

(c)

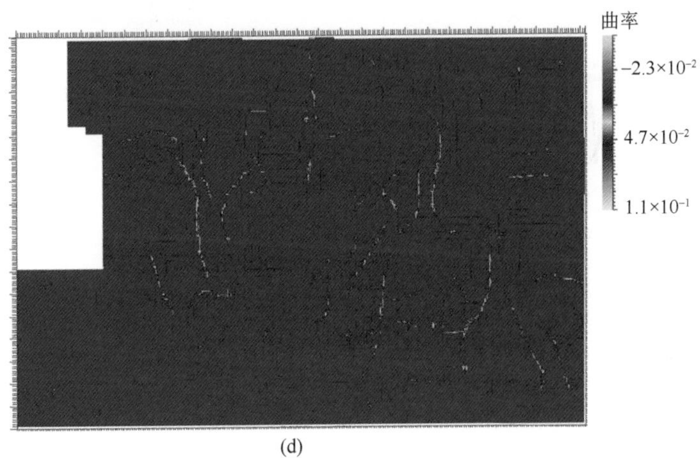
曲率
−2.3×10⁻²
4.7×10⁻²
1.1×10⁻¹

(d)

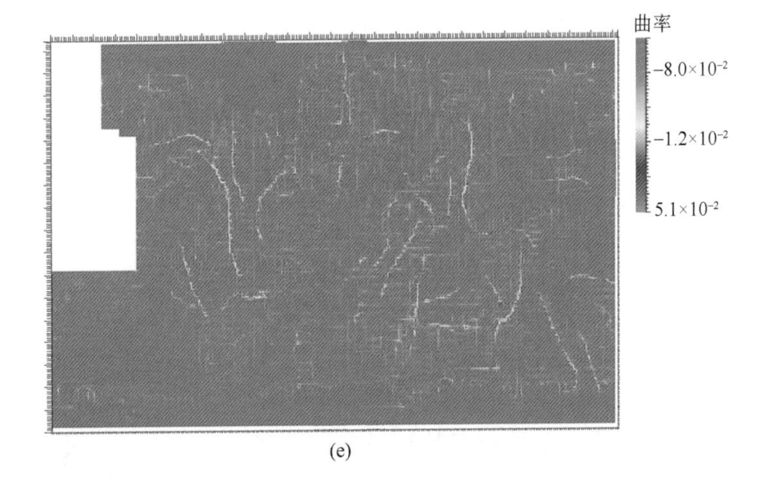
曲率
−8.0×10⁻²
−1.2×10⁻²
5.1×10⁻²

(e)

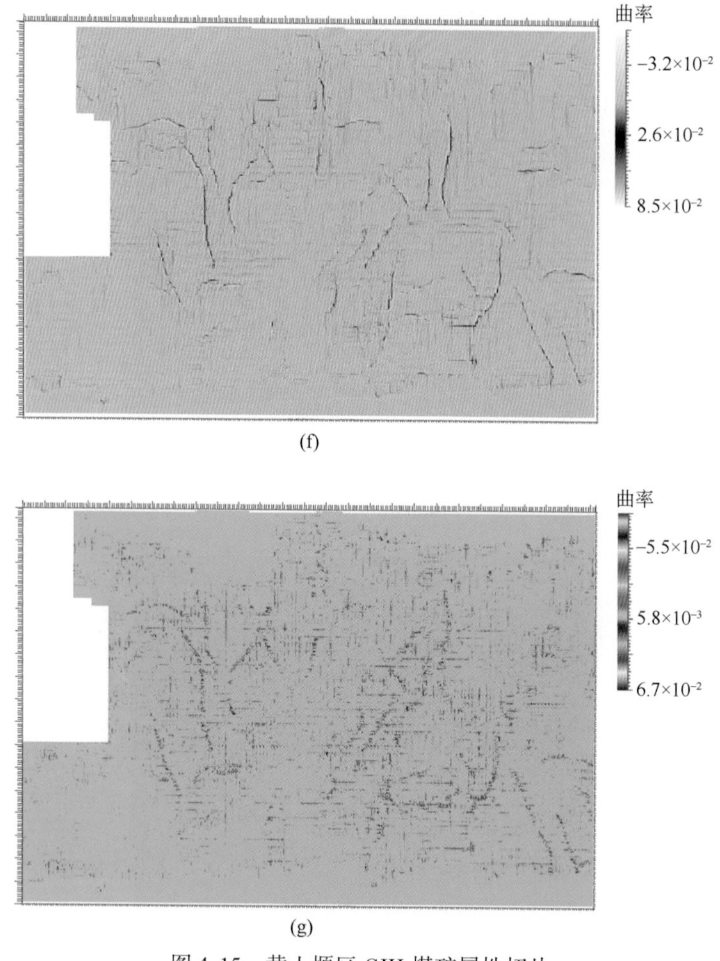

图 4-15　黄土塬区 GJH 煤矿属性切片

（a）平均曲率；（b）极大曲率；（c）极小曲率；
（d）最小负曲率；（e）最大正曲率；（f）倾向曲率；（g）走向曲率

4.6　小　　结

在黄土塬区煤矿采区三维地震资料中地震倾角属性、落差属性均能较好地反映断层异常；边缘检测属性对于更小的裂隙构造能有较好的反映。做相干性分析时，以多道相干效果较好，当相干道数相同时，选择时窗的大小应接近于反射波视周期，这样的相干效果更显著。将谱分解方法用于地质构造解释时，其核心技术也是选择与目的层反射波频率相接近的频率切片进行构造解释，这样对构造的反映更为清晰。极大曲率、极小曲率、最大正曲率、最小负曲率及倾向曲率对于构造的反映都较为清晰。尽管多种地震属性对地质构造均有较好的反映，从本章所举的例子来看，各种属性对构造的反映不尽一致，其中不乏一些构造假像，因此选择单一的地震属性对断层的解释不免存在多解性，通过对属性进行融合，综合多种因素对地质构造进行分析，可以加强对地质异常的反映，减少地质构造解释的多解性，提高解释精度。

在黄土塬区多年的生产中，地震解释的小构造已经有了验证，以陕西省渭北石炭二叠纪煤田澄合矿区为例：王村煤矿四采区东翼地震解释的 3DF1（$H_{max}=12m$，正断层）断层，巷道掘进至此出现顶板涌水现象；旭升煤矿 402 工作面地震解释的 3DF3（$H_{max}=3m$，正断层）断层，与实际揭示位置的平面摆动小于 30m；平政煤矿地震解释 3DF7 断层（$H_{max}=10m$，正断层）与巷道揭示位置的产状一致；安阳煤矿地震解释的 3DF2 断层（$H_{max}=5m$，正断层）巷道掘进过程有灰白色水涌出等。据不完全统计，近年来澄合矿区生产掘进对地震勘探成果的验证情况：经过地震勘探解释可知大于或等于 10m 断层有 20 处，其中 19 条断层被验证，1 条未被验证，未被验证点处落差小于 5m，验证符合率 95%；落差在 5 ~ 10m 的断层有 10 条，7 条断层经过巷道验证都存在，验证符合率 70%；落差在 3 ~ 5m 的断层有 10 条，8 条被验证，验证符合率 80%。

从生产揭示情况来看，巷道生产未揭示的 90% 以上断层均为落差小于 3m 的断层，仅澄合矿区就有 30 多条落差为 1 ~ 3m 的断层未解释，验证符合率不足 20%。这既是目前地震勘探的难点问题，也是复杂黄土塬勘探中存在的瓶颈，是今后地震勘探技术发展急待解决的问题。

第 5 章　煤层厚度地震预测

按《煤、泥炭地质勘查规范》（DZT0215—2002）分类标准，黄土塬煤矿区主要可采煤层稳定程度多属较稳定煤层，煤层厚度有一定变化，但规律性较明显，结构由简单至复杂；另一部分属不稳定煤层，煤层厚度变化较大，无明显规律，构造复杂区煤层厚度变化极复杂。由于煤层厚度的变化和分叉、尖灭带给煤矿开采生产带来很多不利影响，因此，查明煤层厚度及其变化规律对煤矿生产具有十分重要的意义。

引起煤层厚度变化的地质因素很多，前人研究认为，主要有地壳不均衡沉降，聚煤沼泽基底不平，河流冲蚀，构造运动的挤压及其他因素等。煤层厚度变化对煤矿生产的影响主要表现在：①影响矿井采掘工程布置。例如，煤层厚度很大，原先采用分层开采，因为煤层变薄，被迫采用单层开采，这样就要重新调整巷道布署；开采的煤层突然变薄，大面积不能回采，使整个采区的布置受到影响。②影响计划生产。如果回采工作面内煤层厚度变薄，会打乱原来的工作计划，使已准备好的工作面不能按计划回采，造成计划落空，工作被动。③增加掘进巷道数量。例如，由于煤层分叉变薄，可能巷道掘进到分岔、尖灭带时而造成废巷；由于古河流的冲蚀使煤层突然变薄，甚至误判为断层，为寻找“断失煤层”也会造成废巷，从而增加巷道掘进数量。④使回采率降低，浪费煤炭资源。可见煤层厚度的变化常给煤矿生产带来多方面的影响。

钻井和测井资料具有较高的纵向分辨率，它能给出钻井处煤层厚度，煤层夹矸、煤层结构等高精度数据，但要获得煤层空间展布变化的资料，只有靠内插外推，故做出的成果图精度会受到限制。用地震时间剖面来预测煤层厚度变化，由于黄土塬煤矿区煤层为低速薄层，而且绝大多数地区煤层厚度不大、煤层间距较小，其反射波为一复合波，不可能根据时差确定煤层顶底界面。从历史上看，在我国煤炭系统中根据薄层理论用地震资料预测煤层厚度的变化已有二十多年历史，以往研究的方法大致分为三大类：第一类是利用在调谐厚度内振幅与薄层厚度近似呈准线性的关系。第二类是利用振幅谱来预测煤层厚度。这些方法由于使用单一参数，并且振幅的影响因素很多，方法难以克服地震信息的多解性，有的方法尽管用了多属性预测，但方法不当，使预测可信度降低[80,81]。采用多属性优化，多元多项式回归模型及人工神经网络模型，可以大大提高预测精度。第三类是地震反演预测煤厚变化，利用钻孔测井资料约束反演也可大大提高煤层厚度预测精度；与常用的钻孔煤厚资料内插法预测孔间煤厚相比，能给出更细致的煤层厚度等值线图[82,83]。

5.1　模　　拟

谢里夫和吉尔达特[3]将地震模拟分为两类，一类是正演（forward）模拟；另一类是反演（inverse）模拟。正演模拟或称直接模拟，是计算模型的地震响应，而反演模拟是根据观测记录计算出一个可能的模型。从某种意义上讲可以认为反演模拟包括整个解释过程，常常存在不确定性与模糊性。正演模拟可以帮助正确理解可能存在的不同类型的地质特征及其在地震剖面上的表现形式。按照习惯，一般情况下如果在“模拟”这个词前面没有形容词，则为正演模拟。在进行正演模拟时是根据一个模型来计算地震响应，一个模型可以是一个真实的物理模型，一系列数学表达式，也可以是头脑中一个粗糙假设。为了分析煤层厚度变化地震响应特征，假设一个常用的、简单的、典型的煤层地质模型图（图5-1（a）、图5-3（a）、图5-4（a））。正演模拟又分为物理模拟和计算机模拟。计算机模拟时的数学方法有很多种，有简单的褶积法，即将一个子波与一系列反射系数序列褶积；有射线追踪法即根据斯内尔定律，射线在穿过或遇到地层分界面时改变方向；有根据克希霍夫方程建立的全波列法；也有与偏移类似的波动方程法。为讨论方便，在本节中采用了射线追踪模拟楔形煤层和煤层冲刷带的地震响应。

5.1.1　楔形煤层模型

煤层反射波中包含有大量岩石弹性参数信息，而且无论是煤层的构造变化或岩性变化都会引起反射波的变化，煤层的构造或岩性变化主要反映在密度、速度及其他弹性参数的差异上，这些差异导致了地震波在传播时间、振幅、频率等方面的变化差异。当煤层厚度变化较大（缺失、剥失、分叉、合并）时，这些信息就发生相应变化，然而有些信息的变化却难以直观地分析，这时对于煤层厚度的研究，用常规的人工解释方法往往是行不通的。如果研究煤厚变化引起的振幅、频率、地震属性的变化规律，首先要做正演计算，建立它们与煤层厚度之间的统计关系。

图5-1（a）是一个仅一层煤的煤系概念“模型”，是真实煤层厚度变化和顶底板岩层的简化，可以看得出来模型上只包括影响地震剖面的最重要的元素。例如，模型上地层的横向速度不变，没有考虑黄土层射线的传播方向。在射线追踪模拟时只采用了垂直入射的射线追踪模拟。图5-1（a）中煤层的厚度从25m逐渐变薄至0m。正演计算子波为雷克子波，主频50Hz，地震剖面如图5-1（b）所示。

当地震波垂直入射到煤层上时，其顶底界面由于与煤层间存在明显的波阻抗差异，在顶、底界面上形成两个反射子波，在地面上接收并记录到的反射波实际上为极性相反的两个反射子波叠加而成（顶界面为负反射系数，底界面为正反射系数），也就是说煤层很薄

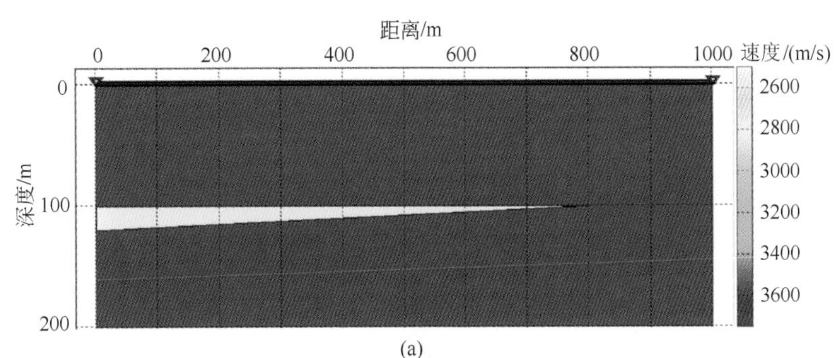

(a)

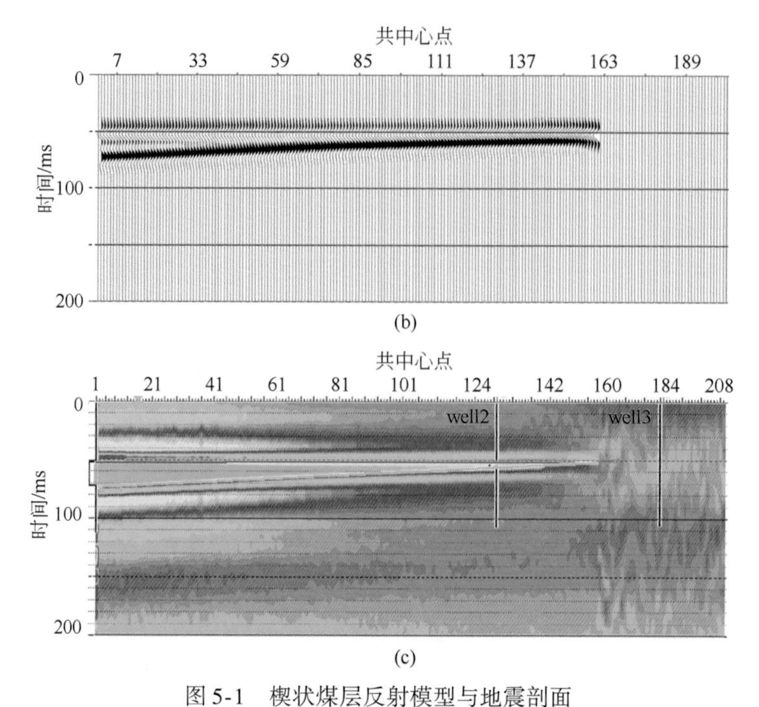

图 5-1　楔状煤层反射模型与地震剖面

（a）地质模型；（b）零相位子波、主频 50Hz 射线追踪模拟地震时间剖面；（c）波阻抗反演剖面

时地面记录到的反射波是一个复合波，随着煤层厚度增加，顶底界面反射波逐渐分开，一般煤层厚度增加到 15m 时底界反射逐渐形成双相位可分辨。

在地震时间剖面上反射波特征明显，可以清晰地反映出煤层起伏形态及无煤带，但不易看出楔形煤层的厚度变化，见图 5-1（b）、图 5-2（c）。表 5-1 为地震地质模型参数简表。

表 5-1　地震地质模型参数简表

岩性	v_p（m/s）	v_s（m/s）	ρ（g/cm^3）
煤层	2500	1500	1. 35
顶、底板	3800	2000	2. 35

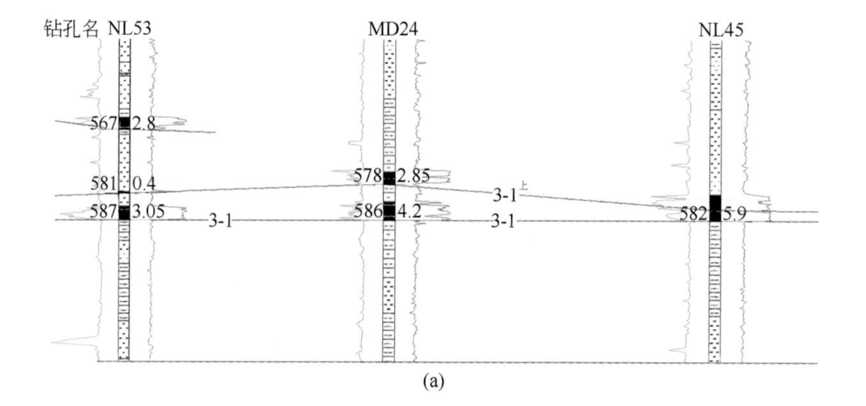

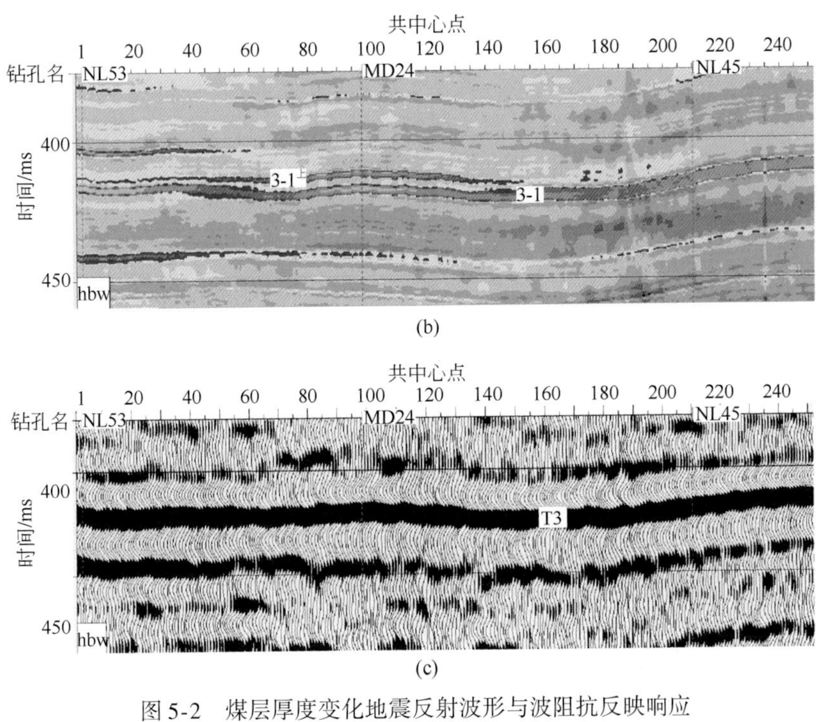

图5-2 煤层厚度变化地震反射波形与波阻抗反映响应

（a）煤厚在测井曲线上的反映；（b）波阻抗反演剖面；（c）垂直地震时间剖面

波阻抗（AI）是岩石密度和纵波速度的乘积。这就是说波阻抗是一个岩石特性而不是一个界面特征。波阻抗反演仅仅是把每一道地震数据转换为伪声波阻抗曲线，地震数据中包括的所有其他信息得以保留。波阻抗剖面对煤层厚度变化趋势的反映较常规剖面更清晰，厚度也更易估算，见图5-1（c）、图5-2（b）。

从图5-2实际地震资料与钻孔揭示资料对比可以看出，利用地震波特征和波阻抗剖面预测煤层是可行的，但影响煤层地震波特征的非煤厚因素很多。例如，煤层顶底板岩性横向变化的影响、煤层中夹矸的影响、煤层与围岩界面弯曲的影响、反射界面曲率的影响等都会给采用地震资料高精度预测煤层厚度造成较大困难。

5.1.2 煤层变薄带模型

煤层变薄带通常有两个主要地质因素造成：一个是受构造影响形成薄煤带，另一个是煤层被冲蚀变薄。冲蚀的形成是古河流在泥炭层或含煤沉积中流过，使泥炭层或含煤沉积受到冲蚀。根据形成的早晚，可分为同生冲蚀和后生冲蚀两类。同生冲蚀是在泥炭物质沉积过程中，即顶板未形成前发生的，冲蚀规模不大，冲蚀带的岩石成分以砂质岩为主，砂质岩中常有煤的碎块，和煤层有共同顶板，见图5-3。在平面上，冲蚀带常呈弯弯曲曲的条带分布。而后生冲蚀即在煤系堆积过程中或在煤系形成之后的冲刷，也就是在煤层顶板形成之后冲蚀，这种冲蚀比前者规模大，而且冲蚀煤层顶板，甚至底板也被冲刷，在平面上呈很宽的条带，延续很长，有时还分岔。冲蚀的凹陷部分常为各种粒变的砂岩，底部有时有砾岩出现，偶见粉砂岩或黏土层。煤层的冲蚀除由河流引起外，还可以由海浪引起，即由于滨海泥炭沼泽受到海水的冲蚀，破坏了泥炭堆积，这种冲蚀的特点是煤层顶板为石灰岩，石灰岩容易发生岩溶产生空洞，从而使得煤层表面不平产生泥炭堆积。另外，还有一种由于构造挤压煤层厚度发生变化，这主要是由于煤层具柔性，而砂岩、砾岩、灰岩则比较坚硬，所以在褶皱（或断层）形成过程中，岩石互相滑动，使褶皱轴部增厚，两翼煤层变薄，有时也可以形成串珠状或藕节状的煤层[84]。

表 5-2 为地震地质模型参数简表，煤层受同生冲蚀和后生冲蚀的反射响应特征如图 5-3、图 5-4 所示。

表 5-2　地震地质模型参数简表

岩性	v_p（m/s）	v_s（m/s）	ρ（g/cm^3）
煤层	2500	1200	1.35
砂岩	3800	2000	2.35
砾岩	4500	2600	2.48

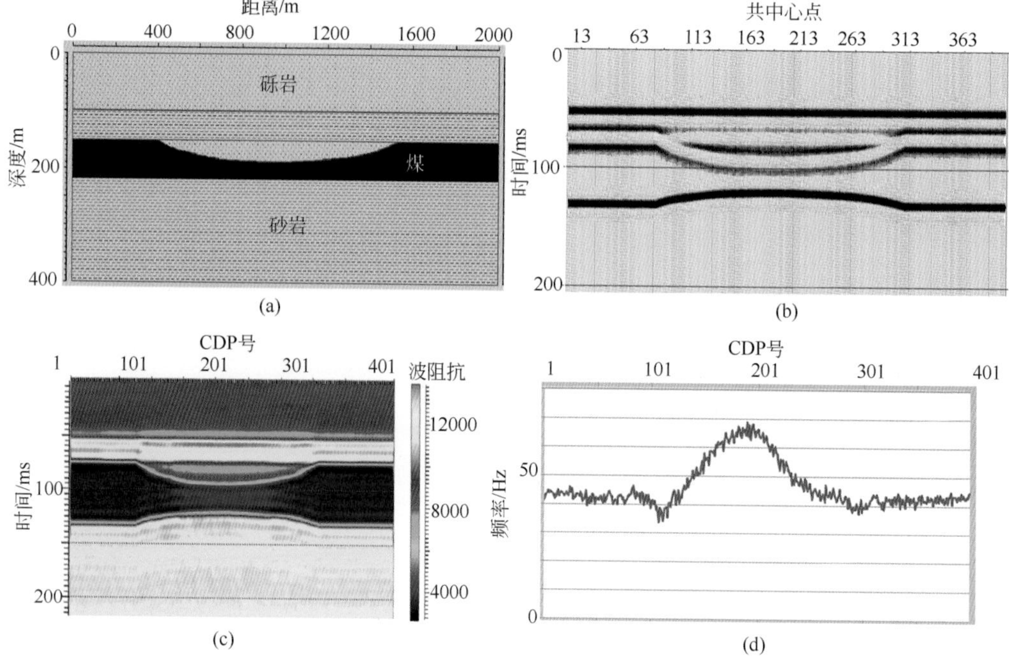

图 5-3　煤层受到同生冲蚀和煤层反射响应图

（a）地质模型；（b）零相位子波主频 50Hz 射线追踪模拟地震时间剖面；（c）地震波阻抗反演剖面；（d）顺层频谱分析

从图 5-3 可以看出，在同生冲蚀波阻抗反演剖面上，煤层底板反射波在垂直时间剖面上表现为上凸，煤层顶板较大幅下凹，顶板砂岩与夹层砾岩间存在速度差异，因此，地震反射波对中间的夹层有明显反映，煤层反射波在冲蚀处频率增大。

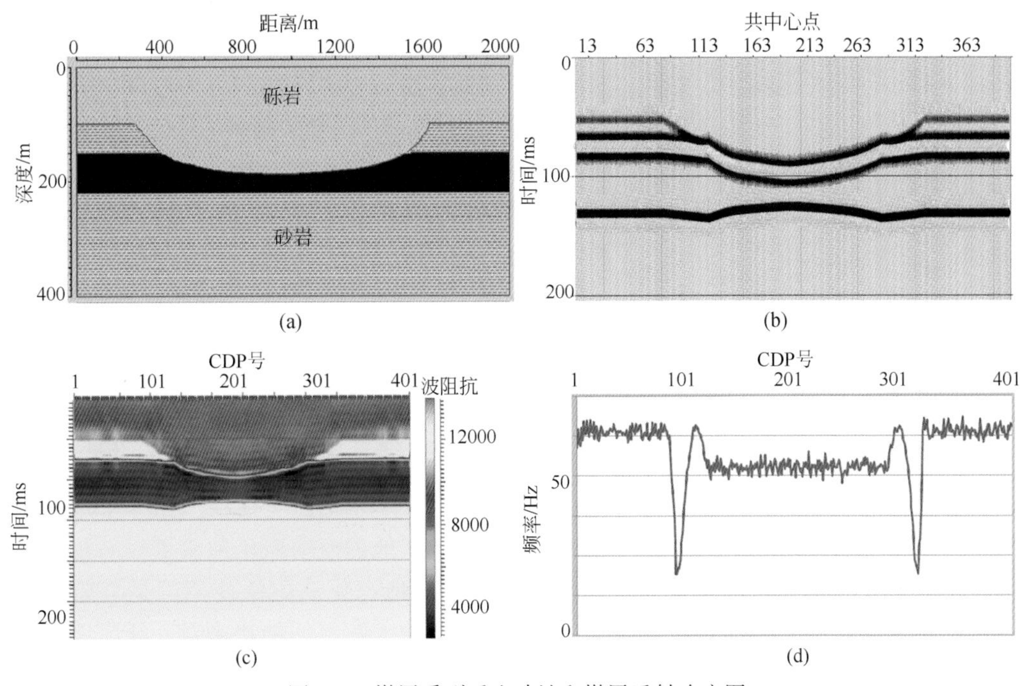

图5-4　煤层受到后生冲蚀和煤层反射响应图

(a)地质模型；(b)零相位子波主频50Hz射线追踪模拟地震时间剖面；
(c)地震波阻抗反演剖面；(d)顺层频谱分析

在图5-4中的后生冲蚀模拟中，波阻抗反演剖面上的煤层上覆砂、砾岩反射波均呈下凹趋势，煤层底板反射波在垂直时间剖面上表现为上凸，煤层反射波在冲蚀带内频率降低，煤层反射波频率在冲蚀边缘表现出很强的突降。

5.2　地震反演预测煤层厚度

自20世纪60年代Backus和Gilbert发表了一系列有关反演的重要文章，奠定了近代地球物理线性反演的理论基础[85]。20世纪70年代至今地震反演取得了巨大的发展，新技术新方法层出不穷，但真正能解决实际油气储层描述和煤层识别问题的反演方法和技术研究，还是近十几年的事。早期的地震反演是简单的直接反演，如道积分等。道积分是利用叠后地震资料计算地层相对波阻抗（速度）的直接反演方法，又称连续反演。而递推反演是首先从地震叠后资料中计算出反射系数，再用反射系数递推计算出地震波阻抗（速度）的地震反演方法。早期普通直接反演方法多解性大。例如，道积分，它是通过对地震资料的直接计算、直接反演得到，分辨率低，反映的仅是相对波阻抗，不能用于定量计算油气储层和煤层参数，再者由于没有测井资料约束，结果比较粗略，多解性较大。20世纪90年代发展起来的各种各样的多井约束地震反演，才使地震反演在油气储层预测和煤层识别方面取得前所未有的地质效果。这主要是因为钻孔、测井资料的特点是纵向精细、横向稀疏，而地震资料的特点是纵向上虽然比测井分辨率低，但横向密集，多井约束地震反演技术把测井和地震资料的两种优势有机结合起来，从而提高了地震反演成果的精度。21 世纪初推出的地震特征反演、约束稀疏脉冲反演、地质统计随机模拟与随机反演研究得到了较快的发展。地震特征反演在测井数据段和相应地震数据段的特征建立了关系，修改每个道位置的权值，使相应地震数据段的权值叠加，从而形成与地震数据的最佳匹配。地质统计随机模拟和随机反演方法是基于地质统计学原理的一种反演算法，它将地震资料、地质模型及地质统计数据相结合，运用了模拟退火算法、统计模拟中运用协克里金、序贯高斯模拟、序贯高斯配置协模拟、序贯阀值指示模拟、带趋势和不带趋势的指示模拟等算法，把在钻孔点位置得到的地震、地质和测井数据的统计关系，运用非线性、确定性与非确定性数学算法和一些空间约束条件进行模拟，然后在整个目标空间推广，以达到最大限度的利用所有资料，并达到使反演结果与已知条件充分吻合的目的。

地震反演方法的类型有多种，但尚无统一的分类标准，有人按测井资料在其中所起的作用将其分为四类：①无井约束的地震直接反演；②测井控制下的地震反演；③测井-地震联合反演；④地震控制下的测井内插反演。也有人从地震反演所用地震资料的角度将其分为两类：①叠后地震反演；②叠前地震反演。叠后地震反演方法使用的是叠后地震资料，而叠前反演使用的是叠前地震资料。从地震反演技术发展的趋势来看，叠后地震反演技术已比较成熟了，但受地震资料性质的限制，致使其潜力有限，因而更加注重对叠前反演方法的研究，并向叠前地震反演、叠后-叠前联合地震反演、多参数联合反演方向发展。本节重点介绍和讨论了比较适合于黄土塬区煤矿采区三维地震资料高精度波阻抗反演的方法原理及其在煤厚变化预测中的实际应用。在介绍测井约束地震反演前，先简要讨论测井数据的预处理。

5.2.1　测井数据预处理

测井数据是测井约束地震反演的基础，是反演工作成败的关键。为保证地震反演的质量使其横向变化符合地下地质规律，必须对工区内所有的测井曲线进行预处理和标准化。

1. 测井曲线预处理

测井曲线预处理包括测井曲线的异常点消除、深度校正、基线偏移校正、层厚校正、滤波处理及环境校正等。

2. 测井曲线标准化

1）根据工区地震地质情况确定标准层。一般来讲标准层的条件应该是工区内所有的钻井都穿过该层，有一定厚度且分布均匀，并且距目的层近或者就是目的层。

2）对所有钻井标准层的某一曲线进行直方图统计分析，寻找出该曲线的标准值。

3）分别对每口井对应的曲线进行直方统计，找出其标准层的标准道。

4）确定各钻井某测井曲线的校正量，先对单井进行校正，然后用同样方法对其他所需曲线进行校正。

3. 测井曲线归一化

为使各井曲线数据的量纲、幅值的大小一致，保证原有声波曲线的特征不变，标准化之后还要作归一化处理，即将每口井的曲线数值范围规范到［0，1］，以保证地震反演的一致性。

4. 实际例子

通过测井曲线预处理、标准化和归一化的实例见图5-5、图5-6，由其前后密度和声波曲线直方图和曲线对比图可以看出，处理前的密度曲线的值域为1.2～2.8g/cm^3，而处理后的密度曲线的值域为1.3～2.2g/cm^3。

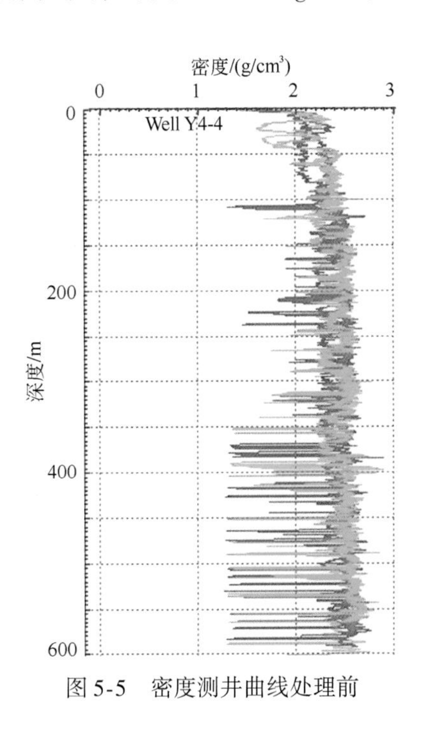

图5-5　密度测井曲线处理前

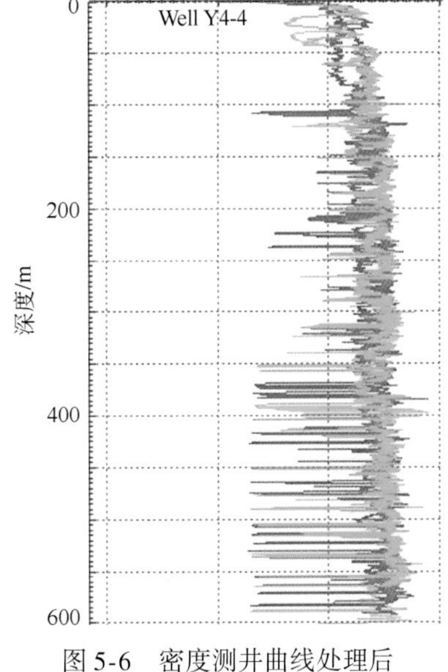

图5-6　密度测井曲线处理后

5. 拟声波测井曲线

目前煤田地震资料反演的一个关键难点是很多矿区只有密度测井和电阻率测井资料，而没有对地震反演至关重要的声波测井资料。因此，一般都通过Gardner公式把密度测井曲线转换为拟声波测井曲线[86]：

$$\rho = av^b \tag{5-1}$$

式中，ρ 为密度，单位是 g/cm^3；v 为速度，单位是 m/s。

Gardner 公式的两个系数因子 a 和 b 是统计拟合值，对于油气勘探的目的层通常取 0.31 和 0.25。但是，它们不适用于煤系地层。要取得好的地震反演效果，就必须在所研究区域中收集尽量多的钻井和测井资料，用最小二乘法拟合出适合本矿区的系数因子值。

5.2.2　约束稀疏脉冲地震反演

1. 方法原理[87]

约束稀疏脉冲反演是一种在地质框架模型控制下、测井资料约束下进行地震道波阻抗反演的方法。其基本假设是地下地层的反射系数序列是由一系列服从高斯分布的大反射系数和小反射系数背景叠合而成的。从地质意义上讲，大反射系数代表的是地下不连续界面和岩性分界面。地层的强反射系数是稀疏分布的，在反演中，通过计算地震脉冲的均方根值和噪声的均方根值，估算所给定的采样有反射的似然值，迭代优化求解稀疏脉冲反射系数模型。

运用较先进的 Jason 地震反演（Invertrace）软件，在反演方程中建立下述表达式（5-2），表达地震褶积与测井资料约束关系的稀疏脉冲反演函数式。

$$F = L_p(r) + \lambda L_q(s-d) + \alpha^{-1} L_1(\Delta Z) + \beta_{\mathrm{in}}[L_1(\Delta Z - \Delta Z_{\mathrm{in}}) + \beta_{\mathrm{x}} L_1(\Delta Z - \Delta Z_{\mathrm{x}})] \tag{5-2}$$

其中

$$d = w \cdot r$$

式中，r 为反射系数；d 为地震记录；w 为子波；S 为合成记录；λ 为数据不匹配权值因子；z 为波阻抗；p 为反射系数模；q 为地震不匹配模；α、β_{in}、β_{x} 为相对不确定值；in，x 为纵线、横线号；$L_p(r)$ 为反射系数不匹配；$\Delta Z = Z - Z_{\mathrm{trend}}$；$L_q(s-d)$ 为地震不匹配；$L_1(\Delta Z)$ 为软趋势约束；$L_1(\Delta Z - \Delta Z_{\mathrm{in}}) + L_1(\Delta Z - \Delta Z_{\mathrm{x}})$ 为软空间约束。

2. 反演流程

约束稀疏脉冲反演的流程一般如图 5-7 所示，反演中的关键是低频模型的建立、子波提取、约束条件及质量控制参数的选取。除了建立合理的低频模型和提取高质量的子波外，处理中还加入了多口井的波阻抗趋势硬约束、地质构造框架模型控制及地震数据软约束等。软约束主要控制横向变化，测井资料硬约束控制纵向变化。

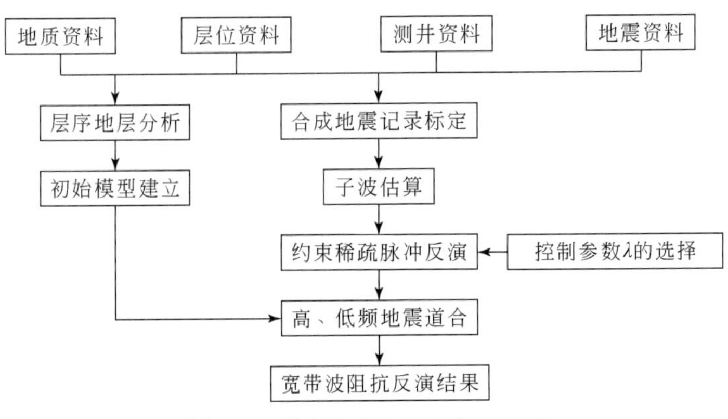

图 5-7　稀疏脉冲地震反演流程图

3. 关键环节

(1) 约束条件建立

稀疏脉冲反演所产生的反射系数序列估计可看做是真实反射系数序列平均的结果，其中丢失了高、低频两个部分，只有在带限的中央区才准确，这样就需要提供更多确定性的约束信息来减少解的非唯一性，即可加入独立的波阻抗趋势作为约束。约束条件分为硬约束和软约束，这样可以辅助产生一个唯一性较好的波阻抗反演结果。

硬约束可以减少反演结果的不稳定性，实现的方法是用解释层位和测井数据逐层定义趋势模型，每层对应的低 Z_i 和高 Z_i 形成的趋势模型被设成该层的硬约束限制，反演算法产生的阻抗模型须控制在这个趋势模型之内。

软约束同样可以增加反演解的稳定性，减少反演解的多解性。软约束分为软趋势约束和软空间约束两种。软趋势约束为纵向，通过地层的顶底解释层位来控制，用井的声波速度曲线定义纵向的速度变化趋势。一般来说，地层的速度总体趋势由浅到深逐步增高，但对于某些上、下相邻的小层速度变化可以有减小的趋势，这要根据实际地质情况和测井资料而定。软空间约束为横向，它可以控制岩层速度的横向数据范围变化，可以以软趋势约束基线为参考，根据每层内的声波速度曲线的摆动范围，在其两侧定义出来。

(2) 子波提取及精细层位标定

由于稀疏脉冲反演是假设地层的波阻抗模型对应的反射系数是稀疏分布的，即由起主导作用的主要强反射系数序列与具高斯背景的弱反射序列叠加组成。从地震道中根据稀疏的原则提取反射系数与子波褶积后生成合成地震记录；利用合成地震记录与原始地震道残差的大小修改参与褶积的反射系数的个数，再做合成地震记录，如此反复迭代，最终得到一个能最佳逼近原始地震道的反射系数序列。也可以这样说，子波与模型反射系数褶积产生合成地震数据，合成地震数据与实际地震资料的误差最小是终止迭代的约束条件。可见子波是测井约束地震反演中十分重要的环节之一。

地震子波提取的方法有四种：①根据测井资料与井旁地震记录，用最小平方法求解，这是一种确定性方法，理论上可以得到精确结果，但这种方法受地震噪声和测井误差的双重影响，会导致子波振幅畸变和相位谱扭曲，方法本身对地震噪声及估算时窗长度变化非常敏感，使子波估算结果的稳定性变差。②在地震道上选取基岩波等地层分界面的单波，用多道平均统计方法求取子波。③用垂直地震剖面上的上行、下行直达波拟合反射子波。④多道地震统计法求子波。这种方法是基于用多道地震记录自相关统计的方法提取子波振幅信息，进而求取零相位、最小相位或常相位子波，用这种方法求取的子波，制作合成地震记录与实际地震记录频带一致，波组关系对应的也较好。目前比较实用的方法是多道地震统计法。采用这种方法时需要注意选取的地震道反射特征比较稳定，时窗应在主要煤层反射波附近，要进行多相位的扫描实验，以确定最佳相位角度。并在目的层段利用提取子波制作合成地震记录，对测井数据作进一步调整并提取子波，如此反复直到求出一个满意子波。

层位标定主要靠合成地震记录，要花费很多时间对工区内每一口井逐一进行测井曲线编辑校正，子波优选，精心制作合成地震记录。反射波组层位标定中要注意：①时差曲线调整后的时-深对应与本工区使用的时-深关系应基本保持一致。且在各钻井间应有一个良好的协调性。②测井曲线做局部拉伸或压缩调整后，引起的局部平均速度变化应合乎地质解释规律。

采用上述方法，在黄土塬区 HJH 煤矿首采区三维地震勘探区所获地震子波、地震子波振幅谱和相位谱见图 5-8，合成地震记录标定见图 5-9。

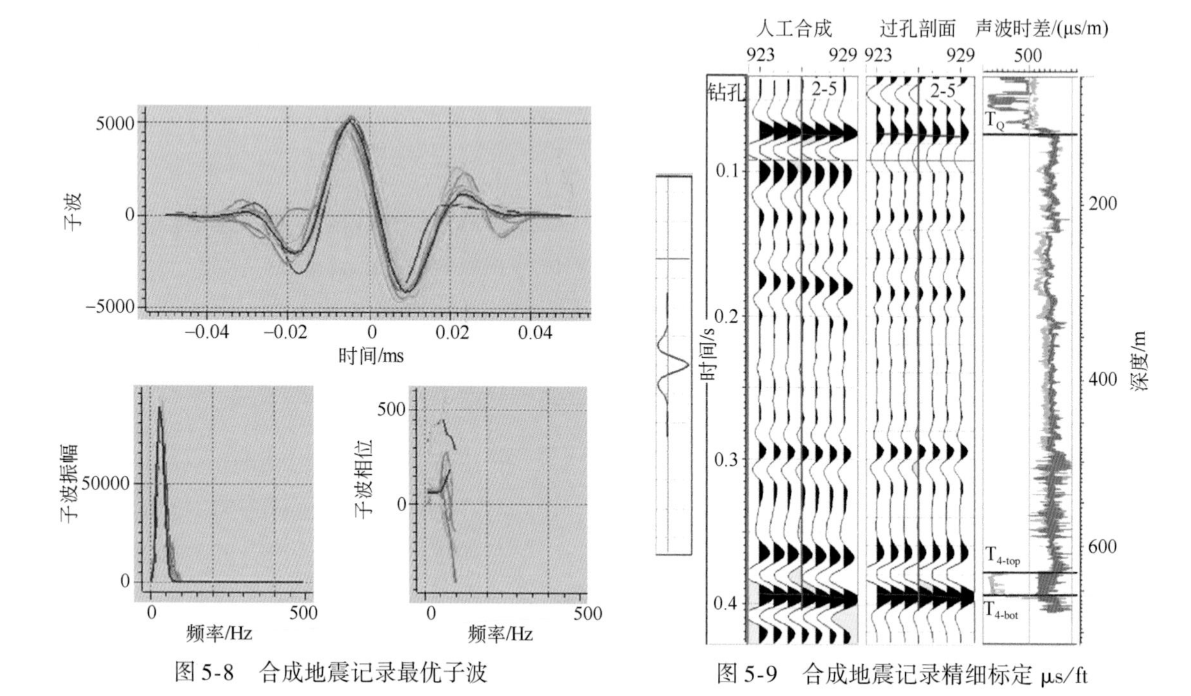

图 5-8　合成地震记录最优子波

图 5-9　合成地震记录精细标定 μs/ft

从图 5-9 可见：合成地震记录与井旁地震道的匹配关系较好，波组及其相位具有良好的对应关系，同时也说明合成地震记录所采用的地震速度能够准确地反映钻孔孔口区的地下地震速度。

（3）低频模型建立

由于地震资料采集时所采用的采集系统的限制，地震直接反演结果中不包含 10Hz 以下的低频成分，需从其他资料中提取予以补偿。低频信息的引入通常有三种途径：实际声波测井曲线滤波、地震速度分析和地质模型，实际工作中需十分注意三者的结合。

在地震反演中，初始地质模型的合理建立十分重要，特别是对模型反演来讲，反演结果的好坏在很大程度上由初始模型即先期地质认识决定。因此建立尽可能接近实际地震条件的初始波阻抗模型，是减少其最终结果多解性的根本途径。测井资料在纵向上精细揭示了地层的变化细节，而地震资料则以很密的采样点记录了地层的横向变化，两者结合就能较精确地建立工区三维空间波阻抗模型。

地质框架模型。[88] Jason 综合地震反演软件中，地质框架模型（earth model）为我们提供了一个建地质框架模型的较适用的手段。这个模型融合了构造（层位、断层）地质沉积模式、测井资料和初始权重分布等信息，它是 Jason 地震反演和储层、油气藏定量描述的基础。地质框架模型由模型建造器（model builder with/without TDC）、模型生成器（model generator）、模型内插器（modelinterpolator）、测井曲线生成器（well curve genertor）四个模块组成。地质框架模型既可生成地质框架模型，还可生成以地质框架为基础的测井曲线内插模型，提供用于地震反演的低频模型，生成平滑、封闭的层位顶、底、厚度平面图。四个模块的功能分别是：

模型建造器的功能：用构造、地质、沉积、测井等资料形成一个参数化的时间、深度域的三维封闭模型。这个参数化的模型包括层位、断层、地层接触关系，测井曲线和基于层位的权重系数。

模型生成器的功能：由模型建造器形成的参数化三维封闭模型，创建不同测井曲线的三维属性模型，如波阻抗、孔隙度、声波速度、SP 等。

模型内插器的功能：在参数化三维封闭模型控制下生成不同网格密度的三维属性体。

测井曲线生成器的功能：从三维属性体中抽取任意位置上的测井曲线。

在模型建立时，要认真分析、准确定义断层间的关系与层位之间的关系，尤其要弄清断层上、下盘地层的过渡关系，使之符合工区的地质情况。

内插模式的定义。参数内插并不是简单的数字运算，而是要根据地震层位的变化对测井曲线进行拉伸、压缩，是在层位约束下的具有地质意义的内插。内插方式一般有反距离加权、局部加权、自然邻居法、三角网络加权及克里金内插等。每种插值方式都遵循一个准则：任何一个钻孔测井曲线的权值在本井处为 1，在其他井处为 0。黄土塬区 HJH 煤矿采区三维地震资料，通过反复试验地震反演中选用反距离加权法计算，所得的模型地质框架如图 5-10。利用构建的合理地质模型进行反演约束和提供低频分量。

（4）质量控制参数 λ 的选取

对控制反演质量的至关重要的参数 λ 的准确选择非常关键，也最难，通常根据工区地质情况进行实验确定。从式（5-2）反演函数的前两项 $L_p(r) + \lambda L_q(s - d)$ 来看，它表达了所反演的反射系数序列稀疏模型的精细程度与残差地震数据误差（即模型合成地震数据与实际地震记录之间的差值）之间的调和关系。两者不能同时最小化，最小残差剩余需要一个精细的模型，而稀疏的模型却引起合成地震数据与实际地震数据的不匹配。其中 λ 因子

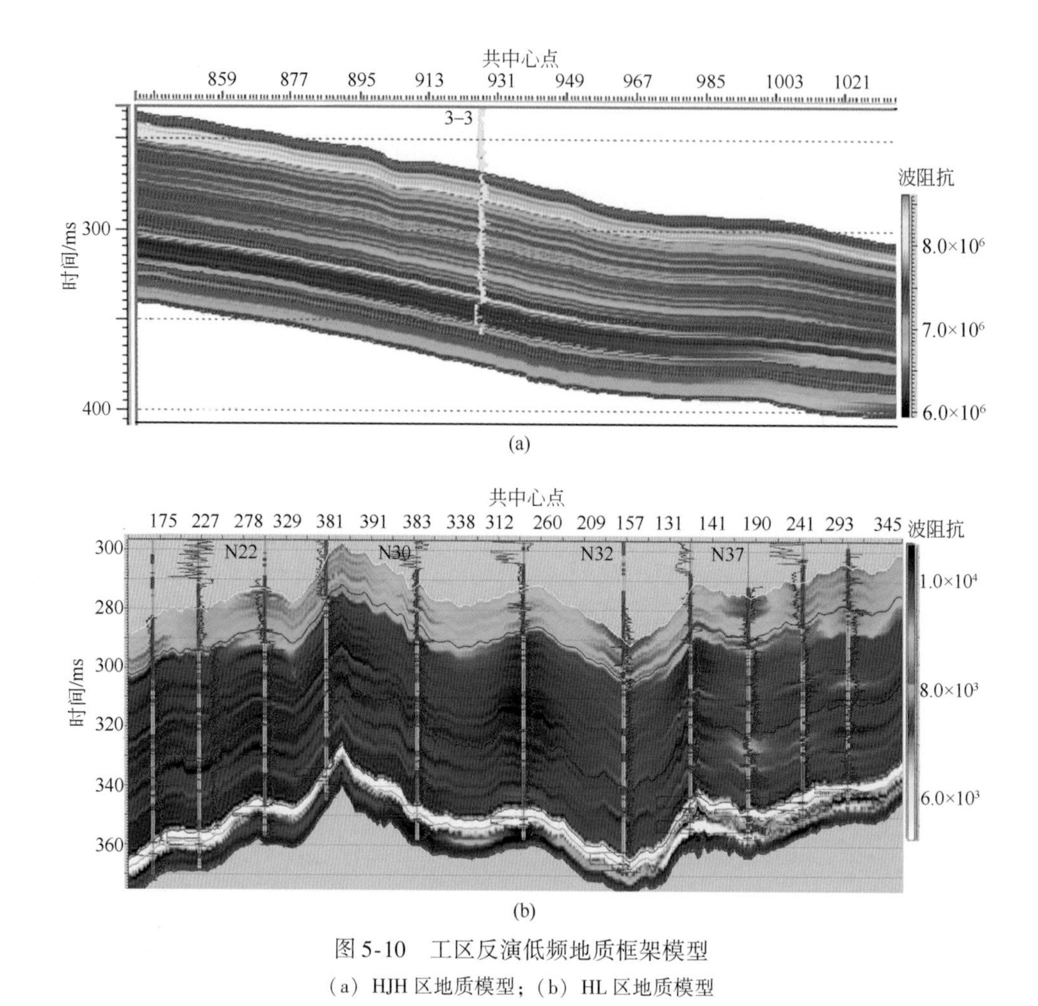

图 5-10　工区反演低频地质框架模型

（a）HJH 区地质模型；（b）HL 区地质模型

是用来平稳不匹配模的。低 λ 值使 $L_p(r)$ 反射系数项增强，但将引起表现为纵向局部高频成分的波阻抗值；而高 λ 值则使 $L_q(s-d)$ 地震不匹配数据项增强，但引起表现为横向异常的波阻抗值。因此，准确选择 λ 值非常关键，一般值为 1 ~ 50[87]。由前面的分析可知 λ 值取大或取小都不合适，必须根据工区的具体情况而定，选择出的 λ 值应使反演剖面既保持细节又不损失低频背景，要做好这一步主要通过对井旁地震道与合成地震记录间吻合程度的控制来完成。一般来讲，如果反演结果具有低相关性和低信噪比，说明井的趋势约束可能太紧或 λ 值的选取不合适。反之，如果相关性较好和信噪比较高，说明约束和 λ 值取的比较合理，反演结果比较好。

对于黄土塬区 HJH 煤矿采区三维地震资料、HL 煤矿采区三维地震资料，地震反演中 λ 值选择试验成果图见图 5-11。通过反复试验确定 HJH 项目反演的 λ 值为 9. 55，HL 项目反演的 λ 值为 9. 69。

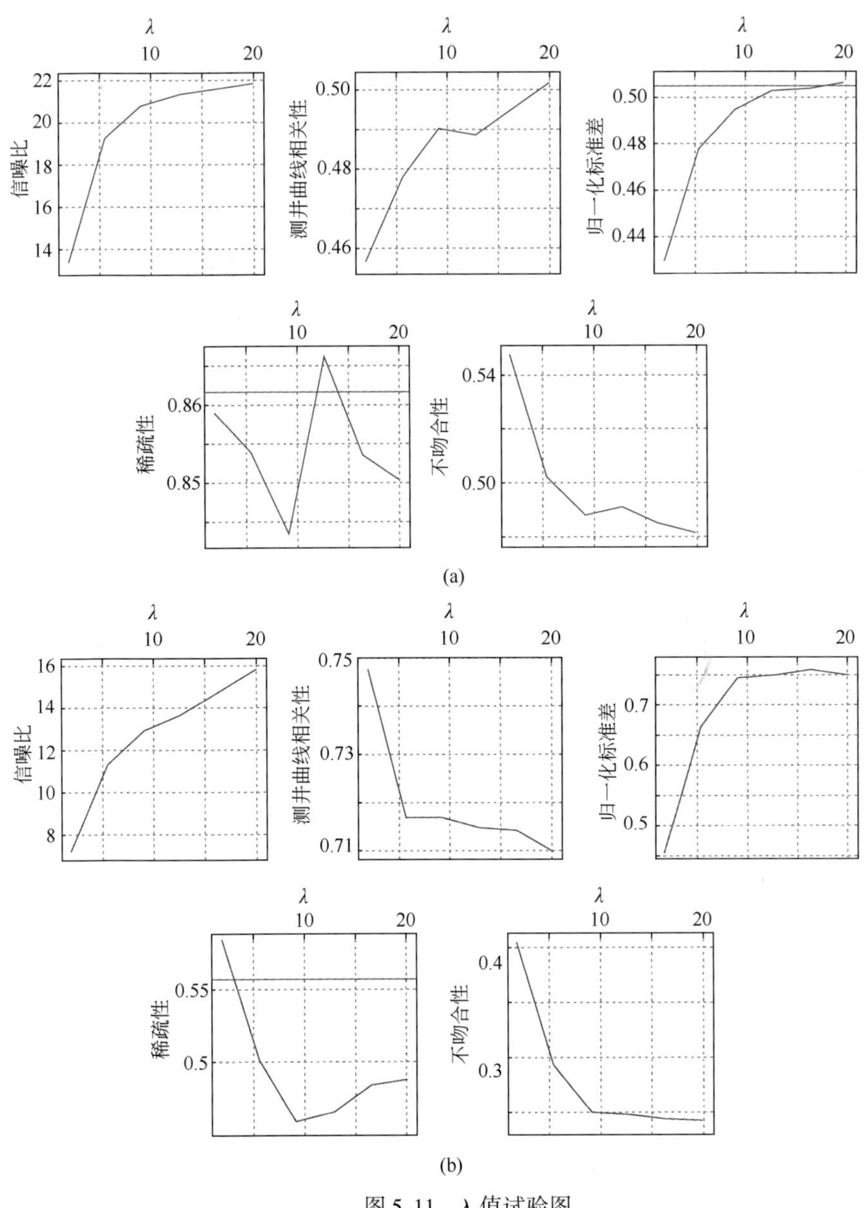

图 5-11 λ 值试验图

（a）HJH 煤矿区；（b）HL 煤矿区

4. 效果

黄土塬 HJH 煤矿和 HL 煤矿采区三维地震资料的约束稀疏脉冲反演的处理流程见图 5-7。反演的典型剖面见图 5-12，为连井地震时间剖面和波阻抗反演剖面的对比图，从图上可以看出，波阻抗剖面与地震时间剖面形态较为相似，说明波阻抗剖面与地震时间剖面相似性较高。如果两者偏差太大，说明反演中所依赖的基础产生了偏差。波阻抗剖面在细节上要比地震剖面精细，易于识别煤层及砂体形态。

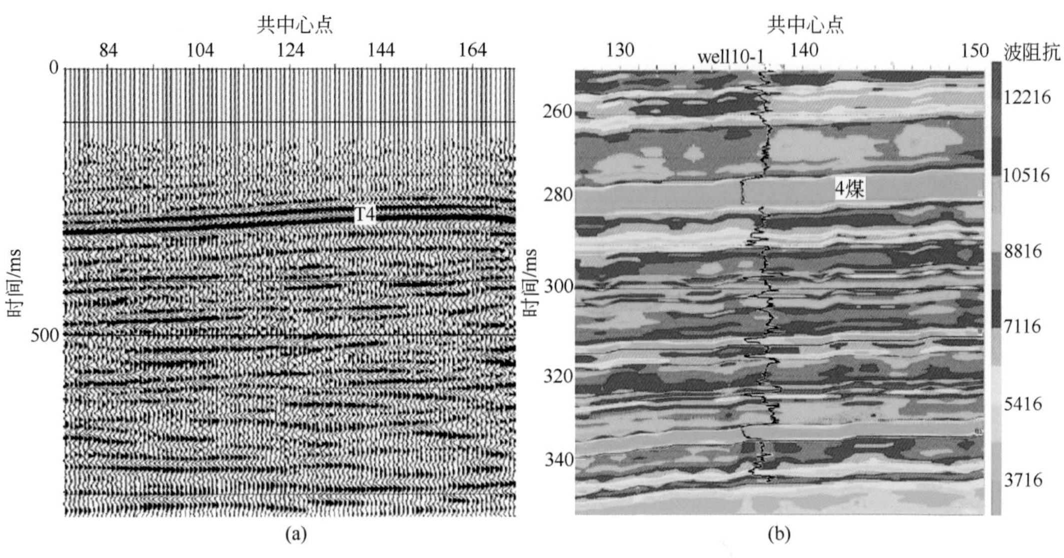

图 5-12　连井地震时间剖面与波阻抗反演剖面对比

（a）地震时间剖面；（b）波阻抗反演剖面

图 5-13 为 HJH 区连井波阻抗及低频波阻抗地质模型，图 5-14 分别为 HJH 和 HL 矿区的高低频合并波阻抗反演剖面。从 HJH 反演剖面图可以看出波阻抗剖面上 2-4 钻孔右侧、3-4 与 4-5 钻孔之间煤层形态和煤层厚度变化趋势，波阻抗剖面的分辨率与地震剖面的分辨率较为相似，在细节上要比地震剖面精细，更易于解释煤层厚度变化。HL 反演剖面上也可看出波阻抗剖面与地震剖面形态一致，分辨率有较大提高，尤其是 N32 和钻孔 N35 钻孔连线之间，对煤层夹矸的反映更清晰。

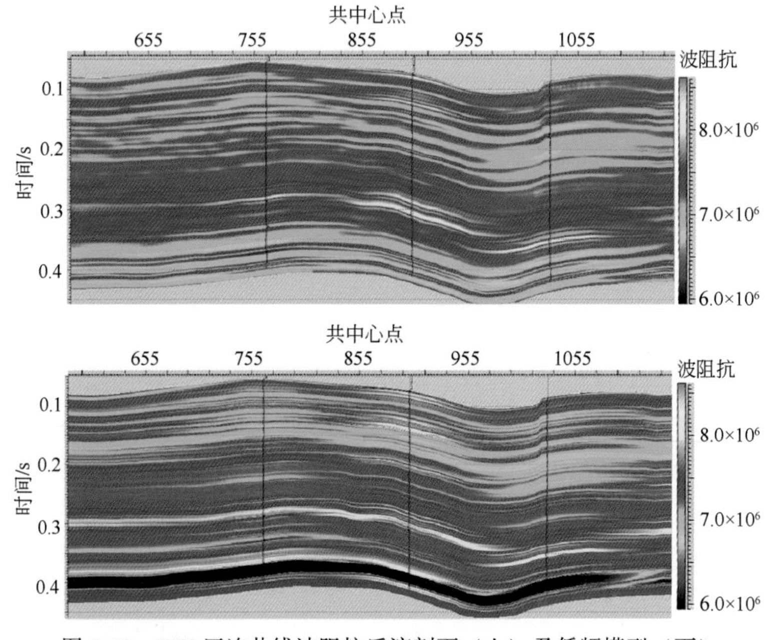

图 5-13　HJH 区连井线波阻抗反演剖面（上）及低频模型（下）

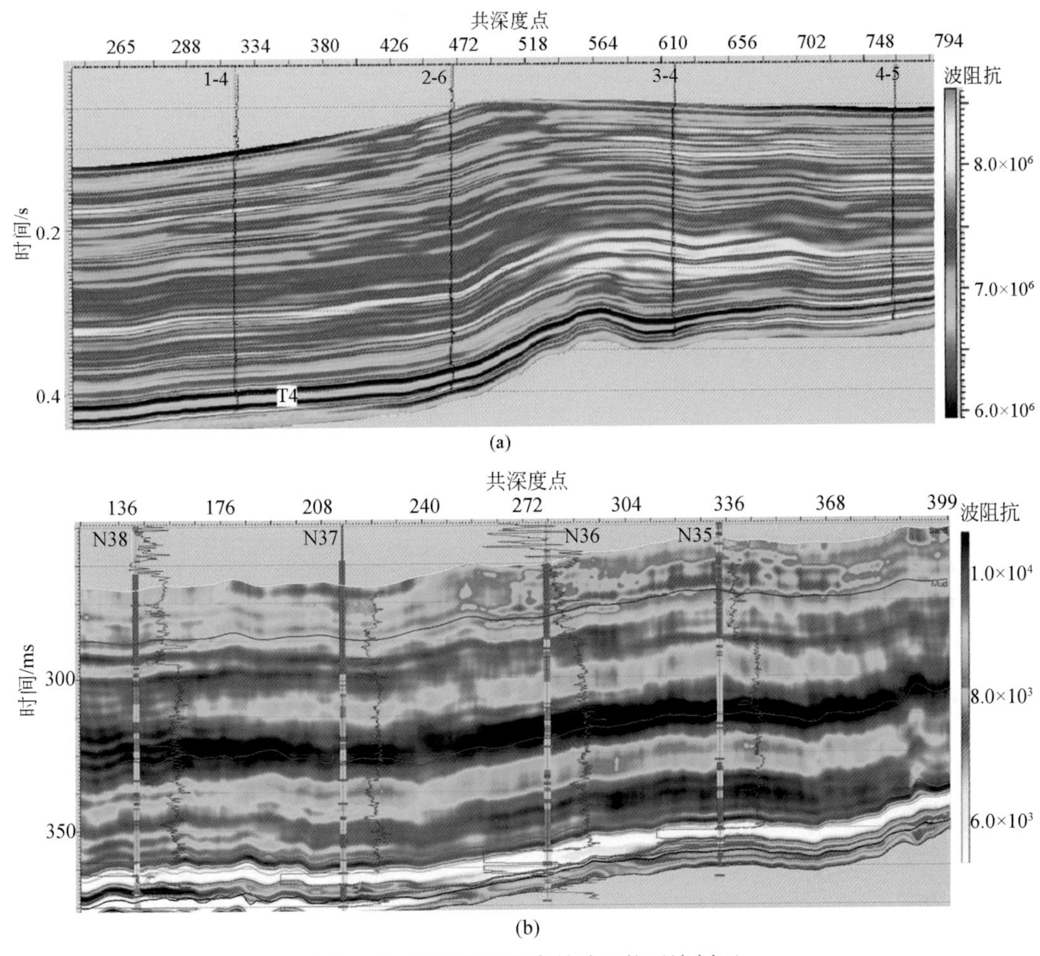

图5-14　连井高低频合并波阻抗反演剖面

（a）为HJH煤矿区反演剖面；（b）为HL煤矿区反演剖面

5.2.3　随机模拟地震波阻抗反演

随机模拟地震波阻抗反演是目前地震反演领域中一项比较新的技术，也具有较好的商业使用价值的随机模拟地震反演软件包。通常由两大模块组成：①统计分析。利用已知资料分析确定煤层参数的空间分布规律（直方图）和空间相关性（变异函数）。②统计模拟。用不同的地质统计模拟技术实现储层和油气藏参数的随机模拟或随机反演。主要模拟技术有克里金、协克里金，序贯高斯模拟，序贯高斯协模拟，序贯高斯配置协模拟，序贯阀值指示模拟，带趋势和不带趋势的指示模拟及随机反演等[89]。

1. 方法原理

在三维空间，可以通过储层变量的一系列数值，模拟得到其他未知空间点所具有的可能的储层参数值。克里金法（Kriging）是一种很好的地质统计模拟方法。克里金估计通常利用一组实测数据及其相应的空间结构信息，应用变差函数模型所提供的空间结构信息，通过求解克里金方程组计算局部估计的加权因子，即对克里金系数进行加权线性估计，充分考虑了空间数据的结构性和随机性。大量的随机模拟过程实现所得到的空间储层参数体在统计特性上具有相同的概率可能性，并且与已有的实测数据结果具有同样的吻合程度。

随机模拟地震反演方法正是基于这种思想，以测井、地震、地质资料为基础，将地质统计模拟与地震反演紧密结合在一起，反演得到高分辨能力的波阻抗结果。随机反演从随机建模产生一系列储层模型中，优选出与地震数据最佳匹配的储层模型，是通过波阻抗将储层特性和地震记录相联系来直接估计储层参数特征的一个完整的反演过程。

（1）数据的地质统计分析

随机反演的模拟处理是建立在对测井、地质数据的地质统计关系分析基础上的。地质统计分析可通过建立区域化变量来分析和处理观测数据，建立统计关系，求取估计方差。所谓区域化变量就是能用其空间分布来表征一个自然现象的变量。通过区域化变量在观测数据和随机函数之间建立起联系，从而对观测数据的分析和处理转化为对相应随机函数的研究，观测数据的性质及其所表征的变量空间分布特征则可用随机函数的统计量表达出来。区域化变量是结构性和随机性的有机结合，通过数据的直方分析，可以了解反演工区内已有资料的概率分布特征，检验测井资料的正确性，得到地层属性参数的直方图，并以此图为基础完成储层参数的正态变换和反演结果的正态反变换。

（2）变差函数分析

随机模拟是通过建立变差函数来描述空间数据场中数据之间的相互关系，进而建立起空间储层参数点之间的统计相关函数。

变差函数是指区域化变量 $Z(x)$ 在 x 和 $x+h$ 两点处的增量的半方差。

$$G(x,\ h)=\frac{\sum\left[Z(x)-Z(x+h)\right]^2}{2} \tag{5-3}$$

实际应用过程中，该变差函数是由样品来估算的，得到的函数被称为实验变差函数 $r(h)$ 。以实验变差函数的 h 为横坐标，$r(h)$ 为纵坐标作图，可得变差函数图（图 5-15）。变差图中有三个主要特征值，即基台值（sill）、变程（range）和块金常数（nugget），这三个特征值可以由实验变差函数通过理论上模型拟合得到。其中：

变程：是指区域化变量（反映为地质储层参数）在该距离范围内，空间点之间具有的相关性。

当变程在空间不同方向发生变化时，就反映了储层在空间上的各向异性特征。通常情况下，对某一地层进行平面变差函数分析时，会发现变程在不同方向上是不一样的，一般呈现出一种近似椭圆形的分布特征，长轴代表储层参数变化的延伸方向，短轴代表其展宽方向。在对储层厚度进行分析时，长轴代表物源方向；而在剖面上分析时，长轴与短轴的比例关系则与该剖面上储层的宽厚比相一致。

基台值：代表了区域化变量在空间上的总变异性大小，即变差函数在 h 大于变程的值。

块金常数：是变差函数在原点处的间断性。块金常数较大时，反映了变量的连续性很差，甚至平均的连续性也没有，即使在很短距离内，变量的差异也很大，不过对于储层参

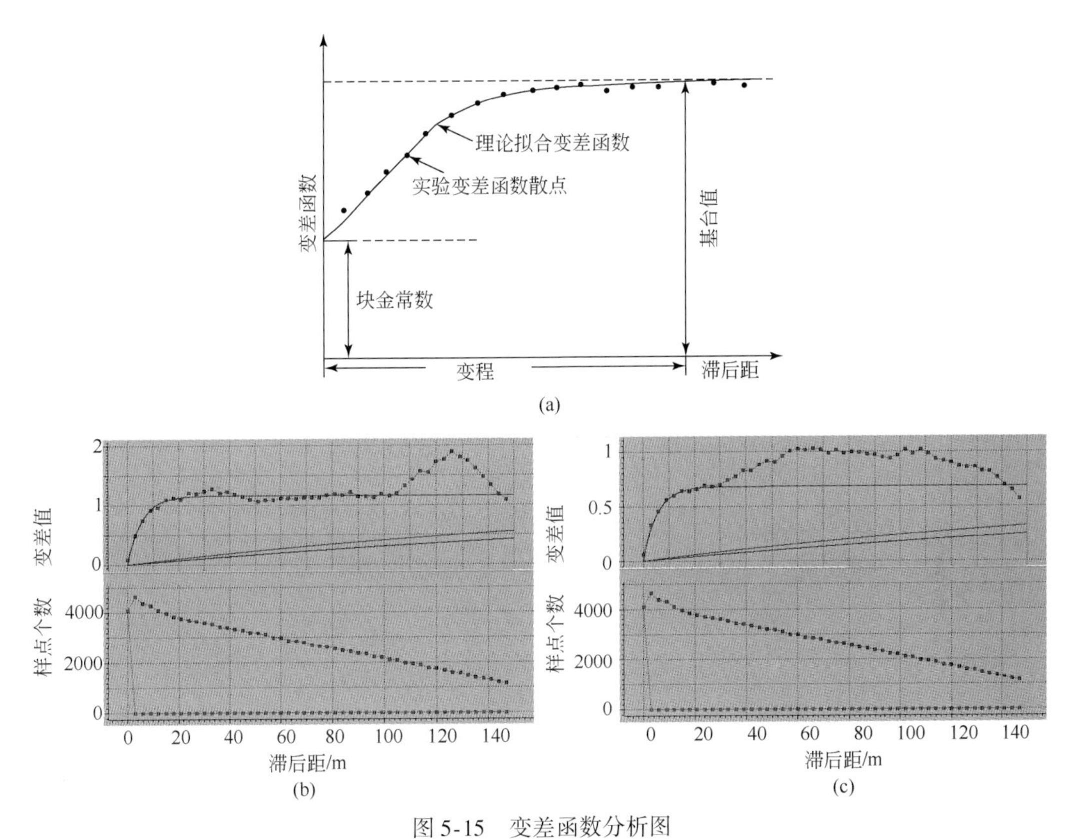

图 5-15　变差函数分析图

（a）变差函数分析图；（b）LX 煤矿煤层波阻抗变差函数质量控制图；（c）LX 煤矿 GR 变差函数质量控制图

数的变差函数，基本上不会存在“块金效应”。

变差函数的这些特征值可以用来反映储层参数的空间变化特征。其中变程大小不仅能反映某区域变量在某一方向上变化的大小，而且还能从总体上反映出区域化变量的载体（如砂体、煤层）在某个方向的平均尺度，从而可利用变程来预测砂体、煤层在某个方向上的延伸尺度，还可达到预测砂体、煤层规模的目的。

（3）变差函数的理论拟合

为了对区域化变量的未知值作出估计，需要将实验变差函数用相应的理论变差函数进行拟合处理。这些理论拟合模型将直接参与随机估算。

根据不同地质情况得到不同变差函数的散点分布，它们会具有不同的形态，利用近似形态的理论模拟曲线可以得到好的应用效果。

实际工作中，所用到的更加复杂的变差函数可以通过这些已有的理论模型套合而成。

（4）随机模拟迭代反演运算

利用地质统计分析得到的地层空间关系拟合函数作约束，在地质模型的控制和地震数据的参与结合下，进行大量随机模拟，获得地下三维空间的波阻抗地震数据体，并通过子波褶积运算，误差分析及迭代反演运算同步实现波阻抗反演和模拟概率运算处理过程，获得反演输出结果。

在模拟的过程中，一般会使用克里金技术做一些加权平均的处理，全三维迭代处理则使用模拟退化全局寻优化的算法。

2. 关键技术环节

序贯高斯随机地震反演运算的流程示意图[89]，如图 5-16 所示，高斯模拟是将地质变量作为符合高斯分布的随机变量，空间上作为一个高斯随机场，以高斯随机函数来描述。而序贯模拟是将空间某一位置的未知量的某邻域内所有已知的数据（包括原始测量数据和先前已模拟得到的数据）作为模拟初始条件，对该未知量进行模拟，得到的模拟结果作为后续模拟条件数据，继续进行下一步的未知量的模拟。因此，序贯高斯模拟是一种应用高斯概率理论和序贯模拟算法产生连续变量空间分布的随机模拟方法。图 5-16 中随机模拟加退火控制的过程，不仅充分利用了测井、地震、地质资料等各方面的基础资料，而且有效发挥了各项处理技术的优势，得到的反演成果精度较高。

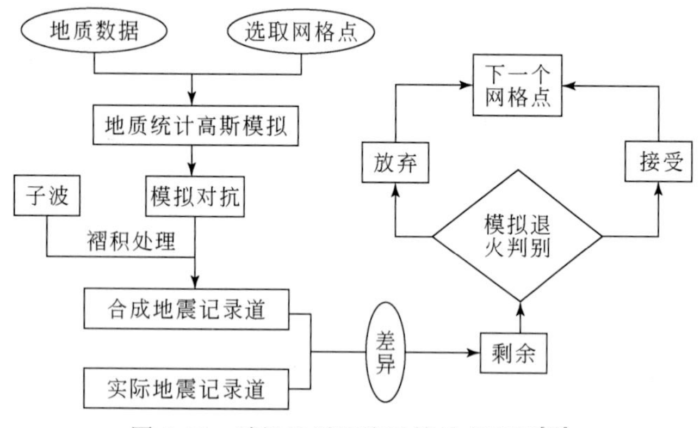

图 5-16　随机地震反演运算技术流程[89]

随机地震反演处理一般流程，如图 5-17 所示。随机反演的关键处理环节[89]包括以下几个方面。

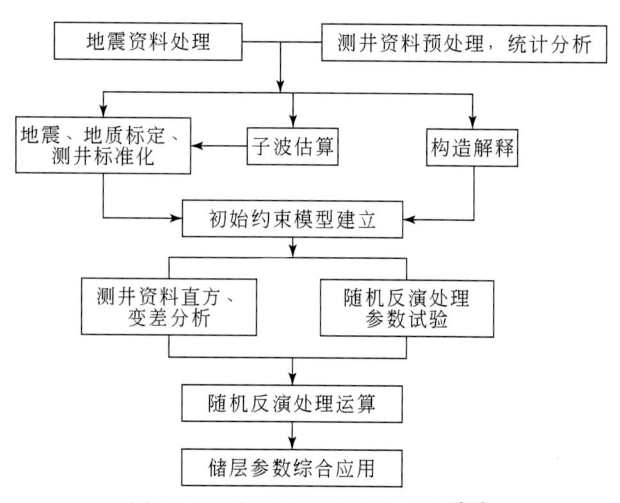

图 5-17　随机地震反演处理流程[89]

（1）测井资料统计分析与地震层位标定

测井资料分析主要包括：测井曲线标准化、测井曲线转换、煤岩性参数求取、测井数据统计分析。由于随机反演是以全三维方式进行，因此要将整个工区的测井曲线作为一个整体，这样有助于正确了解工区内煤层赋存的整体地质情况。

地震地质层位标定。主要依靠合成地震记录与井旁地震记录，对地震层位进行标定。制作合成地震记录就是将深度域的地质、测井约束条件合理标定到时间域的井旁地震道上。合成地震记录精细制作不仅包括地震剖面极性的判断（单轨、双轨剖面判断法及多井合成记录对比法），还包括平均速度选取、子波估算、子波极性、振幅、频率、相位等的确定，以及测井曲线对比、标定多次反复调整计算等过程，而且要确保单井地震地质层位标定的合理及多井间的对比合理。并利用相关系数法与原始声波测井曲线对比法、剩余记录求取法、平均速度对比法检查合成地震记录的可靠性。

（2）地震、地质初始模型建立

精细地震、地质模型的建立，对于随机地震反演这种利用模型驱动的反演方法非常重要。建立合理、准确的初始模型，反演时就会起到事半功倍的效果；初始模型对地质特征表达的充分性和合理性，会影响到该方法对实际资料处理反演的细致程度。

（3）直方、变差分析

直方、变差分析是在反演处理过程中提取各项模拟参数的重要步骤。

直方分析可以了解工区内已有资料的概率分布特征，检验测井文件的正确性。直方分析可以得到地层属性参数的直方图，并以此为基础完成储层（煤层）参数的正态变换和反演结果的正态变换。

变差分析的目的主要是为了得到变差的拟合函数。在变差分析中要以工区内地质概况为依据，在充分了解储层（煤层）空间分布特征的基础上选择合理参数，以保证得到的变差拟合函数能够正确代表储层参数的空间变化特征。

（4）反演成果的综合解释

根据层位标定情况，由计算机根据色标差自动拾取煤层波的顶底界面，并经人工对其适当修正后，进行时深转换，形成最终地质成果。

3. 效果与特点

目前随机模拟地震反演方法是与地震、地质和测井紧密结合，并以测井和地质为主的地震反演新技术。这种方法在借鉴测井资料优势的同时，还最大程度地参考了地震反射信息，具有较高的分辨能力和描述能力。反演结果与测井数据吻合程度很高。由于随机模拟地震的方法实现的是对真三维地震数据体整体多次模拟反演运算处理，因此计算机运算量巨大，需要采用高档次的计算机工作站。除此之外，处理解释人员的分析工作量比一般模拟方法的要大得多。

图 5-18 为根据黄土塬区 HJH 煤矿采区三维地震数据所做的随机模拟地震波阻抗反演与稀疏脉冲地震波阻抗反演所获地震波阻抗反演剖面对比，两者总体波阻抗面貌一致，但从精细识别煤层能力看，随机模拟较稀疏脉冲地震波阻抗反演效果更佳。

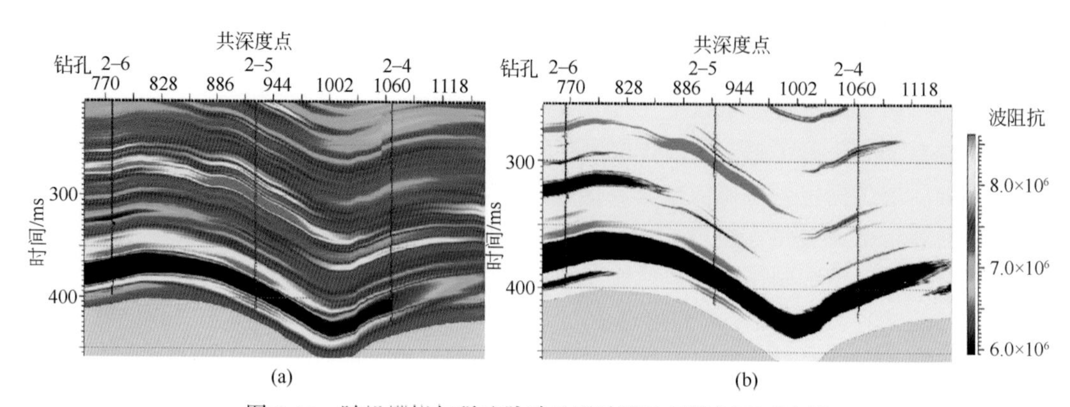

(a)　(b)

图 5-18　随机模拟与稀疏脉冲地震波阻抗反演剖面对比图

（a）随机模拟地震波阻抗反演剖面；（b）稀疏脉冲地震波阻抗反演剖面

图 5-19 分别是黄土塬区 WC 煤矿某采区和 HL 煤矿区三维地震资料的随机模拟地震波阻抗反演剖面。WC 工区的主要可采煤层 5 号煤厚度仅 2.0～4.2m，煤层顶、底板岩体多由砂岩、泥岩组成；HL 工区的主要可采煤层 2 号煤厚度 3.3～7.2m，煤层夹矸较发育。从图中可见煤层清晰可见，其时间厚度为 2～4ms，顶板砂体比较发育，约 7 层。

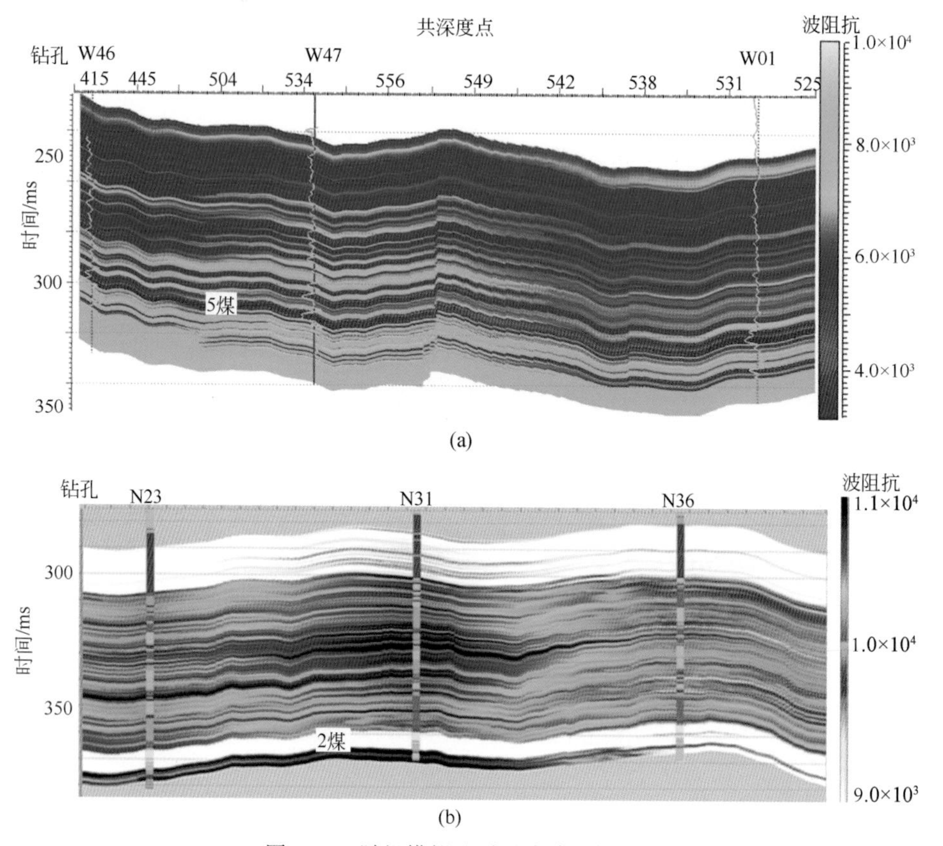

(a)

(b)

图 5-19　随机模拟地震反演波阻抗剖面

（a）WC 工区煤层厚度反演剖面；（b）HL 工区煤层厚度反演剖面

5.2.4 效果

以黄土塬区HL煤矿采区为例进行约束稀疏脉冲反演预测煤层厚度。通过子波提取及精细层位标定、地质模型建立、反演、λ值反复测试，得到了该区的反演剖面，见图5-20。从图上可以看出，约束稀疏脉冲反演剖面与地震时间剖面形态保持较高的一致性，分辨率有较大提高，可以清晰地区分2煤层和3煤层，但是岩性的分辨率还不能满足要求，煤层中的夹矸和2煤层顶板上的砂岩没能分辨出来，这是由于波阻抗反演受制于地震数据的分辨率及反演算法，波阻抗反演的数据体的分辨率尚有不足。

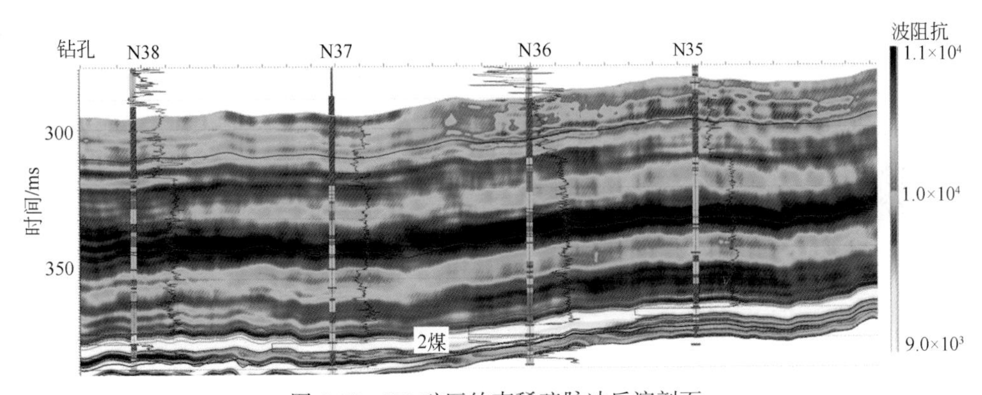

图5-20　HL矿区约束稀疏脉冲反演剖面

5.3 多参数岩性地震反演预测煤层厚度

5.3.1 一般概述

不同地质体的属性在不同物理场中都有不同的反映，同一地质体的属性在不同的物理场中都有类似的显示，而且同一地质体的不同属性在不同的物理场中均有所侧重。地震波场是地下地质体微观波动的结果总和，地震资料是对地下地质体属性的综合反映，而测井资料是对地下地质体的局部反映，并且各有侧重，也就是说地震和测井都包含着地下地质体的储层（煤层）信息。实践早已证明：测井曲线，如自然伽玛、伽玛—伽玛、自然电位、电阻率测井等区分岩性的能力很高。前人经过不断探索研究提出多种将地震信息和其他岩性测井曲线联系起来，进行岩性地震直接反演的方法。

从方法来讲，传统地震反演的技术思路是以地震资料为主，用测井地质资料为约束、基于线性褶积模型，采用线性反演方法进行优化、相关、外推等一系列处理反演出波阻抗剖面，然后利用波阻抗与储层参数之间的关系，建立各种经验公式或量板来提取地层岩性参数剖面。可见，传统方法存在的问题有：①褶积模型适应条件一般不能得到满足；②求取的地震子波不准；③波阻抗对地层参数的描述能力较差。一般而言，工区原始资料信噪比高，地层结构较简单，经过精细处理，才可能得到比较满意的结果。多参数岩性反演则是放弃线形褶积模型，计算中避免求取地震子波，充分利用地震、测井、地质等资料，基于信息优化预测等理论，在分析地层岩性、电性等特征的基础上，选取多个对岩性区分比较敏感的地层参数，与地震信息建立联系。通过主组分分析技术建立地震特征信息和地层（煤系地层）岩性参数之间的非线性映射关系，针对地震数据进行砂体岩性反演，或通过神经网络技术建立地震多属性和地层（煤系地层）岩性参数，达到岩性参数识别和岩性预测的目的。其特点是可分离出多种相对独立、物理意义明确、易于地质解释的信息。

目前应用比较多的多参数岩性地震反演软件主要有两类，即 Jason 的 InverMord 模块和 Hampson-Russel 的 Emerge 模块。InverMord 是通过主组分分析技术建立地震特征信息和储层岩性参数之间的非线性函数映射关系来对地震数据进行整体岩性反演。Emerge 是通过神经网络技术建立多种属性与储层岩性参数之间的关系，达到岩性参数数据体整体预测的目的。

5.3.2 基本原理[90]

本节以 Jason 的 InverMod 模块为主介绍其基本原理。InverMod 多参数岩性地震反演是一种基于模型的多参数地震反演。它可以综合地质、地震、测井、钻井、岩心、岩屑录井等各项信息求得的储层参数，建立三维地层参数属性模型，根据地震资料反演出声波、密度、电阻率、自然电位、自然伽玛、孔隙度、渗透率等各种储层地质信息。InverMod 多参数岩性地震反演的处理流程，如图 5-21 所示。

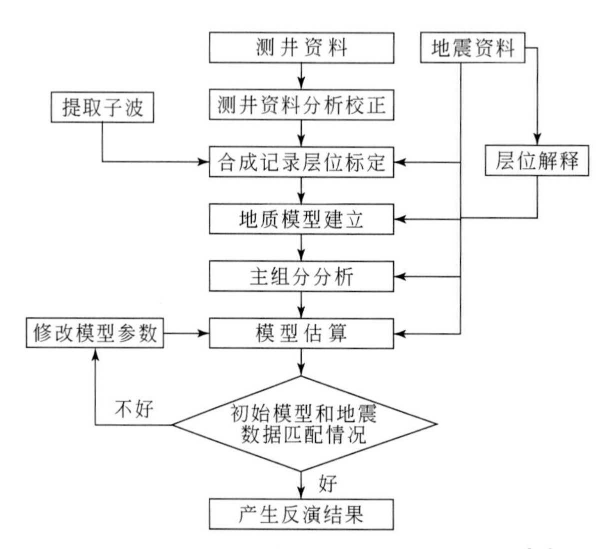

图 5-21 InverMod 多参数岩性地震反演流程图[90]

InverMod 模块中包括三个主要技术环节，其基本原理如下。

1. 地质模型建立[90]

地质模型建立分为模型建造与模型生成两部分。

模型建造将产生所有的参数（地层框架、垂直曲线组分和内插权）以供产生三维完整属性模型用。模型生成基于这些参数模型，将所选择的测井曲线内插，产生所有道都包括内插测井曲线组分的三维属性模型体。

$$VC_? = \sum W_n VC_n \tag{5-4}$$

式中，VC 为垂直组分；? 为任意道；W 为垂直组分权，且有 $\sum_n W_n = 1$。

这一过程如图 5-22 所示。

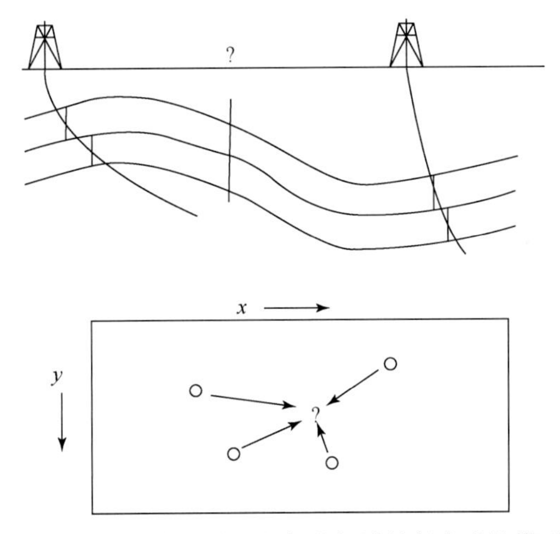

图 5-22　根据垂直组分和它们的权计算任意道的模型[90]

2. 主组分分析

地下地质模型是用参数模型表示的，最重要的模型参数是垂直组分和垂直组分的权。在进行模型驱动的参数反演前需要进行主组分分析，主组分分析应用于垂直组分和它们的权。需进行主组分分析的理由是：①增加地震垂直组分；②稳定参数反演过程；③减少模型参数；④与特征岩性对比。

主组分分析有许多叫法，如奇异值分解、特征值分解、解一组线性方程、产生标准正交基等。

奇异值分解技术可用矩阵方程表示，在地下三维模型中的任何道可表示为

$$T = WP \tag{5-5}$$

式中，T 为模型；W 为垂直组分的权；P 为垂直组分。

以上垂直组分矩阵可以通过奇异值分解技术分解为

$$P = U \wedge V \tag{5-6}$$

式中，Λ 为包含奇异值分解的特征值的正交矩阵，把式（5-6）代入式（5-5），得到：

$$T = WU\Lambda V \tag{5-7}$$

并可改写为

$$T = W'P' \tag{5-8}$$

$$P' = \Lambda V \tag{5-9}$$

$$W' = WU \tag{5-10}$$

式（5-9）与式（5-10）中的 P' 和 W' 分别为主组分和主组分的权。

另一种描述主组分分析过程的方法是把模型看成是权矢量的组合，这些矢量是测井曲线的垂直组分。主组分分析将这些原始矢量分解成一组独立的矢量，形成一标准正交基，它们占据相同的解空间（图 5-23）。

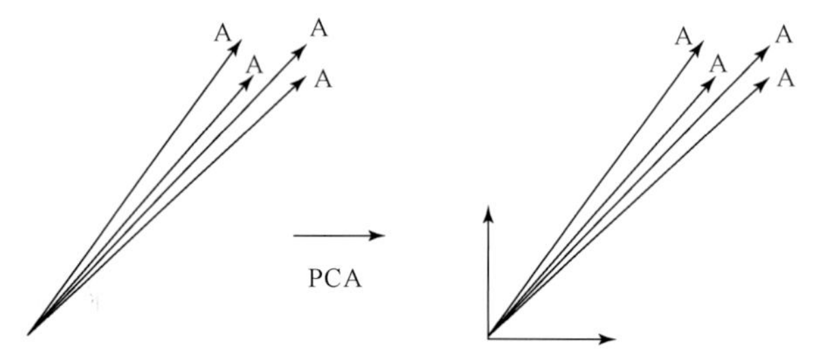

图 5-23 创建标准正交基产生一组任意的矢量[90]

在 InverMod 技术中主组分分析算法在实际奇异值分解前还需执行一额外的步骤，在这一步骤里产生一合成曲线，同一层的所有垂直组分被组合在一起，形成一单独矢量，如图 5-24。

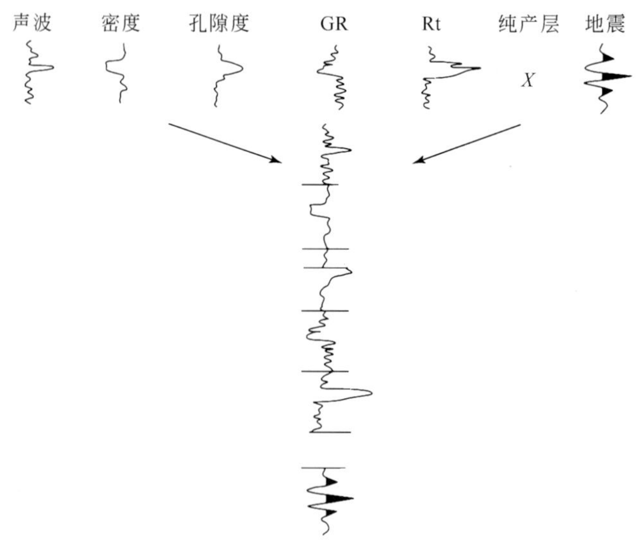

图 5-24 形成一假想的合成曲线[90]

InverMod 技术的主组分分析有三种模式：地质模型反演、地震特征反演、两者合一。

第一种模式，主组分分析中产生合成曲线并执行奇异值分解。

第二种模式，主组分分析产生合成曲线并添加地震垂直组分，这一地震垂直组分就是最靠近测井曲线垂直组分的地震道，在这一模式中没有运用奇异值分解。

第三种模式，产生合成曲线、添加地震垂直组分和奇异值分解。

奇异值分解的产品之一是对角矩阵 $\boldsymbol{\Lambda}$，这一矩阵中包含奇异值分解的特征值，它们以幅值大小排列，最大的特征值位于对角矩阵的顶部，最小的位于底部。这一特征允许引进门槛值来截取不重要的组分，目的是为了减少数据量，加快和稳定反演过程。

主组分分析最终产生主组分和主组分的权，它们是相互配对使用的。

3. 模型估算

模型估算主要是修改初始模型以匹配地震数据，而初始模型是由模型参数即主组分和主组分的权来确定的。

模型估算中涉及的其他参数有层厚度、解释层位的时间、道均衡因子、子波起始时间。所有这些参数都是受约束的，以使反演过程不偏离初始值太远，这种约束被称作软约束。模型参数具有高斯分布特征，高斯分布的均值是模型参数的初始值，高斯分布的标准方差是初始模型的不确定性（图 5-25）。

除了上述整体约束外，还可以设定道-道约束，主要目的是进行平滑处理，如图 5-26 所示。

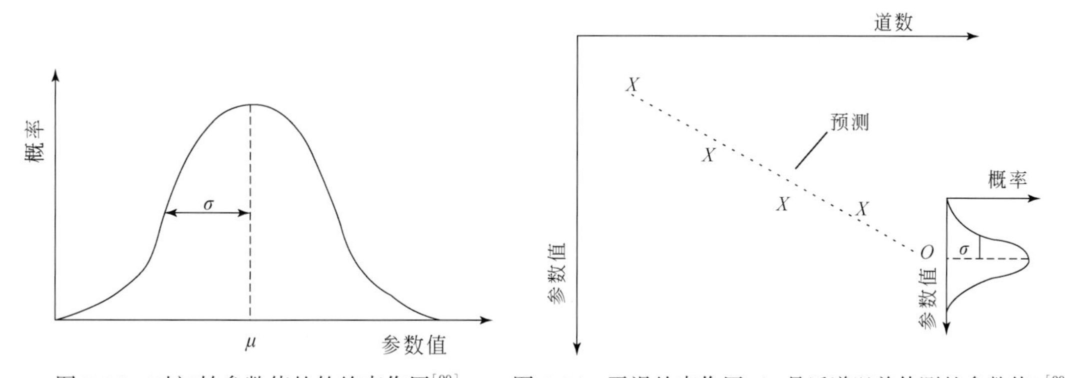

图 5-25　对初始参数值的软约束作用[90]　　图 5-26　平滑约束作用（x 是近道以前估测的参数值）[90]

整体约束可以保证模型落在具有合理地质意义的范围内，平滑约束可以压制数据的道-道噪声。

模型估算算法在定义的约束范围内，通过改变初始模型参数，寻找最优化的解，以减少地震数据和初始模型的不匹配。

5.3.3　应用中的几个问题

InverMod 多参数岩性地震反演技术是在地质模型的控制下，通过主组分分析和模型估算技术，建立地震信息和储层参数之间的关系，实现多参数岩性信息的地震反演，这一特点使它突破了传统意义上褶积模型的概念，它既可以反演出声波、密度和波阻抗等常规储层参数曲线，又可以反演出类似伽马、自然电位、电阻率、孔隙度、渗透率、含油（水）饱和度等多种岩性地质信息，这一技术拓宽了测井信息和地震资料结合的领域，是对反演技术的进一步发展。InverMod 多参数岩性地震反演技术适用于各类复杂储层的地震预测，尤其适用于某一种或几种岩性参数具有明显差异的薄地层的研究，反演结果的精度较高。但是这一技术所涉及的反演算法的物理意义尚不是很清楚，对于多参数岩性的地质信息和地震反射信息之间的确切关系的研究还不够，影响了这一技术地推广和应用。工作区内钻孔越多越好，钻孔太少主组分分析的结果不具有普遍性，容易产生假象。

5.3.4　典型剖面

图 5-27 ~ 图 5-31 分别为 YZG 煤矿首采区三维地震反演得到的声波、泊松比、孔隙度、自然伽马、电阻率剖面图。结合对钻井曲线的分析，认为自然伽马曲线能够较好地反映煤层（gamma<40 为煤层），泊松比曲线也可以较好地反映煤层（泊松比>0.365 为煤层）。

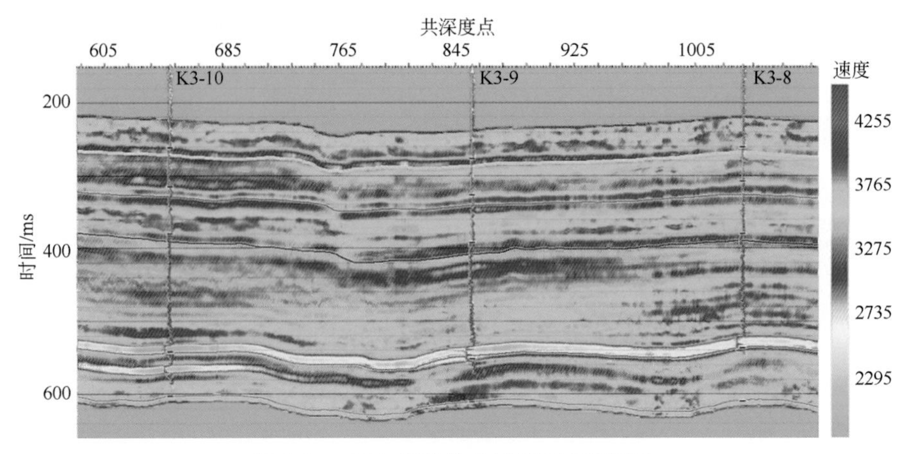

图 5-27　YZG 煤矿首采区反演声波剖面

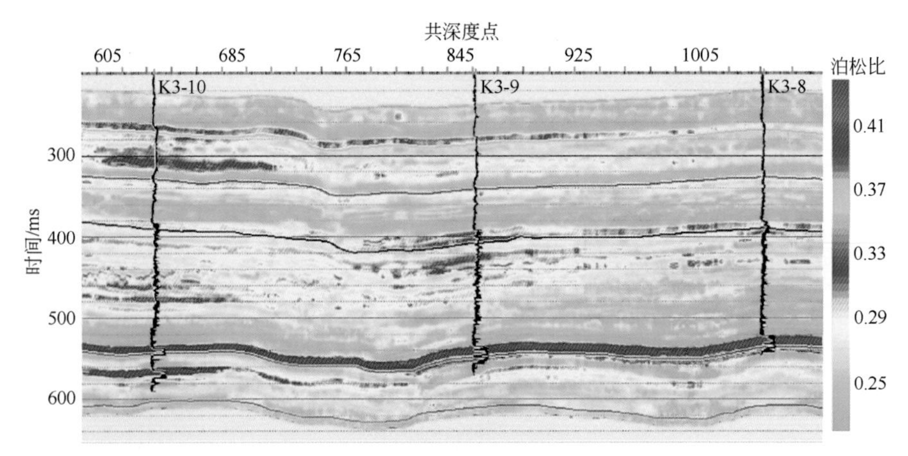

图 5-28　YZG 煤矿首采区反演泊松比剖面

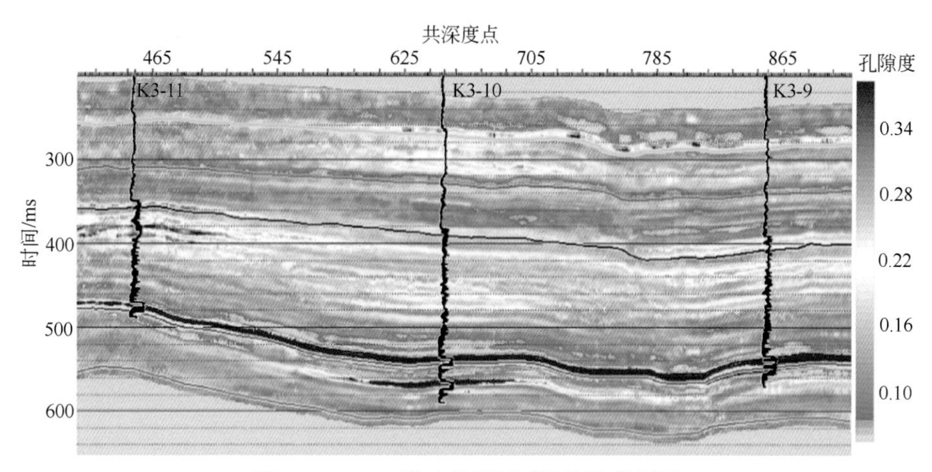

图 5-29　YZG 煤矿首采区反演孔隙度剖面

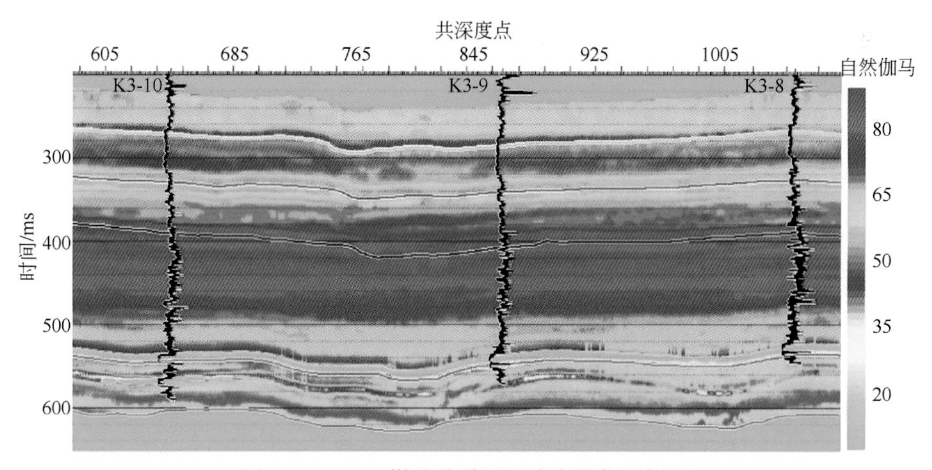

图 5-30　YZG 煤矿首采区反演自然伽马剖面

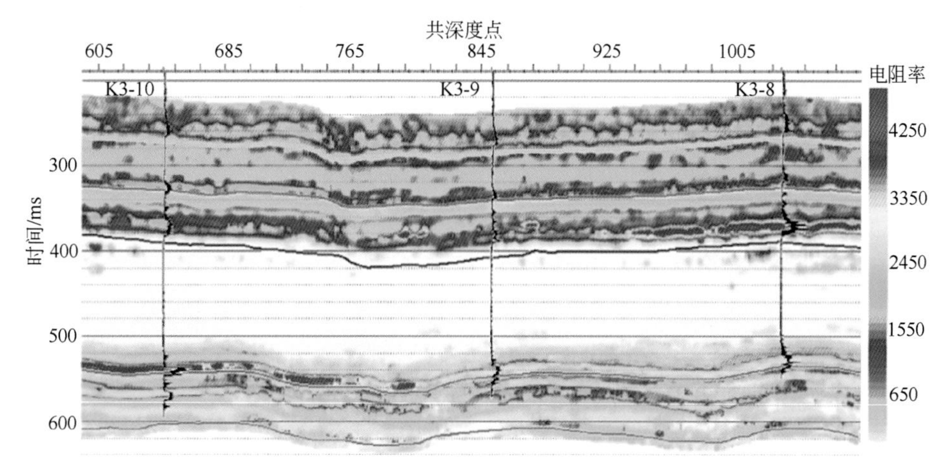

图 5-31　YZG 煤矿首采区反演电阻率剖面

5.3.5　效果

以黄土塬区 HJH 煤矿采区为例进行反演预测煤层厚度变化。通过对采区钻探揭示的煤层厚度和波阻抗反演剖面进行了相互对照及仔细分析，最终确定了一个合适的色谱进行整个工区内的主采煤层的描述。然后对波阻抗反演数据体的值选择合适的波阻抗门槛值进行滤波。

具体做法是①在波阻抗反演剖面上从钻孔点出发，根据地震合成记录标定结果，选择合适的波阻抗门槛值，计算煤层内每一道的样点数和时间厚度（图 5-32）；②利用工区钻井钻遇的各煤层的声波曲线计算煤层的平均速度；③用公式 $\Delta H=1/2\cdot\Delta t\cdot v$ 来计算，ΔH 为解释厚度，Δt 为砂体时间厚度，v 为砂体速度。

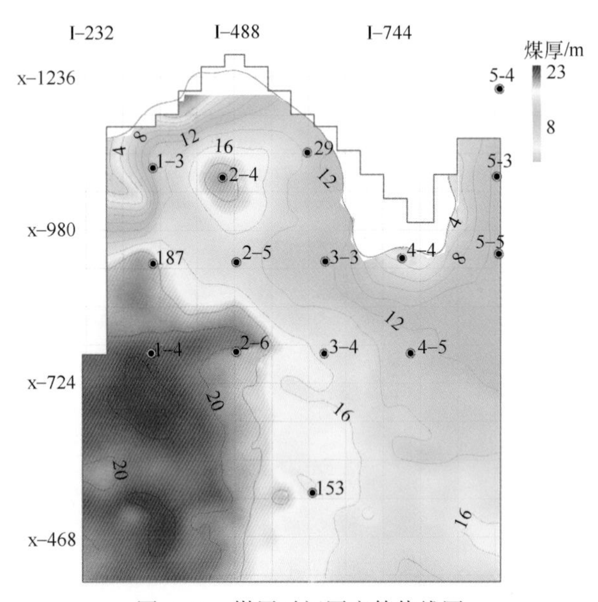

图 5-32　煤层时间厚度等值线图

由于反演剖面是用色标解释岩层，常常会产生系统误差，再加上时深转换中的速度影响解释厚度同钻井厚度存在一定的差异，有必要对解释厚度进行合理的校正。

具体做法是首先，统计出钻孔揭示的实际煤层厚度；然后，与解释厚度进行互相关计算，发现它们之间存在良好的相关性，因此，用钻井厚度作为解释厚度的空间平面约束指导变量，对工区煤层厚度进行计算，最后得到煤层的预测厚度（图 5-33）。

煤层厚度等值线图反映了煤层厚度变化的趋势，从图中可以看出该煤层厚度变化规律明显，总体上呈西南厚，东北薄的变化趋势。在北部边界由于古地层的抬升，造成煤层变薄缺失，其中煤层最薄处位于本勘探区的东北部，煤层厚度约 5m，最厚处位于本勘探区内 153 孔南部的西南部边界，煤层厚度达 30m。

比较根据钻孔数据计算出的煤层厚度（图 5-34）可以看出，工区煤层的厚度分布规律基本一致，两种不同方法预测的煤层厚度图中都可以清楚地看到工区煤层的厚度变化趋势，基于反演数据的煤厚预测在细节表现方面更为细致，特别是在工区南部钻孔较少的区域。

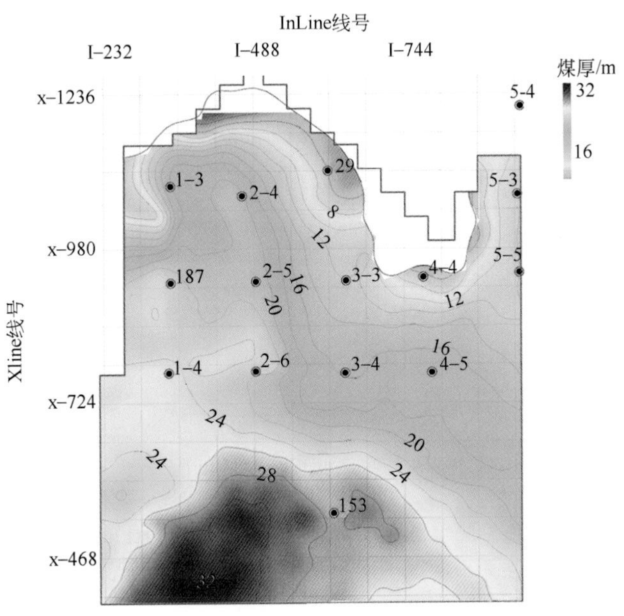

图5-33　反演预测煤层厚度等值线图

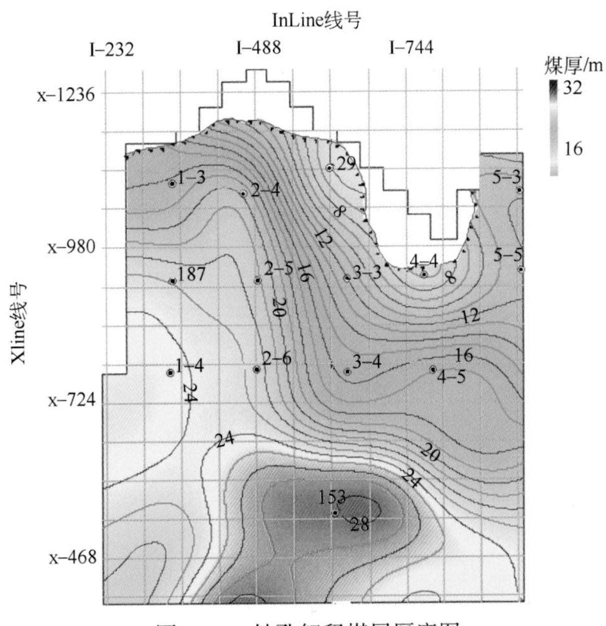

图5-34　钻孔解释煤层厚度图

HJH井田含煤4层，其中4煤层可采，研究区内煤层最厚达32m，属特厚煤层。在常规地震剖面上无法辨别煤层厚度的变化。煤层在煤系地层中波阻抗低值的特征明显，与围岩存在巨大的阻抗值差异，因此在波阻抗剖面上能够分辨出4煤层厚度的变化趋势，见图5-35。

表5-3为本区9个钻孔处4煤层的预测厚度与实际揭露厚度对比结果。通过表可以看出，4煤层预测的厚度与实际厚度基本吻合。

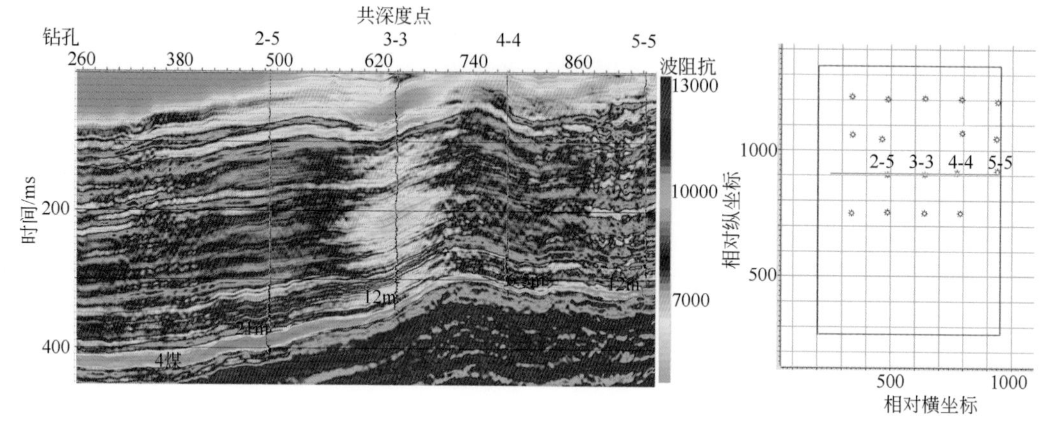

图 5-35　联井反演地震剖面

表 5-3　4 煤层实际厚度与预测厚度对比表

孔号	实际揭露厚度/m	预测厚度/m	绝对误差/m
D19	1.85	2.07	0.22
D13	10.04	10.12	0.08
D11	17.0	17.36	0.36
D12	13.42	11.96	1.46
D18	17.04	17.71	0.67
D24	17.48	17.25	0.23
D10	13.08	12.42	0.66
188	17.67	17.25	0.42
192	17.64	17.48	0.16

5.4　地震多属性预测煤层厚度

从 5.1.1 中已经看到，地震属性特征可以反映出煤层厚度的变化，问题在于影响地震属性描述煤层的厚度变化因素很多，预测成果一直都不是很理想，如何提高地震预测煤厚的精度，各地的物探工作者一直都在努力。地震属性虽然很多，但与煤层厚度有关的地震属性并不多，需根据该区的地震地质情况择优确定。

5.4.1　煤层厚度地震属性提取与分析[91]

孟召平等基于淮南矿区 XQ 煤矿西一采区 7 个钻孔和 28 个巷道点数据所揭示的钻孔点煤层厚度资料，用 Landmark 公司 Poststack 的 PAL 属性提取模块，沿煤层反射波开 20ms 时窗，共提取 28 种地震属性进行相关系数分析，其中振幅类属性 15 种，复地震道属性 5

种，频（能）谱统计类属性 8 种，见表 5-4。

表 5-4　煤层厚度与地震属性相关系数统计表[91]

地震属性	相关系数	地震属性	相关系数
绝对振幅总量	-0.201	平均反射强度	-0.244
均方根振幅	-0.287	平均瞬时频率	-0.306
平均绝对振幅	-0.201	平均瞬时相位	0.195
最大峰值振幅	-0.503	反射强度斜率	-0.062
最大谷值振幅	-0.308	瞬时频率斜率	-0.400
平均谷值振幅	-0.084	有效带宽	0.015
最大绝对振幅	-0.514	弧线长度	-0.201
平均能量	-0.287	平均零交叉点频率	-0.026
振幅总量	0.079	主频 f_1	0.054
能量总体	-0.287	主频 f_2	0.281
平均振幅	0.079	主频 f_3	0.103
振幅变化	-0.350	主频峰值	-0.019
振幅变化的不对称性	-0.051	主频峰值到最大频率的斜率	0.035
振幅的峰态	-0.403	平均峰值振幅	-0.340

1. 煤层厚度地震属性提取

为了从前述 28 种地震属性中选择出与煤层厚度有关且较密切的地震属性，选择中首先对井旁地震道的煤层厚度与提取的各种地震属性数据按式（5-11）进行归一化处理。

设样本数据为 x_p（$p=1, 2, \cdots, p$），并定义样本数据中的最大值 $x_{\max}=\max|x_p|$，样本数据中最小值 $x_{\min}=\min|x_p|$，有

$$\frac{x_p - x_{\min} + a}{x_{\max} - x_{\min} + a} \to x_p \tag{5-11}$$

按式（5-11）归一化处理计算，将样本数据转化为 0～1 的数据[91]，式中 a 为修正系数。

然后，根据归一化处理后的数据，按照式（5-12）计算煤层厚度与地震属性之间相关系数 r。

$$r = \frac{\sum_i (x_i - \bar{x})(y_i - \bar{y})}{\sqrt{\sum_i (x_i - \bar{x})^2}\sqrt{\sum_i (y_i - \bar{y})^2}} \tag{5-12}$$

式中，x_i 为第 i 个地震属性值；$\bar{x}$ 为地震属性平均值；y_i 为第 i 个煤层厚度值；$\bar{y}$ 为煤层厚度平均值。

选择与煤厚相关系数阶较大的属性，形成模型用的地震属性数据集。表 5-4 为淮南

XQ 煤矿钻孔煤厚资料三维地震属性之间的相关系数统计表。

从表 5-4 中可见：计算出的地震属性与煤厚相关系数，单个地震属性相关性最高仅为 0.281。

2. 地震属性优选

基于表 5-4 中的相关系数，从中优选相关系数大于−0.3 的 8 种地震属性进行优化，优化方法仍然是利用式（5-12）进行地震属性的互相关计算，结果见表 5-5，根据各地震属性间的相关系数，剔除相关系数较大的属性，优选 4 个有用属性做预测模型的基本参数。

表 5-5　地震属性之间的互相关分析[91]

属性	平均瞬时频率	平均峰值振幅	振幅的峰态	最大绝对振幅	最大峰值振幅	最大谷值振幅	瞬时频率斜率	振幅变化	煤厚
平均瞬时频率	1.000	−0.051	0.442	0.074	0.038	0.716	0.617	0.350	−0.306
平均峰值振幅	−0.051	1.000	0.660	0.744	0.754	0.318	0.100	0.749	−0.340
振幅的峰态	0.442	0.660	1.000	0.608	0.589	0.785	0.569	0.946	−0.403
最大绝对振幅	0.074	0.744	0.608	1.000	0.995	0.366	0.377	0.553	−0.514
最大峰值振幅	0.038	0.754	0.589	0.995	1.000	0.331	0.332	0.541	−0.503
最大谷值振幅	0.716	0.318	0.785	0.366	0.331	1.000	0.669	0.653	−0.308
瞬时频率斜率	0.617	0.100	0.569	0.377	0.332	0.669	1.000	0.403	−0.400
振幅变化	0.350	0.749	0.946	0.553	0.541	0.653	0.403	1.000	−0.350
煤厚	−0.306	−0.340	−0.403	−0.514	−0.503	−0.308	−0.400	−0.350	1.000

5.4.2　多元统计预测煤层厚度

假设有 P 个属性，建立煤厚与 P 个属性的 m 次多项式回归方程为

$$y = a_{00} + a_{11}x_1 + a_{12}x_1^2 + \cdots + a_{1m}x_1^m + a_{21}x_2 + a_{22}x_2^2 + \cdots + a_{2m}x_2^m + \cdots + a_{2m}x_2^m + \cdots + a_{p1}x_2 + a_{p2}x_2^2 + \cdots + a_{pm}x_p^m \tag{5-13}$$

式中，y 为预测煤厚；x_i（$i=1$，2，…，p）为不同地震属性的值；a_{ij}（$i=0$，1，…，p；$j=1$，2，…，n，n 为样本数）为回归系数。

根据研究区煤层实际观测点资料，以归一化后的地震属性集为基础，建立地震属性与煤厚之间的多元多项式回归模型。

1. 四元一次多项式回归模型

通过平均峰值振幅，振幅的峰态，最大绝对振幅和瞬时频率斜率属性与煤层厚度之间的相关分析，计算获得的四元一次多项式回归模型为

$$y = 8.0790 - 1.9102x_1 - 0.8189x_2 - 0.7723x_3 - 2.9346x_4 \tag{5-14}$$

式中，y 为预测煤厚值，单位：m；x_1 为平均峰值振幅；x_2 为振幅的峰态；x_3 为最大绝对振

幅；x_4 为瞬时频率斜率。

2. 四元二次多项式的回归模型

通过计算获得的四元二次多项式的回归模型为

$$y = -40.1827\,x_1 + 29.9812\,x_1^2 + 3.0684\,x_2 - 6.5302\,x_2^2 + 6702576\,x_3 \\ - 40.9466\,x_3^2 - 51.4177\,x_4 + 56.9763\,x_4^2 - 1.7485 \quad (5\text{-}15)$$

5.4.3 BP 人工神经网络预测煤层厚度

BP 神经网络模型具有自学习、自组织、强容错性、计算简单、并行处理速度快等优点，并且它在理论上可以任意逼近任何非线性映射，因此应用广泛。建立 BP 神经网络模型，首先选用 Sigmoid 函数作为网络中神经元的激发函数，对数值型学习样本及输出数据利用式（5-11）进行归一化处理，每个节点的输出值为 0～1。利用反向传播学习建立煤厚预测的神经网络模型，根据 5.4.1 节提到的研究区实际观测点资料，筛选出 35 个实测数据作为学习训练和测试样本，以钻孔点地震点属性作为学习样本，进行网络训练。

BP 网络是通过网络输出误差反馈来对网络参数进行修正，从而实现网络的非线性映射能力，Robet-Nielson 证明了一个隐含层的 3 层 BP 网络模型可以有效地逼近任意连续函数，即包含输入层、隐含层和输出层[92,93]。基于黄土塬区煤矿实际情况，建立的煤层厚度 BP 神经网络预测模型的网络结构如图 5-36 所示。模型采用 3 层网络结构，将优选的 4 种地震属性作为网络学习输入层的 4 个节点，网络的中间层为两个节点，其输出层为 1 个节点，建立煤层厚度 BP 神经网络预测模型。

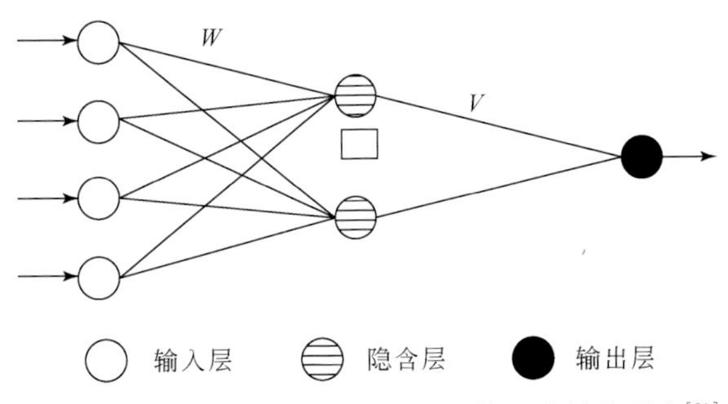

图 5-36 BP 神经网络煤层厚度预测模型的结构形态[91]

经过迭代，输入层与隐含层间的权系数 W 和隐含层与输出层间的权系数 V 为

$$W = \begin{bmatrix} -11.8379 & 23.1739 & 15.3692 & -22.6159 & -4.7556 \\ 13.6481 & -22.3774 & -10.6692 & 34.5491 & -5.5601 \end{bmatrix} \quad (5\text{-}16)$$

$$V = [-9.0616 \quad -8.9075 \quad 9.7173] \quad (5\text{-}17)$$

根据淮南 XQ 煤矿西一采区三维地震数据和钻孔煤层厚度数据，用上式对煤厚预测模型结果误差进行了分析计算，其结果表明，四元一次多项式回归模型的回归误差相对较

大；四元二次多项式的回归模型的回归误差次之；BP 神经网络预测模型回归误差相对较小，如表 5-6 所示。

表 5-6　淮南谢桥煤矿西一采区煤层厚度预测模型误差分析[91]

方法		神经网络预测			一次多项式回归			二次多项式回归		
井号	实际值/m	预测厚度/m	绝对误差	相对误差/%	预测厚度/m	绝对误差	相对误差/%	预测厚度/m	绝对误差	相对误差/%
D3	5.02	4.91	0.11	2.19	4.77	0.25	4.98	4.79	0.23	4.58
检 1	5.84	5.70	0.14	2.40	5.31	0.53	9.08	5.62	0.22	3.77
1703	3.84	4.2	0.36	9.38	4.4	0.56	14.58	5.5	1.66	43.23
H1	4	4.43	0.43	10.79	4.5	0.50	12.55	4.68	0.68	17.11

5.4.4　效果

黄土塬区 YZG 煤矿三维地震资料采用多属性进行煤厚预测，预测流程：①先进行属性提取和钻孔资料厚度分析，根据二者资料进行归一化处理和相关性分析；②进行属性优选，选择几种相关性较好的属性分别进行多项式回归分析和神经网络回归分析，进行煤厚预测；③对预测结果结合钻孔资料与巷道揭示情况进行结果分析。

YZG 煤矿主要煤层为 2 煤，研究区内煤层厚度为 0 ~ 15m。先对其进行属性提取（图 5-37，为 T2 波的各类属性），然后对其进行相关性分析，见图 5-38，其相关性最大约 0.59，最小约-0.07。

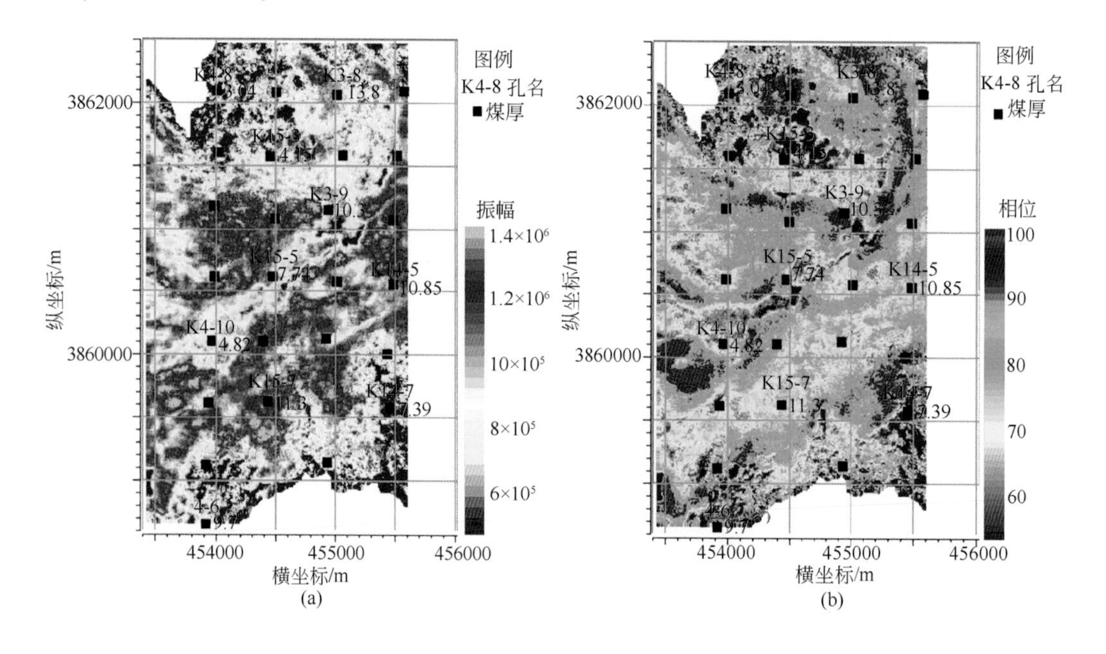

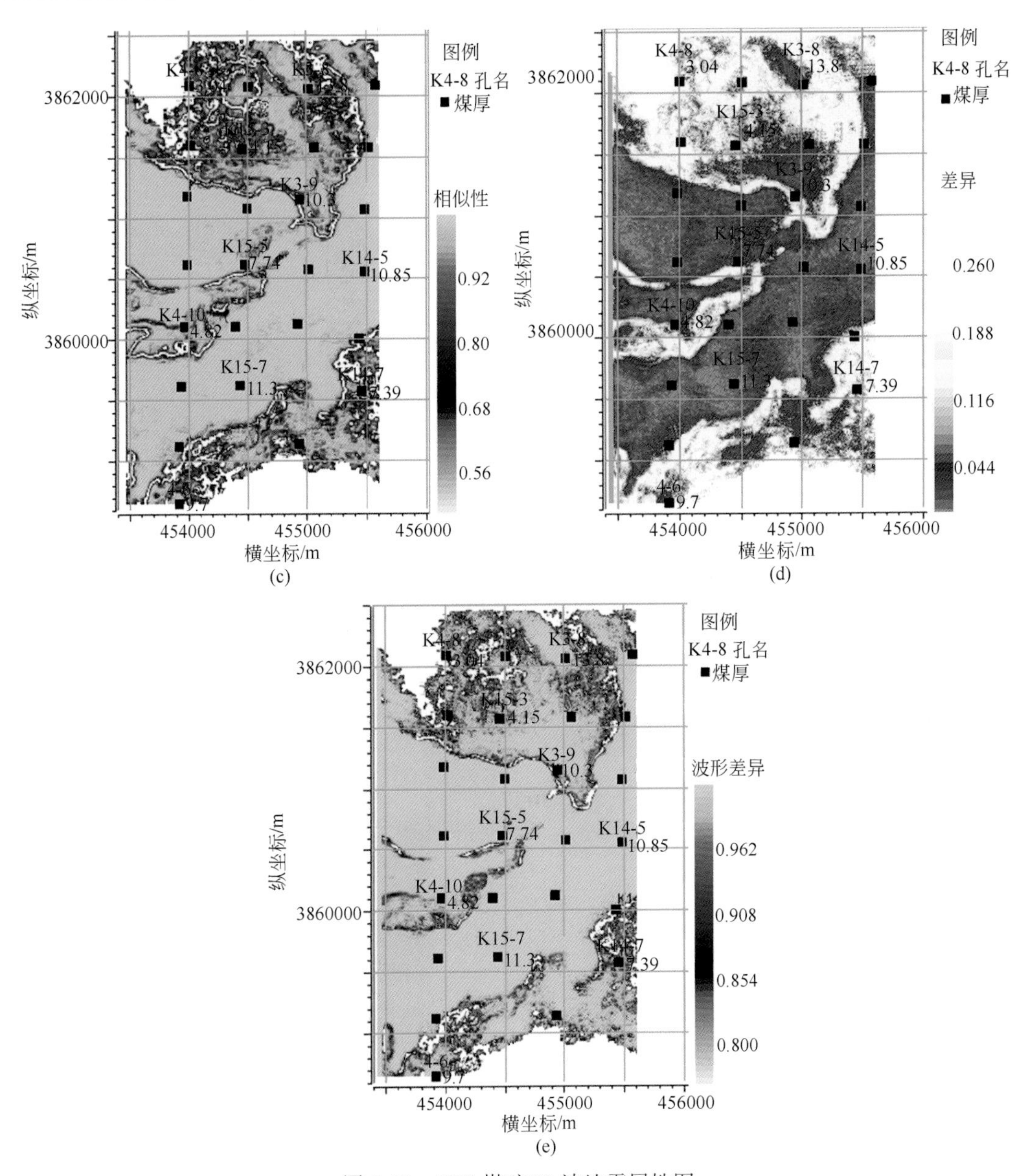

图5-37　YZG煤矿T2波地震属性图

（a）振幅属性；（b）相位属性；（c）相似属性；（d）简单差异；（e）波形差异

	Well data	Seismic data	Correlation
1	煤厚	waveformdiff	0.0100774
2	煤厚	simplediff	–0.0709144
3	煤厚	semblance	0.0746062
4	煤厚	seismic_phase	0.371146
5	煤厚	seismic_amp	0.411294
6	煤厚	impendace ·	–0.593976

图5-38　YZG煤矿地震属性与煤层厚度的相关性分析结果图示

对其进行多属性神经网络训练，其相关性最大可提高至 0. 94，优选其中相关性较好的 3 个属（相关系数大于 0. 3 的）对煤层厚度进行预测，预测效果好，见图 5-39。图中横轴表示实际煤厚，纵轴表示预测煤厚，红线表示预测值与实际值的相关性，红色线条呈 45°表示相关性较好。

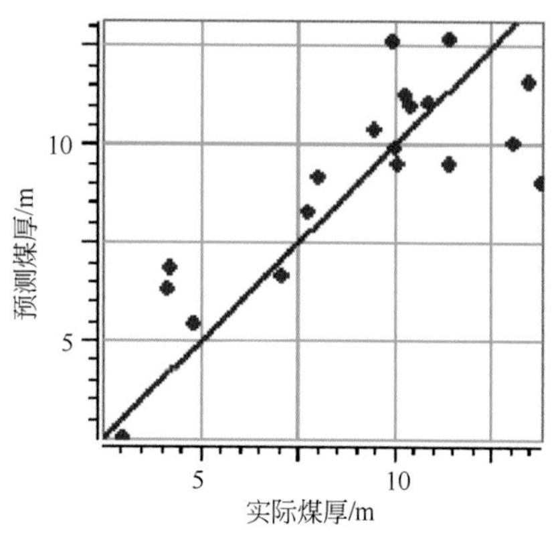

图 5-39　实际煤厚与预测煤厚交汇图

图 5-40 为选用相位属性、振幅属性及相似属性等几个相关性较好的属性进行多属性预测的结果。

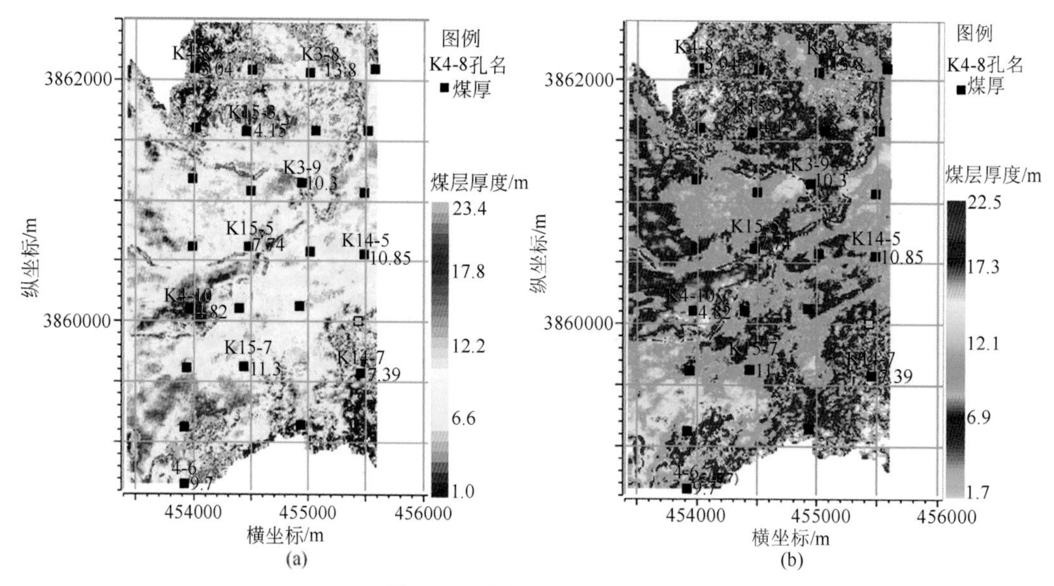

图 5-40　多属性预测煤厚图

（a）二次多项式回归预测；（b）神经网络预测

研究中共采用区内 26 个钻孔，除 K14-6 孔位于构造带精度不符外，其他钻孔预测精度均较高，见表 5-7。

表 5-7　黄土塬煤矿区 YZG 煤矿 2 号煤层厚度预测精度统计表

钻孔编号＼方法	实际煤厚/m	二次多项式预测			神经网络预测		
		预测厚度/m	绝对误差/m	相对误差/%	预测厚度/m	绝对误差/m	相对误差/%
4-3	9.99	9.8	−0.19	1.9	10.2	0.21	2.1
K15-4	10.4	10.6	0.2	1.92	10.3	−0.1	0.96
K8-10	9.3	9.1	−0.2	2.15	9.4	0.1	1.08
K14-7	7.39	7.15	−0.24	3.25	7.2	−0.19	2.57
K3-8	13.8	13.5	−0.3	2.17	13.96	0.16	1.16

第6章　煤层瓦斯富集带AVO预测

煤层瓦斯（煤矿瓦斯）是煤在地质历史时期变质过程中形成的，是生于煤层、储存于煤层或围岩的气体地质体。它的生成条件、赋存、运移规律、分布富集规律都受地质作用控制。煤层瓦斯以吸附气、游离气和溶解气三种形式赋存于煤层中。一般来说，煤层中大的孔隙、裂隙空间主体被水占据，水中含有一定量的溶解气，部分孔隙中存在游离气，而大部分瓦斯是以吸附相存在，约占80%以上。所以总的来说，瓦斯主要是以吸附状态赋存在孔隙、裂隙、割理内的表面上，其聚集量与吸附体的孔隙、裂隙、割理的表面积密切相关。实际上，只要有煤层就有瓦斯存在，只不过在某些地质条件下，煤矿瓦斯相对富集，富集带内外只有含气丰度的差别而不是有气和无气的差别。此外，多年来煤矿瓦斯防治地质工作实践证明，煤矿瓦斯富集带与地质构造关系密切，瓦斯的由下而上状态都受控于地质条件，矿区构造变形特征、复杂程度、断裂、褶皱类型及发育特征等，煤层结构破坏及构造煤发育程度等地质因素又影响到煤层瓦斯含量、矿井瓦斯涌出量和煤矿瓦斯突出的危险性。特别是构造煤问题，国内外大量观测研究表明，几乎所有发生煤矿瓦斯突出的煤层都发育有一定厚度的构造煤，构造煤不仅是地质构造运动的标志，也是典型的瓦斯突出地质体。许多学者认为，研究构造煤的分布对煤与瓦斯突出的研究具有重大意义。

构造煤是指煤层中分布的软弱分层，是煤层在构造应力作用下发生破碎或强烈的韧、塑性变形及流变迁移的产物[94,95]。构造煤在区域变质的基础上又叠加了动力变质作用。研究认为，瓦斯突出煤体构造煤的成因：一是挤压、剪切作用的产物；二是受构造控制，深层构造变形、断裂地带、推覆构造带等常是煤层瓦斯富集带，也是构造煤发育带；三是顺层断层和顺层滑动构造；四是挤压断层。构造煤又称变形煤或软煤，是指煤的原生结构、构造发生物理化学变化的煤，它的煤体结构特征在宏观上表现为碎裂结构、碎粒结构、糜棱结构三种类型。碎裂结构是指煤被密集的次生裂隙相互切成碎块，但碎块之间基本没有位移，煤层原生层理基本可见，时断时续，常位于原生结构与碎粒结构的过渡部位。碎粒结构是指煤层破碎成粒，主要粒级大于1mm，大部分粒级由于相互位移、摩擦失去棱角，煤层原生层理被破坏，层理破碎，裂隙较发育，煤层煤体主要是粒状。碎粒结构往往紧靠碎裂结构分布，常常距离煤层顶板或底板一定距离，也常常位于断裂带的中心部位。糜棱结构是指煤被破碎成很细的粉末，主要粒级小于1mm，煤层原生层理完全破坏，已看不到煤层原生层理的节理、滑移面、摩擦面，煤体呈透镜状，粉状、鳞片状，极易捻成粉末。突出煤层具有低的渗透率，它随煤体破碎程度的升高而降低，对于碎粒煤和糜棱煤因节理系统的破坏而被认为是低渗透煤层，不利于煤层气的开采，但它是煤与瓦斯突出的危险地质体[96,97]。

因此，在这一章中从AVO技术分析的理论基础入手，通过对AVO处理、正演模型等的讨论，从构造煤、裂隙带分布及AVO属性几个方面对煤层气富集带进行预测。

6.1　AVO分析的理论基础

6.1.1　AVO常用弹性系数

1. 常用AVO弹性参数[98,99]

胡克定律：物体在外力作用下发生变形，变形的大小与作用力大小及物体的物理性质有关系，即在一定的弹性极限内，物体在应力作用下，应力与应变成正比关系。在各向同性的弹性介质中，广义胡克定律中的36个弹性系数中常用来描述弹性特征的有以下5个弹性系数。

（1）杨氏模量（或弹性模量）E

它是反映岩石在外力作用下发生伸缩、剪切和体积变化的特征参数。固体介质对拉伸力的阻力愈大，弹性愈好，E 值愈大。其物理意义是使单位截面积的杆件伸长1倍的应力值。

其定义式是

$$E = \frac{F/S}{\Delta L/L} \tag{6-1}$$

式中，F/S 为纵向上施加于弹性体表面的应力；$\Delta L/L$ 为纵向上弹性体的应变量；E 反映的是弹性体抗拉伸或压缩的能力。

（2）泊松比 σ

它是反映岩性和含气性的重要参数，表示杆件受载荷作用的相对缩短量（伸长量）与它的截面尺寸相对增大量（缩小量）之比（图6-1）。σ 的绝对值为0～0.5。

σ 也可定义为：单向应力作用于弹性体表面时，弹性体在横向上的变形量 $\Delta\omega/\omega$ 与纵向上变形量 $\Delta L/L$ 的比值，其定义式为

$$\sigma = \frac{\Delta\omega/\omega}{\Delta L/L} \tag{6-2}$$

在实际应用中通常用纵横波速度比来描述泊松比，其表达式为

$$\sigma = \frac{(v_p/v_s)^2 - 2}{2[(v_p/v_s)^2 - 1]} \tag{6-3}$$

一般情况下，未固结砂土或岩石饱含流体（如地表风化层）时具有较高的泊松比，而坚硬的岩石或岩石饱含气体（如含气砂岩）时则具有较小的泊松比。另外从泊松比-纵横波速度比识别岩性图中（图6-2）可以看出，对于不同岩性的岩石，其纵横波速度比的变化范围几乎是相互叠置的，而泊松比范围却有较明显的差异，因此可以直接利用泊松比范

围来刻画岩石及其所含流体的性质。

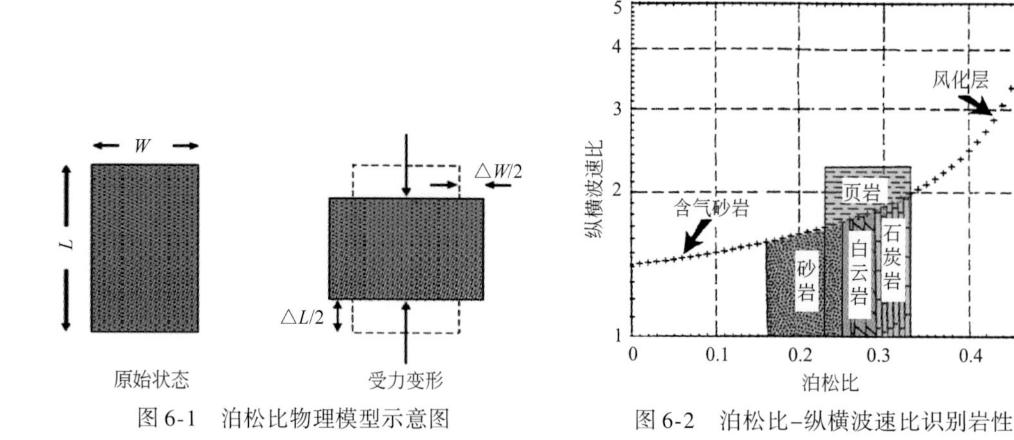

图 6-1　泊松比物理模型示意图　　图 6-2　泊松比-纵横波速比识别岩性

Gassmann 和 Biot 创建了流体饱和状态下岩石中波传播理论[100,101]，利用流体饱和状态下的体积模量和剪切模量来求取岩石的纵波速度 v_{p} 和横波速度 v_{S}，即

$$v_{\mathrm{p}} = \sqrt{\frac{K_{\mathrm{sat}} + \frac{4}{3}\mu_{\mathrm{sat}}}{\rho_{\mathrm{sat}}}} \quad v_s = \sqrt{\frac{\mu_{\mathrm{sat}}}{\rho_{\mathrm{sat}}}} \tag{6-4}$$

式中，K_{sat}、μ_{sat}和ρ_{sat}分别为流体饱和状态下岩石的等效体积模量、剪切模量和密度，其中等效密度通常利用体平均方程表示，即

$$\rho_{\mathrm{sat}} = \rho_{\mathrm{m}}(1-\phi) + \rho_{\mathrm{w}} S_{\mathrm{w}}\phi + \rho_{\mathrm{hc}}(1-S_{\mathrm{w}})\Phi \tag{6-5}$$

式中，Φ 为岩石的孔隙度；S_{w}为岩石的含水饱和度；ρ_{m}、ρ_{w}和ρ_{hc}分别为岩石的骨架密度、岩石中包含水的密度和包含烃类的密度。

（3）切变模量（或横波模量）μ

它是切应力与切应变的比，是阻止剪切应变的一个度量。流体无剪切模量时，即$\mu=0$。

（4）体积模量 K

它表示物体的抗压缩性质，说明岩石的耐压程度。流体静压力（弹性体表面各方向受均匀作用的力）作用于弹性体上时，弹性体所产生的体积相对变化量，具体表现为弹性体的抗压缩性，其定义式是

$$K = \frac{P}{\Delta v / v} \tag{6-6}$$

式中，P 为作用于弹性体表面的流体静压力；$\Delta v/v$ 为弹性体的体积相对变化。

（5）λ（常把 λ 、μ 称为拉梅系数）

如图 6-3 所示，该参数没有确切的物理含义，它是阻止横向压缩所需的拉应力的一个度量。阻止横向压缩的拉应力愈大，λ 值也愈大。

$$\lambda = K - \frac{2}{3}\mu \tag{6-7}$$

式中，K 为弹性体的体积模量；μ 为弹性体的剪切模量。

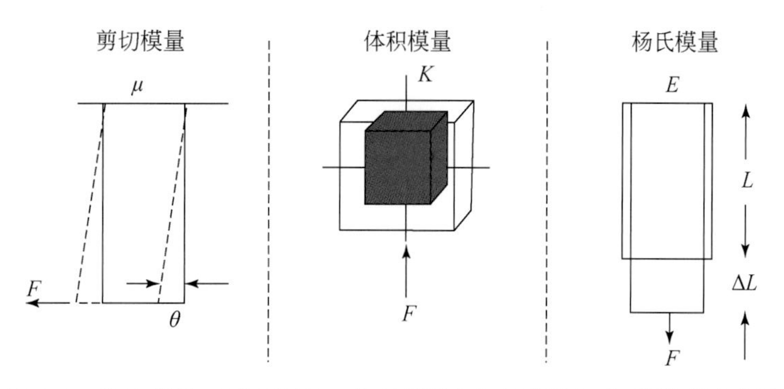

图6-3　弹性模量（剪切模量、体积模量和杨氏模量）物理模型示意图

以上5个系数是分辨岩性的基本参数。其中杨氏模量E和泊松比σ是岩石常用的弹性指标。它们中只有两个是独立的，即知道了其中的任意两个，其余3个就可以按公式推算出来。在实用上常选用拉梅系数λ、μ，有时也选用E、σ，它们之间常用的关系式为

$$\begin{cases} E = \dfrac{\mu(3\lambda + 2\mu)}{\lambda + \mu} \\ \sigma = \dfrac{\lambda}{2(\lambda + \mu)} \\ K = \lambda + \dfrac{2}{3}\mu \end{cases} \tag{6-8}$$

$$\begin{cases} \lambda = \dfrac{\boldsymbol{E}\sigma}{(1 + \sigma)(1 - 2\sigma)} \\ \mu = \dfrac{\boldsymbol{E}}{2(1 + \sigma)} \\ K = \dfrac{\boldsymbol{E}}{3(1 - 2\sigma)} \end{cases} \tag{6-9}$$

各向异性介质的弹性系数较多，通常有21个。

2. 纵横波速度和弹性系数的关系

$$\text{纵波速度 } v_p = \sqrt{\frac{\lambda + 2\mu}{\rho}} = \sqrt{\frac{\boldsymbol{E}(1 - \sigma)}{\rho(1 + \sigma)(1 - 2\sigma)}} \tag{6-10}$$

$$\text{横波速度 } v_s = \sqrt{\frac{\mu}{\rho}} = \sqrt{\frac{\boldsymbol{E}}{2\rho(1 + \sigma)}} \tag{6-11}$$

由于λ、μ和ρ都是正数，对比式（6-10）和式（6-11），显然有$v_p > v_s$。在流体介质中，$\mu = 0$，则横波传播速度为零，横波的传播不受岩石在孔隙中填充的流体影响。将式（6-10）和式（6-11）相除得

$$\frac{v_p}{v_s} = \sqrt{\frac{2(1 - \sigma)}{1 - 2\sigma}} \tag{6-12}$$

如果v_p、v_s为已知时，可由上式（6-12）解得

$$\sigma = \frac{0.5\ (v_p / v_s)^2 - 1}{(v_p / v_s)^2 - 1} \tag{6-13}$$

根据方程组（6-8）的第二式：

$$\sigma = \frac{\lambda}{2(\lambda + \mu)}$$

可知当 $\lambda=0$ 时，$\sigma=0$；当介质为流体时，即 $\mu=0$ 时，$\sigma=0.5$ 为最大值。因此，泊松比 σ 在［0，0.5］内。当岩石（煤）越坚硬，σ 越小，岩石（煤）越疏松，σ 越大，尤其是压裂破碎和含流体后的岩石，泊松比明显增高。对于大多数弹性介质而言，σ 取值 0.25，并将该值代入式（6-12）可得，$\frac{v_p}{v_s} = \sqrt{3} \approx 2$，所以人们常说纵波速度约为横波速度的两倍。当 σ 最小取零时，$\frac{v_p}{v_s} = \sqrt{2}$，即纵波速度比横波速度最小也要大 $\sqrt{2}$ 倍，说明纵波速度永远大于横波速度。因此在远离震源处，必然纵波先到。

若已知速度和密度，则 5 个常用的弹性系数可表示为

（1）杨氏模量

$$E = \rho\, \frac{3\, v_p^2 - 4v_s^2}{(v_p / v_s)^2 - 1} \tag{6-14}$$

（2）泊松比

$$\sigma = \frac{0.5\ (v_p / v_s)^2 - 1}{(v_p / v_s)^2 - 1} \tag{6-15}$$

（3）切变模量

$$\mu = \rho\, v_s^2 \tag{6-16}$$

（4）体积模量

$$K = \rho\left(v_p^2 - \frac{4}{3}\, v_s^2\right) \tag{6-17}$$

（5）拉梅系数

$$\lambda = \rho(v_p^2 - 2\, v_s^2) \tag{6-18}$$

6.1.2　Zoeppritz 方程

假设在弹性分界面 R 的两侧介质 w_1 和 w_2 中，拉梅系数和密度分别为

$$w_1:\ \lambda_1,\ \mu_1,\ v_{P1},\ v_{S1}$$

$$w_2:\ \lambda_2,\ \mu_2,\ \rho_2,\ v_{P2},\ v_{S2}$$

则在介质 w_1 和 w_2 中，如图 6-4 所示，分别存在着四种不同的波传播速度，它们分别是

$$w_1:\ v_{p_1} = \sqrt{\frac{\lambda_1 + 2\mu_1}{\rho_1}},\ v_{s_1} = \sqrt{\frac{\mu_1}{\rho_1}} \tag{6-19}$$

$$w_2:\ v_{p_2} = \sqrt{\frac{\lambda_2 + 2\mu_2}{\rho_2}},\ v_{s_2} = \sqrt{\frac{\mu_2}{\rho_2}} \tag{6-20}$$

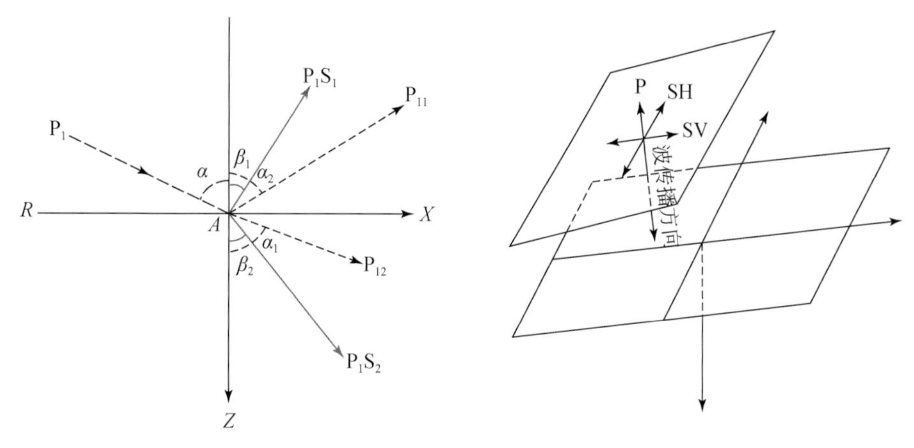

图6-4　波遇到界面时产生转换波示意图

从图6-4中可见，当介质 w_1 的纵波 P_1 入射到界面 R 上的 A 点时，在 A 点处分裂为两个反射波，即反射波 P_{11} 和反射横波 P_1S_1，以及两个透射波，即透射纵波 P_{12} 和透射横波 P_1S_2，换句话说，包括入射纵波 P_1 在内，在边界上的 A 点处总共有五个波动，其中两个是同入射纵波 P_1 波型相同的反射纵波 P_{11} 和透射纵波 P_{12}，称为同类波，此外还有两个同入射波波型不同的反射横波 P_1S_1 和透射横波 P_1S_2，称为转换波。

用位移振幅表示的反射系数和透射系数方程，称为佐普利兹（Zoeppritz）方程(6-21)，即

$$\begin{bmatrix} \sin\alpha & \cos\beta_1 & -\sin\alpha_2 & \cos\beta_2 \\ \cos\alpha & -\sin\beta_1 & \cos\alpha_2 & \sin\beta_2 \\ \sin2\alpha & \dfrac{v_{P_1}}{v_{S_1}}\cos2\beta_1 & \dfrac{v_{P_1}}{v_{P_2}}\dfrac{v_{S_2}^2}{v_{S_1}^2}\dfrac{\rho_2}{\rho_1}\sin2\alpha_2 & -\dfrac{\rho_2}{\rho_1}\dfrac{v_{P_1}}{v_{S_1}}\cos2\beta_2 \\ -\cos2\beta_1 & \dfrac{v_{S_1}}{v_{P_1}}\sin2\beta_1 & \dfrac{\rho_2}{\rho_1}\dfrac{v_{P_2}}{v_{P_1}}\cos2\beta_2 & \dfrac{\rho_2}{\rho_1}\dfrac{v_{S_2}}{v_{P_1}}\sin2\beta_2 \end{bmatrix} \begin{bmatrix} R_{PP} \\ R_{PS} \\ T_{PP} \\ T_{PS} \end{bmatrix} = \begin{bmatrix} -\sin\alpha \\ \cos\alpha \\ \sin2\alpha \\ \cos2\beta_1 \end{bmatrix} \tag{6-21}$$

特别地，在各向同性的水平层状介质的条件下，当地震波垂直入射到界面上时，即 $\alpha=\alpha_1=\alpha_2=\beta_1=\beta_2=0°$，如果已知波的入射角和反射系数及透射系数，则可借助于方程组（6-21）来推断介质的物性参数。基于这一原理，在20世纪80年代发展了一种依据反射振幅随偏移距变化关系来进行气藏检测的方法，称为AVO技术。佐普利兹方程是AVO技术的理论基础。

这里介绍几种常见的或目前较流行的纵波反射系数的近似简化方程[102-107]

1. Bortfeld（1961）近似方程

他用一种物理方法来简化精确纵波的反射和透射。

$$R_p(\alpha) \approx \frac{1}{2}\ln\frac{v_{P_2}\rho_2\cos\alpha}{v_{P_1}\rho_1\cos\alpha_2} + \left(\frac{\sin\alpha}{v_{P_1}}\right)^2(v_{S_1}^2 - v_{S_2}^2)\left[2 + \frac{\ln\frac{\rho_2}{\rho_1}}{\ln\frac{v_{P_2}}{v_{P_1}} - \ln\frac{v_{P_2}v_{S_2}}{v_{P_1}v_{S_1}}}\right] \tag{6-22}$$

式中，α 、α_2 分别为入射角和透射角。

2. Hiltrman（1983）修改了上式并得到近似方程

$$R_p(\alpha) \approx \frac{v_{p_2}\rho_2\cos\alpha - v_{p_1}\rho_1\cos\alpha_2}{v_{p_2}\rho_2\cos\alpha + v_{p_1}\rho_1\cos\alpha_2} + \left(\frac{\sin\alpha}{v_{p_1}}\right)^2(v_{s_1} + v_{s_2})\left[3(v_{s_1} - v_{s_2}) + 2\left(\frac{v_{s_2}\rho_2 - v_{s_1}\rho_1}{\rho_2 + \rho_1}\right)\right] \tag{6-23}$$

式（6-23）第一项只含有纵波速度和密度，不含横波速度；显然当法线入射时，其结果为反射系数公式，即反射振幅完全由波阻抗决定。第二项含纵、横波速度和密度。

如果两层介质密度完全相同，即 $\rho_1 = \rho_2$ ，则式（6-23）简化成：

$$R_p(\alpha) \approx \frac{v_{P_2}\cos\alpha - v_{P_1}\cos\alpha_2}{v_{P_2}\cos\alpha + v_{P_1}\cos\alpha_2} + 2\left(\frac{\sin\alpha}{v_{P_1}}\right)^2(v_{S_1}^2 - v_{S_2}^2) \tag{6-24}$$

3. Aki 和 Richards（1980）的近似方程

在大多数情况下，认为相邻两层介质的弹性参数变化较小，即 $\Delta v_p/v_p$、$\Delta v_s/v_s$、$\Delta\rho/\rho$、$\Delta v_p/v_p$、$\Delta v_s/v_s$、$\Delta\rho/\rho$ 和其他值相比为小值，所以可略去它们的高阶项。则其纵波的反射系数表达成纵波速、横波速和密度的关系为

$$R_p(\alpha') \approx \frac{1}{2}\left(1 - 4\frac{v_s^2}{v_p^2}\sin^2\alpha'\right)\frac{\Delta\rho}{\rho} + \frac{\sec^2\alpha'}{2}\frac{\Delta v_p}{v_P} - 4\frac{v_s^2}{v_p^2}\sin^2\alpha'\frac{\Delta v_s}{v_s} \tag{6-25}$$

式中，v_p、v_s 和 ρ 分别为反射界面两侧介质的纵、横波速度和密度的平均值。对其按照入射角的大、中、小排序，并 $\sec^2\alpha' = 1 + \tan^2\alpha'$ ，经重新整理后（6-25）式变为

$$R_p(\alpha') \approx \frac{1}{2}\left(\frac{\Delta v_p}{v_p} + \frac{\Delta p}{p}\right) + \left(\frac{1}{2}\frac{\Delta v_p}{v_p} - 4\frac{v_s^2\Delta v_s}{v_p^2 v_s} - 2\frac{v_s^2\Delta\rho}{v_p^2\rho}\right)\sin^2\alpha' + \frac{1}{2}\frac{\Delta v_p}{v_p}(\tan^2\alpha' - \sin^2\alpha') \tag{6-26}$$

令

$$P = \frac{1}{2}\left(\frac{\Delta v_P}{v_P} + \frac{\Delta\rho}{\rho}\right) \tag{6-27}$$

$$G = \frac{1}{2}\frac{\Delta v_P}{v_P} - 4\frac{v_S^2}{v_P^2}\frac{\Delta v_S}{v_S} - 2\frac{v_S^2}{v_P^2}\frac{\Delta\rho}{\rho} \tag{6-28}$$

$$C = \frac{1}{2}\frac{\Delta v_P}{v_P} \tag{6-29}$$

此时式（6-26）可写成：

$$R_P(\alpha) \approx P + G\sin^2\alpha + C(\tan^2\alpha - \sin^2\alpha) \tag{6-30}$$

式（6-28）是 $\sin^2\alpha'$ 的线性方程，其中 P 是由零炮检距截距 P 构成的地震道，即 P 波叠加的道，它代表对反射界面两侧的波阻抗变化的响应。另一个由其斜率 G 构成的地震道，称为梯度叠加道，它代表对横波速度、纵波速度和体密度变化的响应，也是振幅随入射角（或炮检距）的变化率。C 代表纵波速度的相对差异。该式称为 Aki 和 Richards 三分量近似方程。

4. Shuey（1985）近似方程

$$R_p(\alpha) \approx R_0 + \left[A_0 R_0 + \frac{\Delta\sigma}{(1-\sigma)^2}\right]\sin^2\alpha + \frac{1}{2}\frac{\Delta v_p}{v_p}(\tan^2\alpha - \sin^2\alpha) \tag{6-31}$$

其中

$$R_0 = \frac{1}{2}\left(\frac{\Delta v_p}{v_p} + \frac{\Delta\rho}{\rho}\right)$$

$$A_0 = B - 2(1+B)(1-2\sigma)/(1-\sigma)$$

$$B = \left(\frac{\Delta v_P}{v_P}\right)\Big/\left(\frac{\Delta v_P}{v_P} + \frac{\Delta\rho}{\rho}\right)$$

σ 和 $\Delta\sigma$ 分别是反射界面两侧的平均泊松比，即 $\sigma = (\sigma_1 + \sigma_2)/2$；界面两侧泊松比之差，即 $\Delta\sigma = \sigma_2 - \sigma_1$。当入射角小于30°时，因为 $\tan^2\alpha - \sin^2\alpha < 0.083$，$\frac{\Delta v_p}{v_p}$ 也比较小时，可以忽略掉该项，Shuey 方程可以简化为

$$R_p(\alpha) \approx P + G\sin^2\alpha \tag{6-32}$$

当 P、G 都为正数时，R_p（α）与 $\sin^2\alpha$ 呈线性相关（图 6-5），说明在上下两层介质的波阻抗一定时，泊松比差 $\Delta\sigma$ 对反射振幅随入射角的变化影响很大，$\Delta\sigma$ 越大振幅随入射角的变化越大。在一定条件下，当砂岩中充气时，砂岩泊松比明显下降，从而导致上、下介质的泊松比的差量增加。泊松比对地层岩性及所含流体是一个反应灵敏的参数。1976 年

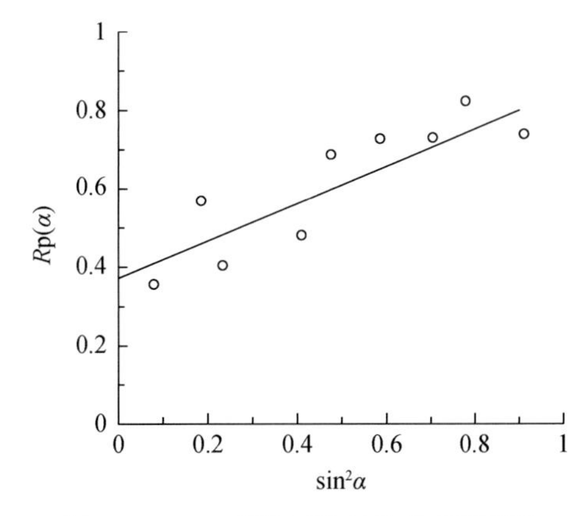

图 6-5　P、G 都为正数时的关系示意图

A. R. Gregorg 发现当孔隙度达到25%时，含水饱和的沉积储层的泊松比和含气饱和的泊松比差异非常明显，所以可利用泊松比参数的这种特性判别流体的性质；又因不同岩性有不同的泊松比，所以还可预测岩性。煤层结构因受到构造破坏而形成的构造煤泊松比明显增高。

5. 郑晓东（1991）近似方程

$$R_{\mathrm{p}}(\alpha) = R_0 + R_2 \sin^2\alpha + R_4 \sin^4\alpha \tag{6-33}$$

其中

$$R_0 = \frac{1}{2}\left(\frac{\Delta v_{\mathrm{p}}}{v_{\mathrm{p}}} + \frac{\Delta\rho}{\rho}\right)$$

$$R_2 = \frac{1}{2}\frac{\Delta v_{\mathrm{p}}}{v_{\mathrm{p}}} - 2\frac{v_{\mathrm{s}}^2}{v_{\mathrm{p}}^2}\frac{\Delta\rho}{\rho} - 4\frac{v_{\mathrm{s}}^2}{v_{\mathrm{p}}^2}\frac{\Delta v_{\mathrm{s}}}{v_{\mathrm{s}}}$$

$$R_4 = \frac{1}{2}\frac{\Delta v_{\mathrm{p}}}{v_{\mathrm{p}}}$$

略去高次项，只取前3项。可反演得到计算纵波速度的递推公式，可递推求得横波速度剖面和密度剖面。所以通过 AVO 抛物线拟合法，可求得地层的纵横波速度和密度的相对值。

6.1.3　AVO 分析的岩石物基础

煤层气 AVO（Amplitude Versus Offset）技术是从天然气 AVO 技术发展而来的，但是，煤层气 AVO 技术的岩石物理基础完全不同于天然气 AVO 技术的岩石物理基础，因为煤层气主要以吸附态赋存在煤层中，而常规天然气则以自由态赋存在砂岩等储层中。二者的相同点在于它们都使用叠前地震资料振幅随偏移距的变化，而煤层 AVO 技术的独特点在于煤层气赋存的四个特征：双相赋存、双相孔隙、双相运移、双向流动。陈信平等指出中、高阶煤层气储层含气量与储层弹性参数之间呈负相关。

为了证明这些负相关关系可以作为煤层气 AVO 技术的岩石物理基础，以某矿区的岩石物理研究成果为例，证明如下。

1. 建立一个理论地质模型[106]

根据对某矿区 A3 煤煤层气储层及其围岩的纵、横波速度及围岩密度的统计分析成果，可以建立如下三层的理论地质模型，见表 6-1。

表 6-1　AVO 响应地质模型参数简表

岩性	v_{p}/(m/s)	v_{s}/(m/s)	ρ/(g/cm^3)
顶板泥岩	3995	2048	2.55
煤层	2650	1510	1.41
底板泥岩	3995	2048	2.55

表中煤层顶板和底板的弹性参数相同，是一个顶、底板反射界面对称的地质模型。资料来自多个钻孔的测井资料统计得出的，在建立模型时，只使用了泥岩的弹性参数。

2. 应用煤层气储层含气量与弹性参数之间的负相关关系

根据已知矿区 A3 煤层含气量与密度、纵波速度、横波速度之间的关系。尽管拟合这些关系式时使用的样点数量有限及 R 平方值表明的拟合程度较低，换算获得的参数不能够替代实验室测定的数据，但其得到的含气量与弹性参数之间的关系是可靠的。

3. 预测煤层气储层弹性参数随含气量的变化

假设 V_{gas}之值从 $20m^3/t$ 变化到 $0m^3/t$，根据上述推导关系式可以预测相应的密度、纵波速度、横波速度符合负相关关系，如表 6-2 所示。

表 6-2　根据含量气量预测煤层气储层弹性参数变化

含气量/(m^3/t)	v_p/(m/s)	v_s/(m/s)	ρ/(g/cm^3)
20	2215	1352	1.32
15	2435	1432	1.37
10	2654	1513	1.41
5	2873	1594	1.46
0	3093	1675	1.51

4. 引用 Shuey 的 AVO 二项近似式

根据 Shuey 的推演，见式（6-29），在保持入射角远小于临界角的前提下，Shuey 的 AVO 二项近似式适用于表 6-1 表述的地质模型。

5. 煤层气 AVO 异常作为探测煤层气富集的指示因子

按照表 6-1 给出的地质模型参数，将煤层的弹性参数修改为如表 6-2 所示的根据含气量变化预测的煤层气储层的弹性参数，构成多个地质模型；将这些地质模型的参数分别代入（6-29）中截距与梯度的计算式，得到图 6-6。图 6-6（a）展示了煤层气储层顶板反射界面的情况。当 $V_{gas}=0m^3/t$ 时，顶板反射界面的截距等于−0.383，梯度等于 0.376；当 $V_{gas}=20m^3/t$ 时，截距变为−0.603（绝对值增大），梯度增大至 0.583。随着含气量的增大，梯度增大了，截距的绝对值也增大了。对于煤层气储层，强 AVO 异常指示含气量大的部位。因此，含气量与储层弹性参数之间的负相关关系使得截距和梯度具有作为碳氢检测因子的能力。图 6-6（b）展示了煤层气储层底板反射界面的情况。由于地质模型顶、底板反射界面的弹性特征是对称的，所以，当入射角远小于临界角时，底板反射界面的截距、梯度与顶板反射界面的截距、梯度，基本上是分别对称的。当含气量增大时，底板反射界面的截距增大，梯度的绝对值也增大。底板反射界面的截距和梯度异常情况，同顶板反射界面的截距和梯度的异常一样，也具有指示煤层气富集的能力。

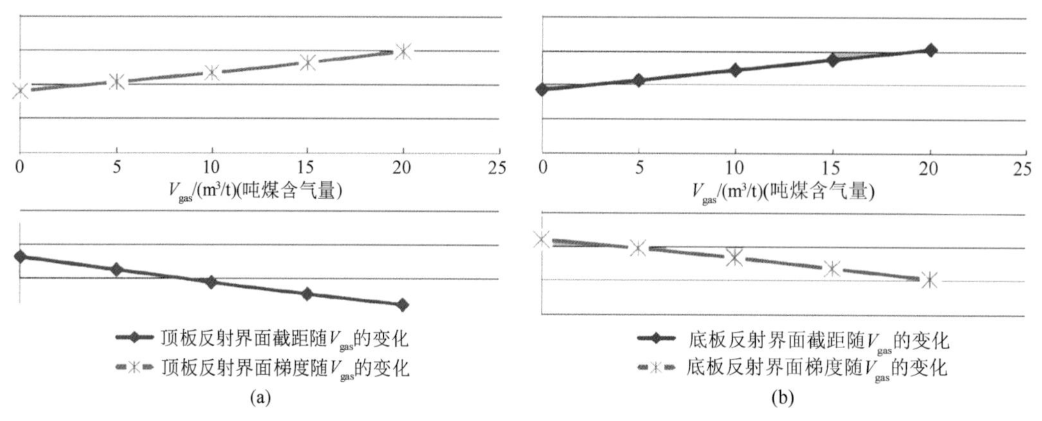

图 6-6　煤层顶底板反射界面截距与梯度与含气量的关系图

（a）煤层顶板反射界面截距与梯度的绝对值与含气量的关系；

（b）煤层底板反射界面截距与梯度的绝对值与含气量的关系

基于在该矿区的模型研究证明，当储层的煤层含气量增加时，煤层顶板和底板的截距和梯度的绝对值都是增大的，可以按照这一基本原则解释该勘探区煤层气储层的 AVO 异常。

6.1.4　煤层气 AVO 技术的地震波理论基础

1. 天然气 AVO 技术与煤层气 AVO 技术的差异

天然气 AVO 技术地震波理论的基础“外壳”指的是 Zoeppritz 方程组和 Shuey 的 Zeoppritz 方程组纵波反射系数三项近似式，以及这些近似式的系数 A、B、C 的不同形式的数学表达式等。Zoeppritz 方程组描述了平面纵波入射到无限大水平反射界面时，各种反射和透射波型之间及波型与反射界面两侧介质的弹性参数、入射角之间的关系。天然气 AVO 技术假设了储层顶板、底板反射界面是无限大水平反射界面，因而能够将 Zeppritz 方程组作为其地震波理论基础最底层的基石。煤层气 AVO 技术没有改变天然气 AVO 技术的这一假设，因此，Zoeppritz 方程组也是煤层气 AVO 技术地震波理论基础最底层的基石。Zoeppritz 方程组的各种近似式，从 Koefoed 到 Aki 和 Richards，再到 Shuey，他们在推导各自的近似式时，增加的假设条件仅仅是：反射界面两侧介质的弹性参数相对变化比较小。对于什么样的“弹性参数相对变化”属于“比较小”，这些近似式的推导者都语焉不详。主要因为：①增加“弹性参数相对变化比较小”这一假设条件的目的是为了保证近似式有足够大的精度。②近似式的误差随入射角增大而增大。③近似式的误差与反射界面两侧介质的弹性参数特征有关，特别是，当入射介质是高速介质而反射介质是低速介质时，近似式的误差随入射角增大而增大的变化率小，只有当入射角相当大时，近似式才有显著的误差，因此，即使入射介质与反射介质的弹性参数差别较大，近似式仍然可以被使用；相反，当入射介质是低速介质而反射介质是高速介质时，只要入射角接近或大于临界角，近似式的误差会变大，就将使近似式完全不适用了。④使用者的目的不同，对近似式精度的要求不同，对适用近似式的入射角范围要求也可能不同，这导致对反射界面两侧弹性参数相对变化的容忍程度不同。因此，他们语焉不详的目的是将决定权留给了近似式的使用者。使用者根据使用目的确定对近似式精度的要求、对入射角范围的限制，决定一个近似式是否能够被使用。煤层气储层与围岩的反射界面通常是强反射界面，因为煤层与围岩的波阻抗相对变化大，甚至可能大于50%。但是，煤层反射界面的波阻抗是由密度和速度共同决定的，煤层与围岩的密度相对变化通常在25%～50%，煤层与围岩的纵波速度相对变化通常在15%～35%。对于煤层与围岩的反射界面，波阻抗相对变化的决定性因素是密度差，而近似式精度的决定性因素是速度。再者，煤层顶板反射界面是不可能发生临界反射的。因此，Shuey的Zeoppritz方程组纵波反射系数二项近似式和三项近似式适用于煤层顶板反射界面，能够保证在AVO技术需要的入射角范围（0°～35°）内的近似式有足够的精度。对于煤层底板反射界面，只有入射角充分小于临界角时，近似式才有可以被容忍的误差。虽然煤层底板反射界面的临界角通常小于其他地层反射界面的临界角，但是，满足只要入射角充分小于临界角这一条件时，近似式的精度则会相差无几。因此，在入射角充分小于临界角的条件下，Shuey的二项近似式和三项近似式也适用于煤层底板反射界面。

泊松比在天然气AVO技术地震波理论基础中所起的作用是天然气AVO技术地震波理论基础的“内核”。AVO技术发明人Strander将岩石孔隙中水被天然气代替时的岩石弹性参数的变化归结为泊松比的减小，根据泊松比的变化理解AVO异常的成因和特征变化，又根据AVO异常的特征推测泊松比的变化，进而推测天然气赋存的可能性。研究认为，泊松比在天然气AVO技术地震波理论基础中的作用不适用于煤层气AVO技术，理由如下：

1）煤层气储层反射界面两侧介质的泊松比之差的符号不确定，很难根据泊松比理解煤层气AVO异常的特征，也不大可能根据AVO异常特征反推煤层气储层的泊松比变化。这完全不同于天然气储层的情况。其原因：①气饱和岩石的泊松比一定小于相同的水饱和岩石的泊松比；②水饱和砂岩等潜在储层的泊松比通常小于页泥岩等潜在盖层的泊松比。因此，天然气饱和储层顶板界面两侧介质的泊松比之差总是负号，底板界面两侧介质的泊松比之差总是正号。而煤层气储层的泊松比可能小于其围岩的泊松比，也可能大于其围岩的泊松比。煤层气储层泊松比与其围岩的泊松比之差的“±”符号，不仅与煤层的弹性特征有关，而且与围岩的岩性及其弹性特征有关，因为煤层的围岩可能是页岩，有可能是砂岩、石灰岩等。这与天然气储层的情况极不相同，天然气储层的盖层只可能是页泥岩，而页泥岩总是具有较大的泊松比之值。由于煤层气储层的泊松比与其围岩的泊松比之间的相对变化缺少规律性，因此，不可能根据泊松比之差总结煤层气AVO异常的规律，不可能据此建立解释煤层气AVO异常的准则。

2）煤层气储层反射界面两侧介质的泊松比之差比较小，不能够保证泊松比之差是AVO梯度的主要成分，甚至不能够保证泊松比之差是AVO梯度的重要成分。根据在煤层气矿区统计分析获得的煤层及其围岩的弹性参数，煤层气储层的泊松比在0.27～0.38，泊松比大于0.38的煤层常常不适宜作为煤层气储层，因为其煤体结构破坏严重；围岩中砂岩的泊松比在0.25～0.35，页岩的泊松比在0.28～0.4，石灰岩的泊松比在0.3～0.4。据此推断，煤层与围岩之间的泊松比之差的绝对值通常在0.1左右。因此，对于煤层气储层与围岩的反射界面，两侧介质的泊松比之差不是影响AVO梯度之值的主要因素，甚至可能不是重要因素。

3）煤层气储层的泊松比主要受煤层中节理裂隙发育程度的影响，而节理裂隙发育程度不是煤层气富集的主要因素。虽然裂隙密度增大有利于增加吸附煤层气的表面积，对煤层气富集也有积极作用，但是，裂隙密度增大所导致的吸附面积增大与煤的微孔隙的总表面积比较，是微不足道的。因此，裂隙密度增大导致的泊松比增大不能够作为煤层气富集的标志。裂隙密度增大将增大煤层气储层的渗透率，有利于煤层气的解吸和运移，是煤层气高产的有利条件之一。

综上所述，如果要使用AVO技术探测煤层气，需要在在继承天然气AVO技术的地震波理论基础的外壳、扬弃其内核的基础上，建立煤层气AVO技术新的地震波理论基础。

2. 煤层气AVO技术的固有响应特征

为了观察煤层气储层的AVO响应特征，继续使用三层地质模型进行探讨，但是需将地层的弹性参数修改为如表6-3所示的参数，其中煤层的弹性参数被设定为中、高阶煤层气储层的常见值；不设定顶、底板岩石的岩性，仅将其弹性参数设定为煤系地层沙泥岩岩层的常见值。

表6-3　普通煤层气储层模型参数简表

岩性	v_p/(m/s)	v_s/(m/s)	ρ/(g/cm^3)
顶板	4000	2000	2.6
煤层	250	1500	1.35
底板	4000	2000	2.6

分别使用Zeoppritz方程组和Shuey的三项近似式计算顶板反射界面、底板反射界面的反射系数，如图6-7所示。

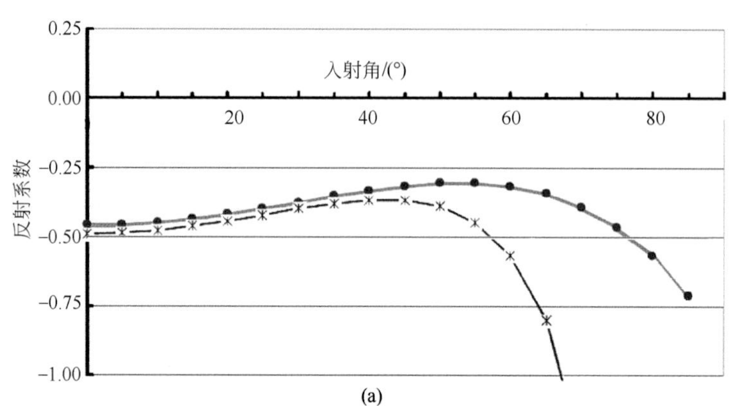

(a)

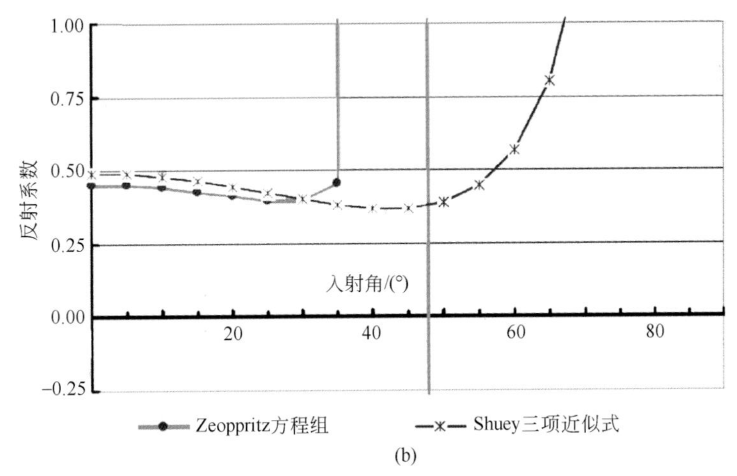

图6-7　煤层气储层顶底板反射界面反射系数随入射角的变化关系图

（a）顶板反射界面；（b）底板反射界面

图6-7（a）反映的是煤层气储层顶板界面反射系数随入射角的变化。在全部入射角范围内，反射系数都是负数。垂直入射时的反射系数最大，达到−0.46。随着入射角增大，反射系数也增大（绝对值减小），直至入射角达到45°左右。在0°～45°的入射角范围内，反射系数随入射角变化的梯度为正值。由于煤层气储层与围岩的弹性差异大，因此，即使在小入射角时，Shuey的三项近似式与Zeoppritz方程组之间的误差也是可以看到的。但是，在0°～40°的入射角范围内，这类误差是可以容忍的。在这样的入射角范围内，煤层气储层顶板反射界面的AVO响应具有负截距、正梯度的特征，反射系数的绝对值随入射角（偏移距）增大而减小。

图6-7（b）反映的是煤层气储层底板界面反射系数随入射角的变化。由于入射介质的波阻抗远小于反射介质的波阻抗，反射界面的临界角在35°左右。当入射角小于临界角时，反射系数都是正值，垂直入射时的反射系数最大。在入射角充分的小于临界角（如小于30°）时，随着入射角增大，反射系数减小，反射系数随入射角变化的梯度为正值。AVO反演仅仅使用入射角充分小于临界角时的反射信息，因此，不再讨论入射角大于临界角时的反射特征。对于煤层气AVO技术而言，煤层气储层底板反射界面的AVO响应具有正截距、负梯度的特征。Rutherford和Williams在总结大量天然气藏上方P波反射振幅随偏移距变化规律的基础上，根据气饱和砂岩与其围岩之间的波阻抗关系，定义了三类岩性组合[109]；Castagna等补充了第Ⅳ类岩性组合[108]；这四类岩性组合分别是：

（Ⅰ）含油气砂岩具有高波阻抗；

（Ⅱ）含油气砂岩与围岩的波阻抗之差接近零值；

（Ⅲ）含油气砂岩具有低波阻抗；

（Ⅳ）含油气砂岩具有极低的波阻抗。

这四类岩性组合（或称之为储盖组合）的AVO响应分别被称为第Ⅰ、Ⅱ、Ⅲ、Ⅳ类AVO异常。这些储盖组合上方P波反射振幅随偏移距（入射角）变化的特征迥然不同，理解各种天然气储盖组合的顶板、底板反射界面的截距和梯度异常的特征，是解释天然气AVO

异常的基础。表 6-4 总结对比了四类储盖组合天然气储层顶板反射界面的 AVO 异常特征。

表 6-4　天然气储层的四类岩性组合及其对应顶板反射界面 AVO 响应特征表

类别	波阻抗特征	截距 *P* 符号	梯度 *G* 符号	AVO 响应特征描述
Ⅰ	高	+	–	反射波振幅随偏移距增大而减小，有可能在大偏移距发生极性反转
Ⅱ	基本相同	+或–	–	反射波振幅随偏移距增大可能增大，也可能减小，很可能发生极性反转
Ⅲ	低	–	–	反射波振幅的绝对值随偏移距增大而增大
Ⅳ	很低	–	+	反射波振幅绝对值随偏移距增大而减小

表中第Ⅰ、Ⅱ、Ⅲ类储盖组合天然气储层顶板反射界面的梯度异常都是负号，只有第Ⅳ类储盖组合天然气储层顶板反射界面的梯度异常是正号。实际上，只有浅层未压实未固结的砂岩天然气储层才可能与其盖层构成第Ⅳ类储盖组合。在天然气勘探实践中，第Ⅳ类储盖组合是很例外的。而在煤层气勘探开发实践中，按照 Rutherford 和 Williams、Castagna 等的分类方法，煤层气储层与围岩的岩性组合全部属于第Ⅳ类储盖组合。换句话说，由于煤层气储层的密度、纵波速度、横波速度分别远小于泥岩、页岩、石灰岩等围岩的密度、纵波速度、横波速度，煤层气储层的 AVO 响应特征只有第Ⅳ类 AVO 异常一种类型，如图 6-7 所示。由于这个原因，将煤层气储层的第Ⅳ类 AVO 异常特征称为煤层气储层内在的固有的 AVO 响应特征。

6.2　AVO 处理

6.2.1　一般讨论

众所周知，AVO 技术与地震、地质、测井等信息相结合，进行综合分析是油气预测的一种较好方法，国内外应用它识别真假亮点，预测油气藏等已有许多成功的例子。它是一种研究地震反射振幅随炮检距（或入射角）变化的技术，但是影响地震波振幅的因素很多，据 1975 年 Sheiff 统计达 13 种之多，即震源强度与耦合、球面扩散、反射系数、透射系数、反射系数随入射角变化、反射界面的曲率、散射吸收、多次波与薄层调谐、检波器灵敏度与耦合、各向异性、仪器响应、面波与直达波、噪声干扰，此外还有自动增益控制、检波器组合与炮点组合及数据处理过程中对振幅起破坏作用的各种因素。因为不可能完全消除各种影响因素，故可按影响因素的性质及其影响的大小，在做 AVO 处理之前应尽可能将其消除，保证 AVO 分析的正确性。由于 AVO 在叠前进行，所以也称它是叠前振幅分析。

1. 野外资料

根据目前 AVO 技术的实施情况来看，AVO 技术要求有足够的炮检距。炮检距过小，则在一个CDP道集内不能充分反映AVO曲线的特征，漏掉AVO异常；炮检距过大，大到接近临界角时，反射振幅会突然增大，造成AVO异常假象[109]。因此应利用AVO模型研究合理的炮检距，一般最大炮检距与目的层深度之比为1.5～2倍为宜。这样可使得AVO变化明显，得到较满意的结果。

2. 振幅保持

通常AVO地震勘探采取的排列较长，入射角较大，而常规多次叠加技术不能保真地反映零炮检距的反射振幅，因此这种振幅随炮检距变化所造成的影响就不能被忽视，所以在做AVO处理之前，必须要做严格的相对振幅保持处理，尽可能消除影响振幅的各种主要因素。

3. 地表一致性处理

在AVO处理中要做好野外静较正、NMO和剩余静较正，否则，剩余的NMO时差将导致不正确的振幅拟合结果，进而会导致得不到正确的AVO属性剖面，从而导致错误的AVO解释结果。

4. 角度计算

由于AVO分析是研究反射振幅随入射角的变化，因此需要将野外观测到的振幅与炮检距的变化关系转换为振幅随入射角的变化关系。在均匀层状介质情况下（可以认为对叠前的CDP道集数据进行了DMO和叠前偏移处理），按直射线传播，入射角α可按下式计算：

$$\alpha = \tan^{-1}\left(\frac{x}{2z}\right) \tag{6-34}$$

式中，x为炮检距；z为反射界面的深度。在连续介质情况下，地震波按曲线传播，当$v = v_0(1+\beta z)$时，其中v_0表示地表速度，入射角α可按下式计算：

$$\alpha = \tan^{-1}\left(\frac{zx + x/\beta}{z^2 + \frac{2z}{\beta} - x^2/4}\right) \tag{6-35}$$

有了入射角α后，其他角度可根据斯奈尔定律求得

$$\frac{\sin\alpha}{v_{p_1}} = \frac{\sin\alpha_1}{v_{p_1}} = \frac{\sin\beta_1}{v_{s_1}} = \frac{\sin\alpha_2}{v_{p_2}} = \frac{\sin\beta_2}{v_{s_2}} \tag{6-36}$$

5. 振幅$R_p(\alpha)$与$\sin^2\alpha$拟合

对于每一个t_0时间进行振幅与$\sin^2\alpha$的直线拟合求得P和G，再由它们进行加、减、

乘。即 $P+G$、$P-G$、$P \cdot G$，就获得 AVO 的主要属性剖面。

6. 叠前振幅分析

AVO 技术利用 Zeoppritz 方程或其近似方程对叠前数据进行反演、估算 AVO 属性参数建立油气检测的 AVO 标志，并可以提供叠后处理无法提供的资源信息，它已成为岩性勘探和储层预测的有力手段。由于影响地震波振幅的因素很多，因此只有尽量消除由非入射角引起的振幅变化因素，才能使 AVO 分析的正确性得到保证，但这种要求目前还不能完全达到。另外，由 Zeoppritz 近似方程通过线性拟合得到的截距 P 和梯度 G 一般仅适用于构造不太复杂的厚层，由于薄层存在调谐作用，得到的截距 P 和梯度 G 会失真，由此导出的 $PR=P+G$、$S=P-G$ 和 $HC=PG$ 也无法用于地质解释。

7. 干扰排除

实践证实，AVO 异常并非都是由含油气藏/煤层气资源所致，其中存在不少陷阱。因此进行 AVO 技术处理首先要排除干扰，通过各种手段尽可能地减少影响 AVO 效应的非地质因素；其次还要综合其他参数和地质、测井等资料来提高油气层检测的可靠性。只有这样才能使 AVO 技术在油田勘探与煤矿开发中发挥较大的作用。

8. 最终处理目标

最终处理的目标是精确构造成像和从地震振幅中提取储层信息。为达到后一目标，应特别加强对地震信号振幅和相位的控制。在保存最高空间域和时间域信号频率的同时，压制噪声同样非常重要。进行振幅与炮检距或振幅与入射角关系（AVO/AVA）的反演时要求在所有炮检距范围内将来自地下同一反射层的同相轴拉平。为达到这一目的，需要特别关注速度拾取和叠前偏移。通常将 AVO 处理步骤分为叠前处理和叠后处理两部分。

6.2.2 叠前处理

1. 振幅恢复和保持

由于地震信号存在球面扩散且在传播中会有损失，需要对地震振幅进行补偿。

在数据自适应幅度调整方法中，经常优先考虑使用确定性的叠前调整方法。一旦用了数据自适应技术，就需要对自适应技术给数据带来的影响进行谨慎评估。

通常应用的几何扩散公式中有一个偏移距项。应避免使用较小的自动增益调整时窗，因为它能引起振幅在垂向、径向及随炮检距方向的快速变化。自动增益调整十分重要，实际工作中谨慎的自动增益调整能带来较好的处理效果。

对于不同时期采集的地震数据，不同工区间的振幅存在基线漂移。应选用全区统一标准化参数或数据体与数据体之间的一致性函数。

振幅恢复还包括吸收衰减补偿、剩余振幅补偿。

图6-8为振幅补偿前后单炮对比图。

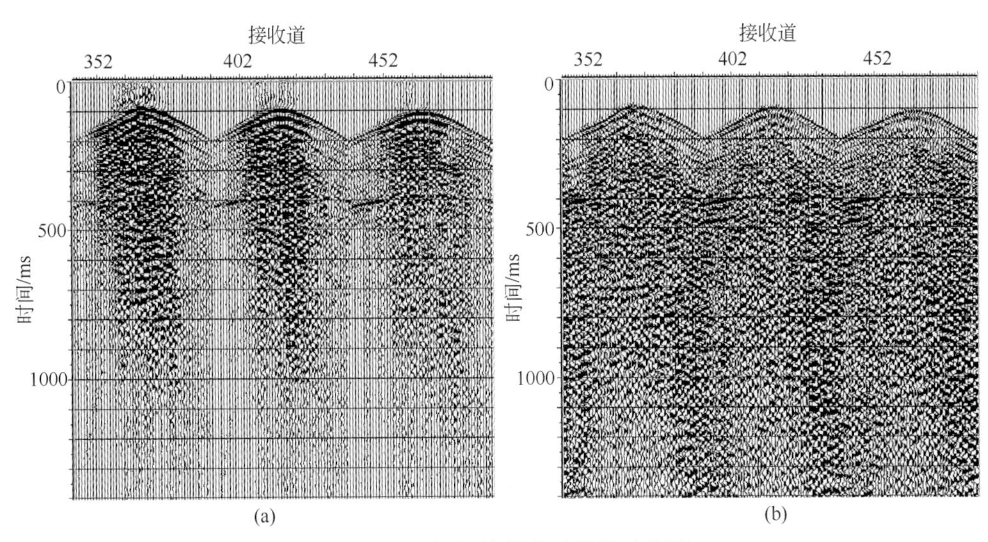

图6-8　HL振幅补偿前后单炮对比图

（a）振幅补偿前单炮；（b）振幅补偿后单炮

2. 相位转换和反Q滤波

将地震记录的相位转化到对应的最小相位或零相位及应用反Q技术的目的在于压缩和稳定子波。宽频谱域的地震信号有利于进一步数据处理和最终反演。

反Q滤波的目的是为了改善子波随时间变化的稳定性。以沿层的方式将Q值与地层单元匹配通常能够满足精度要求。如果获得成功，那么深度数据频谱将与浅层数据频谱相匹配。质量控制的内容同样包括合成记录与地震记录之间的匹配。对反Q滤波的应用需要有很好的理解和掌握，尤其是在叠前应用时。有些情况下很难控制振幅效应，最好只应用相位反Q滤波。

3. 相干噪声压制

成功的线性噪声压制可以显著地提高用于AVO反演的最大可用入射角。

在应用线性噪声压制技术时，应避免提高高频能量所形成的假频。这就需要采用叠前内插或道内插技术。

对线性噪声压制传统做法采用F-K滤波，它认为振幅是频率和倾角的线性函数，要求二扰波在频率波数域中的分布是规则的，当空间采样不足时或干扰视速度很低时，折返效应比较严重，去噪效果并不理想，而且滤波器改变了相对振幅和炮检距的关系。目前在黄土塬区所获得的地震数据中，噪声序列和反向散射能量在炮集数据中占优势地位，如果需要使用 F-K 滤波，则需要在共炮点或共接收点道集空间重采样抽稀前应用，且不能将其应用于共中心点道集，这是因为共中心点道集经常没有很好的空间采样，需要精心设计 F-K 滤波器并以适合的坡度来压制某一特定的噪声。

在线性的 Tau-P 域内也可以有效地压制线性噪声序列。需要验证转换的可逆性。对具有较高信噪比的数据，优先采用的方法是：将数据转换到 Tau-P 域，所有的一次波数据能被增益控制或切除所衰减，剩余的噪声将被转换后回到 F-X 域，并最终将特定的噪声从原始数据记录中消除。因其可以在不影响振幅的情况下压制线性噪声，使得这一方法很受偏爱。然而对于含较多噪声的地区，当数据被直接转换到 Tau-P 域后，噪声被增益控制或切除所衰减，而信号则通常被转换到 F-X 域，因为这样将增强相干波的信噪比。

对黄土塬三维地震数据进行处理时，特别需要重视对面波的压制，可以采用 K-L 变换对相干面波进行压制，达到对反射信号改变的最小化。

横向滤波是另一种针对黄土塬数据所采用的压制线性噪声的技术，通常情况下这一方法对界定清晰的线性噪声波列的压制效果最好。

4. 空间和时间重采样

通常可以通过相邻道累加或去道的方式来达到道抽稀的目的。道累加得益于先于累加的差分动校和随后的反向解除运算。在累加之前需要做空间反假频波数滤波。差分动校循环可将地震信号移至 K-滤波边界内，假频能量将被 K-滤波压制。

由于道累加和差分动校会导致高频信号损失，因此通常采用去道的处理方法。如果数据的频带宽度远小于采样数据的赖奎斯特频率，在重采样之前需要进行反假频滤波，一般以赖奎斯特频率的 75% 为界线。

5. 多次波压制

必须对所有类型的多次波如短周期的、长周期的、地表的或层内的多次波进行压制，以避免导致反演输出结果中非地质影响特性的出现。

叠前反褶积技术的目的是压制短周期的多次波或数据中的层间多次波。通常采用预测反褶积方法，在保存地震子波的同时来压制周期为一个至数个子波波长的多次波。需要注意的是预测周期要大于子波波长以避免子波变形。在 Tau-P 域内进行预测反褶积更为有效，这是因为在 Tau-P 域内信号与噪声的分离及预测性的改进等原因。只有在相对水平的地层条件下，改善预测性对预测反褶积才有效。

地表一致性反褶积的目的是在保存有效地质响应的同时压制层间多次波。选择的设计窗口需要包含最多的信号和尽量低的噪声，并且要使用短的算子波长。

（高分辨率）拉冬多次波压制技术建立在初次波和多次波之间的速度差别的基础上，推荐针对长周期多次波使用。这一方法将共中心点道集中的所有波，包括一次波也包括多次波，在正常时差校正后转换到拉冬域中。通过选择拉冬域中多次波能量集中的部分建立仅含多次波的模型。这样被标定的多次波就被转换回去并从初始输入道集中被减除。

一般来讲，拉冬多次波压制技术通常需要对数据进行标准化（对每一CMP道集创建相同的炮检距序列），并且必须在所有静校正完成之后才能采用。黄土塬地震数据相对来讲是低叠加次数的（在数据标准化后可能叠加次数更低），并且拉冬转换可能会引起假频。因此这就可能需要额外地增加叠前插值或道内插的处理步骤。

建立在波动方程基础上的多次波压制方法或与地表相关的多次波压制技术（SRME）可以对地表反射的所有多次波进行压制。从数据中预测多次波并采用匹配的滤波器将其从输入数据中去除。

6. 地表一致性振幅恢复

震源强度和检波器响应的变化及各种信号在通过近地表异常带时都会使振幅产生侧向上的变化、降低叠前偏移效果。地表一致性振幅恢复方法目的在于鉴别和校正各种振幅的外部影响因素。对于工区内的每一道，都要在该道典型地震反射内开一时窗计算均方根振幅。通常将计算出的均方根振幅和用于鉴别每一单独道的道头，通常包括测线号、炮点位置、道通、检波器位置等一起保存于文件中。高斯-赛德尔迭代分析目的在于对所观察到的振幅变化生成具有一致性的解决方案。

为了提高偏移后反射振幅的真实性，需要在叠前时间偏移之前对数据进行标准化。目的是平均炮检距多分布特征。这可以通过二维或三维叠前内插来实现。

7. 叠前偏移

为了对地下构造正确成像和获得可靠的振幅信息，必须将反射偏移到它们的真实空间位置。

叠前时间偏移处理经常采用克希霍夫偏移法。其在大多情况下都显示出良好的振幅保持和成像性能，并且在非均匀数据采样时也能收到良好效果。当真实速度场在横向上和侧向上有较大变化时，则需要采用克希霍夫叠前深度偏移或基于波动方程的偏移方法来实现对数据的正确成像。

8. 速度分析

为了获得准确的偏移速度，需要做大量工作及使用特殊的处理手段。在时间和空间域内，偏移速度场通常变化相对平缓。速度拾取在沿层方式下较好，并需要附加的速度拾取以维持其趋势。为避免产生不真实的层速度，速度拾取的距离不能相互太近。

处理时可以应用自动道集拉平技术。但是需要注意一些各向异性现象可能会引起相位的变化甚至反转。应该精心选择分析窗口并且需要对剩余速度场进行质量控制。精细速度分析见图6-9为同一条线 A、B、C 三点的速度分析。

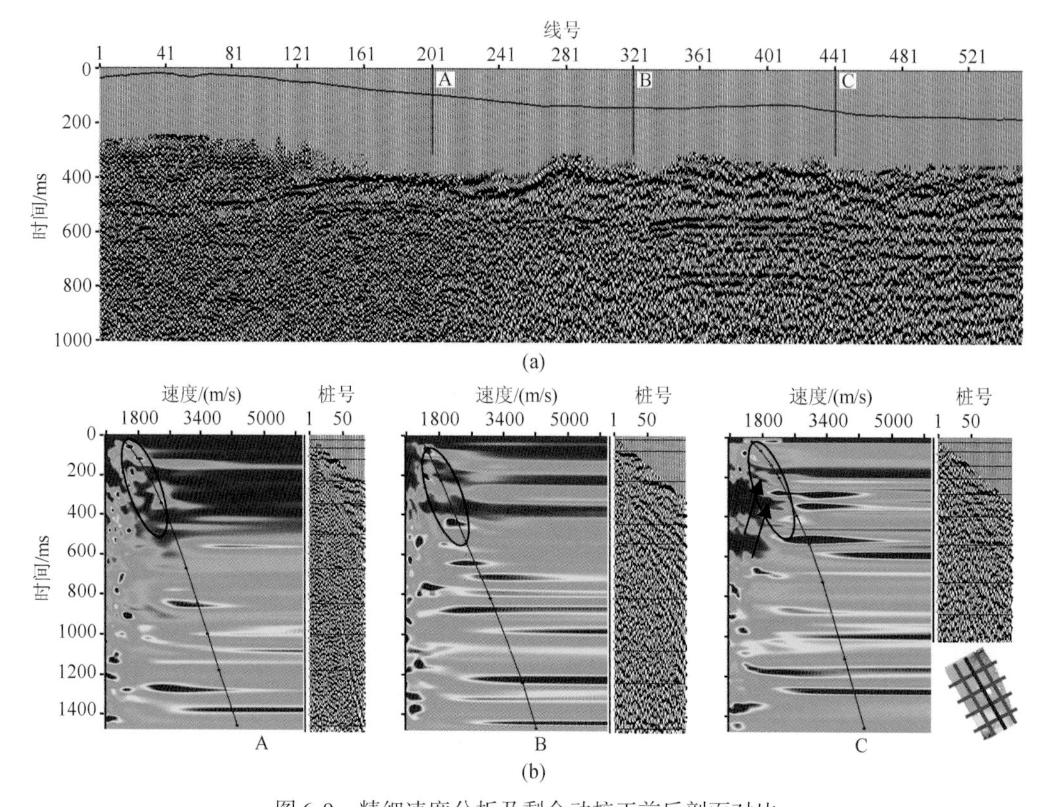

图 6-9　精细速度分析及剩余动校正前后剖面对比

（a）精细速度分析及剩余动校正前叠加剖面；（b）精细速度分析及剩余动校正后叠加剖面

9. 最终道集与叠加

叠前偏移道集中的地震道是由炮检距所确定，但是第一阶振幅变化依赖于入射角。速度控制了由炮检距到入射角的变换，因此可以对叠前偏移道集直接反演。在一定的入射角或炮检距范围内生成的部分叠加道集有益于改进信噪比（有利于子波评价）并减小反演的运行时间。

如何使用分角度叠加或多偏移距叠加道集？这是在反演前所需要考虑的一个重要问题，可能还面临的一个问题：会有不同的速度数据来源，并且不同项目间速度数据的质量可能变化很大。所推算的入射角准确性对反演的结果有很大的影响。

Jason 地学工作平台中的分析计算建立在水平地层模型假设下射线追踪的基础上。存在大倾斜的区域，应该考虑使用三维射线追踪。

部分叠加的最佳次数取决于 CMP 道集的覆盖次数、信噪比及 AVO 特征。一般在最终内外切除后对目标区做 3 ~5 个叠加较好（至少是 2）。每一部分叠加都要求有足够的信号以识别主要反射并且还要与合成记录作对比。

分角度叠加的优点：一定入射角范围的叠加有利于观测异常 AVA 现象。缺点：①叠加依赖于速度场，入射角是在速度场平滑后计算的；②叠加次数依赖于速度场；③速度的反转会引起估算入射角的快速变化，反过来对叠加产生不利影响。

多偏移距叠加的优点：①叠加与入射角无关；②叠加具有相同的覆盖次数和同等级别的环境噪声压制；③可以计算出入射角。缺点：①每个叠加入射角都有变化；②部分软件切除不能在侧向上变化。

6.2.3 叠后处理

1. 叠后反褶积

当选择了足够大的时窗而避免了对子波产生影响的时候，可以应用叠后反褶积进一步的压制短周期多次波或层间多次波。因叠加而改善的信噪比可以使叠后反褶积更加有效，提高分辨率并压制短周期的多次波。

2. 信号增强

不推荐使用涉及了F-K滤波或道混合算法的技术，因为这些方法混淆了地质现象。然而F-X和F-XY反褶积或K-L变换能够减少随机噪声和增加信噪比。

可以应用实现期望频谱的子波整形方法来优化最终数据的时间分辨率。整个工区的确定性滤波方法要优于适应性单道滤波方法。需要考虑信号谱的低频部分，信号谱低频部分截频的拓宽是反演所使用的低频模型的一种非理想的扩张。

3. 幅度调整和滤波

使用简单规范化函数来平衡浅层和深层数据的叠后幅度调整方法。这样在空间域和时间域都可以保存相对振幅。

4. 地震数据格式

地震数据应采用16位或32位的SEG-Y格式。如果从工作站中卸载的数据是8位的，那么受限制的动态范围不能保证数据可以直接用于反演。

6.3 AVO正演模型

根据地震波动力学理论中反射和透射的相关理论，反射系数（或振幅）随入射角的变化与分界面两侧介质的地质参数有关。这一事实包含两层意思：一是不同的岩性参数组合，反射系数（或振幅）随入射角变化的特性不同，称为 AVO 正演方法；二是反射系数（或振幅）随入射角变化本身隐含了岩性参数的信息，利用 AVO 关系可以反演岩石的密度 ρ 、纵波速度 v_P 和横波速度 v_s ，定量进行地震油藏/煤层气藏描述，这也是 AVO 反演方法。

6.3.1　薄煤层调谐效应的 AVO 分析

1. 子波的选择

子波类型：Ricker 子波；主频：45Hz；相位：0°；采样间隔：1ms；开始时间：-40ms；子波长度：80ms。如图 6-10 所示。

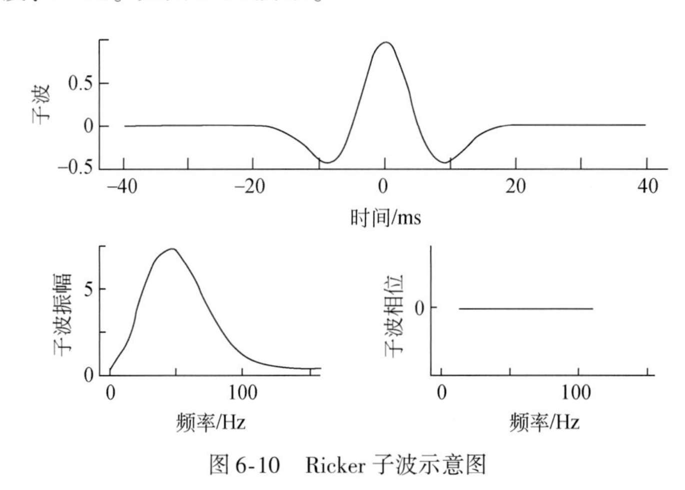

图 6-10　Ricker 子波示意图

2. 地质模型设计

为了研究不同煤厚的 AVO 效应，根据围岩的弹性参数特征，设计如下三层地质模型（图 6-11）。

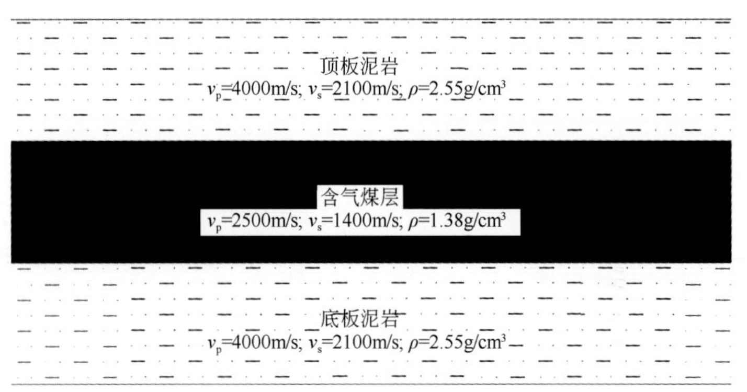

图 6-11　简单含气煤层 AVO 地层模型

其中围岩的泊松比是0.31，煤层的泊松比是0.27（构造煤Ⅱ）。

3. 煤厚设计

煤层气储层的纵波速度为2500m/s，子波的主频为45Hz，则地震纵波的一个波长 λ 为55.56m，根据这个波长来设计地质模型中煤层厚度，分别取煤厚值为2λ、λ、λ/2等，按照0.5的倍数选取，直到煤厚为λ/64，如表6-5所示。

表6-5　设计煤厚以及对应波长参数表

序号	1	2	3	4	5	6	7	8
波长 λ	2	1	1/2	1/4	1/8	1/16	1/32	1/64
煤厚/m	111.12	55.56	27.78	13.89	6.95	3.47	1.74	0.87

4. 不同煤厚 AVO 响应特征

根据以上设计的不同煤厚建立对应的地质模型，利用佐普利兹方程进行单井正演模拟来研究煤层顶板和煤层底板对应的 AVO 响应特征。图6-12分别对应的是表6-5中各煤厚参数的 AVO 角道集结果。

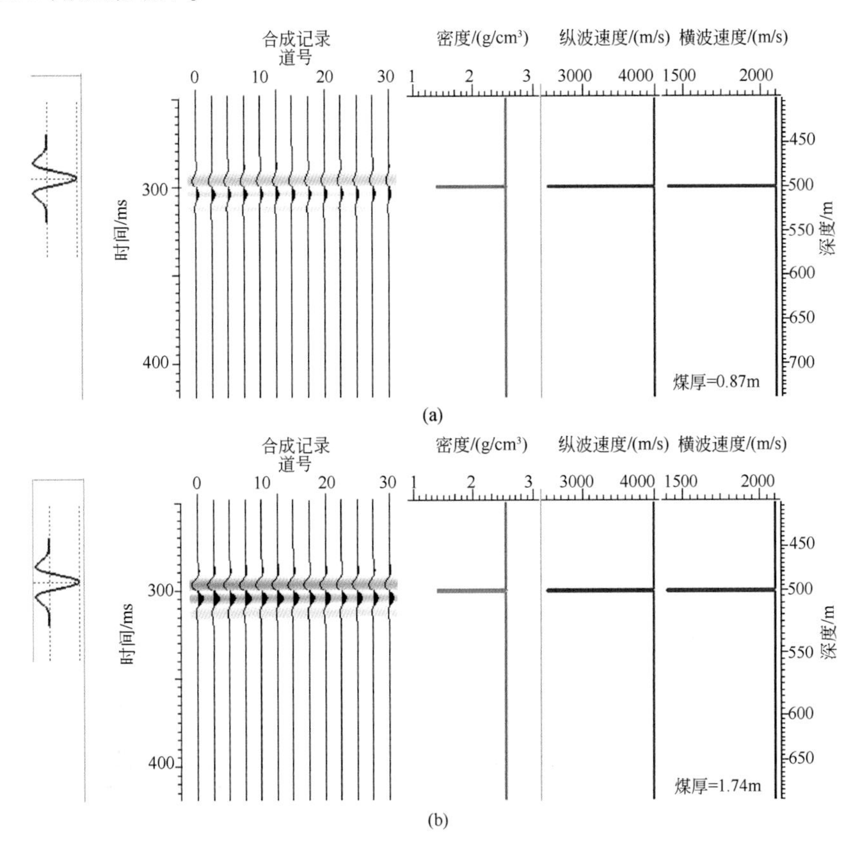

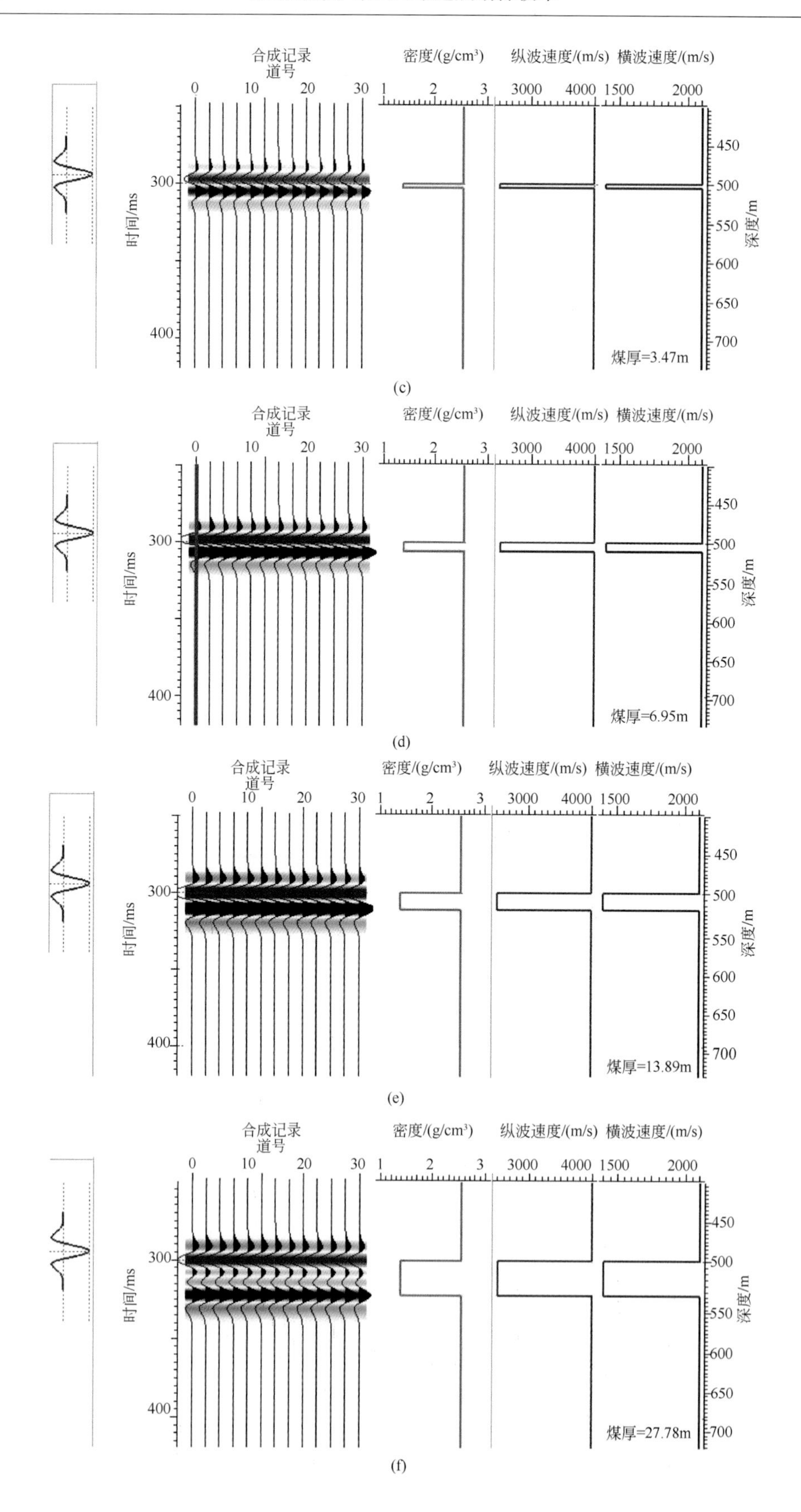
合成记录
道号
密度/(g/cm³)
纵波速度/(m/s)
横波速度/(m/s)
时间/ms
深度/m
煤厚=3.47m
(c)
煤厚=6.95m
(d)
煤厚=13.89m
(e)
煤厚=27.78m
(f)

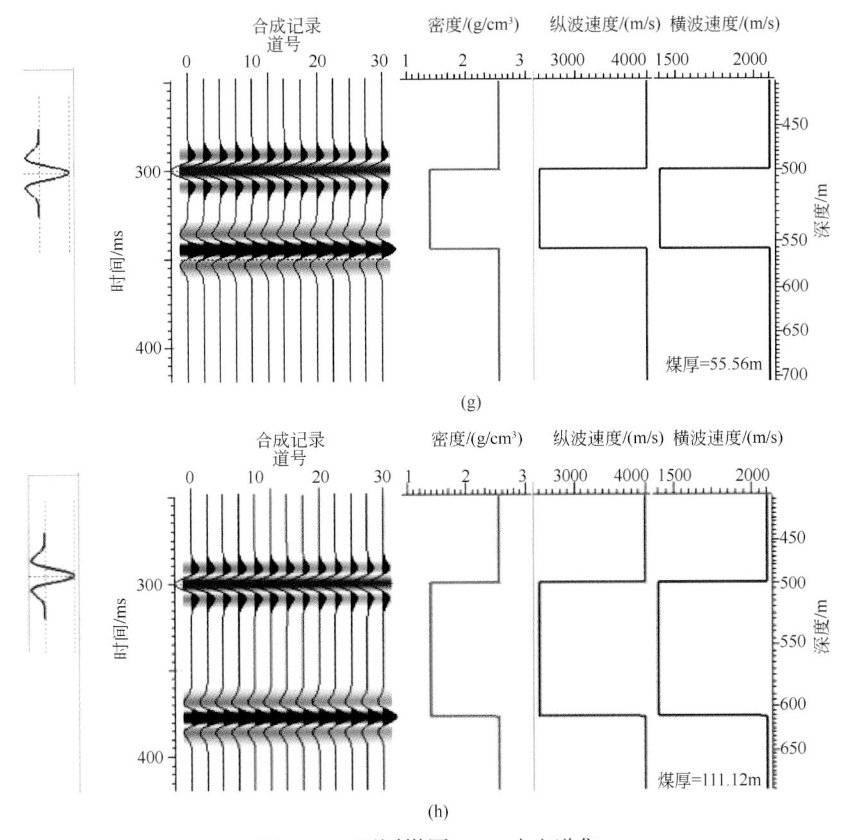

图6-12　不同煤厚AVO响应道集

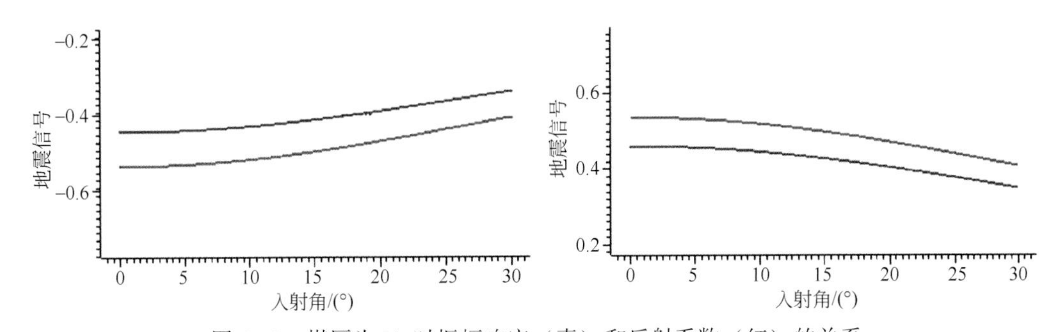

图6-13　煤厚为2λ时振幅响应（青）和反射系数（红）的关系

振幅是反射系数和子波的褶积作用结果，它们具有相同的趋势。左图是煤层顶板的AVO响应曲线特征；右图是煤层底板的AVO响应曲线特征。当煤层厚度较大时，左右两图的曲线有近似对称关系

振幅是反射系数和子波共同作用的结果，它们应具有相同的变化趋势，图6-13为煤厚为2λ时振幅响应和反射系数的关系。

如图6-14所示，振幅随入射角α的函数关系应该为一近似双曲线，而振幅和$\sin^2\alpha$的函数关系为一近似线性关系（图6-15），该线性关系在平面直角坐标系上表现为一个截距和一个梯度，图6-16为截距、梯度随煤厚的曲线变化特征图。

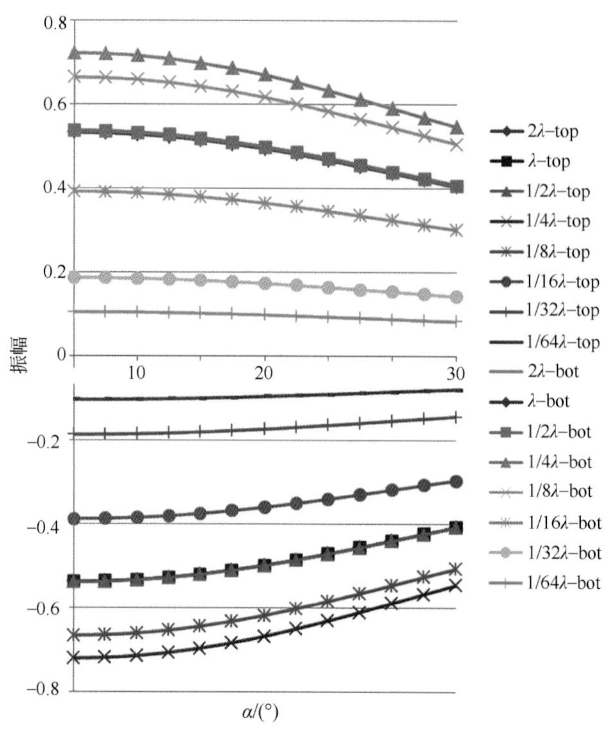

图 6-14　不同煤厚情况下振幅随入射角的变化曲线特征

top 为顶板的 AVO 曲线；bot 为底板的 AVO 曲线

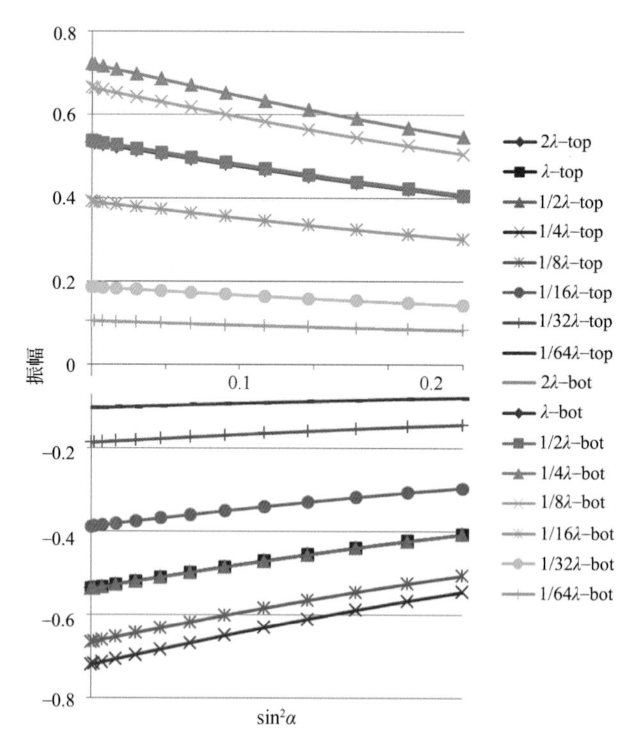

图 6-15　不同煤厚情况下振幅随 $\sin^2\alpha$ 的曲线变化特征

top 为顶板的 AVO 曲线；bot 为底板的 AVO 曲线

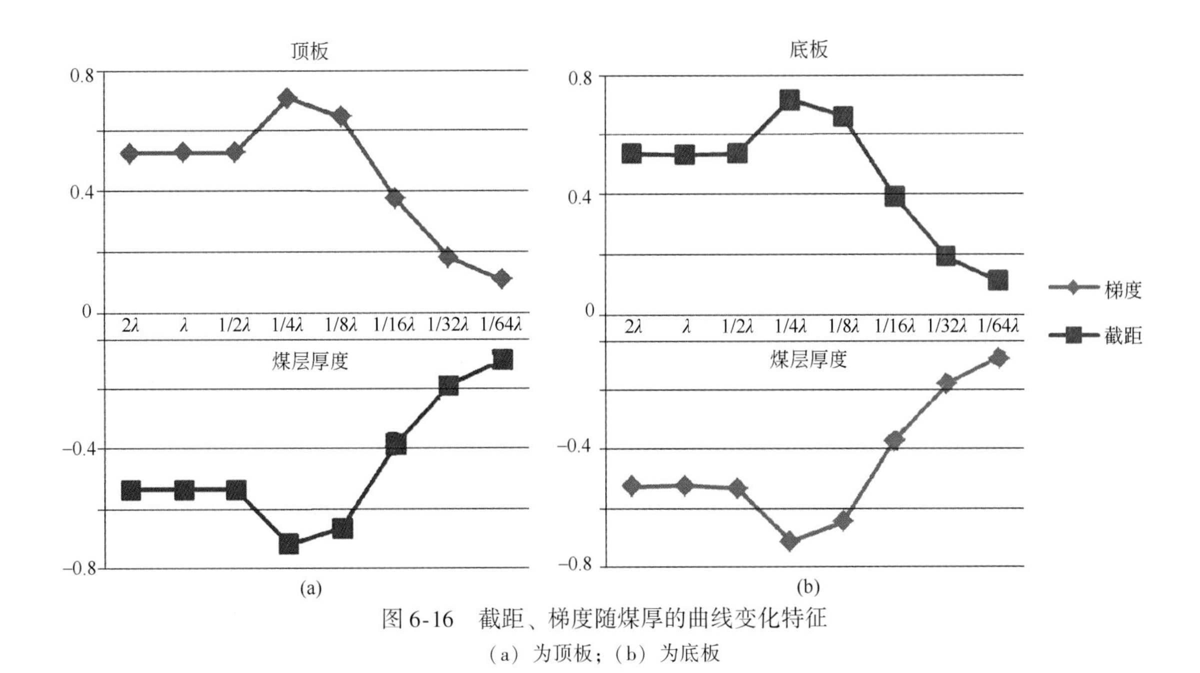

图 6-16　截距、梯度随煤厚的曲线变化特征

（a）为顶板；（b）为底板

由以上单井正演模拟 AVO 响应曲线可以看出：

1）当煤层厚度较大，其尺度相当于或者大于一个子波长度的 1/4 倍时，煤层顶板的反射信息与底板的反射信息互不干扰，煤层顶底板不会发生调谐效应。在这种情况下比较适用于分别研究顶底板反射振幅随入射角（偏移距）增大而变化的规律；反之会产生薄层调谐效应。

2）煤层顶板的负反射系数随着入射角的增大而增大（绝对值是减小的），反射振幅随着入射角的增大而减小，煤储层顶板反射界面的 AVO 异常是负截距异常和正梯度异常，属第四类 AVO。煤层底板的正反射系数随着入射角的增大而减小，反射振幅也随着入射角的增大而减小，煤储层底板反射界面的 AVO 异常特征是正截距异常和负梯度异常，属第一类 AVO。

3）煤储层的顶底板的反射系数和振幅具有一致的趋势。

4）从不同煤厚情况下的振幅随入射角的变化曲线特征可以看出，当煤厚为 1/8λ 和 1/4λ 时，薄层的调谐效应加强，煤储层顶底板的振幅相干得到加强，其中煤厚为 1/4λ 时，AVO 振幅曲线幅值高于其他情况下的振幅曲线幅值；当煤厚大于等于 1/2λ 时，煤储层顶底板的 AVO 振幅曲线是一致的，无调谐效应；当煤厚小于等于 1/16λ 时，煤储层顶底板的振幅由于薄层调谐效应得到相干减弱，程度随着煤厚的减小而减小。因此，在进行 AVO 分析时，首先应该根据其他资料（钻孔资料）确定目的层厚度的变化范围和规律，以便充分考虑煤层厚度对 AVO 反演结果的影响。

5）从截距、梯度随煤厚的曲线变化情况来看，截距和梯度具有一定的对称性，无论是顶板还是底板，其符号是相反的，截距和梯度并不是煤厚的单调变化函数，当煤厚大于等于 1/2λ 时，截距和梯度分别趋于稳定，即不随煤层的厚度改变而改变，当煤厚小于等于 1/16λ 时，截距和梯度是随着煤厚的减小单调减小的，当煤厚为 1/8λ 和 1/4λ 时，截距和梯度也会因为薄层的调谐效应得到相干加强。其中，煤厚为 1/4λ 时，截距和梯度有最大幅值。

需要说明的几点问题是：

1）由于该理论地质模型的顶板和底板都是相同的泥岩，是一个对称的三层模型，煤储层顶板的反射特征和底板的反射特征是对称的，即反射振幅随偏移距的变化，顶板和底板具有近似对称性。

2）当煤层很薄时，煤储层顶底板将会发生调谐效应，当煤厚小于 1/4λ 时，AVO 响应特征不能直接对应于煤储层顶底板。

6.3.2　多个煤层调谐效应的 AVO 分析

1. 子波的选择

子波类型：Ricker 子波；主频：45Hz；相位：0°；采样间隔：1ms；开始时间：-40ms；子波长度：80ms。

2. 模型设计

本次设计如下地质模型（图 6-17），以两个煤层中间存在一个泥岩夹层为例，来研究多个煤层存在的 AVO 效应，根据围岩的弹性参数特征，特构建如下五层地质模型。

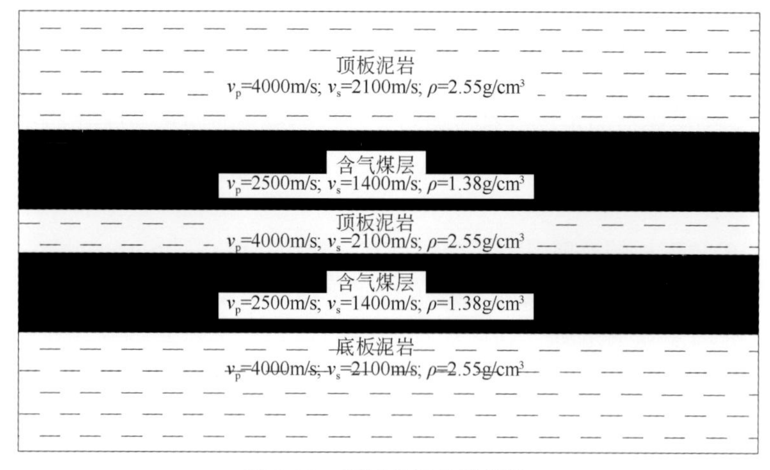

图 6-17　煤层夹矸地质模型

其中围岩的泊松比是 0.31，煤层的泊松比是 0.27。

3. 泥岩夹层厚度设计

煤储层的纵波速度为 2500m/s，子波的主频为 45Hz，则地震纵波的一个波长 λ 为

55.56 米，根据这个波长来设计地质模型中各层的厚度，上煤层的厚度为 55.56m（一个波长），下煤层的厚度为 27.78m（半个波长），两煤层之间的泥岩夹层厚度分别取煤厚值等于 2λ、λ、1/2λ 等，按照 0.5 的倍数选取，直到煤厚等于 1/64λ，如表 6-6 所示。

表 6-6　泥岩夹层厚度参数表

序号	1	2	3	4	5	6	7	8
波长 λ	2	1	1/2	1/4	1/8	1/16	1/32	1/64
泥岩夹层厚度/m	111.12	55.56	27.78	13.89	6.95	3.47	1.74	0.87

4. 不同泥岩夹层厚度的 AVO 响应特征

根据以上设计的不同煤厚建立对应的地质模型，利用佐普利兹方程进行单井正演模拟，来研究多层煤模型夹矸顶板和底板对应的 AVO 响应特征。图 6-18 是针对表 6-6 中部分不同厚度夹矸层的 AVO 角道集结果。

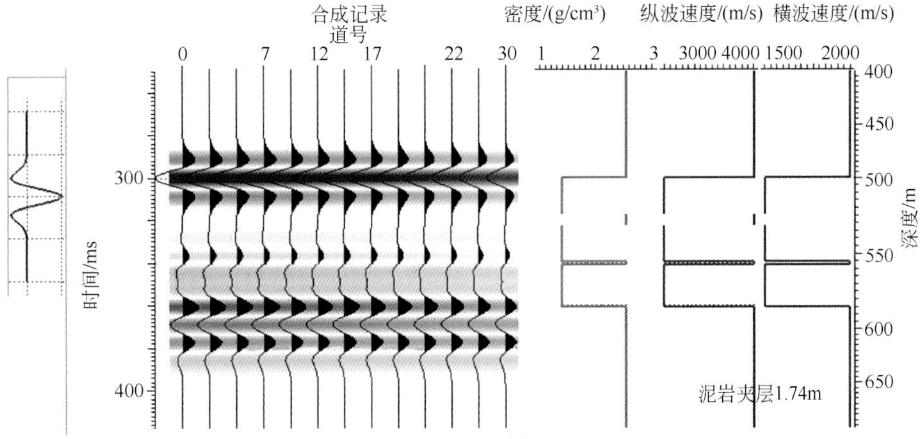

(a)

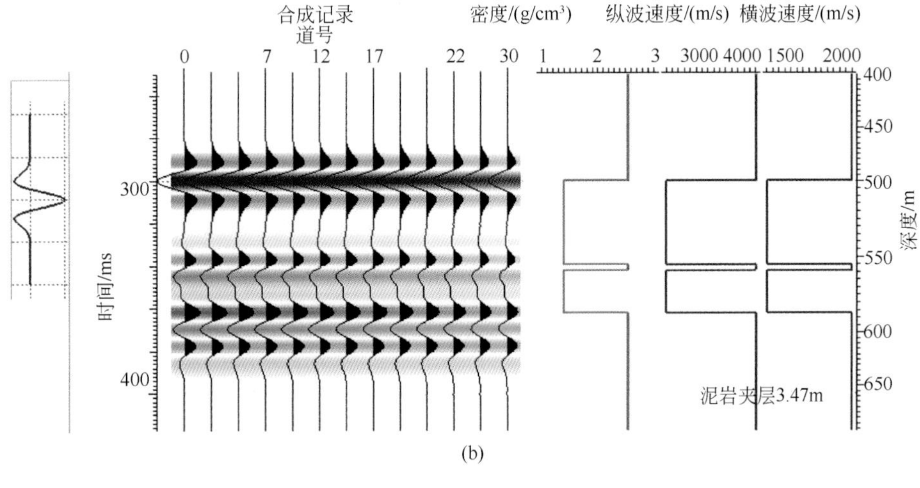

(b)

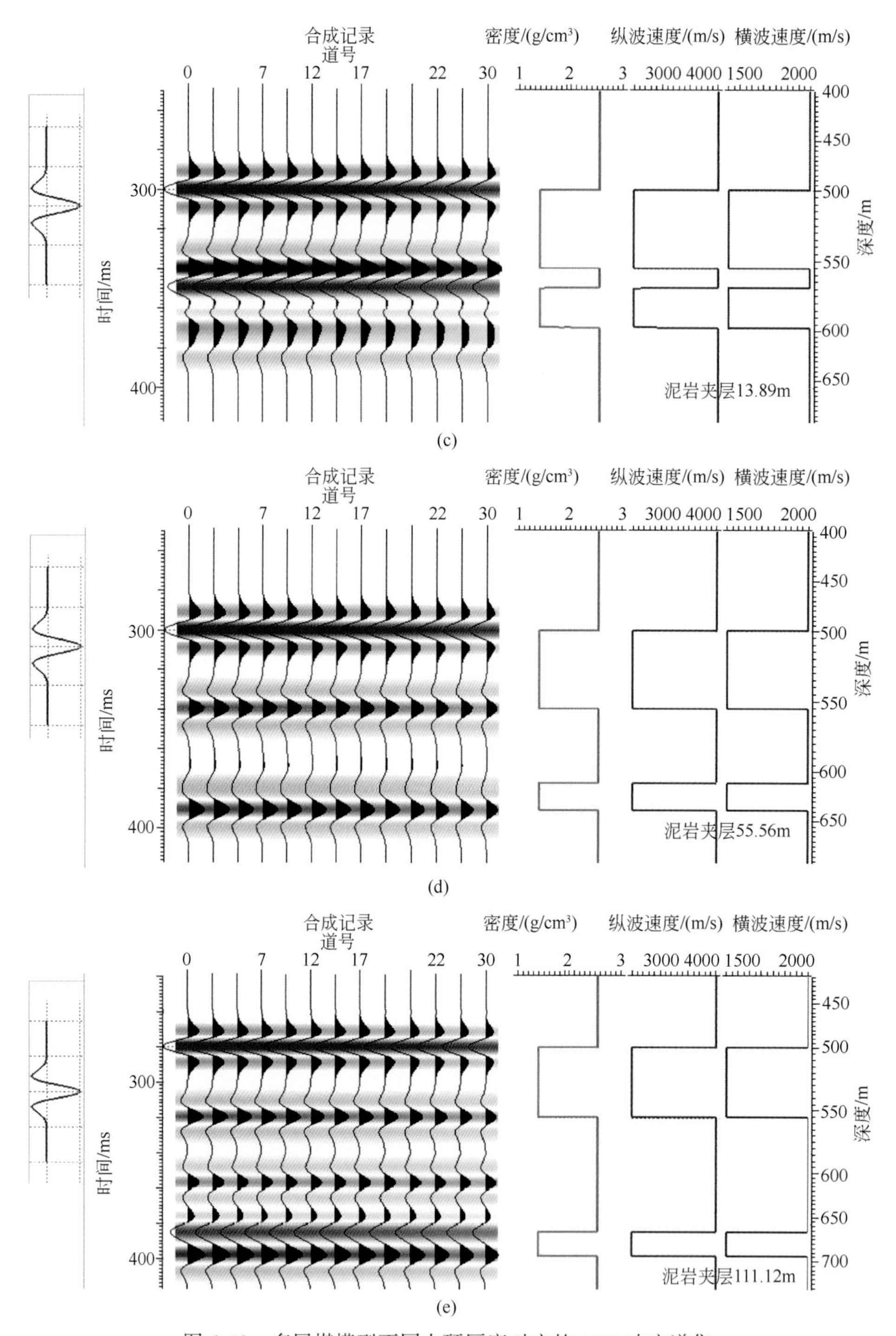

图 6-18　多层煤模型不同夹矸厚度对应的 AVO 响应道集

由于煤层较厚，上部煤层的顶板所对应界面的振幅并没有受到影响，未出现 AVO 异常，而上部煤层的底板和下部煤层的顶板和底板均出现不同程度的 AVO 特征异常，这里仅给出上煤层底板和下煤层顶底板的截距和梯度随着泥岩夹层的厚度变化特征曲线（图 6-19）。

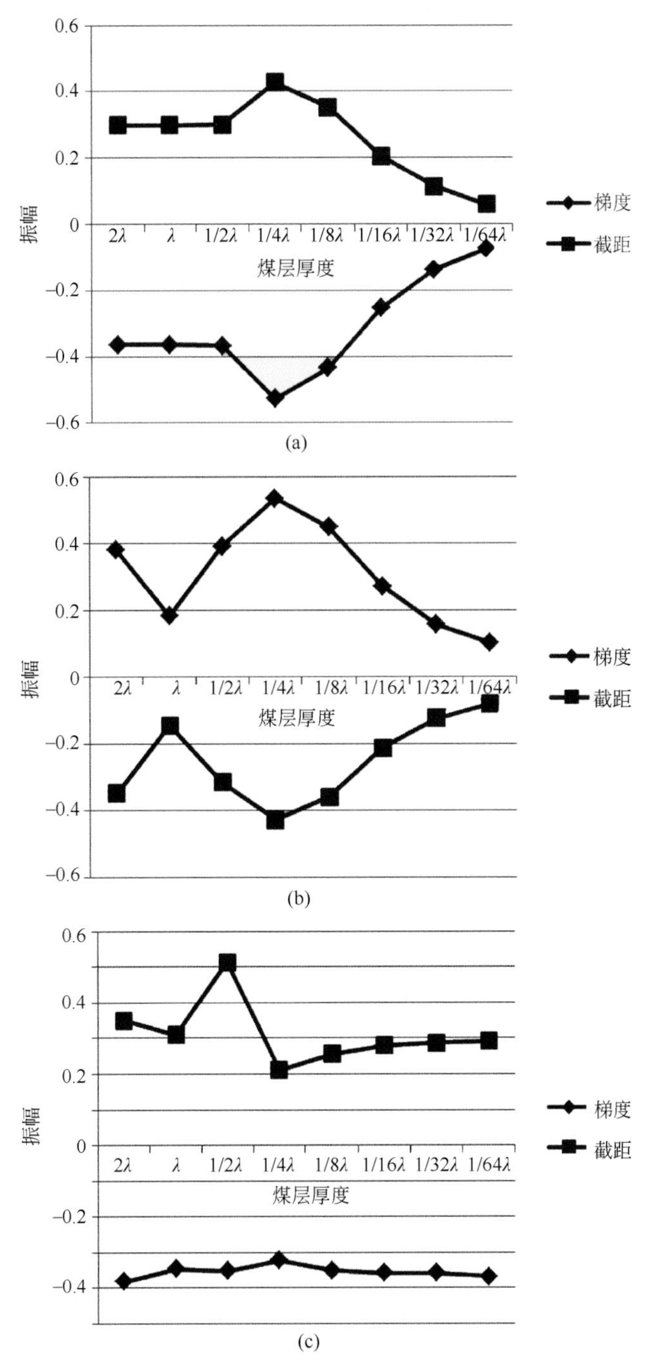

图 6-19　截距和梯度随着泥岩夹层的厚度变化特征曲线

（a）上煤层底板；（b）下煤层顶板；（c）下煤层底板

由以上地质模型的单井正演模拟 AVO 响应曲线可以看出，当存在多个煤层时，由于上下相邻煤层的相互影响，各煤层顶底板的 AVO 响应特征要比单个煤层时复杂。

1）由于上煤层较厚，当夹层厚度变化时，不影响上煤层的顶板 AVO 的响应特征。

2）各煤层顶底板的截距和梯度异号，振幅曲线随着角度的增大而减小。

3）泥岩夹层厚度变化时，上煤层底板的截距和梯度异常呈近似对称关系，当泥岩夹层厚度为 1/4λ 和 1/8λ 时，上煤层底板的截距和梯度异常得到相干加强；当泥岩夹层厚度大于 1/4λ 时，上煤层底板的截距和梯度近似相等；当泥岩夹层厚度小于 1/8λ 时，上煤层底板的截距和梯度异常相干减弱。下煤层顶板的截距和梯度异常呈近似对称关系，与上煤层底板不同的是，当泥岩夹层厚度为 λ 时，下煤层顶板的截距和梯度呈减弱异常；对于下煤层底板而言，梯度表现相对平稳，而截距在泥岩夹层厚度为 1/2λ 的地方出现一个相对正异常。

以上仅讨论了一种比较的情况，实际生产中会遇到更加复杂的情况，当存在两层以上相邻很近的薄煤层时，煤层的 AVO 响应特征会变的更加复杂，因此需要用实际测井曲线来合成井旁地震道来分析 AVO 现象，具体问题须具体对待。

6.3.3　裂隙瓦斯煤层气储层的 AVO 分析

根据 Gregory 的实验室测定成果[94]，岩石的裂隙会引起岩石的纵横波速度比和泊松比增大。对美国新墨西哥州 Cedar Hill 煤层气田煤样品试验测定结果（少量裂隙、中等裂隙、密集裂隙三种样品泊松比分别为 0. 31、0. 37、0. 43）表明煤的泊松比也是随着裂隙发育程度增大而增大的，一般压实的砂岩泊松比为 0. 17 ~ 0. 26，压实的泥岩泊松比为 0. 28 ~ 0. 34[96]，因此，即使煤层的顶板和底板是泥岩，当煤层中的割理裂隙密度较大时，煤层与顶底板也存在明显的泊松比差异。

与常规砂岩储层中的天然气相比，瓦斯对煤层弹性参数的影响比较复杂，吸附态瓦斯在范德华力和孔隙水压力作用下以类似液体状态凝结在煤孔隙和裂隙的表面，根据 Gassmann 方程和 Biot 理论，吸附态瓦斯对弹性参数的影响类似于孔隙水，其影响是可以忽略的。在分析气体对岩石弹性参数的影响时，Gassmann 方程和 Biot 理论是假设岩石孔隙的连通性好，游离态气体能够在地震波的扰动下在孔隙之间自由流动，在地震波的半个周期内从初始平衡状态达到新的平衡状态。在满足这一假设条件时，孔隙中的游离态气体才能够导致岩石泊松比明显降低，煤层微孔隙的孔径主要为 5 ~ 8nm，微孔隙的渗透率很小，只有毫达西数量级，游离态瓦斯不能够在微孔隙之间自由流动，因此，可以忽略煤层微孔隙中的游离态瓦斯对煤泊松比的影响。另外，由于绝大多数煤层都富含水，割理裂隙中的游离态瓦斯主要是溶解在水中，其对泊松比的影响也可以被忽略，但是，当煤层含不饱和水时（干燥煤层或者地下水仅仅填充了部分割理裂隙空间），根据 Gassmann 方程和 Biot 理论，割理裂隙中的游离态瓦斯将导致煤的泊松比减小，其影响不可忽略。割理裂隙本身对煤泊松比的影响与割理裂隙中游离态瓦斯对煤泊松比的影响相反，因而根据泊松比等弹性参数难以对煤层的裂隙发育程度和瓦斯富集情况做出准确判断。因此，在通常情况下（除了含不饱和水的煤层），可以利用 AVO 技术探测煤层的割理裂隙富集部位，进行预测瓦斯富集程度[110-112]。

泥岩烃源岩的有机质含量低，吸附的甲烷数量少。煤岩的有机质含量高，有机质吸附的甲烷数量大，具有开采价值。煤岩的有机质性弱，易于吸附性弱的甲烷分子，而极性较强的矿物质则倾向于吸附水分子。煤岩由基质岩块和裂缝组成，是裂缝性泥岩，由煤岩基质生成的甲烷自由气都运移至裂缝并散失掉了，只有吸附气保存了下来。煤层气需要排水降压，使地层水脱气，吸附气解吸，自由气形成，并运移进入裂缝之后才能被开采出来。地层水的脱气压力，即地层水的泡点压力，也就是煤岩的临界解吸压力。煤层气开采存在一个临界产气压力，且开采过程不存在扩散现象。

由以上分析可知，基于煤岩的这种特殊性，鉴于目前比较流行的流体替换、微分等效模型等岩石物理建模方法，很难计算出实际情况下含气煤岩的弹性特征，但为了进一步认识煤层含气量对 AVO 响应特征的影响，下面将采用 Xu-White 模型对含气煤层进行正演模拟，尽管 Xu-White 模型在计算吸附性气体的多相介质参数时存在很大误差，但当煤层附近存在许多由非张性断层引起的裂隙时，由于地应力的释放，煤层气会发生一定程度的解吸，但又由于圈闭环境而无法溢出，故游离态煤层气占主导地位，此种情况下，虽然采用 Xu-White 模型计算双相介质弹性参数也存在一些小的误差，但这未免不是一种比较实用的折中方法。

1. 模型设计

为探索含气量对煤层 AVO 响应的影响，本次以 6.3.1 所述的地质模型为基础，而不考虑薄层调谐效应的影响，模型中煤层顶板和底板都是泥岩，煤层厚度设为 60m，弹性参数采用淮南煤田实测的实验室数据（构造煤Ⅲ，表 6-7），子波采用 55Hz 的雷克子波。

表 6-7 淮南煤田围岩和煤层弹性参数表[110]

	v_p/(m/s)	v_s/(m/s)	ρ/(g/cm^3)	σ
泥岩（围岩）	3170	1585	2.36	0.33
煤层	1500	681.39	1.35	0.37

模型中裂隙孔隙度设计为 0%、5%、10%、15%、20%、25%、30% 共七种情况，等效弹性参数采用 Xu-White 模型在 Jason 软件的 Largo 模块平台下进行正演计算，煤层气的密度为 0.40061g/cm^3，纵波速度为 456.37m/s，体积模量为 8.3435×10^7，环境压力为 12MPa，温度为 24℃，计算结果见表 6-8。

表 6-8 各种孔隙度条件下等效介质弹性参数正演成果表

序号	1	2	3	4	5	6	7
裂隙孔隙度/%	30	25	20	15	10	5	0
v_p/(m/s)	634	712	807	923	1066	1247	1500
v_s/(m/s)	279	336	399	467	537	609	681
ρ/(g/cm^3)	1.07	1.11	1.16	1.21	1.26	1.30	1.35
σ	0.38	0.36	0.34	0.33	0.33	0.34	0.37

2. 不同孔隙度的 AVO 响应特征

根据不同裂隙孔隙度正演得到的等效弹性参数特征，利用佐普利兹方程进行正演模拟，计算出各种孔隙度对应的 AVO 响应道集，图 6-20 仅给出孔隙度为 0 和孔隙度为 30% 的正演道集结果。图 6-21 给出了不同孔隙度情况下的煤层顶板和底板的 AVO 振幅曲线。图 6-22 反映了煤层顶板和底板的截距和梯度随着孔隙度的曲线变化特征。

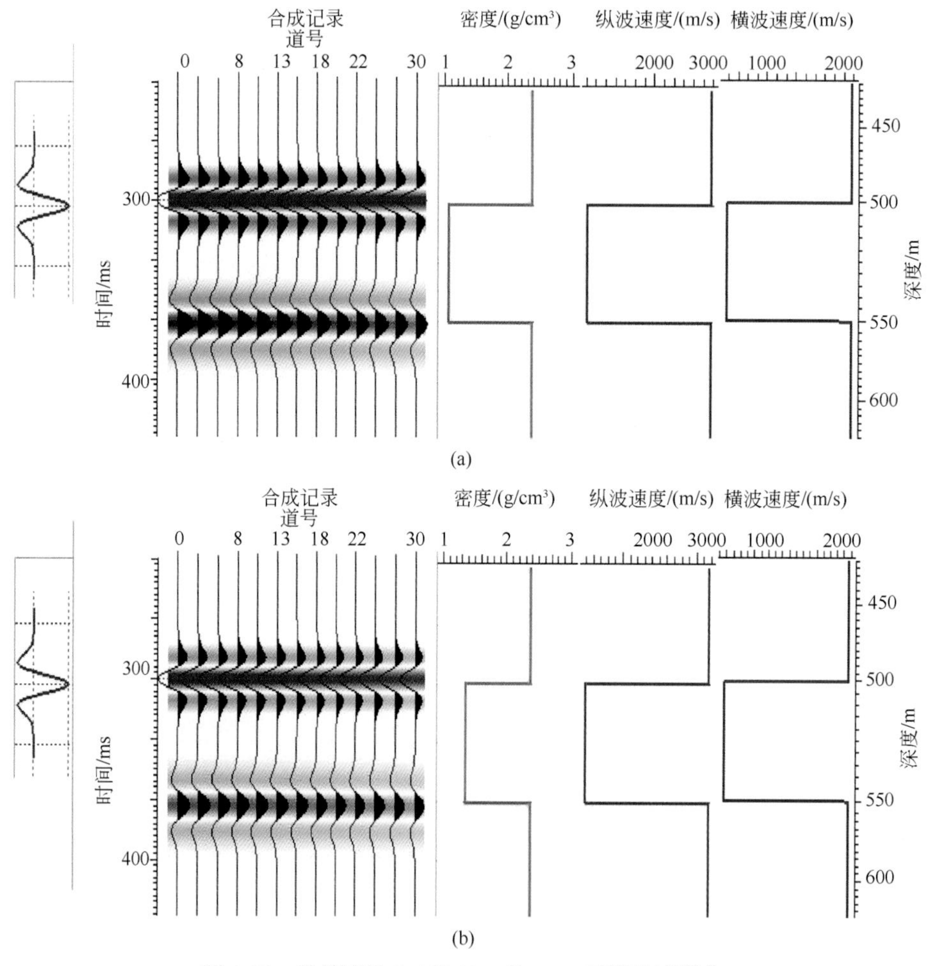

图 6-20　孔隙度为 0% 和 30% 的 AVO 正演角度道集

（a）孔隙度为 0%；（b）孔隙度为 30%

1）高孔隙度的 AVO 振幅响应比低孔隙度明显，总体变化趋势一致。

2）对于煤层，泊松比增大或者减小，振幅值总是随着入射角或者偏移距的增大而减小。

3）对于该裂隙孔隙度模型，梯度和截距的绝对值总是随着孔隙度的增大而增大。

4）对于该模型，顶板和底板对应得到的 AVO 振幅曲线是不对称的，底板的截距和梯度的幅值相对于顶板是减小的。

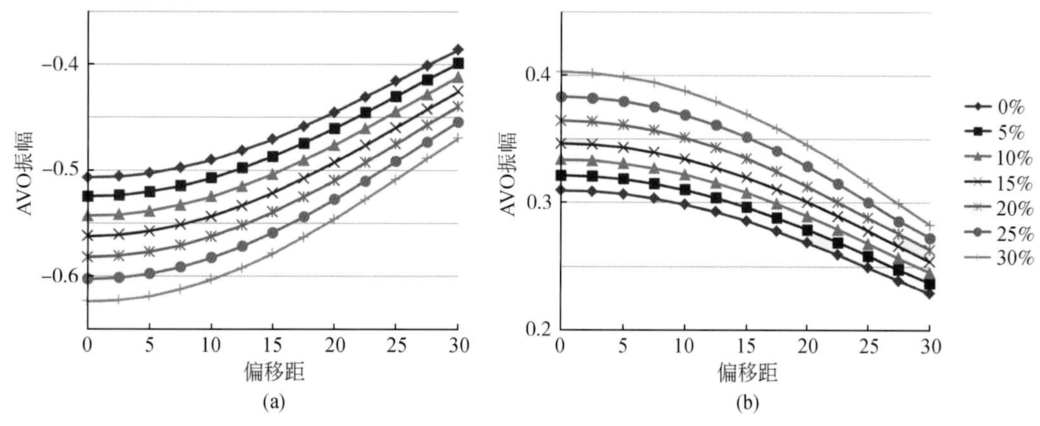

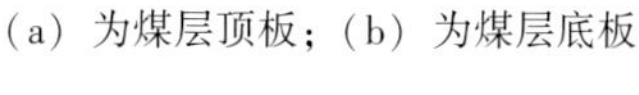

图 6-21　不同孔隙度情况下的煤层顶板和底板的 AVO 振幅曲线

（a）为煤层顶板；（b）为煤层底板

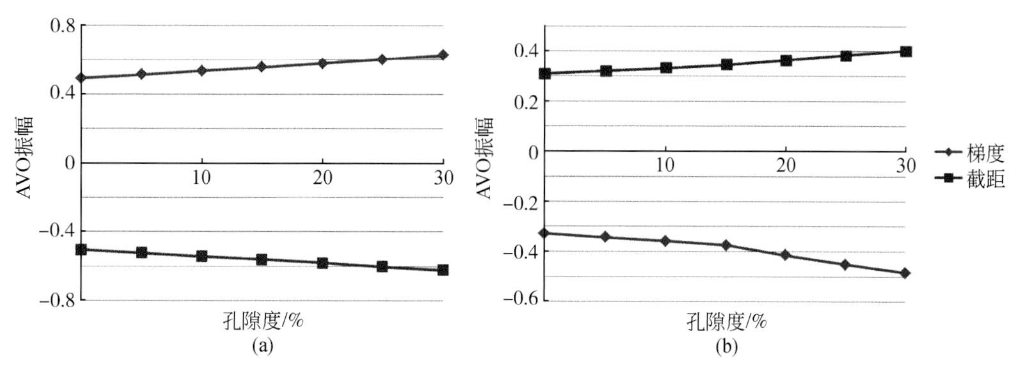

图 6-22　煤层顶板和底板的梯度和截距变化特征

（a）为煤层顶板；（b）为煤层底板

6.3.4　不同煤体结构 AVO 正演模拟

煤体结构是指煤层在地质历史演化过程中经受各种地质作用后表现出的结构特征。煤体结构历经变形和变质作用后，煤体分为原生煤和构造煤。原生煤是指保留了原生沉积结构、构造特征的煤层，原生煤的煤岩成分、结构、构造、内生裂隙清晰可辨。构造煤在构造应力作用下，发生成分、结构和构造的变化，引起煤层破坏、粉化、增厚、减薄等变形作用和煤的降解、缩聚等变质作用的产物。构造煤的宏观结构常见碎裂结构、碎粒结构、粉粒结构、糜棱结构等，对应的构造煤命名为碎裂煤、碎粒煤、粉粒煤和糜棱煤。国外研究煤体结构是始于 20 世纪 20 年代。苏联和波兰对此较为重视，他们对构造煤的破坏程度、光泽、微裂隙密度、间距等作过详细地研究。20 世纪 90 年代，对构造煤研究已逐渐成为瓦斯地质学科核心内容。

1. 模型设计

表6-9中使用的煤层顶板砂岩和泥岩的纵波速度、横波速度和密度数据是来自淮南煤矿钻孔岩心实验室测定的资料，煤层参数则是参考已有的文献数据。在AVO模型分析中，只研究具有不同煤体结构的煤层AVO特征，而不考虑薄层调谐效应的影响。对AVO正演模拟计算使用Zeoppritz方程算法，模型中煤层厚度设计为50m，煤层研究对象为原生煤Ⅰ、构造煤Ⅱ、构造煤Ⅲ、构造煤Ⅴ共四种不同煤体结构的煤层；顶板和底板岩性相同，为砂岩、泥岩两种，其厚度各为200m，选择主频为55Hz零相位的Ricker子波进行计算。

表6-9　不同煤体结构AVO模型参数表[110,111]

		v_p/(m/s)	v_s/(m/s)	ρ/(g/cm^3)	σ
煤层	原生煤Ⅰ	2400	1259	1.50	0.310
	构造煤Ⅱ	1960	1090	1.39	0.276
	构造煤Ⅲ	1500	681	1.35	0.370
	构造煤Ⅴ（软分层）	650	196	1.25	0.450
板	泥岩	3170	1585	2.36	0.333
	砂岩	3601	2172	2.56	0.214

2. AVO分析

对上述模型，煤层顶板和底板AVO响应特征具有一定的对称性，这里仅讨论煤层顶板的AVO响应情况。

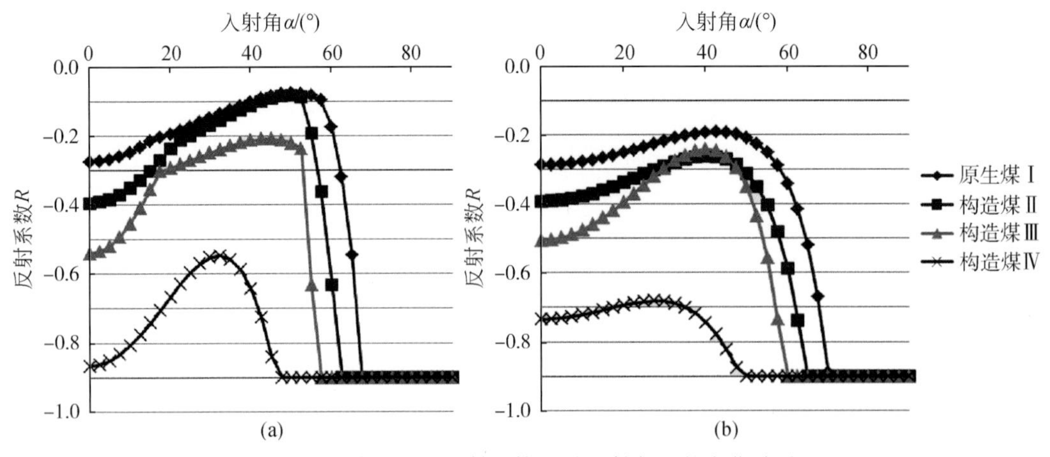

图6-23　煤层顶面反射系数R随入射角α的变化关系

（a）为顶板是砂岩；（b）为顶板是泥岩

由图6-23可见：

1）顶板岩性对AVO特征有很大影响，顶板岩性（砂岩、泥岩）所对应的反射系数曲线形态明显不同，相对而言，围岩是泥岩，对应的反射系数曲线较平缓一些。

2）当入射角小于10°时，振幅随入射角的变化不明显；当入射角在10°~40°时，反射系数随入射角变化明显，对AVO分析最有意义。

3）对于不同的破碎程度煤体，其反射系数随着入射角变化的梯度有很明显差异，因此，可以使用AVO探测煤体局部破碎差异程度，进而可能探测瓦斯局部富集区。

4）无论是砂岩顶板还是泥岩顶板，软分层（即非常破碎的构造煤）的AVO特征都是很突出的，这有利于使用AVO技术预测煤体结构变化及瓦斯富集情况。

6.4　二维楔形煤层模型

在6.3节的讨论中，仅涉及到单井的AVO正演模型，本节将涉及到二维连续测线的AVO正演和反演。

1）构建一个楔形煤厚模型，最大煤厚处要足够厚（大于2λ），煤层露头处煤厚为0m，这样的煤厚模型同时存在调谐相干区域和非调谐相干区域。而后利用声波波动方程进行正演模拟，产生炮集的原始记录。

2）分别在模型不同位置布设一定数量的钻孔，这些钻孔位置要求有不同的见煤厚度，无煤区域至少有一口钻孔。

3）将原始单炮记录进行去噪、振幅恢复后，抽成CDP道集，并进行叠前时间偏移，获得CRP道集。

4）准备好CRP道集、速度、叠后数据后，结合钻孔资料，建立低频模型，进行AVO叠前弹性参数反演，分析所获得的各类弹性参数剖面，对比原始模型，验证AVO弹性参数反演技术在煤厚模型的适用性。

6.4.1　模型正演

楔形模型（图6-24）：长度5000m，深度600m，盖层厚度200m，煤层厚度从100m线性变化为0m，最厚处在模型的左边界$x=0$m位置，最薄处在$x=4000$m处，煤层顶板为一平层，底板倾角1.432°，煤层和顶板围岩波阻抗差值为3875.6g/cm^3·m/s，煤层和底板围岩波阻抗差值为6494.16g/cm^3·m/s。

物性参数：顶部基岩的纵波速度为3000m/s、横波速度为1730m/s、密度为2.2g/cm^3；中间煤层的纵波速度为1960m/s、横波速度为1090m/s、密度为1.39g/cm^3；底部基岩的纵波速度为3601m/s、横波速度为2172m/s、密度为2.56g/cm^3。

子波：55Hz的Ricker子波，波长$\lambda=1960/55\text{m}\approx35.64$m。

观测系统：中点放炮，偏移距10m，100道接收，25次覆盖，道距10m，炮距20m，放炮值x为500~4700m，炮点201个。

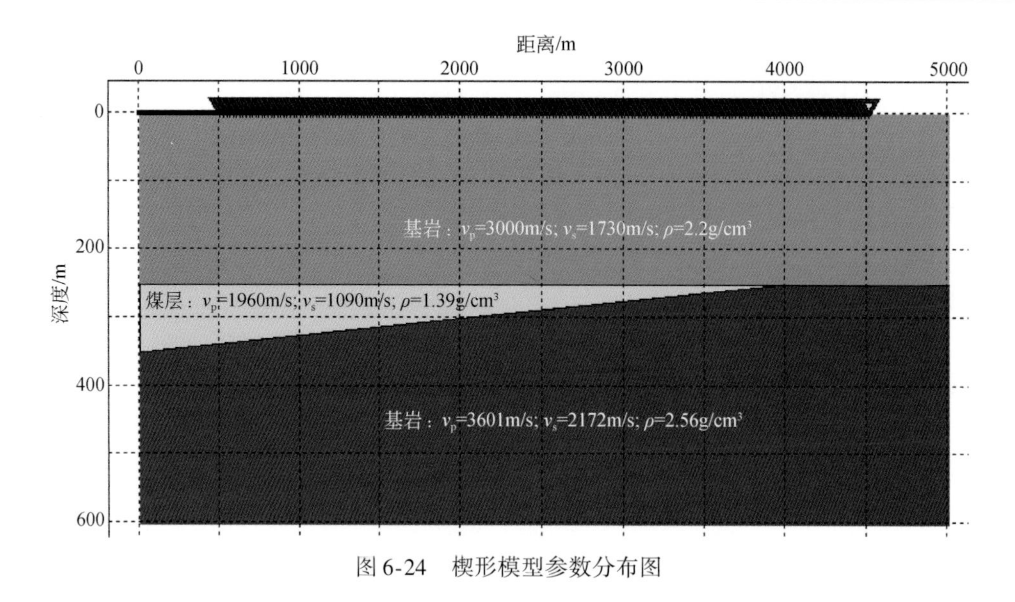

图 6-24　楔形模型参数分布图

该正演过程在 Tesseral 2D 上进行，利用声波波动方程模型方法进行正演模拟，为防止空间假频，模型剖分网格为 2.695m×2.695m，边界为 PML 完全匹配吸收边界。正演合成单炮记录如图 6-25 所示。

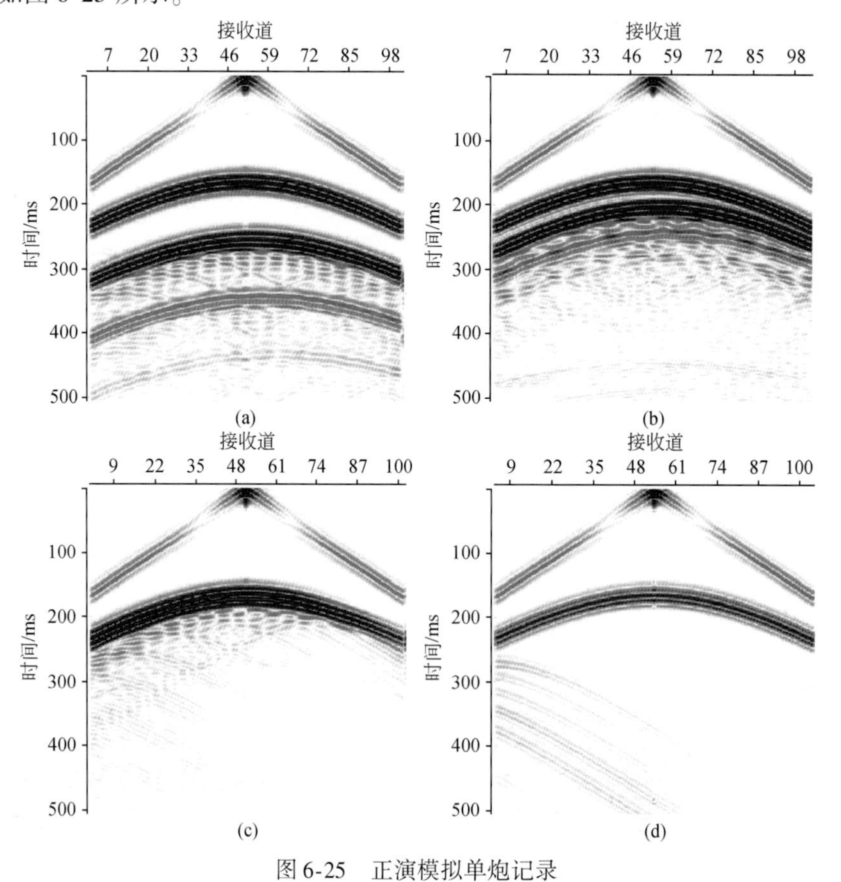

图 6-25　正演模拟单炮记录

（a）煤厚大于 80m；（b）煤厚大于 40m；（c）煤厚小于 9m；（d）无煤区

6.4.2　AVO 处理

AVO叠前处理要遵循“三高”的准则，对保幅的要求较高。叠前处理时应注意以下工作：

1）做好振幅恢复处理工作，恢复振幅在深度方向的衰减，采用地表一致性方法恢复横向上的振幅异常，防止产生假的AVO振幅异常。

2）用反Q滤波做好相位恢复处理，采用地表一致性反褶积将波场零相位化。

3）消除多次波、相干线性、随机噪声衰减等干扰。

对于该模型数据，只需用切除法消除初至波和多次波的干扰，并将CSP道集抽成CMP偏移距道集，如图6-26所示。

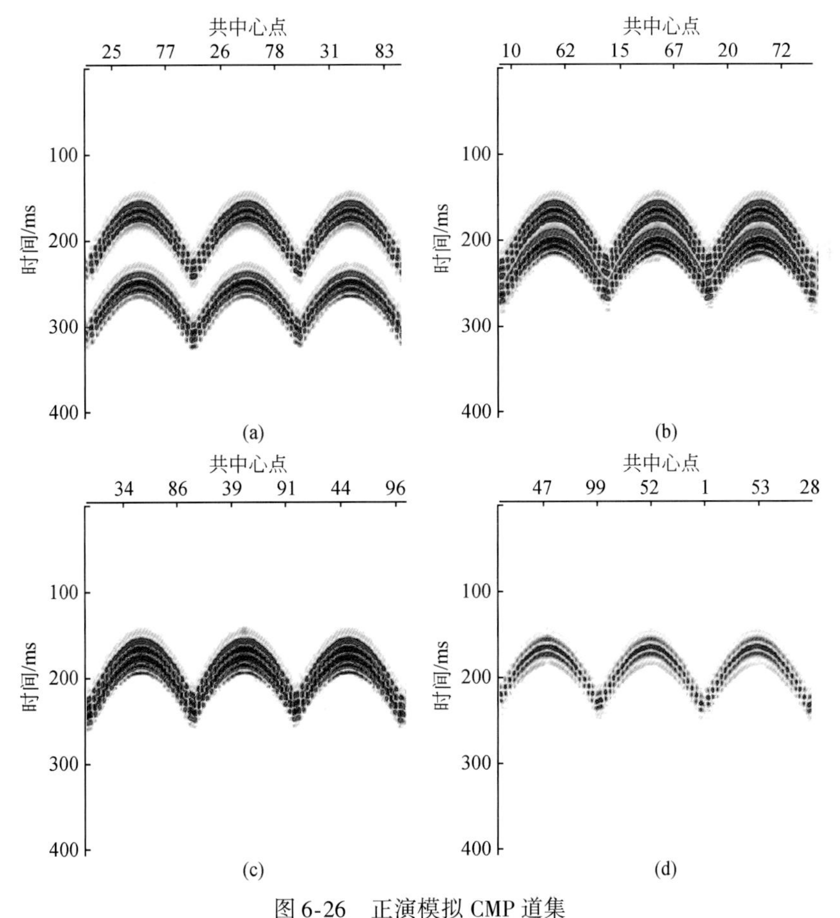

图6-26　正演模拟CMP道集

（a）煤厚大于80m；（b）煤厚大于40m；（c）煤厚小于9m；（d）无煤区

在做叠前弹性参数反演之前，需要将CMP道集转换到CRP道集。这个过程是利用Geodepth软件完成的，首先拾取CMP道集的初始RMS速度（图6-27），建立准RMS速度模型［图6-28（a）］，用直射线法进行初次叠前时间偏移；其次转入下一个阶段的剩余

RMS 速度迭代分析过程，直至得到令人满意的偏移结果［图 6-28（b）］。

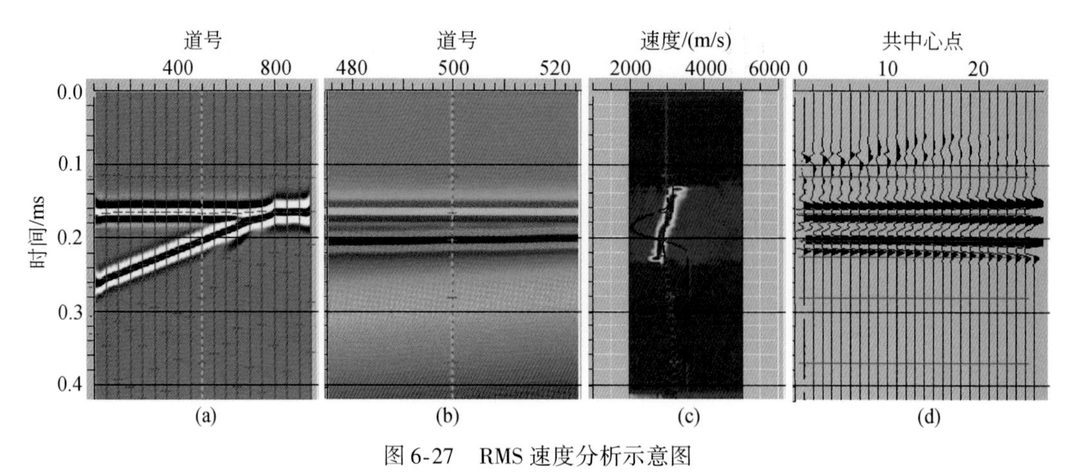

图 6-27　RMS 速度分析示意图

（a）时间偏移剖面；（b）地层速度属性；（c）RMS 速度；（d）动校正剖面

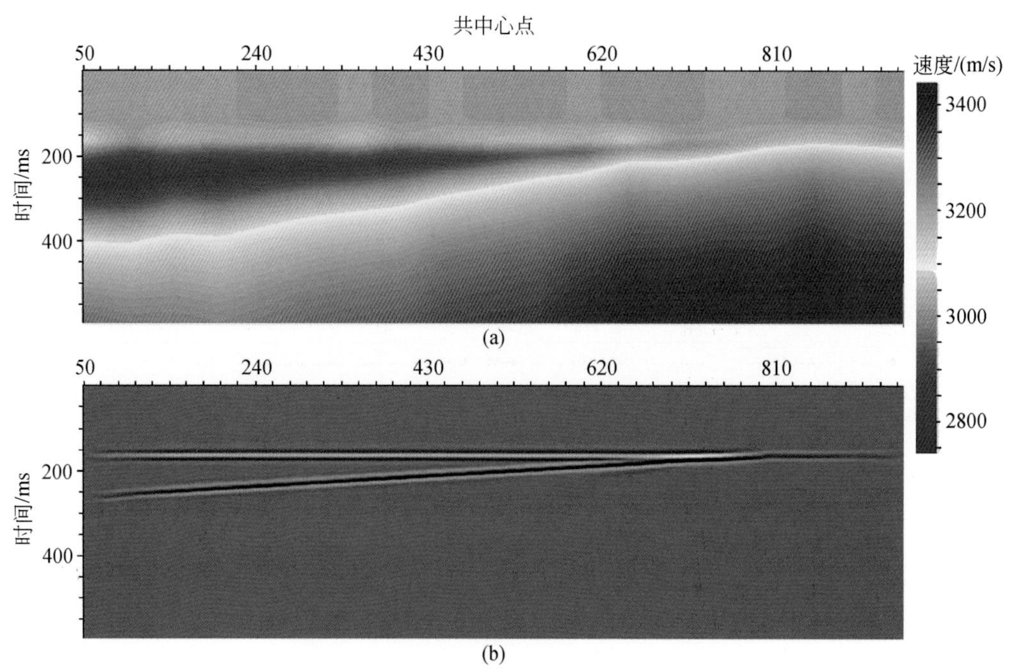

图 6-28　均方根速度和叠前时间偏移结果

（a）均方根速度；（b）偏移归位时间剖面

为了满足 Jason 叠前 AVA 弹性参数同时反演的需要，需将叠前时间偏移产生的 CRP 道集进行部分角度叠加，从而得到近、中、远不同偏移距上的部分角度叠加剖面。通过对该模型的分析，目的层平均埋深约 250m，最大偏移距 500m，最大反射角为 45°，入射角大于 45°的角道集数据没有目的层，可将角度部分叠加范围划分为三个区域：0° ~ 16°、

14°~30°和28°~44°，每个角度域重叠2°。产生的部分角度叠加数据剖面如图6-29所示。我们采用了变偏移距叠加技术，通过在深浅层采用不同的偏移距范围，来保证从浅到深在每个部分叠加上都有地震资料，同时从浅到深各个部分叠加的覆盖次数基本一致，部分叠加的信噪比也基本一致。

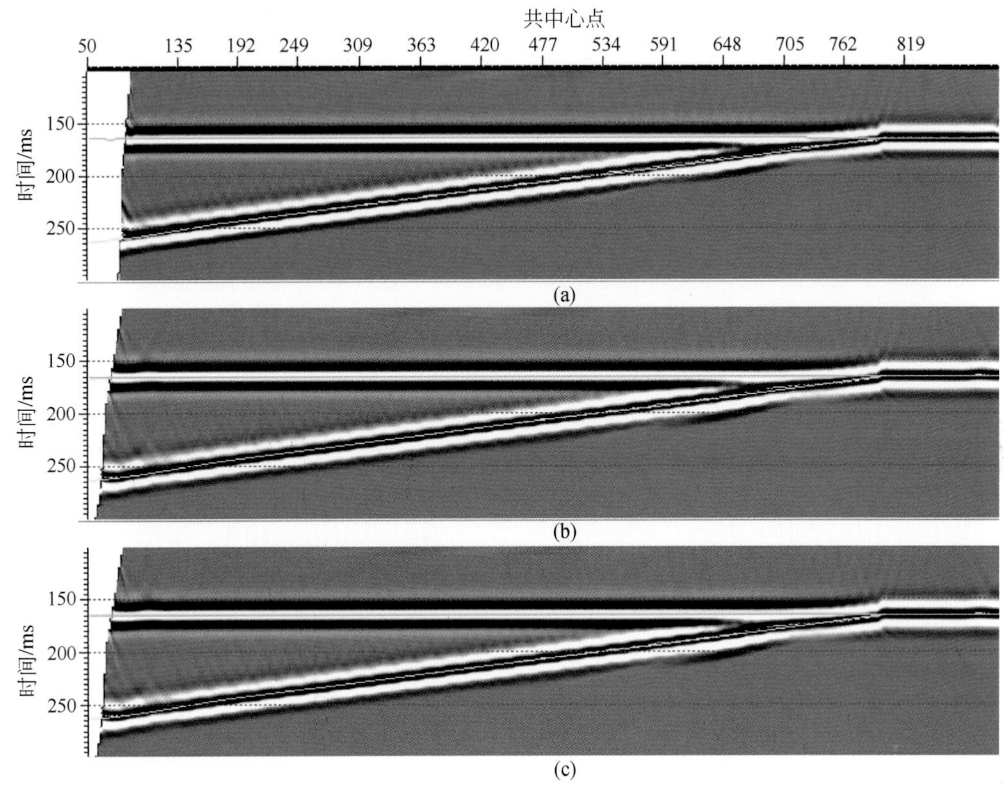

图6-29 部分角度叠加数据剖面

(a) 近偏移距，0°~16°入射角叠加；(b) 中偏移距，14°~30°入射角叠加；(c) 远偏移距，28°~44°入射角叠加

6.4.3 AVO反演

1. 虚拟孔布设

地震反演的过程就是根据地震角道集数据，在钻井的约束下通过多次迭代求解地下地层参数的过程。在求解的过程中，为了增加解的可靠性和正确性，要对解的结果进行趋势和范围的约束（图6-30）。通过约束，可以将结果控制在一定的范围之内，并保证结果具有可解释性。这个约束是靠钻孔来实现的，为此，在该模型的 $x=1000$m、2400m、3650m、4300m等具有代表性的位置布下well1、well2、well3、well4共四个钻孔，并在深度模型上提取密度、横波速度、纵波速度三个测井曲线，well1钻孔处煤厚为75m，远大于一个子

波长度，well2 钻孔处煤厚为 40m，接近于一个子波长度，well3 钻孔处煤厚为 8. 8m，小于 1/4 子波长度，well4 是无煤孔。这四个钻孔的合成地震记录如图 6-31 所示。

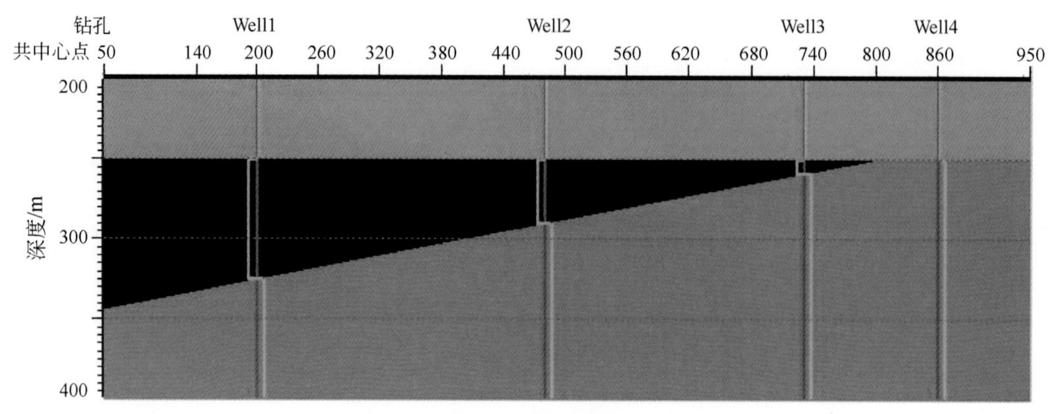

图 6-30　钻孔在深度模型上的分布

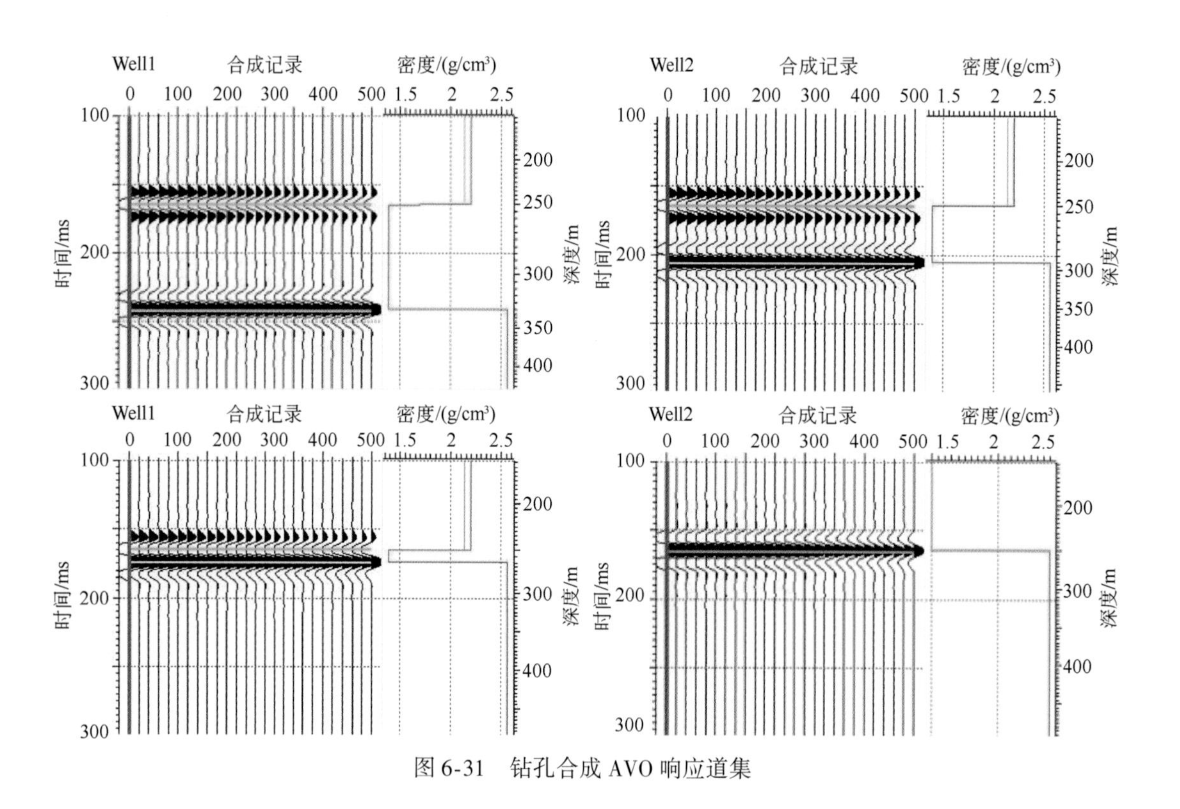

图 6-31　钻孔合成 AVO 响应道集

2. 井震标定

利用合成记录标定层位是进行合理构造解释的基础，同时也是连接地震与地质层位的重要环节。子波的好坏直接影响到反演的结果，如果想得到一个好的反演结果，那么就需要花费大量的时间在合成记录的制作和子波的提取工作上，叠前同时反演子波提取和叠后约束稀疏脉冲反演相似，只不过要在多个部分叠加数据体分别提取相应的子波，在不同偏移距道集叠加体上进行合成记录标定。标定过程如图 6-32 所示。提取的子波近似雷克子波，子波主峰能量较集中，旁瓣左右对称，相位为零。

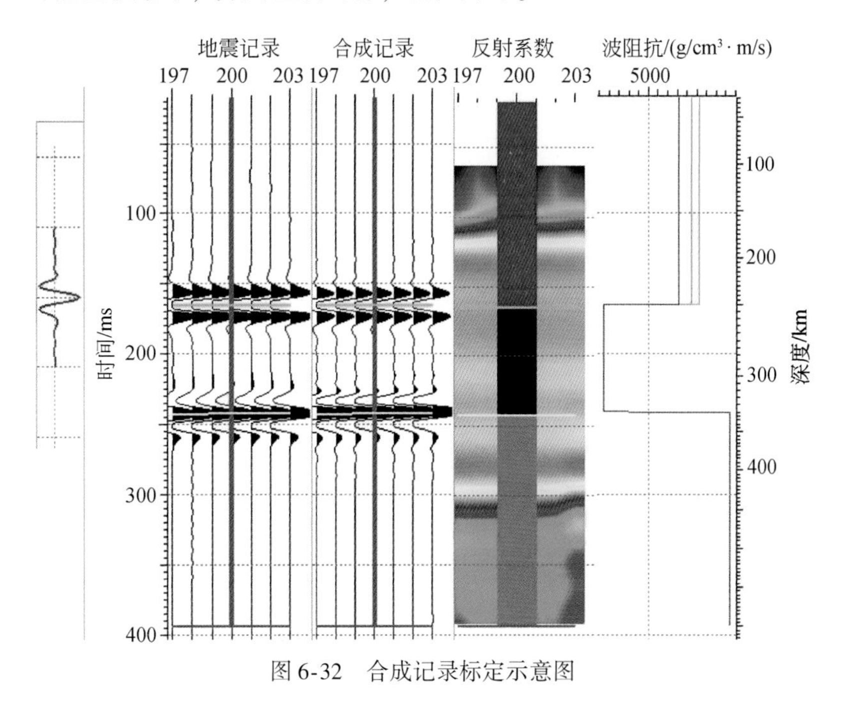

图 6-32　合成记录标定示意图

3. 低频模型建立

地震直接反演结果中不包含 9Hz 以下的低频成分，需从其他资料提取予以补偿。从地震资料出发，以测井资料和钻井数据为基础，建立基本反映沉积体地质特征的低频初始模型。地质模型中的地层模型是根据精细的层位解释结果建立的地层框架表，地层框架表定义了测井数据在每个地层如何进行内插。地层框架表对反演目的层段的地层特征应具有代表性，建立合适的地层框架表是测井数据进行内插的关键。具体做法是根据地震解释层位，按沉积体的沉积规律在大层之间内插出很多小层，建立一个地质框架结构；在这个地质框架结构的控制下，根据一定的插值方式对测井数据沿层进行内插和外推，产生一个平滑、闭合的实体模型。因此，合理地建立地质框架结构和定义内插模式是最关键的部分。

在建立低频模型时，严格意义上讲应充分考虑构造、地层、沉积、成岩模型，对反演过程进行宏观约束，使反演结果更趋符合宏观地质规律（图 6-33）。模型的建立可分为地质框架模型的建立和低频模型的产生。低频模型建立完成后，要仔细核查层位、曲线和模型的吻合情况。

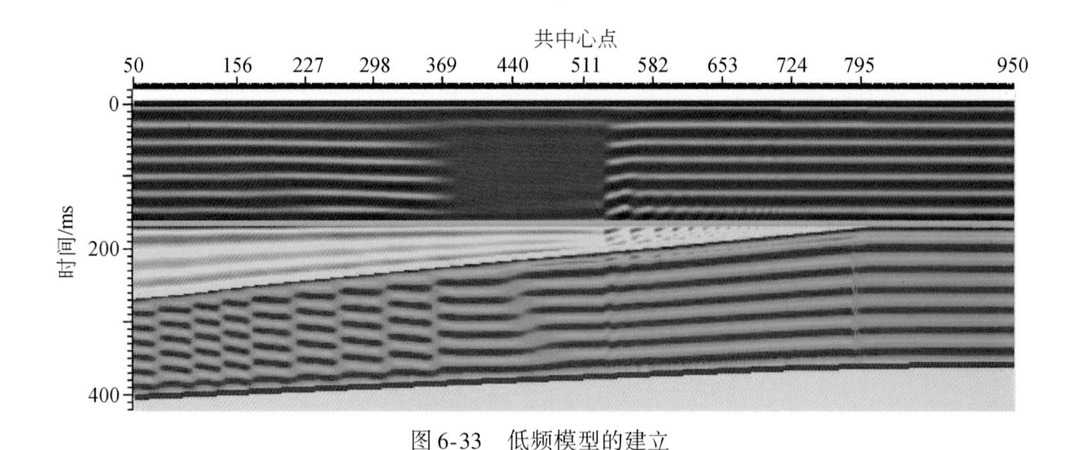

图 6-33　低频模型的建立

4. 约束条件

（1）软趋势约束

软趋势约束包括趋势约束条件、SVD 稳定化、差异稳定化和岩石物理方程。本次应用选择的参数（如纵波阻抗、纵横波速度比及密度）的软趋势约束条件（图 6-34、图 6-35、图 6-36）将使稀疏脉冲反演的结果与低频趋势模型之间不出现太大的变化。通过合并频率对反演得到的模型进行相同的滤波。

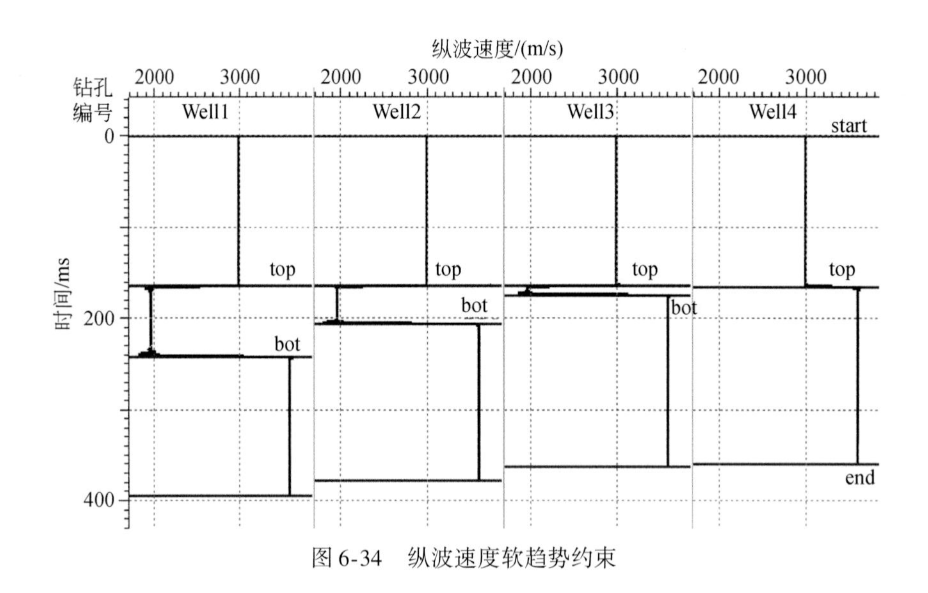

图 6-34　纵波速度软趋势约束

如果反演得到的弹性模型趋势出现差异，软趋势约束成为一种约束条件调整约束条件的强度，可以提供稳定的低频结果，同时不显著降低合成地震记录与地震数据的相关性。

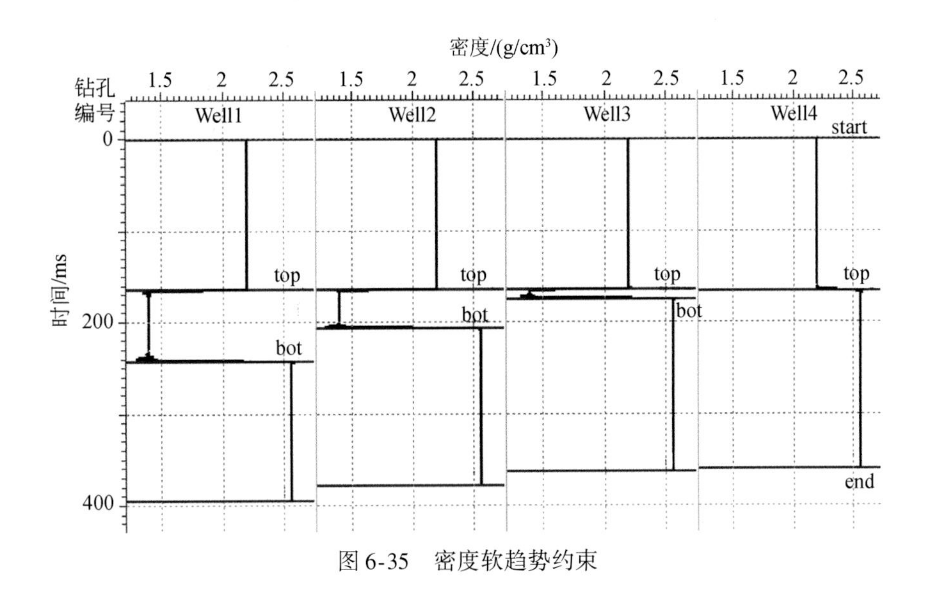

图 6-35　密度软趋势约束

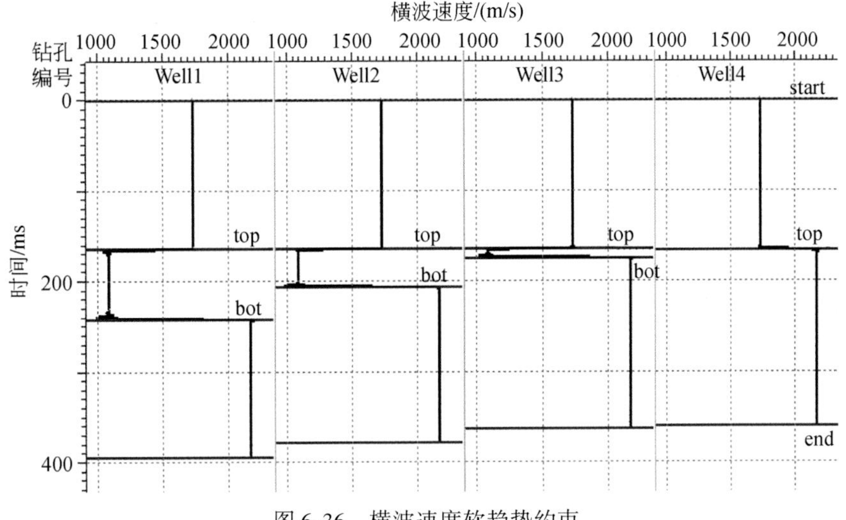

图 6-36　横波速度软趋势约束

SVD 稳定化是牺牲分辨率来降低噪声影响的方法。在对矩阵进行求逆的时候，矩阵中一些小的物理量会造成不稳定性。SVD 方法首先分析矩阵，然后将最大物理量的百分数加到其他物理量上。SVD 约束将使密度反演的结果变得更加稳定，但是对纵横波速度比有较大影响（图 6-37）。

对选择弹性参数（纵波阻抗、纵横波速度比及密度）进行差异稳定化，以使在非约束差异优化和约束弹性参数优化之间进行加权叠加的过程更加稳定。

相对稳定化是一种折中的办法。稳定化参数增大，会提高反演结果的稳定性，但是会降低合成地震记录与地震数据之间的匹配程度。

（2）软空间约束

软空间约束用于在沿地层层面的横向方向上，约束反演结果的横向畸变。可以在弹性

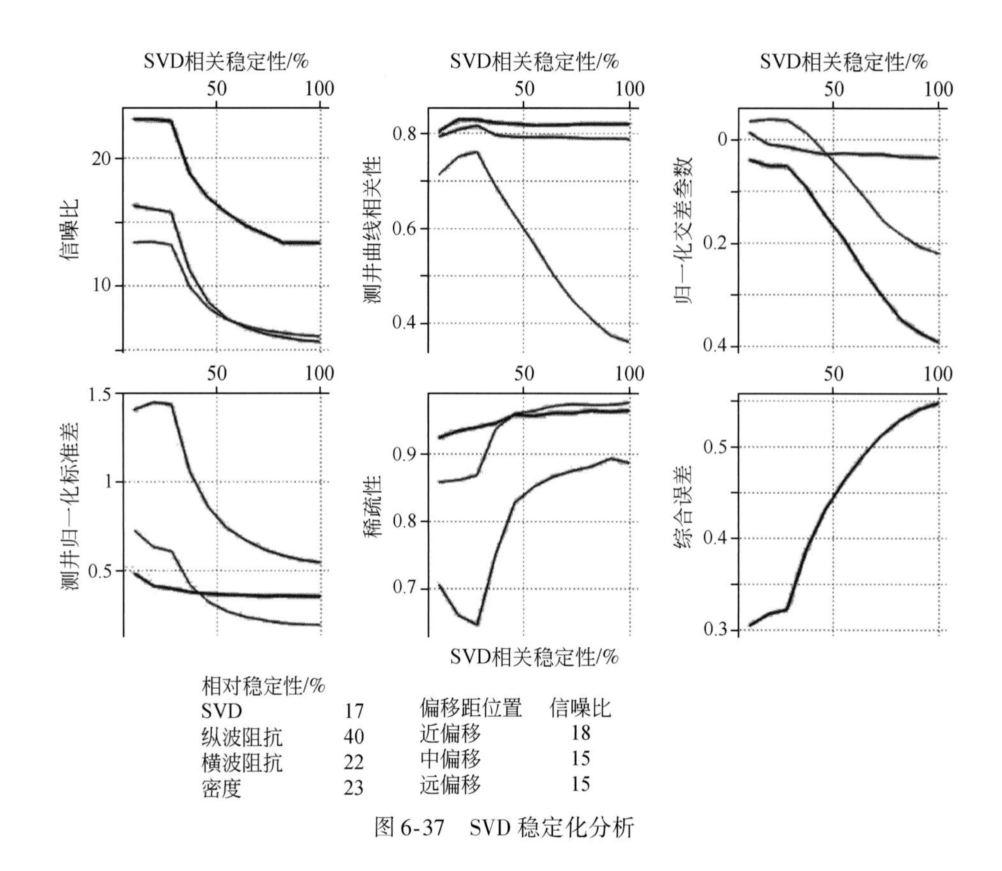

图 6-37　SVD 稳定化分析

参数模型中消除随机噪声，增强弹性模型的横向连续性。软空间约束同样有助纵波阻抗、横波阻抗、纵横波速度比等模型更加稳定，并且降低合并频率。另外，在应用软空间约束的情况下，同时反演能够对小块三维数据体进行操作，这使得可以对多道数据同时进行反演，而不是传统意义上的单道反演。通过调整软空间约束的强度，可以在反演的弹性模型中保留重要的横向变化信息。

（3）参数 λ

在选择 λ 参数过程中，应用了多种类型的质量控制手段。这些质量控制过程是选择井附近的几个地震道进行测试反演。在反演过程中选择了多个 λ 因子，最终选择了最优的 λ 值。在测试反演过程中，没有应用约束条件。

第二步的质量控制过程是在选择不同 λ 参数情况下，检查反演得到的纵波阻抗、纵横波速度比和测井测量的纵波阻抗、纵横波速度比之间的相关关系。在检查过程中，没有过分考虑反演密度和测量密度的匹配情况，因为在没有进行各向异性偏移的情况下，同时反演得到的密度结果总是不稳定的。

选择 λ 因子的条件是该因子要尽量的小，但是要保证尽量高的信躁比反演结果与测井曲线的相关程度尽量高、模型结果和测量结果的相关性高。

（4）敏感参数分析

在进行弹性波阻抗反演的过程中，存在许多敏感参数，如信噪比的控制、钻井的相关系数、反演计算时的地震残差、叠加时三个角道集相互间的关系、比例等参数，它们都需要在进行质量控制以后，挑选最优的参数参与反演计算。

（5）合并频率

合并频率是将低频趋势模型和反演结果进行合并时选择的截止频率。该参数的选择过程与选择λ因子的方式类似，对于选择的井点附近的几个地震道，在改变不同的合并频率情况下，应用中等强度的软趋势约束条件进行测试反演。与前述方式类似，通过对相似的质量控制图进行分析，以选择最佳的合并频率值，该参数选择标准是尽可能小，以避免在最终的反演结果的幅度谱中出现缺口。反演过程中选择的参数如表6-10所示。

表6-10　AVO反演最终优化参数

反演参数		数值
软趋势约束	相对纵波速度误差	8.6%
	相对横波速度误差	2.9%
	相对密度误差	4.8%
软差异稳定化	SVD稳定化	28%
	相对差异稳定化	off
稀疏脉冲参数	λ	9.2
地震信噪比（权重）	远偏移距部分叠加	110%
	中偏移距部分叠加	80%
	近偏移距部分叠加	139%
合并滤波器	低频	16Hz
软空间约束	相对纵波速度误差	5%
	相对横波速度误差	5%
	相对密度误差	5%
	Inline相关长度	50 m
	Crossline相关长度	50 m
	数据块尺寸	1000 traces
	重叠道数量	3
	最大频率	120 Hz

5. 反演结果

通过精心准备叠前同时反演所需的部分叠加地震数据、各个部分叠加的子波，以及反演低频趋势模型，精细调整叠前同时反演中的各项参数，就可以得到能够反映该区地下岩性和物性的弹性参数体，如密度剖面、纵横波速度比剖面、泊松比剖面等。

图6-38～图6-40分别为密度、纵波速度、横波速度三个弹性参数的反演前后对比剖面。从对比情况来看，反演后的密度、纵横波速度和原始模型吻合较好，在煤层露头位置附近，相干调谐效应压制较好，但还是存在一定程度的干扰。为验证AVA同时反演技术的抗噪性，反演前在CDP道集上加入了10%的白噪，反演后的剖面虽然也都存在一定程度的干扰，但模型的趋势形态的吻合度是显而易见的，由此可知，该AVA反演技术有一定程度的抗噪能力，对于白噪有一定程度的不敏感性。

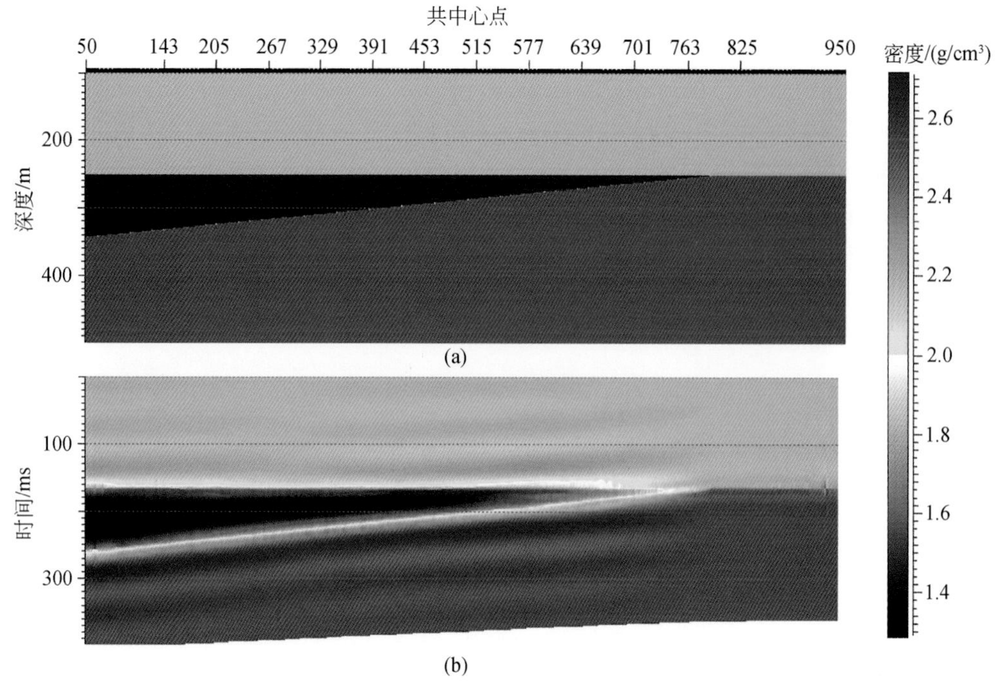

(a)

(b)

图 6-38　AVA 叠前同时反演前后密度对比剖面

（a）深度域模型；（b）时间域反演结果

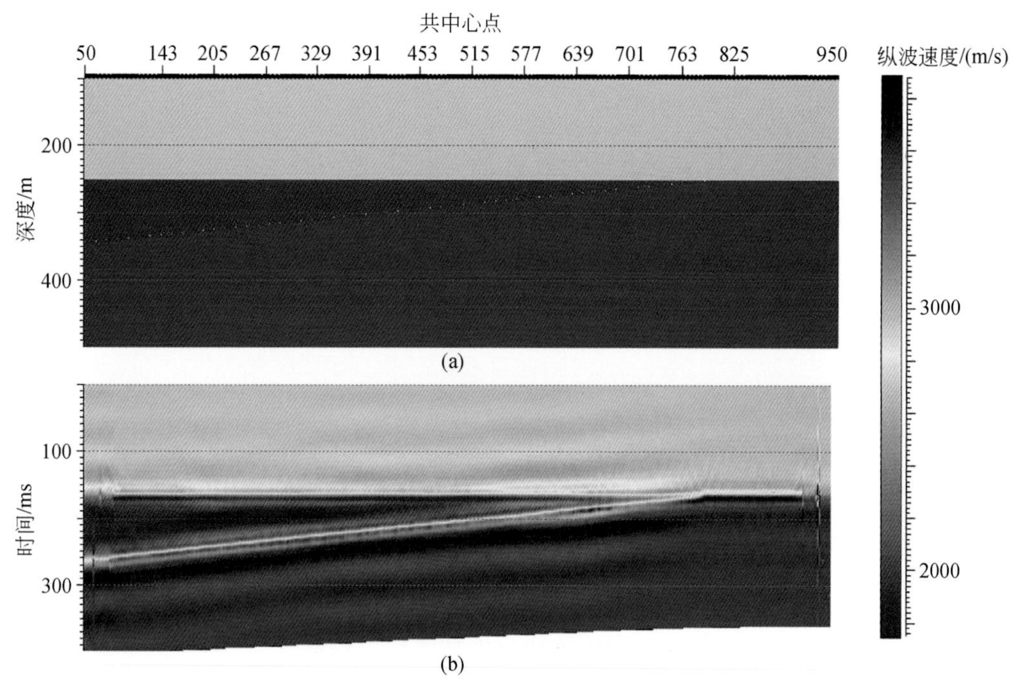

(a)

(b)

图 6-39　AVA 叠前同时反演前后纵波速度对比剖面

（a）深度域模型；（b）时间域反演结果

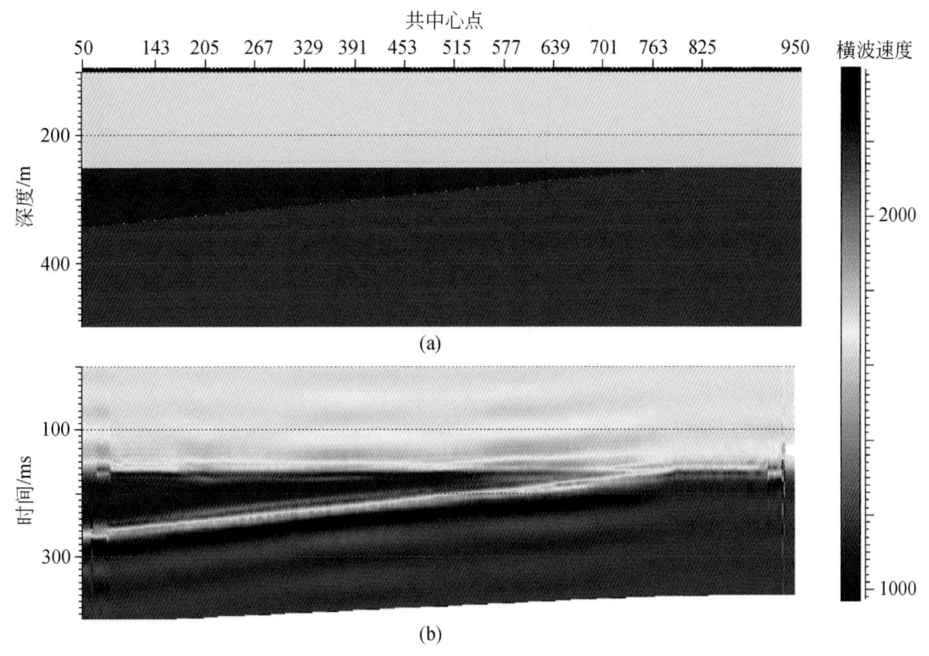

图 6-40　AVA 叠前同时反演前后横波速度对比剖面

（a）深度域模型；（b）时间域反演结果

图 6-41、图 6-42 为 AVA 叠前同时反演梯度和截距成果剖面，截距剖面也可称为 P 剖面，该剖面是振幅随炮检距变化拟合直线的截距，是真正法线入射时的纵波反射系数，梯度剖面也可称为 G 剖面，是振幅随炮检距变化拟合直线的斜率，它反映了纵波速度、横波速度和密度的关系。在外观上这两个剖面和原始地震记录有一定程度的相似性，在煤层厚度小于波长的 1/2 的位置开始发生调谐效应，并逐渐到煤层厚度为 0m 的地方调谐效应慢慢消失。

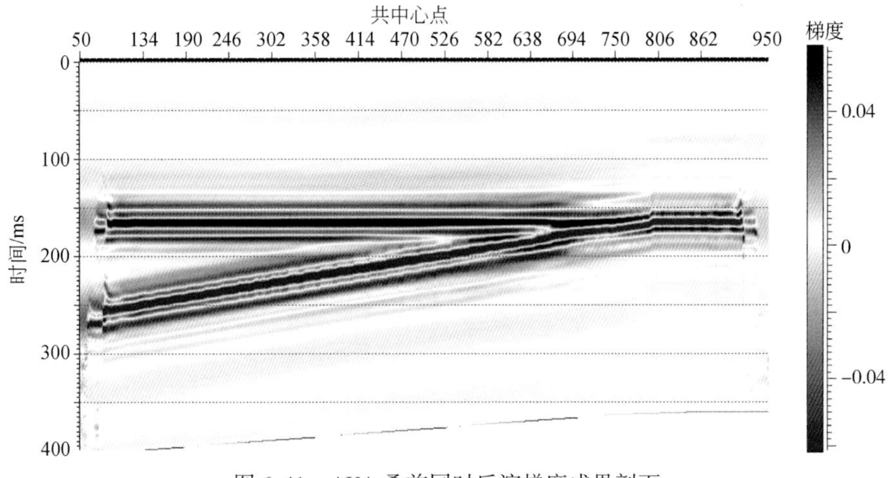

图 6-41　AVA 叠前同时反演梯度成果剖面

图 6-43 为 AVA 叠前同时反演 v_p/v_s 成果剖面，图 6-44 为 AVA 叠前同时反演 mur（拉梅系数）μ 成果剖面，图 6-45 为 AVA 叠前同时反演 lambdar（拉梅系数）λ 成果剖面，

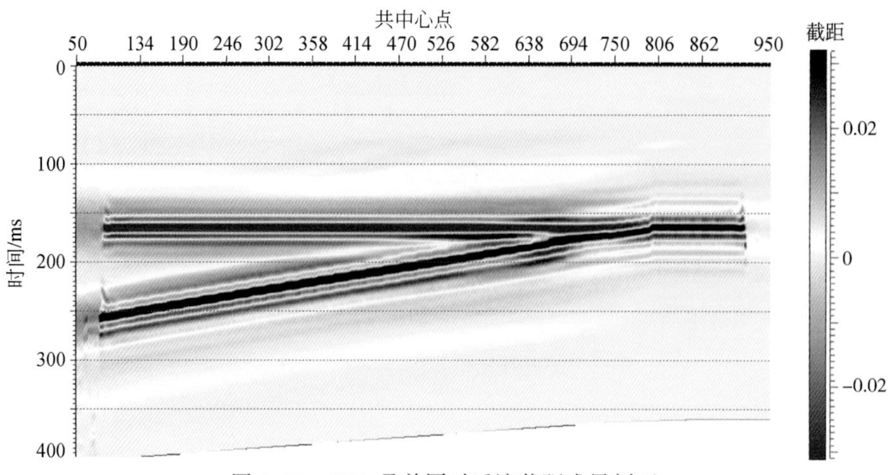

图 6-42　AVA 叠前同时反演截距成果剖面

图 6-46为 AVA 叠前同时反演泊松比成果剖面，这几个成果剖面均不同程度的反映了模型的岩性分布特征，但干扰相对较多。

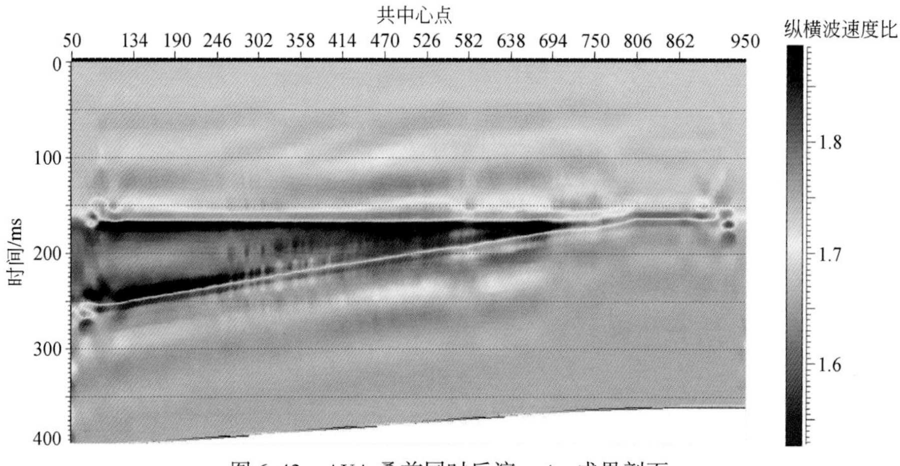

图 6-43　AVA 叠前同时反演 v_p/v_s 成果剖面

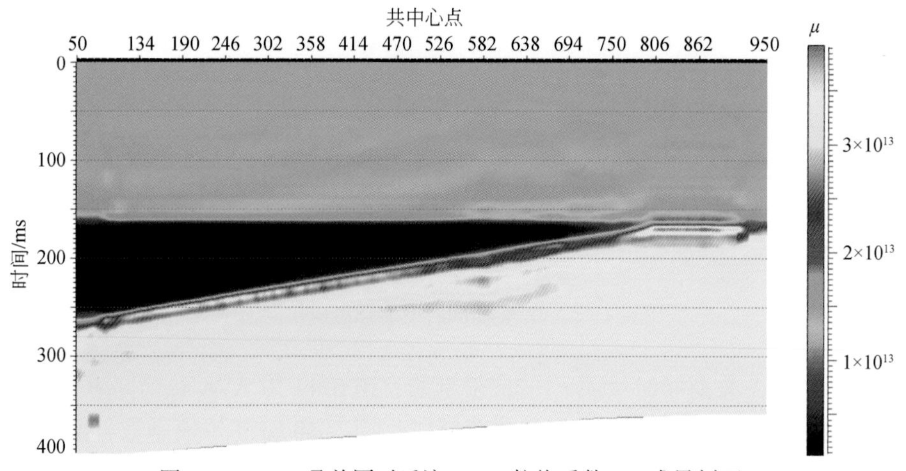

图 6-44　AVA 叠前同时反演 mur（拉梅系数）μ 成果剖面

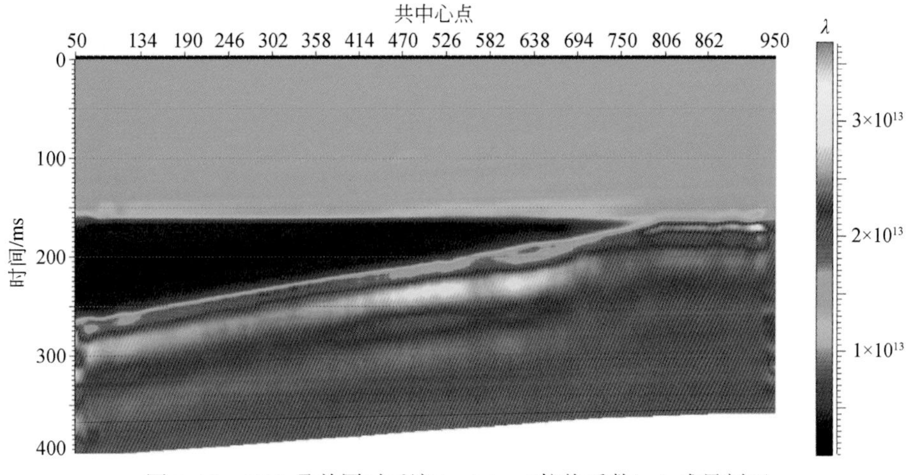

图 6-45　AVA 叠前同时反演 lambdar（拉梅系数）λ 成果剖面

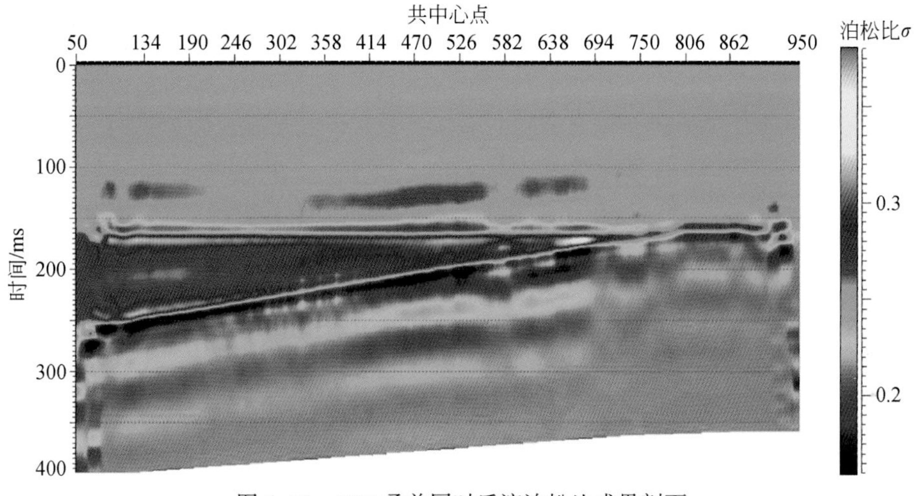

图 6-46　AVA 叠前同时反演泊松比成果剖面

6.5　AVO 属性分析与解释

地震属性分析的物理基础是岩石的物理性质。与地震勘探直接相关的岩石物理参数包括：速度、密度，间接相关的参数包括孔隙度、渗透率、含水饱和度等。目前研究比较多的参数是不同情况下的速度和密度的变化规律，其相关的参数有反射振幅、泊松比、纵横波速度比、波阻抗、AVO 属性等。主要有以下几种：

1）形成强振幅反射的原因；

2）影响速度的因素；

3）地层速度与含油气性的关系；

4）泊松比与物性的关系及对反射系数的影响；

5）储层的 AVO 特征。

1. 形成地震反射强振幅的原因

对于双相介质，反射界面的波阻抗之差取决于岩石的骨架速度 v_m 和骨架密度 ρ_m 、孔隙流体速度 v_f 和流体密度 ρ_f 及岩石孔隙度 Φ ，这六个变量决定了反射系数的大小，也决定了反射振幅的大小。一般形成强反射的原因有下面几种：

1）岩性影响。火成岩、石灰岩、胶结致密的石英砂岩等岩石，波阻抗特别大，而超压泥岩、煤层或其他多孔隙岩层，波阻抗特别小。这些岩层与其相邻的其他地层，在边界上都会产生较大的反射系数，因而形成强反射。

2）波的干涉现象。当一个岩层的厚度为地震子波波长的 1/4 时，此岩层顶与底两个极性相反的反射产生相长性干涉（调谐作用）此时反射振幅增大。

3）孔隙岩层含气（油/水）后，岩层的密度和波的传播速度降低，波阻抗减小，形成强的反射特征。

2. 影响速度的一般因素

在岩石的各种物理参数中，与速度呈正相关关系的因素有岩石密度、埋藏深度（地质年代）、胶结程度、上覆层压力及孔隙流体密度[113,114]（图6-47），其中上覆地层压力及孔隙流体密度与岩石的速度呈一定的正相关关系，正相关程度与岩石密度、埋藏深度及胶结程度略差一些。另外含水饱和度、孔隙压力及孔隙度与岩石的速度呈负相关关系，即随着孔隙度的增加，岩石速度降低。砂泥岩中砂岩的百分含量与岩石的速度先呈现一种正相关关系，但是当岩石由纯页岩变为粉砂岩以后，即岩石的速度达到最高，随后随着砂岩含量的进一步增加，岩石的速度反而逐渐降低。

3. 泊松比与岩石的物理性质

各向同性介质的泊松比为 0 ~ 0.5，由于气体是可压缩的，其泊松比为 0.5。各种岩石的泊松比值为 0 ~ 0.5。不同岩石的速度变化范围是互相重叠的，但泊松比却有明显的差别，因此可以利用泊松比与岩性的唯一关系，较好地确定岩石的性质及所含流体的性质。根据前人研究，泊松比与岩石物性之间有如下关系：

1）石英含量增加，泊松比降低；

2）泥质含量增加，泊松比增大；

3）碳酸盐岩的孔隙度增加，泊松比降低；

4）含气砂岩的孔隙度增加，泊松比降低；

5）含油或含水砂岩，孔隙度增加，泊松比降低；

6）含水或含油岩石，孔隙的纵横比减小，泊松比增加；

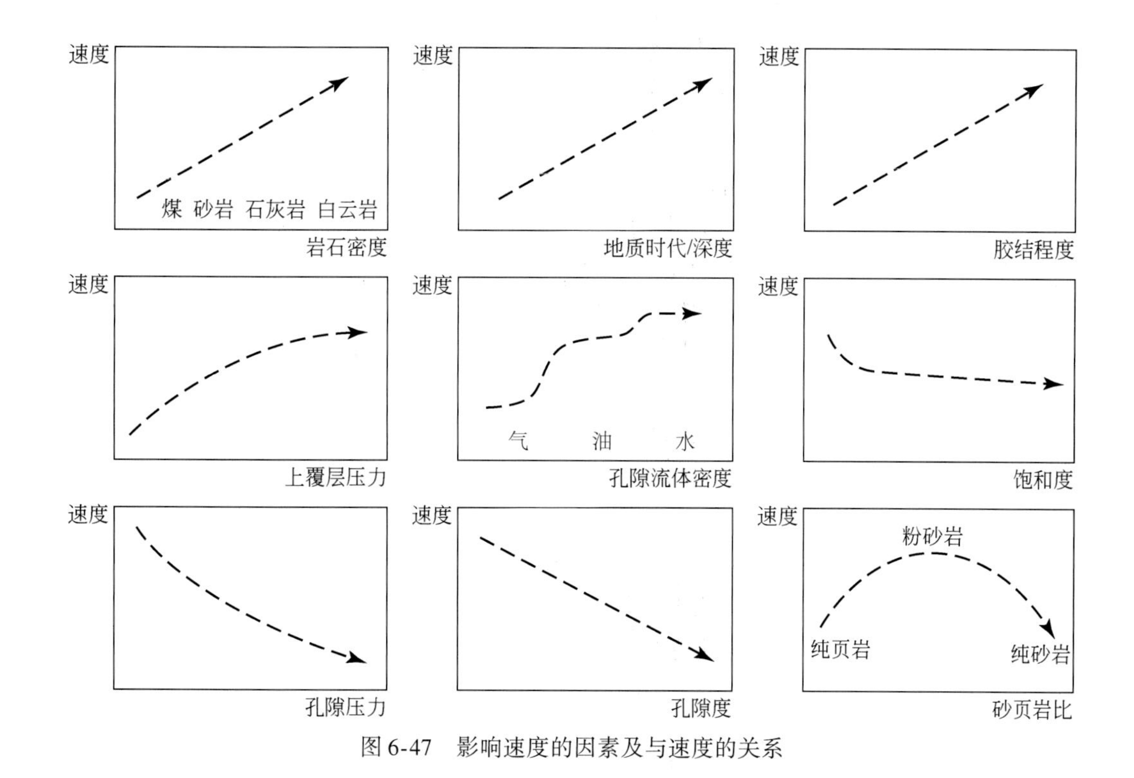

图 6-47　影响速度的因素及与速度的关系

7）饱含气的岩石，孔隙的纵横比减小，泊松比降低；

8）含水、含气和含中-低气油比的岩石，孔隙压力增加，泊松比增加；

9）含高气油比的岩石，当孔隙压力大大超过其泡点压力时，随孔隙度增加，泊松比降低；

10）围压增大，泊松比降低；

11）温度升高，泊松比增大。

4. 高孔隙度含气砂岩的弹性模量特征

根据高孔隙含气砂岩的弹性模量特征对比来看，储层含气以后的泊松比值的变化是最为敏感的，其敏感程度要比拉梅系数、杨氏模量及剪切模量高很多倍（图 6-48）。

5. 属性交汇综合分析方法

属性参数的变化是由多种因素引起的，有的是因为岩性变化，有的是因为孔隙流体的变化。不同的属性有不同的变化规律，根据含气地层引起的属性变化的共性，可以判断地层的含气性，达到识别和预测气藏的目的。

根据属性参数对孔隙流体和岩石骨架的敏感程度，把属性分为两类：一类是对流体敏感的属性，包括纵波速度反射率、纵波阻抗反射率、伪泊松比反射率、流体因子、拉梅常

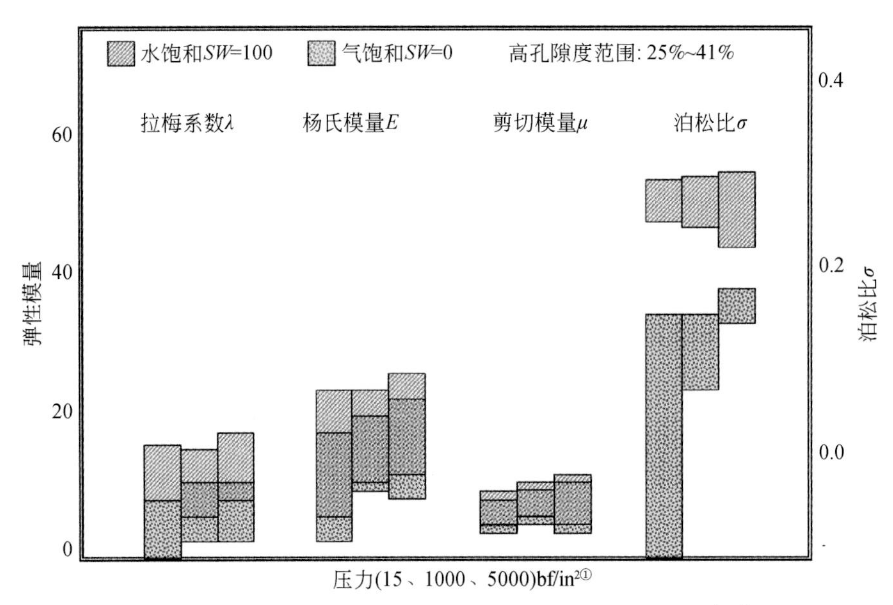

图 6-48　高孔隙度含气砂岩的弹性模量敏感程度对比图[114]

数的相对变化、拉梅常数变化率、法向入射反射率、梯度剖面、限制梯度剖面、泊松比反射率等；另一类是对骨架敏感的属性，包括横波速度反射率、横波阻抗反射率、剪切模量的相对变化、剪切模量的变化率等。

通过对两类属性的综合分析，认为在综合分析时只有将变化规律有差异的属性进行交汇分析才有意义，根据属性的含义及其相关性，把属性分成六种具有不同变化规律的类型：

1）纵波 P：P 波阻抗反射率、P 波反射率、法向入射反射率；

2）横波 S：S 波阻抗反射率、S 波反射率、剪切模量变化率；

3）流体 FL：流体因子、伪泊松比反射率、泊松比反射率；

4）梯度 *G*：梯度、限制梯度；

5）拉梅系数 *L*、剪切模量 *Mu*：拉梅系数反射率、剪切模量反射率；

6）角度叠加：小角度叠加、宽角度叠加、差异剖面。

根据这六类属性的交汇分析，可以进行亮点识别、油气检测及岩性预测。根据数据分析结果，一般使用 6 种交汇模式：①P 波与 S 波交汇（P/S 波速度反射率、I_p/I_s 反射率），对于岩性产生的亮点，P 波和 S 波的变化量差异不大，变化趋势基本一致。因含气产生的亮点，P 波 S 波的变化量和变化趋势都不同，P 波的变化量为负值，S 波的变化量为正值。因此，P 波和 S 波的反射率交汇图可以识别含气亮点。②法线入射反射率与梯度 G 交汇。③流体因子与 S 波反射率。④泊松比反射率与法线入射反射率，泊松比对砂岩含气非常敏感，而且泊松比差决定了反射系数的变化趋势是递增还是递减的，P 波反射率定义了反射

① $1bf/in^2=6894.75Pa$

系数的符号。⑤近/远道叠加与差异剖面交汇，对于第Ⅰ/Ⅱ类 AVO 异常，大多数属性差异不是很明显，在角度叠加和差异剖面的交汇图上，可以提高识别能力。⑥拉梅常数变化率与剪切模量变化率交汇。

拉梅常数在高孔隙度砂岩的流体由水变为气后降低，而剪切模量变化很小。因此含气砂岩的分布区域在拉梅常数变化率的负半轴上，正半轴对应气层的底面。

6. AVO 属性分析

地震属性分析的物理基础是岩石的物理性质，各属性对地层岩石物理性质的敏感程度存在较大的差异。常见属性中，泊松比随含水饱和度降低而降低的程度最大，其次是纵波阻抗、纵横波速度比及纵波速度；密度、横波阻抗及横波速度对于储层含不同流体的敏感程度较小。因此在 AVO 属性中，泊松比、纵波阻抗及纵横波速度比是几个能够反映含气异常的重要参数。

当岩层含气时，AVO 异常可能会出现陷阱。根据岩层含气、含油的纵波速度、横波速度与含水饱和度的关系曲线（图 6-49）可以看出，当储层从不含气到含气 10% 的过程中，岩层的纵波速度产生了较为剧烈的变化，因此当岩层含气 10% 与不含气岩层的 AVO 现象会产生较大的反差，会导致解释人员产生误解，在 AVO 属性的分析过程中要注意避免这样的解释陷阱。

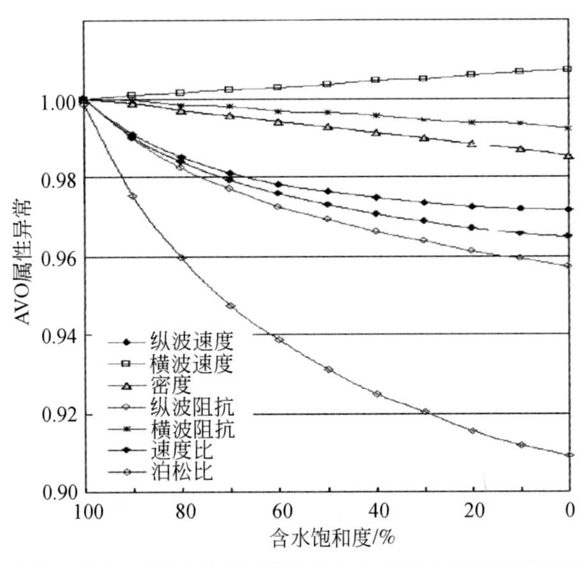

图 6-49　速度、密度、泊松比及阻抗属性与含水饱和度的敏感程度关系曲线

7. AVO/AVA 约束稀疏脉冲同时反演

多角度道集的同时反演（AVO/AVA 约束稀疏脉冲同时反演）以应用弹性反演或者波阻抗反演的常规约束稀疏脉冲反演技术为基础。同时反演根据选择的弹性参数配置，在不

同角度或者对偏移距叠加后的多个地震数据体同时进行反演，生成纵波阻抗、横波阻抗、纵横波速度比等数据体，工作流程见图 6-50。对于每个叠加道集数据应用相同的褶积模型，并且应用 Knott-Zoeppritz 方程或者 Aki-Richards 近似方法，确定适合每个叠加道集数据的反射系数。同时反演应用与单道集数据体反演相同的约束稀疏脉冲反演引擎，但是在目标函数中有额外的数据项。其最小目标函数为

$$F(v_{\mathrm{p}},\ v_{\mathrm{s}},\ \rho,\ \tau)=\sum_{i}\sum_{j}(F_{\mathrm{reflectivity}_{ij}}+F_{\mathrm{seismic}_{ij}}+F_{\mathrm{trend}_{ij}}+F_{\mathrm{spatial}_{ij}}+F_{\mathrm{contrast}_{ij}}+F_{\mathrm{gardner}_{ij}}+F_{\mathrm{mud}_{ij}}+F_{\mathrm{time}_{ij}}) \tag{6-37}$$

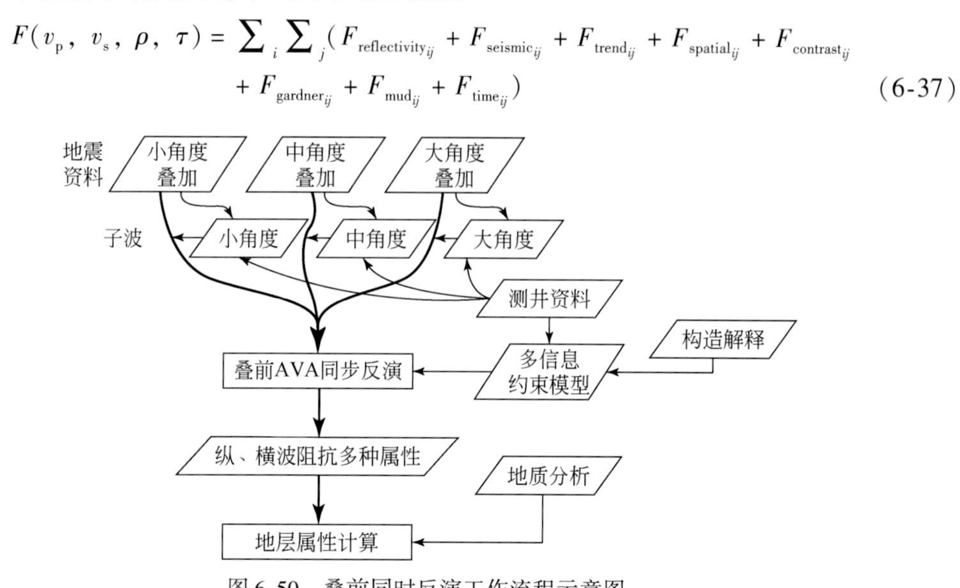

图 6-50　叠前同时反演工作流程示意图

AVO/AVA 约束稀疏脉冲反演算法生成的弹性模型比应用了 L1/L2 稀疏准则的各个输入角度叠加道集具有更宽的带宽。算法中的关键参数之一是 λ。该系数用于控制每个等角度道集反射系数序列的稀疏程度与合成记录和实测波形匹配程度之间的平衡。λ 值越小，角度道集的反射系数序列越稀疏；λ 值越大，从稀疏反射系数序列得到的合成地震数据与实际地震数据之间的符合程度越高。如果 λ 值选择过高，在模型中会加入地震数据的噪声。如果 λ 值选择太小，在所建立的模型将无法提取细小的地质信息。

AVO/AVA 约束稀疏脉冲反演算法得到的是绝对弹性参数模型。实测地震数据中缺失的低频成分无法直接使用稀疏脉冲反演得到，需要将建立的低频趋势模型作为反演的约束条件。在反射率域首先进行角度道集数据的非约束反射率反演。通过加权叠加，将得到的反射系数转换成为弹性差异。将得到的弹性差异与低频模型进一步组合为弹性参数。对于弹性参数，开展完全约束同时反演，以提高合成地震记录与输入角度叠加道集数据之间的相关性。选择弹性差异与低频模型的合并频率，以保证从分角度叠加道集数据中得到更多的信息，而且能够避免幅度谱出现间隙。

由于地震数据的带宽有限，稀疏脉冲的结果不是唯一的。为了使从稀疏脉冲反演得到的弹性参数具有地质和地球物理的合理性，故应尽量减少将随机噪声引入反演结果，并需要加入合适的约束条件进行反演的约束。

6.6 黄土塬区 AVO 预测煤层瓦斯富集带应用实例

6.6.1 陕西省 HL 煤矿煤层瓦斯富集带预测

1. HL 地质概述

HL 煤矿位于黄陇侏罗纪煤田东部，据地表出露与钻孔揭露，井田内地层由老至新有三叠系上统瓦窑堡组（T_3w）；侏罗系下统富县组（J_1f），中统延安组（J_2y）、直罗组（J_2z）、安定组（J_2a）；白垩系下统洛河组（K_1l）、环河组—华池组（K_1h）；第四系黄土及冲积层。主要目的煤层为 2 煤层，2 煤层为一倾向北西-北西西的单斜构造，地层倾角一般 1°～5°，局部达 7°～15°。煤层埋藏深度为 450～650m，顶板岩性以粉砂岩、细粒砂岩为主，局部为泥岩或砂质泥岩，呈厚层状，多与煤层直接接触。

经过叠前处理以后，得到的 CRP 道集，叠加次数大部分为 24 次，最大偏移距 541m，面元 10m×10m。通过叠加速度对道集数据进行部分叠加以后得到角道集，此角道集的叠加次数有 24 次，在角度小于 28°的近角道集数据基本从 0～0. 4s 均有分布，原始道集上从浅到深的能量基本一致，数据能量补偿合理。从叠加速度、均方根速度、平均速度、层速度、时深关系曲线的叠合可以看出，速度稳定，变化均较小，见图 6-51。

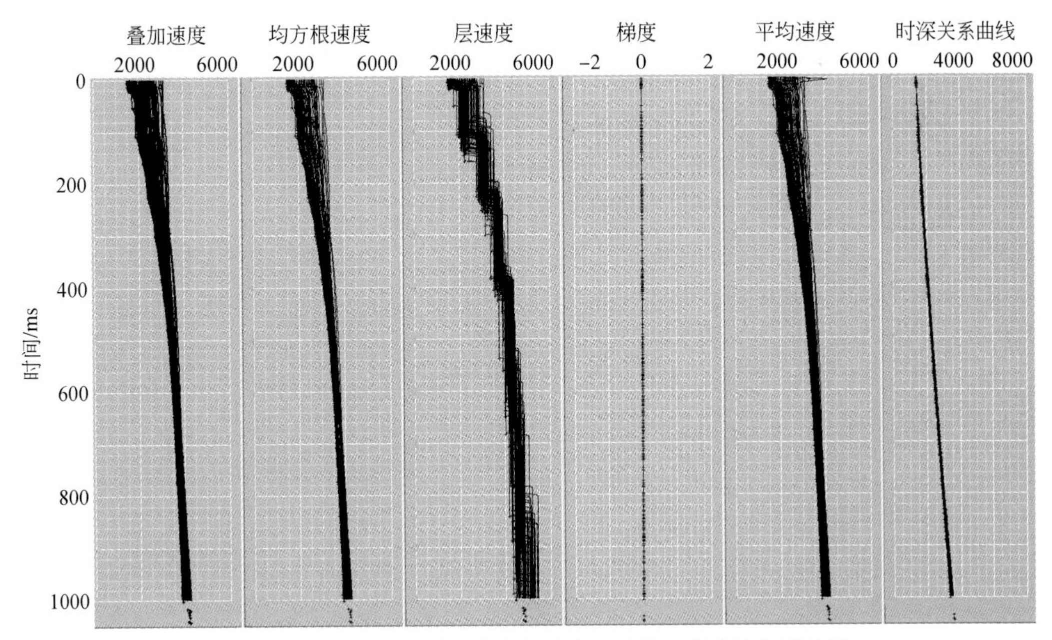

图 6-51 工区叠加速度、均方根速度、平均速度等叠合显示图

2. AVO 属性分析

在得到角道集以后，根据试验的各种参数，通过计算得出了纵波反射率、横波反射率、泊松比反射率、纵横波速度比反射率等与 AVO 属性有关的各种图件（图 6-52）。

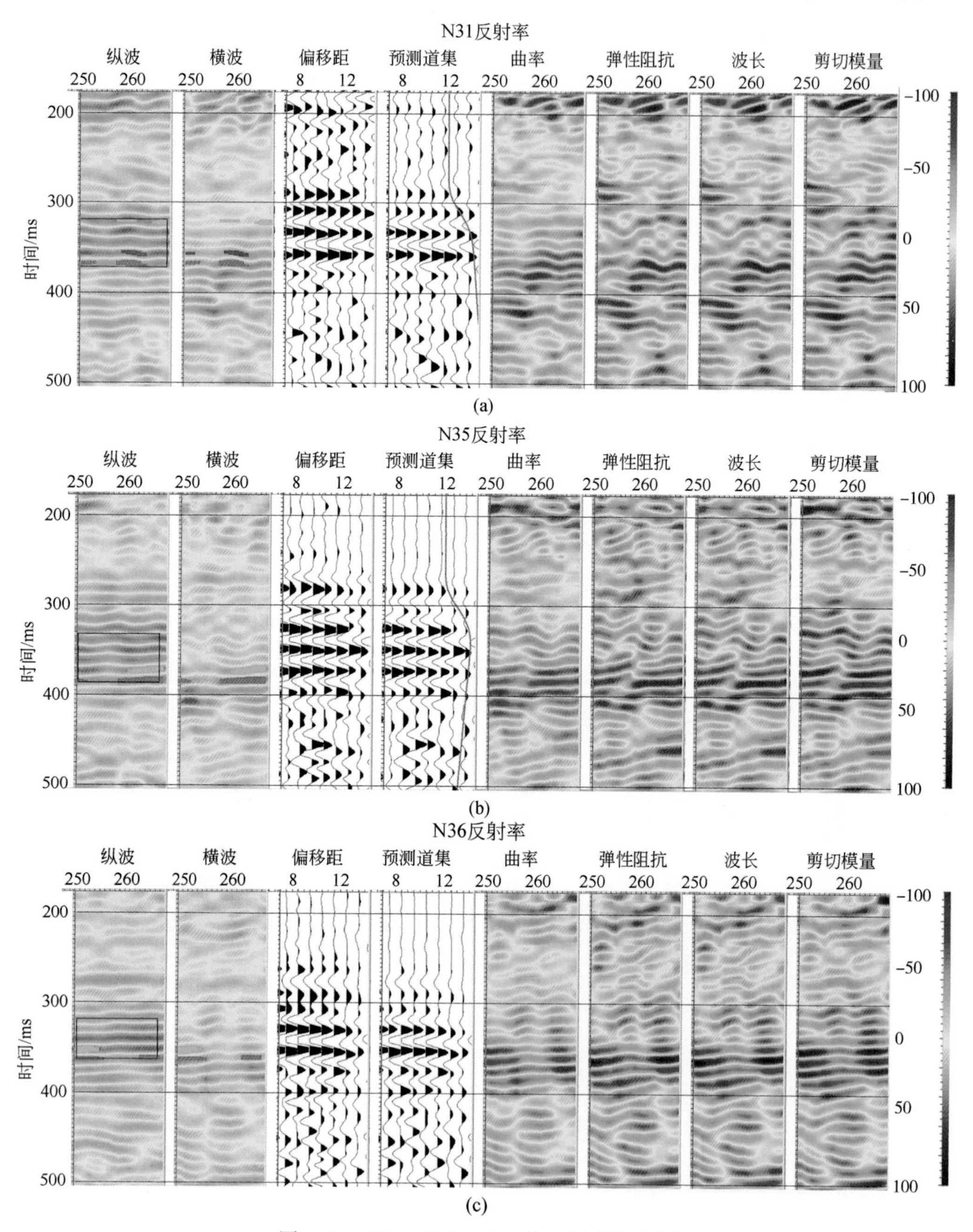

图 6-52　N31、N35、N36 井 AVO 属性剖面

（a）N31 反射率；（b）N35 反射率；（c）N36 反射率

目的层段的纵波波阻抗反射率与横波波阻抗反射率的交汇呈现一种沿 X 轴的长条带状分布（图 6-53）；产生异常的主要在第二象限与第四象限，第二象限异常和第四象限的数据异常主要位于煤层段的顶底界面。

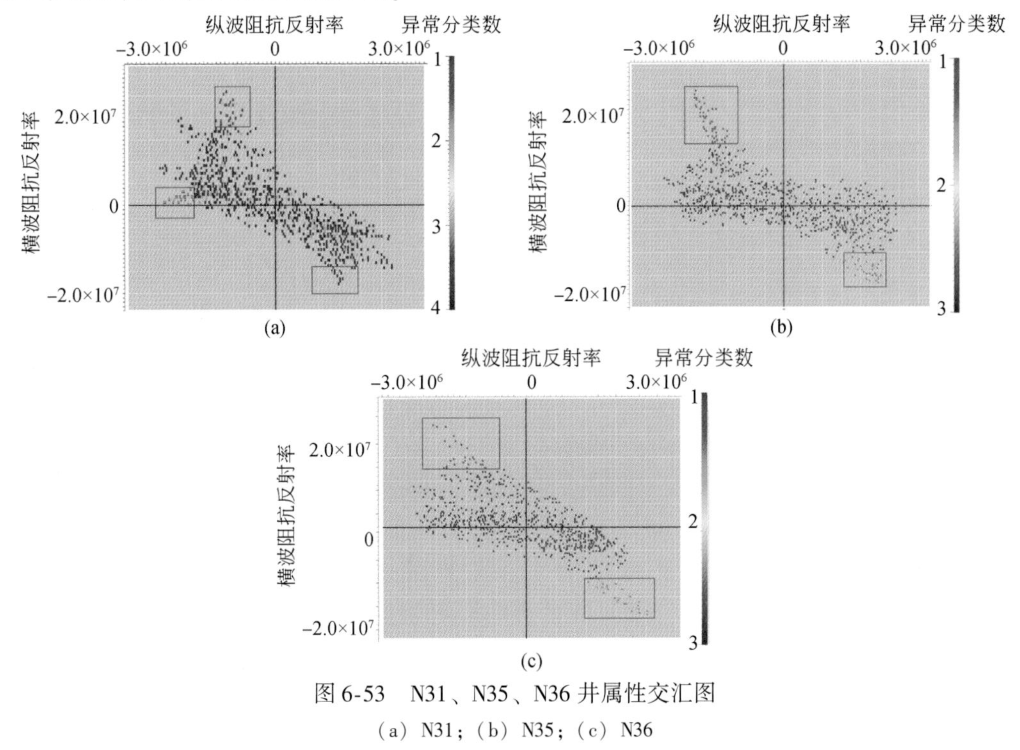

图 6-53　N31、N35、N36 井属性交汇图

（a）N31；（b）N35；（c）N36

主要针对煤层进行了沿层属性分析，图中的纵波阻抗反射属性$\left(\frac{\Delta I_{\mathrm{p}}}{I_{\mathrm{p}}}=\frac{\Delta\ (v_{\mathrm{p}}\cdot\rho)}{v_{\mathrm{p}}\cdot\rho}\right)$是反映纵波阻抗的变化；横波阻抗反射属性$\left(\frac{\Delta I_{\mathrm{s}}}{I_{\mathrm{s}}}=\frac{\Delta\ (v_{\mathrm{s}}\cdot\rho)}{v_{\mathrm{s}}\cdot\rho}\right)$反映横波阻抗的变化；流体因子属性$\left(F=\frac{\Delta v_{\mathrm{p}}}{v_{\mathrm{p}}}-\frac{1}{\beta}\cdot\left(\frac{v_{\mathrm{s}}}{v_{\mathrm{p}}}\cdot\frac{\Delta v_{\mathrm{s}}}{v_{\mathrm{s}}}\right)\right)$是由 Smith 和 Gidlow 在 1987 年提出的，式中β为泥岩线性公式，对水饱和的碎屑硅酸岩除了水被气体替换的地方外应该都是 0 值；伪泊松比反射属性$\left(\frac{\Delta q}{q}=\frac{\Delta v_{\mathrm{p}}}{v_{\mathrm{p}}}-\frac{\Delta v_{\mathrm{s}}}{v_{\mathrm{s}}}\right)$，式中$q=\frac{v_{\mathrm{p}}}{v_{\mathrm{s}}}$反映伪泊松比的变化；泊松比反射属性$\left(\frac{\Delta\sigma}{(1-\sigma)^{2}}\right)$反映泊松比的变化；梯度属性是直接和弹性参数联系在一起的，它显示了地震波通过反射界面时纵横波速度比有了明显的变化，因为渗透性岩石中的气体极大的影响了纵横波速度比，所以梯度属性在预测含气储层时效果较好。图中红色色标表示高值，蓝色表示低值。

3. 煤层瓦斯富集区预测

图 6-54 为煤 N42 钻孔 2 煤层 AVO 正演模拟；该钻孔处煤层深度为 445. 30m，煤层厚

度为 2. 45m。

图 6-54（a）表示的是 2 煤层顶、底板对应的反射振幅峰值随偏移距的变化（顶板反射振幅（负值、蓝色）、底板反射振幅（正值、红色）]；X 轴为偏移距、Y 轴表示振幅值。从小偏移距到大偏移距，振幅随偏移距变化的梯度差别明显，大约在偏移距大于 500m（煤层深度 445. 3m）之后，振幅随偏移距变化的梯度明显减小；在偏移距大于 750m 之后，振幅随偏移距变化的已经很小。顶板反射界面 AVO 响应特征是：负截距、正梯度，振幅绝对值随偏移距增大而减小；而底板反射界面 AVO 响应特征：正截距、负梯度，振幅随偏移距增大也是减小的。

图 6-54（b）表示 AVO 正演数值模拟获得的 AVO 响应（即 CDP 道集），从左至右，偏移距从 0m 增大至 400m，即最大偏移距略小于煤层深度；其中左侧三条曲线分别为密度曲线（密度、红色）、井径曲线（井径、蓝色），以及根据纵、横波速度计算获得的泊松比曲线（泊松比、黄色）；右侧两条曲线分别为纵波速度曲线（P 波、红色）、横波速度曲线（S 波，蓝色）。反射振幅随偏移距增大而减小的现象在从 0m 到 1000m 的偏移距范围内都存在，但是，在从 0m 到 500m 的偏移距范围内减小相对明显，在从 500m 到 1000m 的偏移距范围内减小幅度较小。

图 6-54（c）展示的是 N42 井 2 煤层顶板反射界面反射系数对入折射平均角的梯度。当入折射平均角等于 29°左右时，2 煤层顶板反射界面反射系数对入折射平均角的梯度达到最大值（0. 1680）。如果将 2 煤层顶板上方地层视为弹性参数不变的厚巨层，为使入射角达到 29°左右，地震资料最大偏移距应当达到煤层埋藏深度的 1. 1 倍。

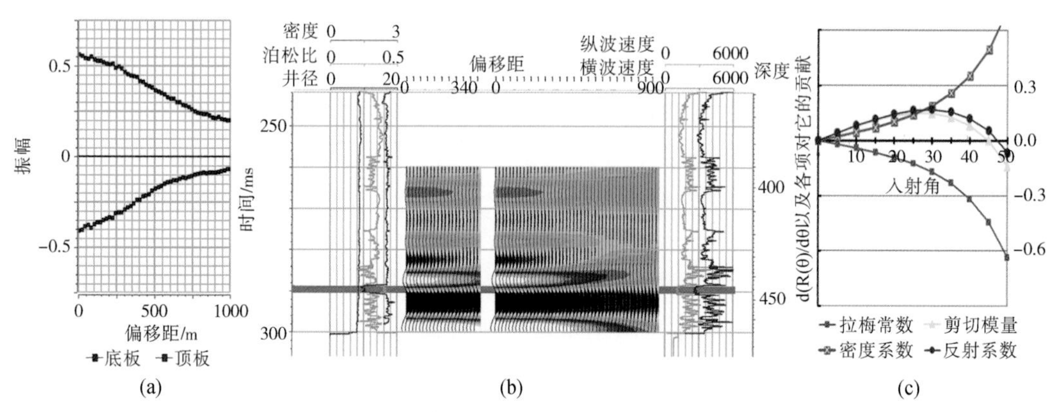

图 6-54　N42 钻孔处 AVO 正演成果及偏移距研究

图 6-55 为 N23 钻孔煤层 AVO 正演模拟。N23 处煤层埋深 593. 1m，煤厚 7. 15m。图中表示出了该井 2 号煤层的理论 AVO 响应特征与实测 AVO 响应特征。AVO 正演数值模拟的理论 CDP 道集及其振幅随偏移距变化分别与井旁实测 CDP 道集及其振幅随偏移距变化一致，都有较强的截距异常和中等程度的梯度异常。该井位于强异常区的边缘，处于强异常到弱异常过渡的位置上。

图 6-56、图 6-57 分别为钻孔连线上的截距与梯度剖面，图上红蓝相间，异常明显的地方表示了其煤层气可能富集的区域，由于其具备天然气富集的第Ⅳ类特征，对其进行相

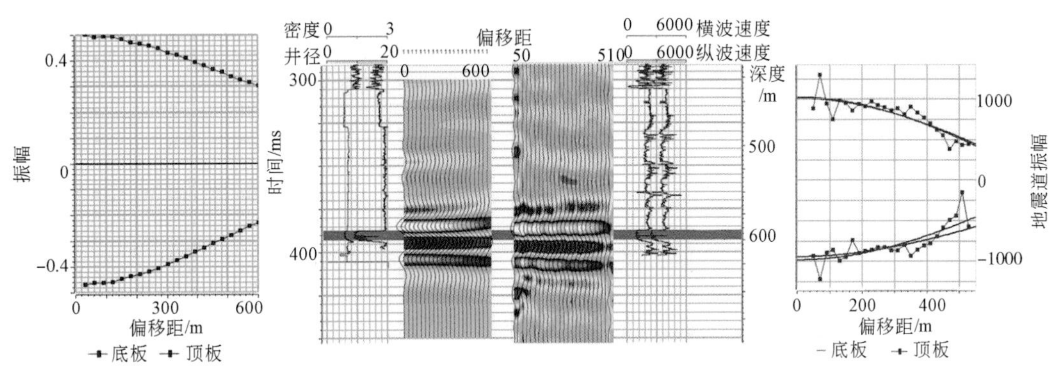

图 6-55　N23 钻孔处 AVO 正演模拟与井旁实测 CDP 面元

减，使其更加突出其异常特征，得出图 6-58，煤层顶板反射信号（截距与梯度差）振幅包络顺层切片，图中橙红色区域为煤层气相对富集区。在随后巷道掘进过程中，在圈定煤层富集区内，屡次出现瓦斯涌出现象，见图 6-59，图上红色圆点处均为瓦斯涌出点，与 AVO 预测区域吻合度好。

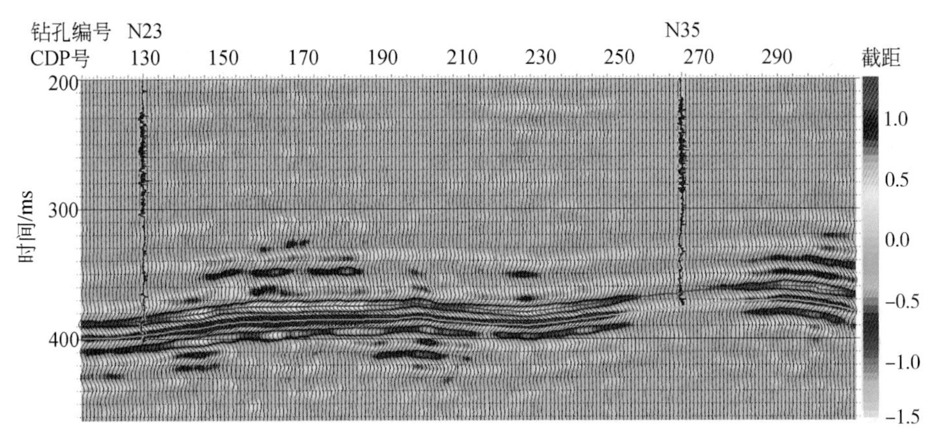

图 6-56　N23、N35 钻孔连线截距剖面

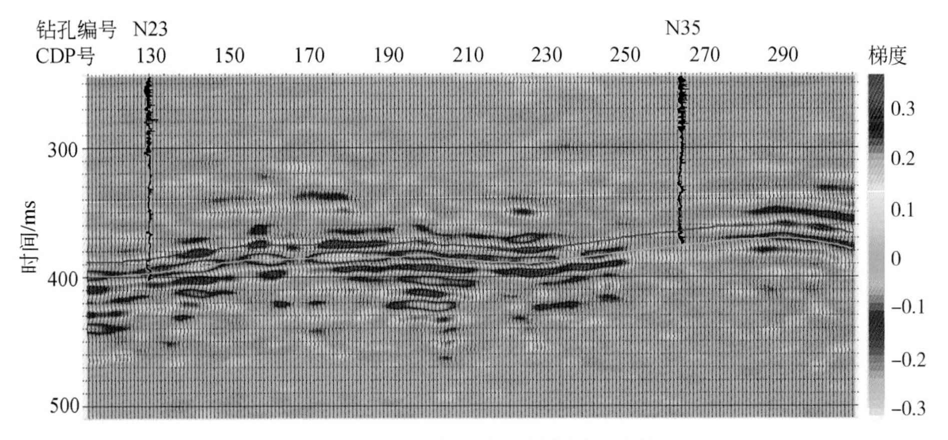

图 6-57　N23、N35 钻孔连线梯度剖面

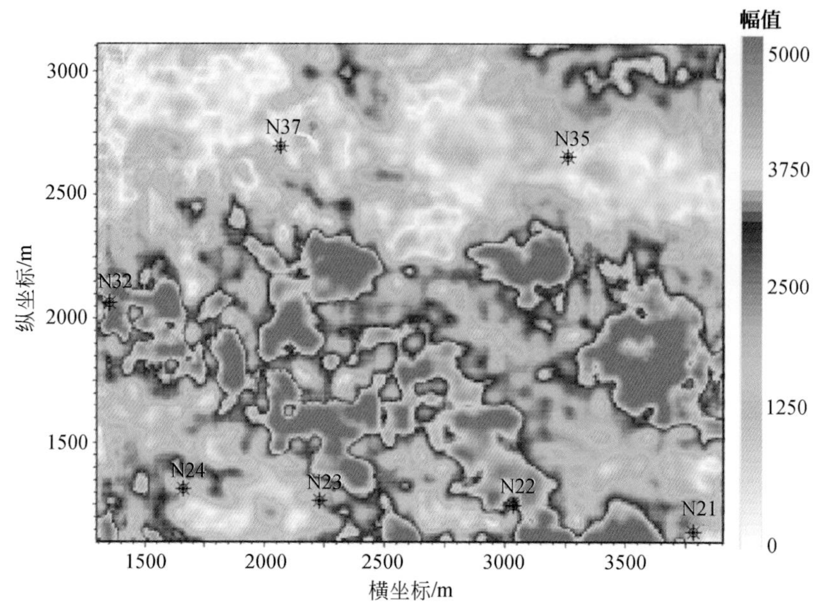

图 6-58　2 号煤层顶板反射信号（截距与梯度差）振幅包络顺层切片图

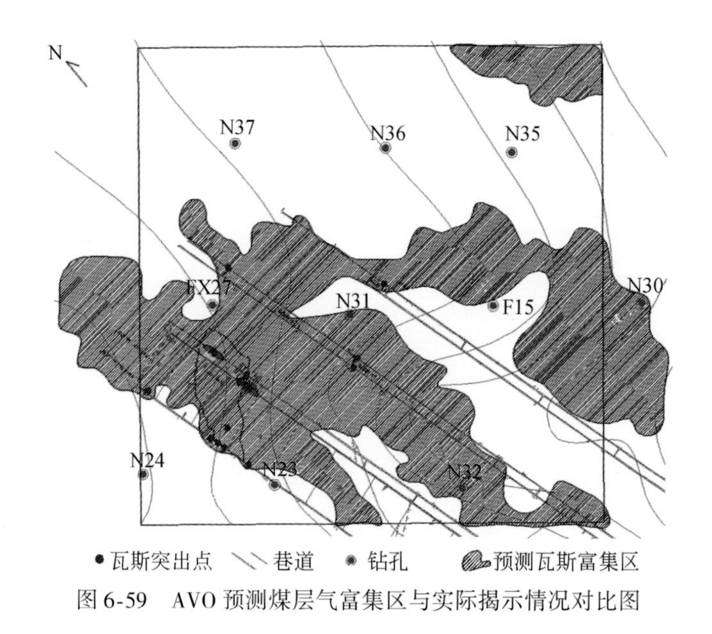

图 6-59　AVO 预测煤层气富集区与实际揭示情况对比图

6.6.2　山西省 ZJFQ 煤矿煤层瓦斯富集带预测

1. 地质概述

ZJFQ 位于沁水煤田东北边缘，据钻孔揭示区内地层由老至新有奥陶系中统（O_2），石炭系中统本溪组（C_2b），石炭系上统—二叠系下统太原组（$C_2—P_1t$），二叠系下统山西组（P_1s），二叠系下统下石盒子组（P_1x），二叠系上统上石盒子组（P_2s），二叠系上统石千峰组（P_2sh），三叠系下统刘家沟组（T_1l），第四系中、上更新统（Q_{2+3}），第四系全新统（Q_4）。主要含煤地层为石炭系上统太原组及二叠系下统山西组，5、8、15煤层为稳定可采煤层，基本上呈一走向近南北，倾向为西的单斜构造，倾角一般为4°~6°，主要煤层埋藏深度为600~850m。区内褶曲较发育，主要是单斜上发育的次一级宽缓波状起伏。褶曲延展距离不远，多为短轴背向斜，且幅度较小，褶曲方向以北北东向为主，次为东西向。构造以陷落柱和断层为主。

2. AVO属性分析

为了提高原始CDP道集的信噪比，通过将一定范围内多个CDP道集进行叠加，形成超级道集。对于本次研究中，将原10m×5m大小的面元合并成70m×70m的宏面元，地震资料的的信噪比得到了明显的提高，如图6-60所示。

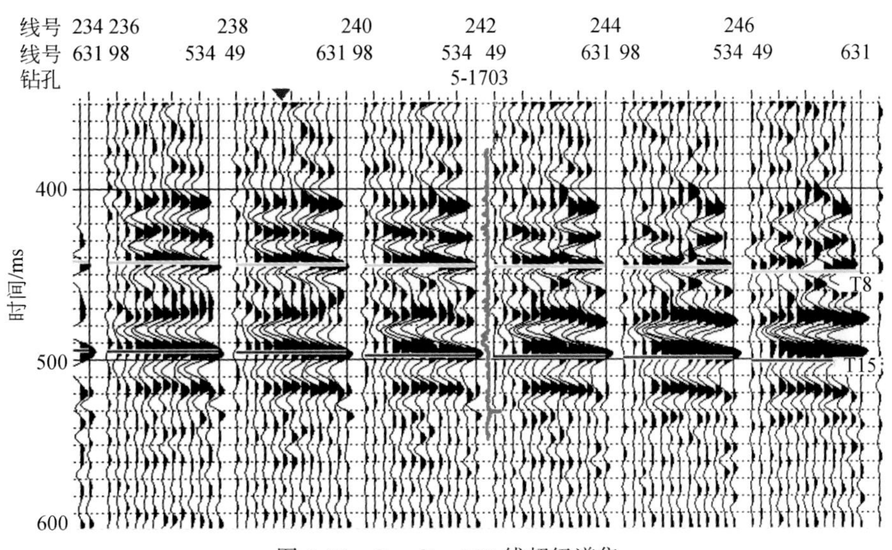

图6-60 Crossline 297线超级道集

通过宏面元的提取，资料的信噪比明显得到了提高。但此时，超级道集的横坐标仍然是炮检距，必须通过重新抽道集才能获得AVO分析所需的角度道集，如图6-61所示。对于图中的角度道集来说，其负相位波具有明显的Ⅳ类AVO特征。

对于构造煤来说，由于其裂隙比较发育，与原生煤有着明显的岩性特征差异。相对于原生煤来说，构造煤的密度和电阻率都较低。可以根据这一特点，在测井曲线上识别原生煤和构造煤。本区构造煤的电阻率一般小于2500 Ω· m，原生煤的电阻率一般大于2500 Ω· m；构造煤的密度一般小于1.4 g/cm³，原生煤的密度一般大于1.4g/cm³，如图6-62所示。

对于多个钻孔曲线来说，直接对比测井曲线不太方便。可以通过对比测井曲线的交汇

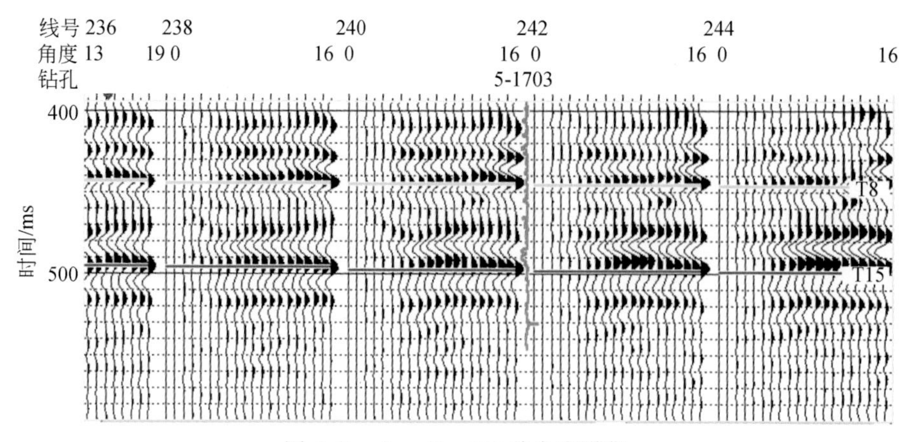

图 6-61　Crossline 297 线角度道集

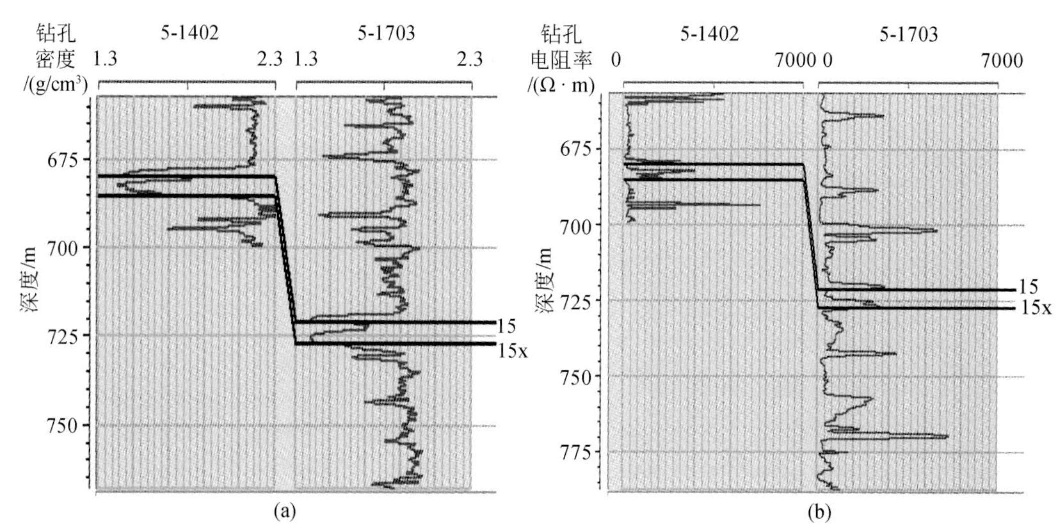

图 6-62　构造煤和原生煤在测井曲线上的差异

（a）密度曲线；（b）视电阻率曲线

图，从而识别出相应的构造煤，如图 6-63 所示。对于构造煤来说，由于其密度和电阻率都较小，其必然位于图的左下角。通过定义构造煤位置的多边形区域，可以在测井曲线上标出构造煤位置。通过对测井曲线和交汇图对比分析，可以对区内钻孔的构造煤发育情况进行划分。

3. AVO 弹性波阻抗反演

根据现有理论及 6. 3. 4 节研究所知，构造煤与煤层气瓦斯富集关系密切，构造煤和正常煤的最主要区别体现在它们的泊松比上。正常煤层的泊松比较小，而构造煤层的泊松比较大。因此，在 AVO 反演过程中，以泊松比反演为主。利用三分量 Aki-Richard 方程反演，获得 P、G 值数据体，如图 6-64 和图 6-65 所示。

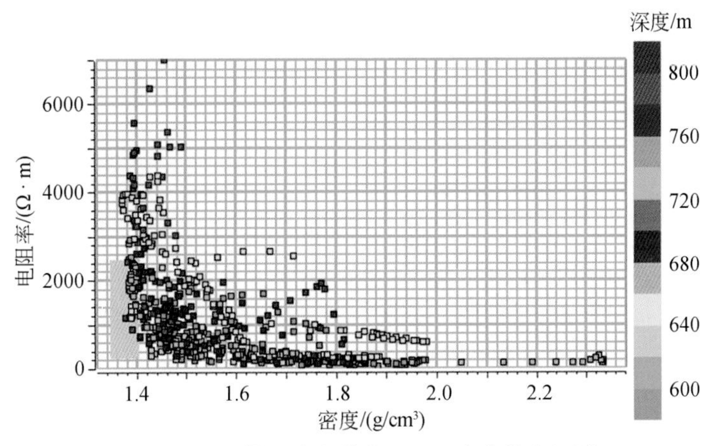

图 6-63　15 煤层密度曲线和电阻率曲线交汇图

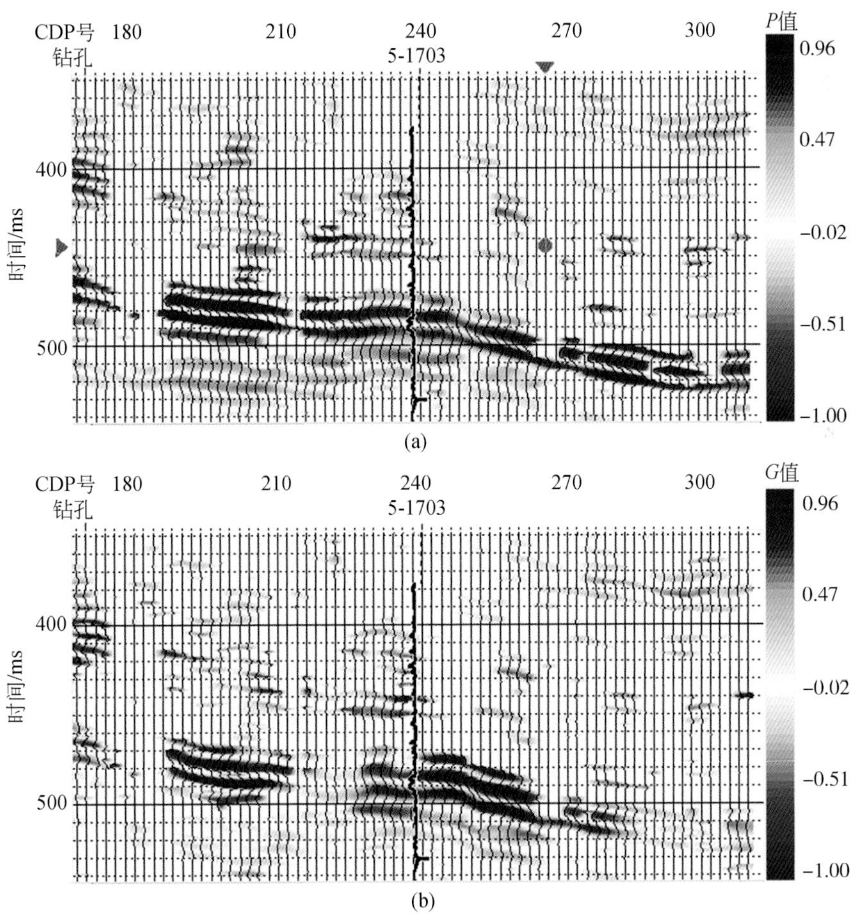

图 6-64　Crossline 297 线 AVO 反演剖面

（a）P 值剖面；（b）G 值剖面

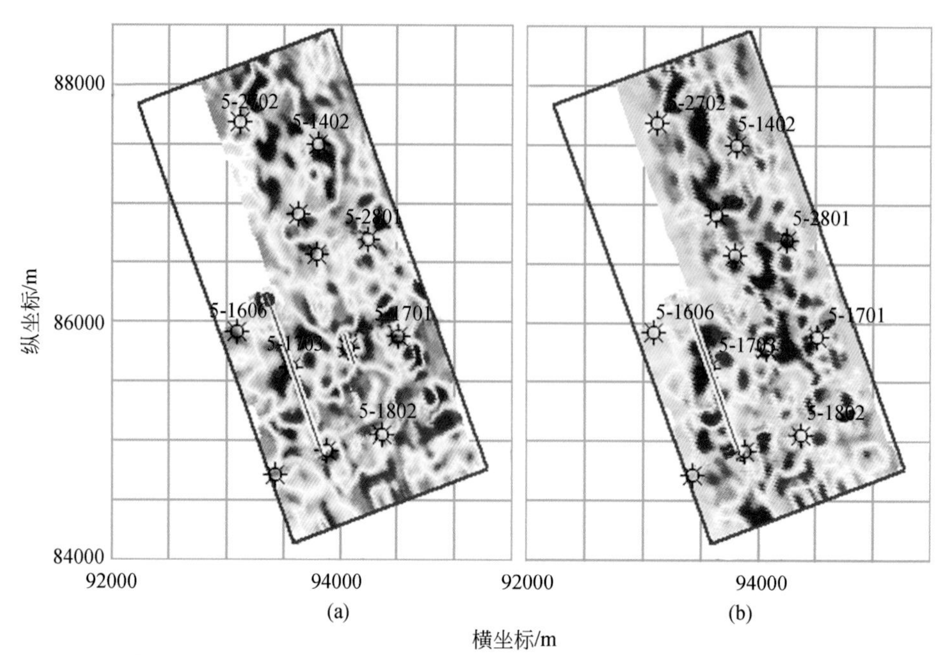

图 6-65　15 煤层 AVO 反演切片

（a）P 值切片；（b）G 值切片

4. 煤层气富集区预测

在 AVO 分析时，煤层顶板所对应的负相位波更有利，故拾取层位上部 10ms 时窗（半周期）属性值作为分析依据。图 6-66 分别为提取 15 煤层的碳氢指示（a）、横波反射率（b）和伪泊松比（c）三种 AVO 属性。对于碳氢指示属性来说，其在 5-1703 井处为高异常；在 5-2802 井处为中等异常；在 5-1402 井处为低异常。对于横波反射率属性来说，其规律和碳氢指示属性基本一致。对于伪泊松比属性来说，其在 5-1703 井及其左侧，15 煤层存在着连续的高异常；在 5-2802 井的左侧，15 煤层有一小段高异常，但在井孔位置 15 煤层无异常；在 5-1402 井处，15 煤层基本无异常。因此，此三种对于构造煤的发育都有一定的反映，但是伪泊松比属性更灵敏，对有无构造煤发育指示的更清晰。

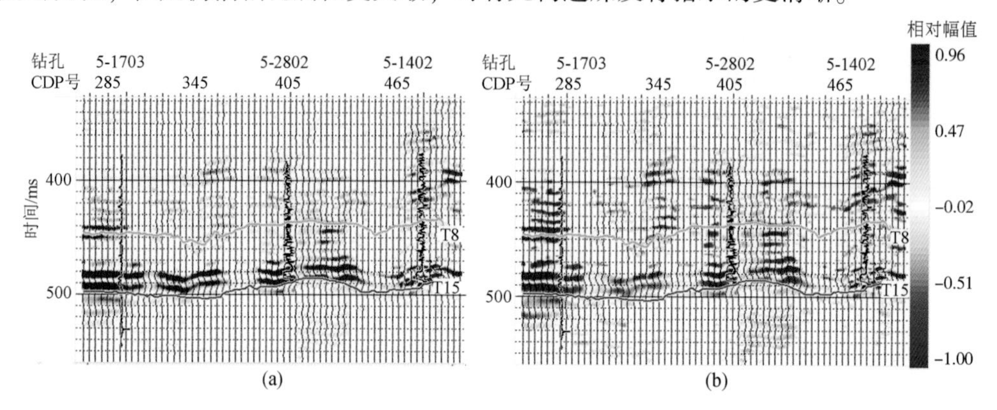

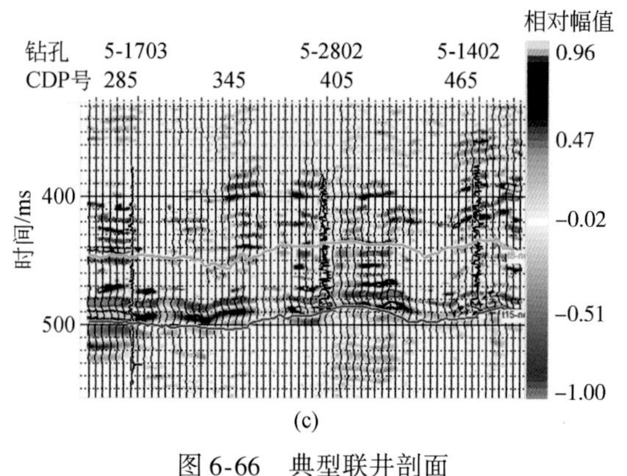

(c)

图6-66　典型联井剖面

（a）碳氢指示；（b）横波反射率；（c）伪泊松比

通过AVO反演获得15煤层的碳氢指示、横波反射率和伪泊松比等相关属性切片，如图6-67。

对比和识别测井曲线及其交汇图，识别出工区内构造煤较发育的钻孔，从而可以利用这些钻孔作为指标检验AVO属性的可靠性，并对相应属性进行解释。在瓦斯富集区的解释过程中，以伪泊松比成果为主，辅以其他相关属性，解释获得最终成果图，如图6-68（a）所示。

为了方便对比，将瓦斯富集区解释成果绘制于煤层底板解释成果图，获得如图6-68（b）所示煤层底板等高线图。图中的蓝色区域，即为本次所预测的瓦斯富集区。将预测的瓦斯富集区与地质构造相对比，发现瓦斯富庥区的位置一般无大的断层或陷落柱分布，符合地质规律（小地质构造引起煤层破碎、裂隙发育，且不易逃逸，大型张性断层可造成煤层破碎，但可形成逃逸通道，不利于煤层气储集）。

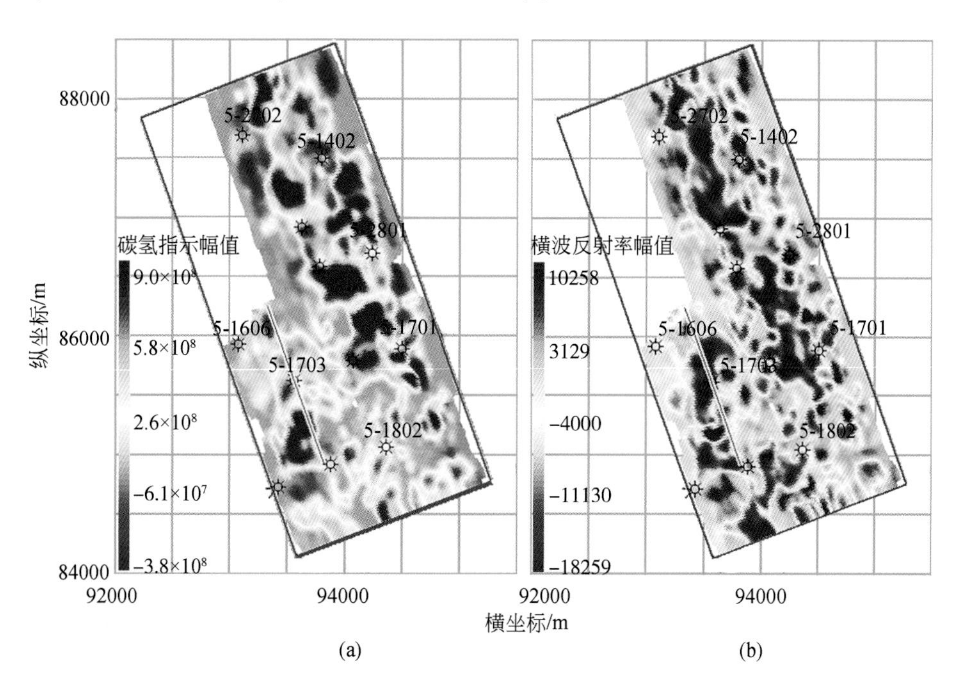

(a)　(b)

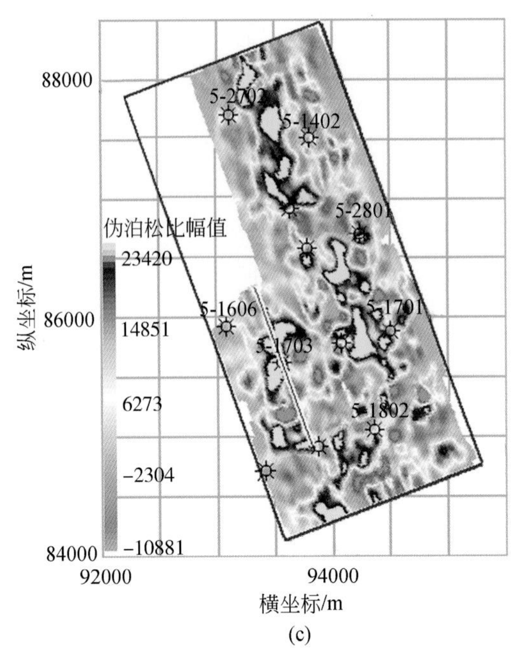

(c)

图 6-67　15 煤层 AVO 属性切片

（a）碳氢指示；（b）横波反射率；（c）伪泊松比

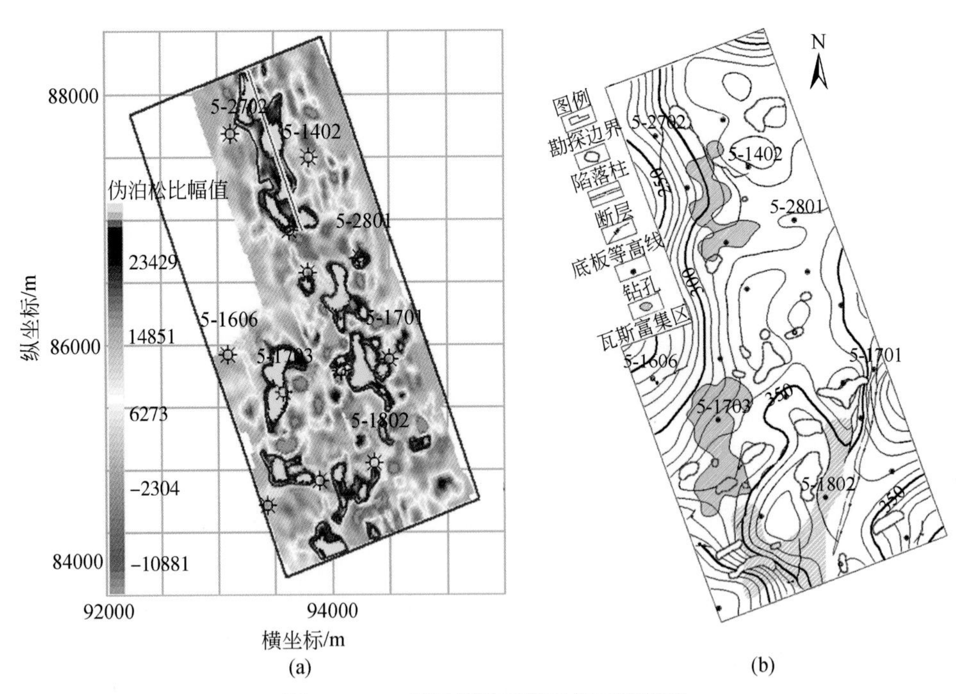

(a)　　　　　　　　　　(b)

图 6-68　15 煤层煤层瓦斯富集区预测图

（a）煤层瓦斯富集区分布平面图；（b）煤层瓦斯富集区与构造位置关系图

第7章　煤层顶板富水带地震预测

黄土塬区的煤炭资源主要赋存于侏罗系及石炭二叠系，侏罗纪煤田主要含煤地层为延安组，含煤3~8层（主要煤层1~2层），延安组煤层顶板含水层为直罗组、安定组裂隙孔隙砂岩是该组煤层的主要煤层顶板含水层，是矿井充水的主要水源补给地层。石炭二叠纪煤田主要含煤地层为石炭系上统太原组和二叠系下统山西组，含煤7~11层（主要煤层2~3层），其下伏的下古生界炭酸盐岩溶裂隙水为底板主要充水水源，而其上部二叠系上统石盒子组、孙家沟组均有粒级不等的砂岩裂隙发育，也是矿井充水的影响因素，另外在煤层之间夹杂的薄层灰岩也是煤矿充水的主要影响因素之一。

地震勘探是一种间接勘探手段，不能直接查明地层含水性，但地震勘探可以对地质构造、地层厚度，甚至地层岩性、孔隙度、视电阻率等进行反演，并结合地质钻孔与测井数据综合对地层含水性/富水带进行解释。因此煤层顶板地层含水性预测的重点是寻找确定煤系地层上覆及煤系地层内所夹的砂岩/灰岩的位置、厚度，并了解地层内构造发育情况。对于地层起伏形态、厚度变化及地质构造等前几章均有涉及，本章重点是预测地层岩性，反演地层孔隙度的大小及视电阻率的变化特征。

沉积岩中孔隙的大小、数量和连通情况称之为沉积岩的孔隙性。目前主要用孔隙的多少来表示沉积岩的孔隙性。沉积岩中孔隙的数量通常用孔隙度（率）和孔隙比表示。孔隙度是沉积岩中孔隙体积（含裂隙体积）占沉积岩石总体积的百分比，即

$$\Phi = \frac{v_{空}}{v_{总}} \times 100\% \tag{7-1}$$

式中，Φ 为孔隙度；$v_{空}$ 为孔隙体积；$v_{总}$ 为岩体总体积。

而孔隙比，是沉积岩中孔隙体积和固体颗粒体积的比值，常用小数表示，即

$$e = \frac{v_{空}}{v_{固}} \tag{7-2}$$

式中，e 为空隙比；$v_{空}$ 为孔隙体积；$v_{固}$ 为固体颗粒体积。

孔隙度与孔隙比都是反映沉积岩石的孔隙性的指标，两个指标的关系为

$$\Phi = \frac{e}{1 + e} \times 100\% \tag{7-3}$$

$$e = \frac{\Phi}{1 - \Phi} \tag{7-4}$$

沉积岩的孔隙度和孔隙比的大小，主要取决于沉积岩的粒度成分和结构，成岩作用程度和形成条件及其后期经历的变化和埋藏深度等因素。

近年来，在油田勘探开发领域提出了一些用地震资料预测储层孔隙度的方法[115-118]，有一些成功的实例。由于目前煤田测井中孔隙度测井甚少，因此可以采用经验公式由密度数据进行计算，提供一个相对概念，起一个比较作用，也就是说所获数据只能表示孔隙度的相对高低。密度转换孔隙度的经验公式为

$$\Phi = \frac{\Delta t - \Delta t_{\mathrm{m}}}{\Delta t_{\mathrm{f}} - \Delta t_{\mathrm{m}}} \frac{1}{C_{\mathrm{F}}} \tag{7-5}$$

式中，Δt、Δt_{m} 与 Δt_{f} 分别为测量的声波时差、岩石骨架的声波时差与孔隙流体的声波时差，对浅层的疏松岩性（如煤层），还要考虑地层的压实作用；C_{F} 为压实校正系数。对于煤系地层，取 $\Delta t_{\mathrm{m}} = 147\mu\mathrm{s/m}$，$\Delta t_{\mathrm{f}} = 2200\mu\mathrm{s/m}$，$C_{\mathrm{F}} = 0.85$。

7.1　地质统计学岩性反演

7.1.1　地质统计学反演原理及反演过程

利用常规地震反演进行储层预测受到诸多因素影响，并且造成的地震成果多解性较明显。1992 年，Bortoli 提出地质统计学反演[119]。该方法首先应用确定性反演方法得到了波阻抗体，了解了地层的大致分布，并求取了水平变差函数；其次从井点出发，井间遵从原始地震数据，通过随机模拟产生井间波阻抗；最后将波阻抗转换成反射系数并与确定性反演方法求得的子波进行褶积进而产生合成地震道，通过反复迭代直至合成地震道与原始地震道达到一定程度的匹配[120]。地质统计学反演以地质统计学分析为基础，主要包括随机模拟过程和反演过程。通过对地震和测井数据进行统计分析，求取变差函数，选择合适的随机模拟算法和反演算法，得到高分辨率的数据体，反演过程见图 7-1。地质统计学反演的优势：①可进行小井距间的精细尺度内插；②能够进行误差估算，进而评价风险；③可以改善常规反演结果的分辨率；④能够生成岩性类型数据体，能够识别泥岩和砂岩；⑤可根据波阻抗进行基于岩性的孔隙度估算；⑥能将高分辨率的井数据和低分辨率的地震数据联合应用。

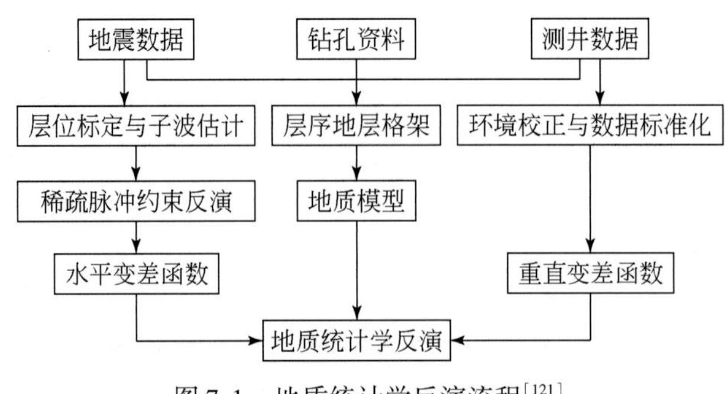

图 7-1　地质统计学反演流程[121]

1. 地质统计学分析[122]

地质统计学分析是指对目的层段所要模拟的属性进行概率分布统计。首先建立属性概率密度函数，其次进行空间变差函数分析以确立空间上的结构关系。在地层研究的最小单元格架内针对不同层段、不同岩性或沉积微相及各种岩性内的属性值统计分析，得到具有地质意义的不同层段不同岩性的变差函数及所模拟属性的变差函数。

变差函数的确定方法通常有：①根据已经建立的地质信息库信息，结合研究区的沉积环境特征，确定不同沉积环境下沉积体的变程；②根据递推反演结果，在地震主测线和联络测线上研究沉积体的展布特征，结合沉积体的平面分布特征，定量地确定变量在 X（水平）和 Y（垂向）方向的变程；③根据地震属性分析结果来确定变程；④根据小层对比成果确定变程。

变差函数是地质统计学反演中一个极为重要的概念，变差函数的变程确定方法直接影响到最终反演结果[123]。水平方向变程过小，剖面随机性增加，井间地质统计学反演结果误差较大；水平方向变程过大，虽然减小井间反演误差，但反演结果更趋于模型化。垂向变程用来识别砂体有效厚度，若设置过大会导致垂向上砂体分辨率差，设置过小则会由于数据搜索过少而导致在横向上出现过强的连续性。

因此应当引入尽量多的地质信息，包括地层展布的横向和纵向上的非均质性研究成果及区域沉积的研究成果，使井上及地震信息统计得到的空间结构关系与前期地质研究成果统一起来，让建立的地质统计模型更真实地反映地层的空间展布。

2. 随机模拟过程

随机模拟是从已知地层出发，以变差函数分析为基础，应用克里金法产生多种等概率预测结果的过程。进行随机模拟的前提是控制点以外的储层参数具有一事实上的随机性，且各实现之间的差别是储层不确定性的直接反映。如果所有实现基本相同或相关很小，说明模型中的不确定因素少，结果可信；如果各实现之间的差别较大，说明模型中的不确定因素多，需要修改函数模型并重新进行随机模拟。

随机地震反演的随机模拟过程主要运用序贯模拟算法，包括序贯高斯随机模拟和序贯指示随机模拟，这两种模拟主要差别是累计条件概率分布函数的求取方法不同[123]。在序贯高斯随机模拟中，所有的累计条件概率分布函数都假设为高斯分布，其均值和方差由简单的克里金方程组给出；而在序贯指示模拟中，累计条件概率分布函数直接由指示克里金方程组给出。值得注意的是，搜索半径不能太小，条件数据的范围必须大到足以体现变差函数的正确性。

序贯模拟算法的实现必须满足两个条件：一是在井点处与测井数据计算的波阻抗一致；二是在井间符合地震数据和已知数据的地质统计学特征。

具体实现过程如下[124]：①建立随机路径；②随机选取井间尚未模拟的 1 个网格点；③估计该网格点的条件概率密度函数；④从该条件概率分布函数中随机抽取 1 个值，利用反射系数公式计算反射系数并与子波进行褶积生成合成地震道；⑤根据合成地震道与实际地震道匹配程度，决定是否接受该地震道，若接受则计算终止，转向下一个地震道即②，否则重复第④～⑤步；⑥直到完成整个数据体的模拟。

3. 地震反演过程

在所实现的每一个地震道上，将随机提取的反射系数与求取的地震子波进行褶积，生成合成地震道，比较合成道与原始地震道之间的误差，达到要求的精度后输出反演结果。选择合成地震记录最好的节点值作为反演的结果，然后对一下随机选取的节点进行反演，直到完成一个随机实现的全部反演。随机反演算法主要包括模拟退火算法和 Greedy 算法。这里主要介绍一下模拟退火算法。

模拟退火算法：生成一系列参数向量模拟粒子的热运动，通过缓慢地减小一个模拟温度的控制参数，使模拟的热系统最终冷却结晶达到系统能量最小值，模拟退火算法与传统线性反演方法相比，该方法具有不依赖初始模型的选择，能寻找全局最小点而不陷入局部极小等优点，因而在地球物理资料非线性反演中得到广泛应用。基于模拟退火算法的地质统计学反演综合了序贯高斯模拟和地震模型反演方法的优势，使合成地震数据与原始地震数据达到全局最佳匹配。反演步骤如下[125]：①建立初始模型；②随机地选取井间一个网格点；③用普通克里金技术估计该网格点的条件概率密度函数或相关累积条件概率密度函数；④从概率密度中随机抽取一个值。利用反射系数并与子波进行褶积生成合成地震道；⑤如果合成地震数据与实际地震道匹配程度增加则接受该值，若使地震匹配程度下降，则以一定的概率接受该值，接受的概率分布由波尔兹曼分布函数确定，若拒绝则返回④；⑥降低模拟退火温度；⑦重复②～⑥，直到合成地震数据与原始地震数据达到全局最佳匹配。

7.1.2　地质统计学反演参数试验及岩性显示

以陕西 HL 煤矿三维地震数据为例，在进行煤层顶板富水带预测时，重点进行煤层顶板岩性反演，先将非正态分布的波阻抗和密度数据进行正态分布转换（图 7-2），正态分布转换以后，研究区的波阻抗及密度数据将根据直方图统计的相关特征形成相应的正态分布函数（图 7-3）。波阻抗正态分布以 0 为中心，左右值域分别为-1.7、2.5；密度曲线的正态分布直方图中心值为 0，左右值域分别为-2、2.5。

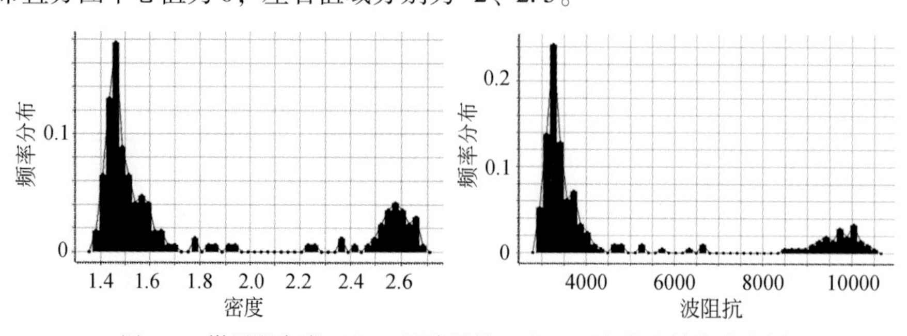

图 7-2　煤层段密度（左）及波阻抗（右）正态分布转换直方图

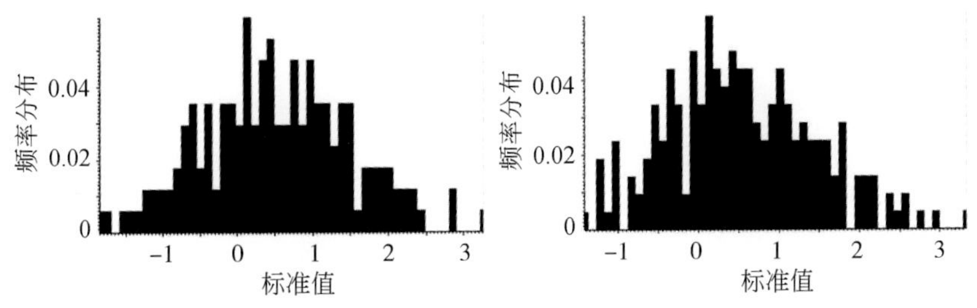

图 7-3　煤层段密度（左）及波阻抗（右）正态分布直方图

使用 600m×800m 的变程参数，*Y* 方向变程影响纵向上砂体的分辨率，一般要根据变差函数的实验得到（图 7-4）。本研究区变差函数的跃迁值为 0，波阻抗曲线的变差函数基台值为 0.19，纵向变程为 11.9；密度曲线的变差函数的基台值为 0.13，纵向变程为 4.9。

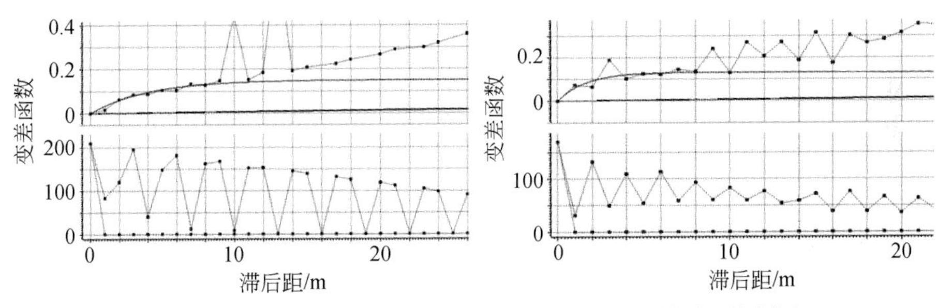

图 7-4　煤层波阻抗（左）及密度（右）变差函数质量控制图

通过波阻抗与密度的交汇显示及对相关系数的分析（图 7-5），煤层段的波阻抗与密度相关系数较高，达 0.98，且波阻抗变差函数与密度变差函数之间的相关函数为正相关，跃迁值为 0，基台值为 0.11，纵向变程为 4.5。

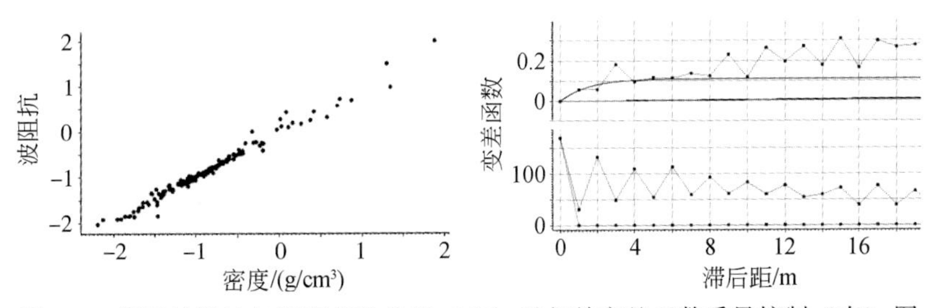

图 7-5　煤层波阻抗与密度相关分析（左）及相关变差函数质量控制（右）图

通过对地质统计反演的各种算法的对比实验，从诸多反演技术中优选出高斯模拟随机反演进行岩性预测，同时分析钻井岩性、电性曲线特征，密度曲线能够较好地反映煤层（密度<1.7g/cm^{3}为煤层），且与波阻抗具有较强的相关性（相关性大于 0.98），因此选用密度属性对研究区的煤层进行了随机反演。

1）对三维地震数据作地质统计随机模拟波阻抗反演，获得三维地震波阻抗数据体。

2）将上述数据输入地震解释工作站，对地震波阻抗数据体采用可视化技术在地震解释工作站上进行预览。

3）对测井数据作波阻抗反演处理，形成钻孔柱状波阻抗反演剖面，并将其嵌入地震反演剖面中。

4）通过对连井测线波阻抗反演剖面与钻孔波阻抗柱状图分析，调整波阻抗上限值，对所获波阻抗图形与测井资料进行核查对比，如图 7-6、图 7-7 所示。

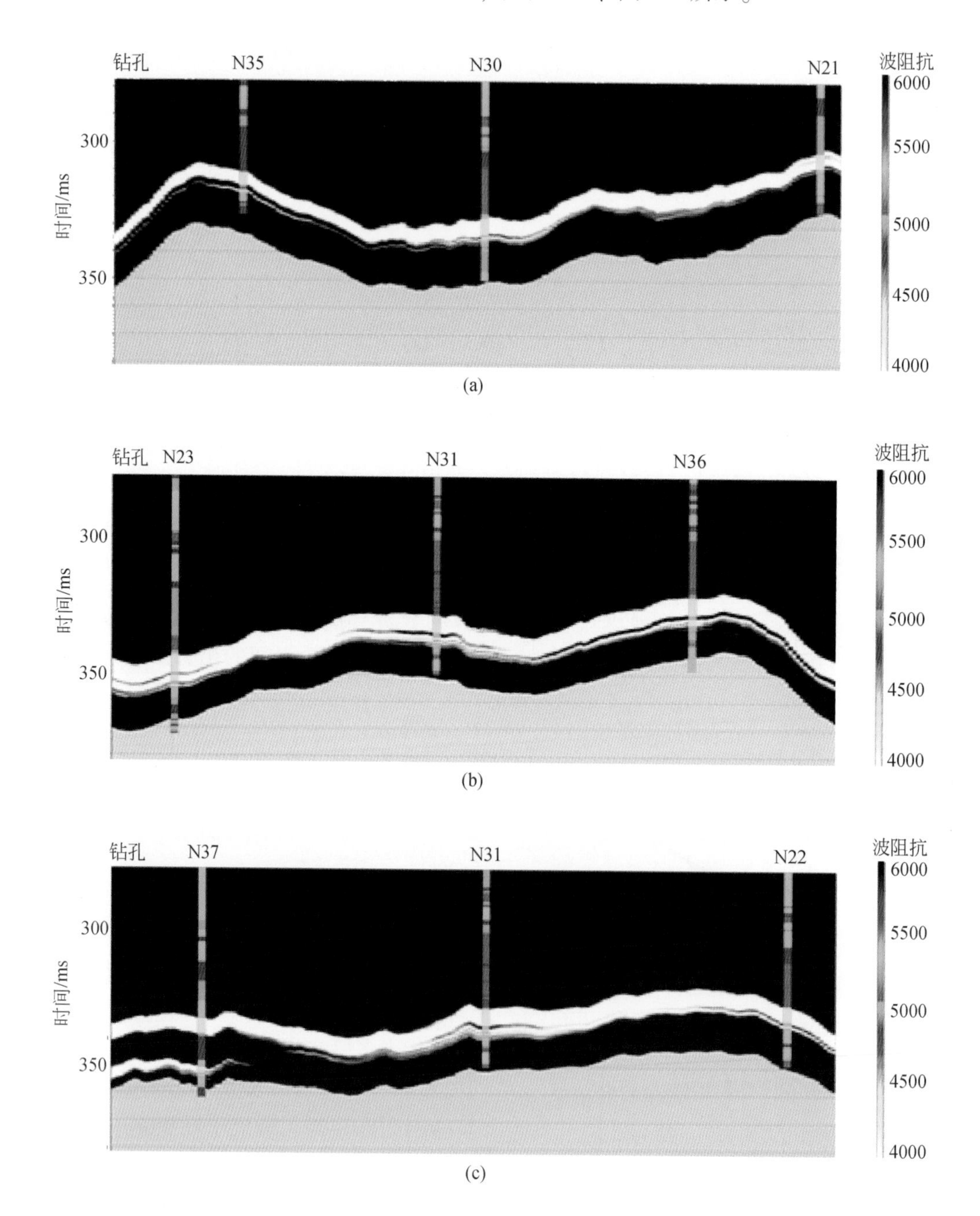

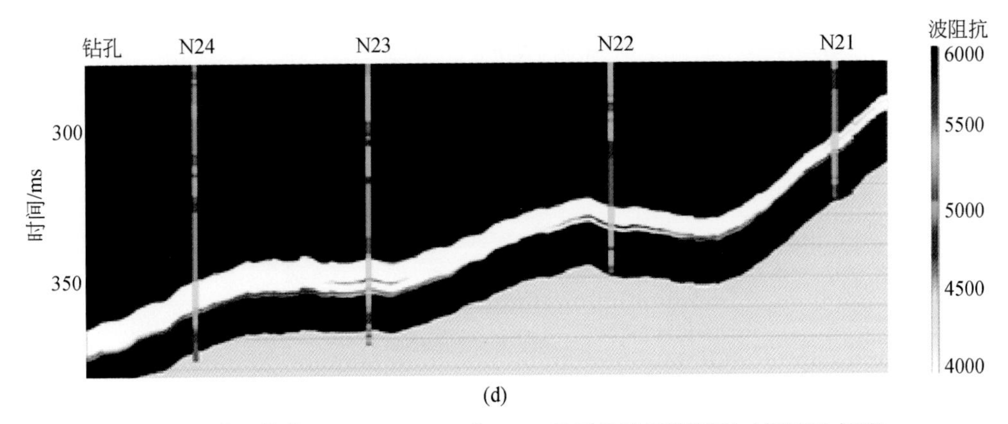

(d)

图 7-6　波阻抗值 4000～6000g/cm³ · m/s 地质统计反演剖面（煤层及夹矸）

（a）N35-N30-N21 连井剖面；（b）N23-N31-N36 连井剖面；

（c）N37-N31-N22 连井剖面；（d）N24-N23-N22-N21 连井剖面

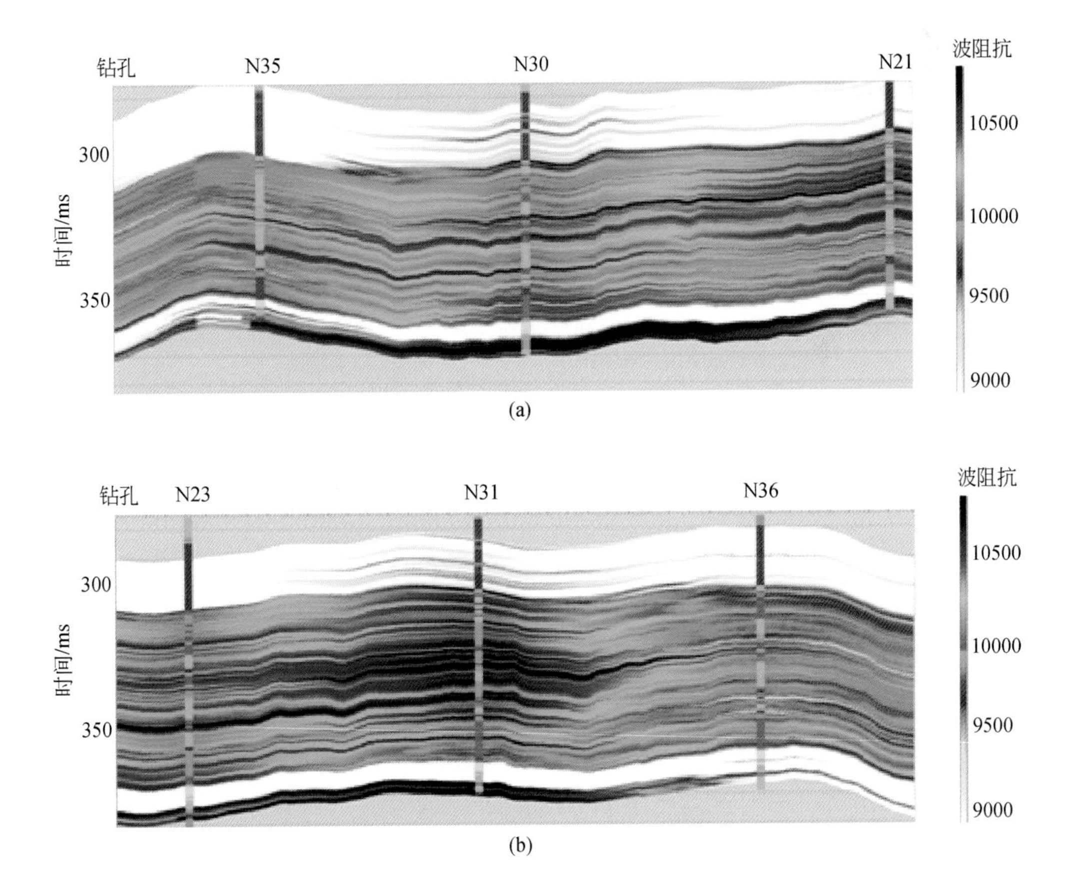

(a)

(b)

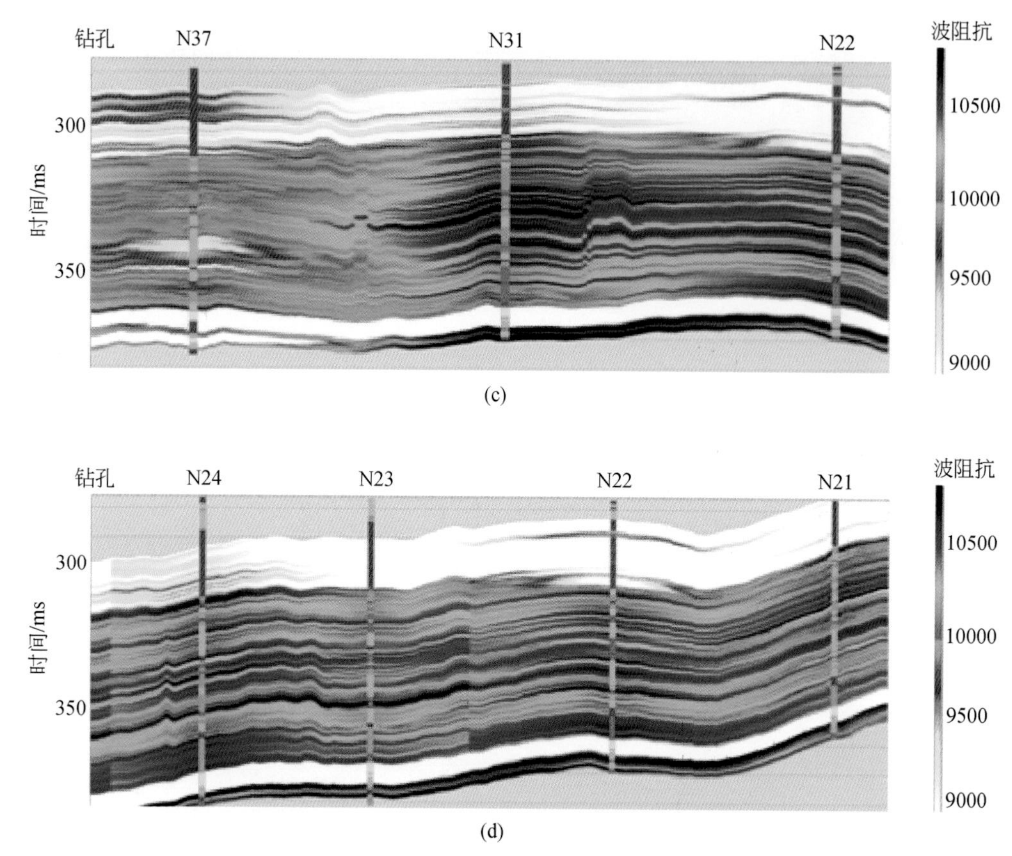

(c)

(d)

图 7-7　波阻抗值 9000 ~ 10600g/cm^3 · m/s 地质统计反演剖面（砂岩及泥岩）

(a) N35-N30-N21 连井剖面；(b) N23-N31-N36 连井剖面；

(c) N37-N31-N22 连井剖面；(d) N24-N23-N22-N21 连井剖面

从图 7-6 可见波阻抗上限调整数为 6000g/cm^3 · m/s，剖面对煤层及夹矸的分辨率较好，其中白色低波阻抗条带为煤层，白色条带中的黑色、黄色条带为煤层夹矸，反演剖面与钻孔资料有明显的对应关系。

从图 7-7 可见，当调整剖面的波阻抗值域为 9000 ~ 10700g/cm^3 · m/s 后，对砂岩和泥岩的分辨率较好，其中白色—红色表示低阻抗为砂岩，蓝色—黑色表示高阻抗为泥岩，阻抗值在 9000 ~ 9600g/cm^3 · m/s 的为砂岩，阻抗值大于 9600g/cm^3 · m/s 的为泥岩。

当将波阻抗剖面中的波阻抗调整为 9000 ~ 10700g/cm^3 · m/s 后，图 7-6（d）波阻抗剖面与钻孔资料对比，白色—红色波阻抗为砂岩，蓝色—黑色为泥岩。

5）根据上述试验结果，构成解释煤层波阻抗反演数据体和砂岩、泥岩波阻抗数据体。对上述两个数据体作区内连井线波阻抗反演剖面，如图 7-8、图 7-9 所示。

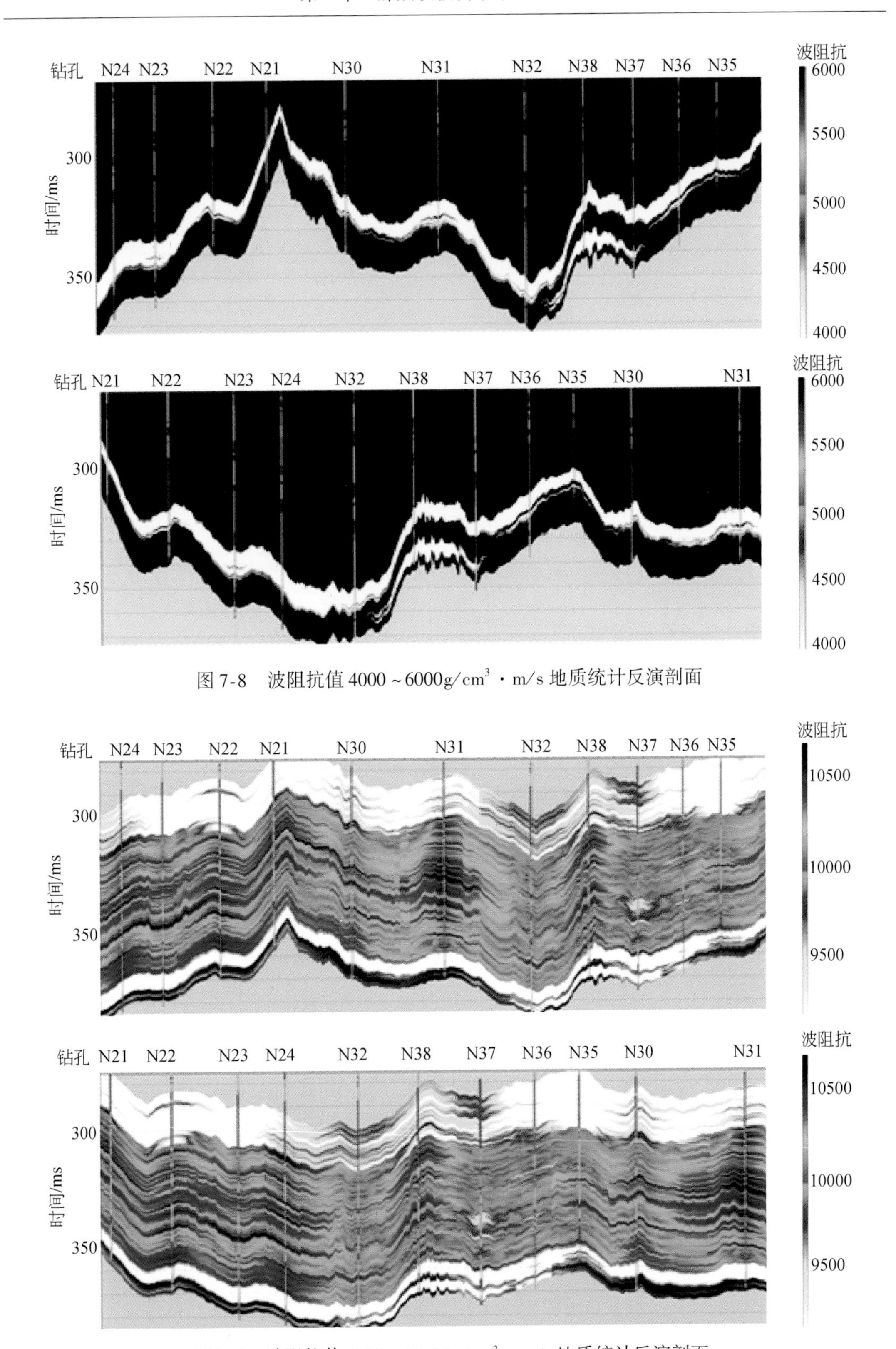

图 7-8　波阻抗值 4000 ~ 6000g/cm³ · m/s 地质统计反演剖面

图 7-9　波阻抗值 9000 ~ 10600g/cm³ · m/s 地质统计反演剖面

7.1.3　煤层顶板砂体含水性影响因素

1. 砂体厚度

用地震波阻抗反演数据预测岩体厚度变化及其平面展布是在地震岩性识别和解释的基础上进行，以砂体解释为例：①根据钻孔资料和波阻抗剖面上波阻抗条带值求出砂体顶底板时差。②用钻孔资料约束求取砂体层速度。③然后用简单的公式 $h=\frac{1}{2}\Delta tv$（式中，h 为厚度，Δt 为顶底板时差，v 为层速度），计算砂体厚度。也可在获得砂体顶、底界面 T_0 等时图后，求出顶底界面时差，利用上述公式自动成图。

2. 砂体孔隙度

由于工区内的 11 口井均没有孔隙度曲线，所以使用经验公式用密度求取孔隙度（图 7-10），从孔隙度与密度拟合关系图上可以看出，孔隙度与密度的相似性很高，达到了 0.998。并生成孔隙度数据体。

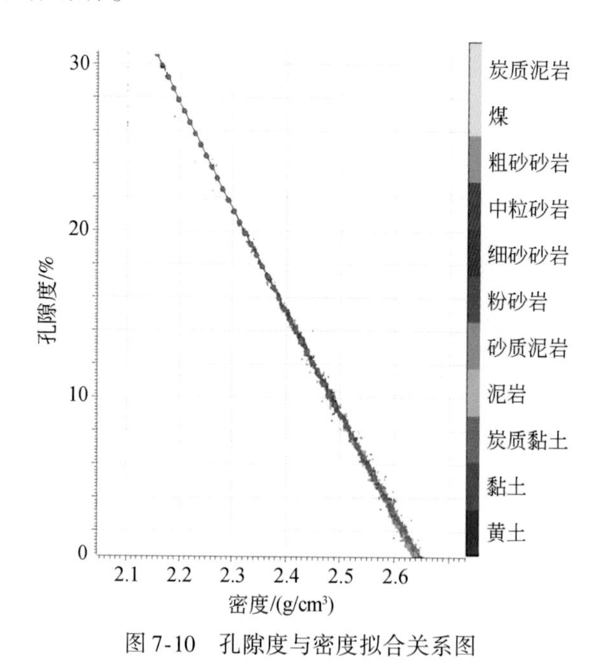

图 7-10　孔隙度与密度拟合关系图

3. 地质构造

分别对各砂体空间展布形态进行控制，了解其内发育的断层、褶皱等地质构造，综合判定地层富水性。图7-11为该矿砂岩空间展布及起伏形态。

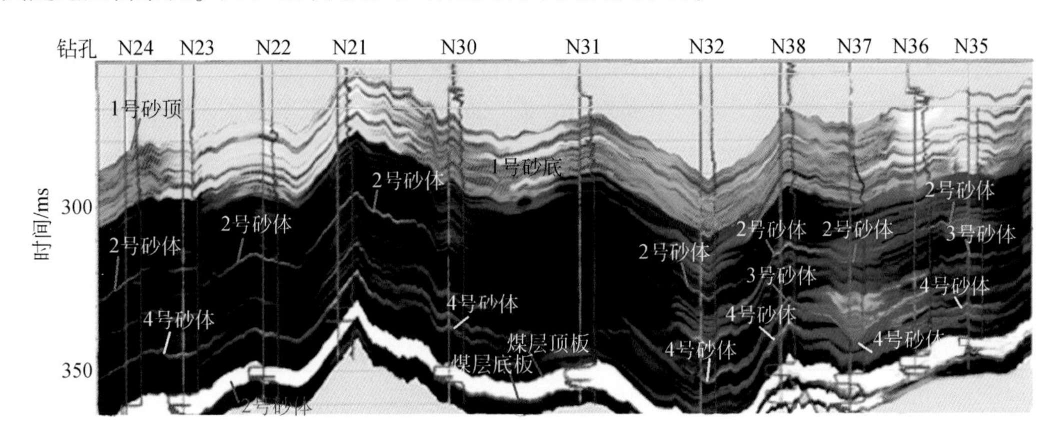

图7-11 HL煤矿各层砂岩空间展布及起伏形态

7.2 概率神经网络岩性反演

概率神经网络（probabilistic neural network，PNN）最早由数学家Specht于1990年提出，它是一种基于概率统计思想和贝叶斯分类规则的神经网络[126-128]。Hampson将这种技术应用到了地震勘探领域。该类神经网络比多层前馈网络的数学原理简单，易于实现。利用概率神经网络进行地球物理属性参数反演，可以通过它的非线性扩展，进行多属性的组合优选，经过多次训练学习和概率估算，有效地降低地球物理反演的多解性。利用概率神经网络建立的地震属性与测井数据之间的映射关系的可靠性较高，表现在：①该方法不需要直接使用反演数据与反演结果之间所存在的物理推导，适用性较强；②它可以通过联想全部或区域内大部分的信息而降低个别数据缺陷带来的负面影响，容错性较高；③在训练神经网络的同时，通过交叉检验的方式确定最佳属性数目，避免产生过度匹配的现象，保证神经网络的稳定性，提高反演结果的可信度[128]。地震属性在第4章地质构造地震精细解释与第5章煤层厚度地震预测中均已提及，本章只通过在特定时空内对地震属性进行提取和分析，以区分地层岩性特征，并利用该特征进行岩性参数和测井特征预测。设L表示要预测的测井值，A_1、A_2、A_3表示3种不同地震属性，在每一个时间采样点上，目标测井曲线可表示为

$$L(t) = w_0 + w_1 \cdot A_1(t) + w_2 \cdot A_2(t) + w_3 \cdot A_3(t) \tag{7-6}$$

式中，w_i为长度固定且已知的算子，包含的各系数可以由最小均方误差求解：

$$E^2 = \frac{1}{N}\sum_{i=1}^{N} (L_i - w_0 - w_1 \cdot A_{1i} - w_2 \cdot A_{2i} - w_3 \cdot A_{3i})^2 \tag{7-7}$$

使式（7-7）中的最小均方误差E^2达到最小的一系列地震属性称为最佳属性组合，它为预测测井值提供神经网络的训练样本。

在进行PNN演之前，先采用多属性分析法寻找最佳属性组合。常用的方法有如下

几种。

穷举法：假设需要在给定的因子长度为 L 的 N 种属性中寻找 M 种最优属性，比较直接的方法是尝试所有 M 种属性的组合，对于每个组合，通过一定的等式获得最优权值，预测误差最小的组合将被选择。该方法计算属性组合最为准确，但其计算量大，计算时间极长。

Step-wise 方法：已知一个包含 N 种地震属性的优化组合，则 $N+1$ 种地震属性的优化组合是在已知包含 N 种地震属性组合基础上通过计算预测误差，满足最小误差的条件时的最佳组合。计算步骤：①根据预测误差最小原理从所有的 M 种地震属性中利用穷举法确定第 1 种地震属性A_1；②在最小预测误差原理下，在 A_1 基础上从剩余的 $M-1$ 中属性中找出第二种属性A_2，形成包含前两种属性的属性组合（A_1，A_2）；③以同样的方法确定第三种属性A_3，形成3个地震属性组合（A_1，A_2，A_3），以此类推，直到挑出目标数量的地震属性组合为止。这种方法可以大大减少计算量，节省时间，该方法不能保证最后获得的属性组合是最优的，但能保证各属性之间线性无关，可以证明随着属性个数的增加，预测误差会逐渐降低。

7.2.1 概率神经网络概述[118]

1. 概率神经网络

利用 PNN 训练的数据是由一系列的训练样本组成，每一个样本都对应着所有测井资料分析窗内的地震数据[129]：

$$
\begin{array}{c}
\{A_{11},\ A_{21},\ A_{31},\ L_1\} \\
\{A_{12},\ A_{22},\ A_{32},\ L_2\} \\
\{A_{13},\ A_{23},\ A_{33},\ L_3\} \\
\vdots \quad \vdots \quad \vdots \quad \vdots \\
\{A_{1n},\ A_{2n},\ A_{3n},\ L_n\}
\end{array}
$$

这里有 n 个训练样本，3 个属性。A_{ij} 表示第 j 个训练样本的第 i 个属性，L_i 表示每个样本所对应的目标测井值。

对于训练数据，PNN 假设每一个新的输出测井值可以表示为训练数据中一系列测井值的线性组合。对于一个新的数据采样点，其属性值：

$$x = \{A_{1j},\ A_{2j},\ A_{3j}\}$$

则新的输出测井值可以用下式进行估算：

$$\hat{L}(x) = \frac{\sum_{i=1}^{n} L_i \exp[-D(x,\ x_i)]}{\sum_{i=1}^{n} \exp[-D(x,\ x_i)]} \tag{7-8}$$

其中

$$D(x,\ x_i) = \sum_{j=1}^{3} \left(\frac{x_j - x_{ij}}{\sigma_j}\right)^2 \tag{7-9}$$

$D(x,\ x_i)$ 表示输入点与训练点 x_i 之间的距离，属性不同，该参数的值会有所不同。

式（7-8）和式（7-9）实际上就是 PNN 的工作原理。网络训练的过程主要包括确定

最佳滤波参数 σ_j ，而确定这些参数的标准就是训练出来的网络应该达到最低的验证误差或者预测误差。

对第 m 个采样点的检验结果可以定义为

$$\widehat{L_m}(x_m) = \frac{\sum_{i\neq m} L_i \exp[-D(x_m, x_i)]}{\sum_{i\neq m}^{n} \exp[-D(x_m, x_i)]} \tag{7-10}$$

式（7-10）表示通过训练数据所预测的第 m 个采样点的值。由于它的真实数据是存在的，所以可以计算出该点的检验误差。对所有采样点均重复此过程，再对所有的检验误差求和：

$$E_V(\sigma_1, \sigma_2, \sigma_3) = \sum_{i=1}^{N} (L_i - \widehat{L_i})^2 \tag{7-11}$$

从上述介绍可知，PNN 训练网络的模式就是利用把该点从训练数据中剔除，再用其余点的数据来重新训练神经网络，然后预测该点的值，通过预测值与实际值的检验误差，来表现神经网络的稳定性。

2. 概率神经网络反演基本步骤[129]

概率神经网络反演一般要通过五步实现：

1）确定需要预测的测井曲线性质（如孔隙度），进行时深转换，以保证预测结果在纵向上的准确性；

2）选择分析时窗，并利用逐步回归法确定最佳属性组合及褶积因子长度；

3）在钻孔处利用由地震属性和测井曲线提供的数据训练神经网络；

4）通过交叉验证图来分析神经网络的稳定性；

5）获得较好的检验效果之后，将所训练的神经网络应用于全区地震资料，获得最终的预测结果。

3. 交叉检验及过度匹配

一般而言，随着属性个数的增加，预测误差逐渐降低。但实际上，当地震属性个数增加到一定数量时，对预测结果的影响会越来越小，且也会面临计算时间过长的问题。另外，许多的属性只是对于训练数据的高阶拟合程度提高了，却会明显削弱未参与神经网络训练的那些点的预测能力，甚至造成预测误差反面增大，以上现象称为过度匹配，所以需要确定最佳的属性个数，防止过度匹配。

1999 年 Hampson 提出通过交叉检验的方法衡量神经网络的匹配程度，取得了满意的效果。在实践过程中，按照以下思路进行交叉检验[130]：

1）将某口井的数据从训练数据中剔除（通常这口井被称为隐藏井），然后利用其余井的数据通过神经网络的训练来预测这口井的数据，则可以利用真实值与预测值确定这口井的交叉检验误差 e_{Vi} 。

2）对所有井均执行此过程，将所得到的交叉检验误差求和，并取其平均值作为整体训练数据的总检验误差：$E_V^2 = \frac{1}{N}\sum_{i=1}^{N} e_{Vi}^2$ 。

通过交叉检验的过程，可以确定最佳的属性个数，防止过度匹配现象的发生，保持神经网络的稳定。

7.2.2　孔隙度概率神经网络反演孔隙度

1. 最佳属性组合确定

对孔隙度曲线进行反演训练，见图 7-12，图中每口钻井左侧的红色曲线为孔隙度曲线，即目标曲线；中间的黑色曲线为从实际地震道中抽取的波形曲线；右侧的蓝色曲线为波阻抗反演曲线，同样作为一种地震属性进行处理。顶端与底端的两条褐色直线代表神经网络的分析时窗，其选择原则是要包含地震特性明显的部分，对于提取的属性长度要有一定的控制。而且对于测井曲线上差异反应不明显的井应该剔除，不让其参与神经网络的训练，以免造成对预测结果的负面影响。

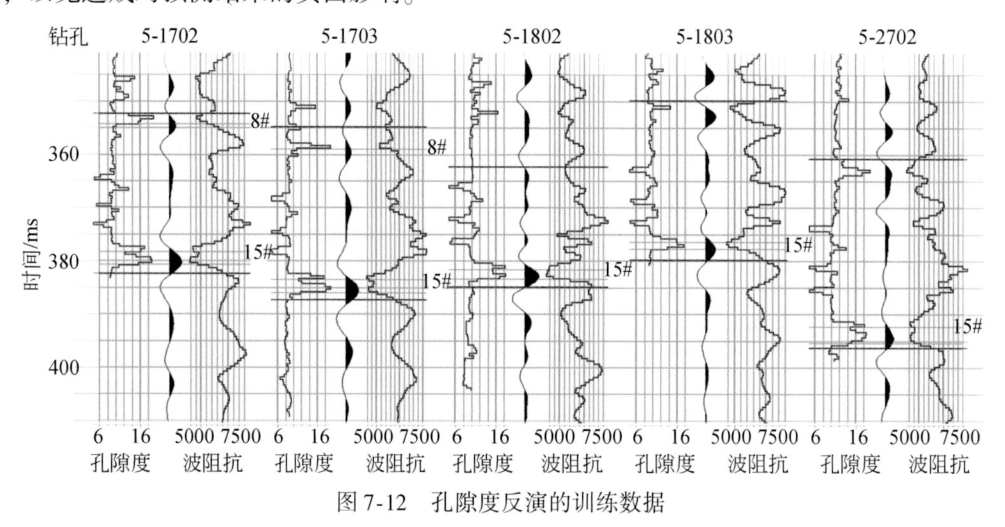

图 7-12　孔隙度反演的训练数据

确定好时窗大小和提取的属性长度后，就需要采用逐步回归法确定最佳属性组合，但并不知道褶积算子的长度，所以同时需要对褶积算子长度进行测试，本书分别尝试长度为 3、5、7、9 的褶积算子进行测试，得到交叉验证图，如图 7-13 所示。

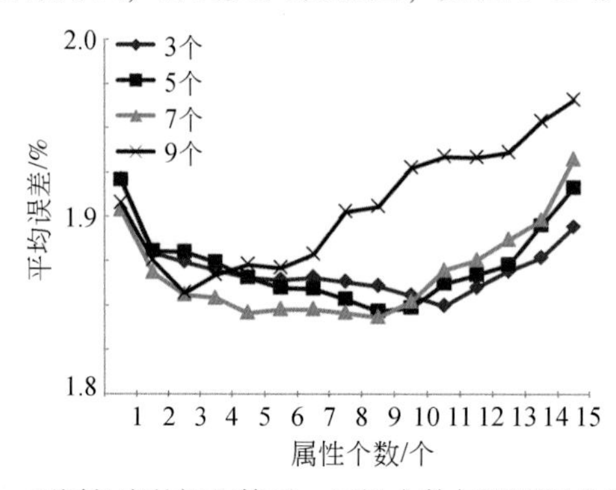

图 7-13　不同长度的褶积算子、属性个数与预测误差的变化图

在图 7-13 中，不同长度的褶积算子对应的属性个数与验证误差的变化趋势是相同的，均有一个极小点值，也就是前面所说的临界点，超过临界点后，验证误差随属性个数的增加而增大，即出现过度匹配的现象。根据预测误差的分析结果，确定选择 7 点的褶积算子，其对应的交叉检验如图 7-14 所示，图中红线为检验误差，即用其他井的数据预测目标井的误差。黑线是用所有井的数据预测得到的误差。从图 7-14 可以看出，当属性个数达到 9 以后，检验误差随属性个数的增加而增加，即出现过度匹配现象。因此，本次 PNN 反演确定属性个数为 9，如表 7-1 所示。

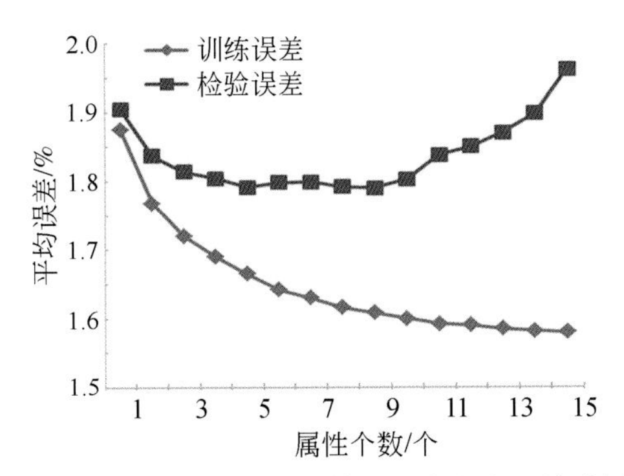

图 7-14　7 点长度的褶积算子对应的交叉检验图

表 7-1　孔隙度反演的最佳地震组合

地震属性	训练误差/%	检验误差/%
波阻抗的对数	1. 87373717	1. 907443
25/30-35/40 带通分量	1. 768133	1. 837676
55/60-65/70 带通分量	1. 718523	1. 812284
瞬时相位	1. 689652	1. 806825
振幅加权	1. 664481	1. 792137
二次导数	1. 640000	1. 797581
15/20-25/30 带通分量	1. 629272	1. 797616
集成绝对振幅	1. 617248	1. 793479
调频中心频率	1. 607649	1. 787908

表 7-1 中所列举的 9 种属性及对应的孔隙度的数值构成了神经网络的训练样本，由此获得的神经网络的训练误差及检验误差的平均值小于 2%。

2. 训练神经网络及交叉检验

在确定了神经网络的褶积因子长度和神经网络的训练样本之后，即可以针对每一口井进行神经网络训练，并通过交叉检验来评价神经网络的训练结果。图 7-15 为各井口处的训练结果，在图 7-15 中，黑线为原始的孔隙度测井曲线，红线为训练结果，蓝线为分析时窗。可以看出，红线与黑线的吻合度非常好，即在这些井口处的训练结果是有效可信

的，其训练误差为 0.76%，相似系数为 0.97。

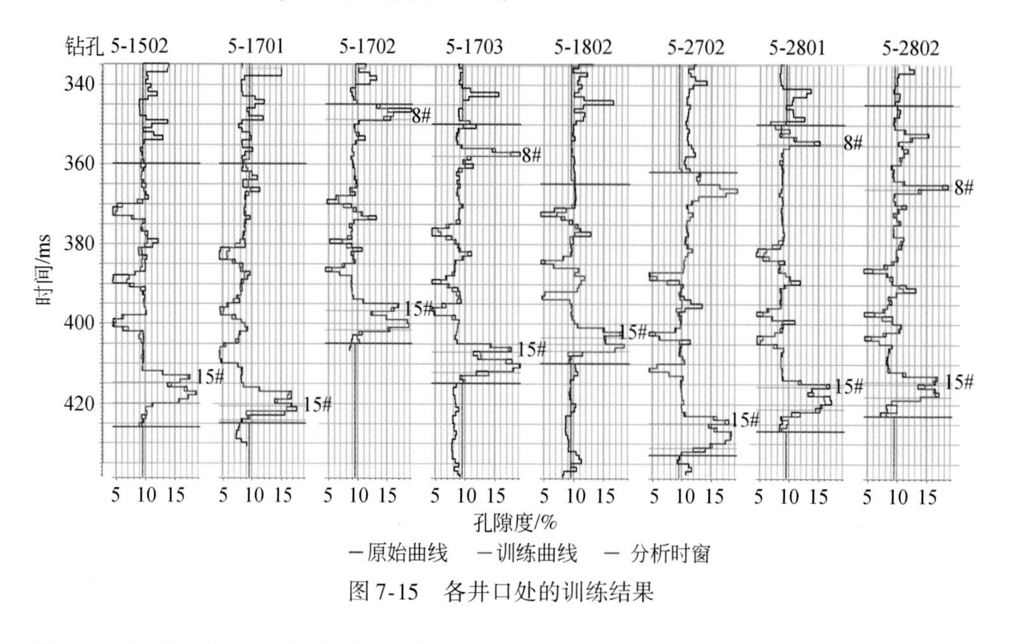

图 7-15　各井口处的训练结果

图 7-16 为对应的交叉检验图，比较图 7-15 与图 7-16 可知，交叉检验的误差相对于训练误差要大，这与理论也是符合的。因为检验误差是将某口井从训练数据中剔除，然后用其他所有井的数据来预测该口井的测井曲线，所以误差肯定会比训练误差要大。在本书中，交叉检验得到的平均误差为 1.79%，相似系数为 0.81，可以推广到全区进行孔隙度的反演预测。

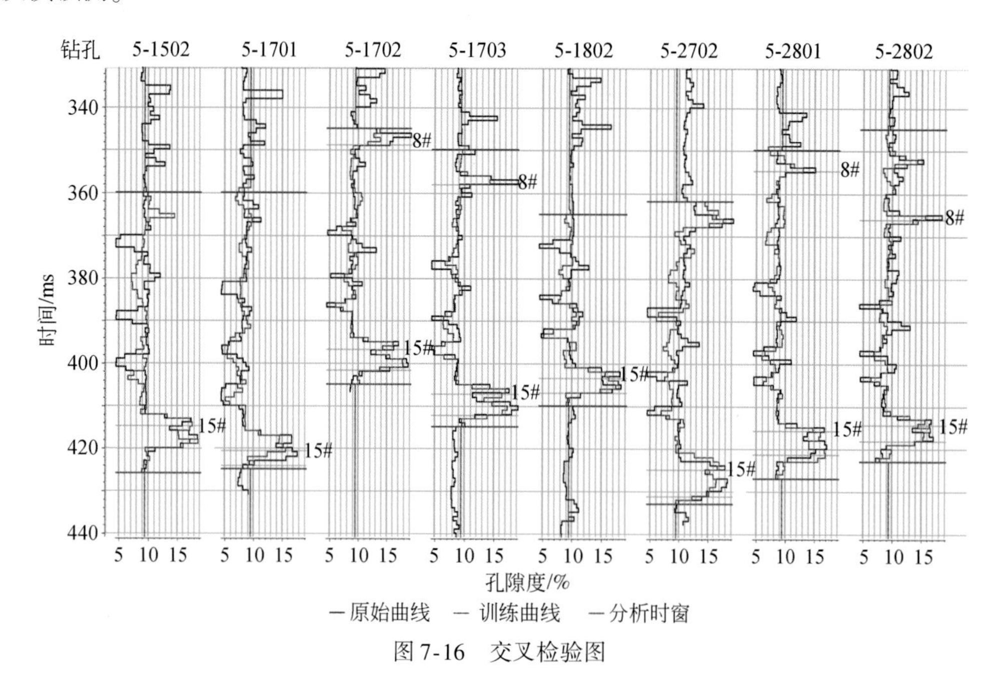

图 7-16　交叉检验图

7.2.3　概率神经网络反演岩体视电阻率

在相同岩性的地层中，如果地层含水，其视电阻率相对来说会较小。因此，通过利用概率神经网络反演，研究岩体的视电阻率的变化情况，为含水异常区的预测提供一定的理论依据。

1. 最佳回归确定最佳属性组合

研究区的钻孔均有视电阻率测井曲线，由于每条电阻率曲线之间无法进行比较，因此在将视电阻率曲线导入之前，需要对视电阻率曲线进行归一化处理，使每口井的视电阻率变化区间相同。

类似于 7.2 节孔隙度反演，将钻孔的测井数据替换成归一化之后的视电阻率数据，然后进行神经网络训练和反演。图 7-17 为视电阻率反演的训练数据，每口井的左侧红色曲线为视电阻率曲线，即目标曲线；中间的黑色曲线为从实际地震道中抽取的波形曲线；右侧蓝色曲线为波阻抗反演曲线，需将其作为一种地震属性进行处理。另外，顶端与底端的两条褐色直线代表神经网络的分析时窗，其选择原则要包含地震特性明显的部分，对于提取的属性长度要有一定的控制。两者的选择和控制对确定最佳属性组合有着至关重要的作用。而且对于测井曲线上差异反应不明显的井应该剔除，不让其参与神经网络的训练，以免对预测结果造成负面影响。

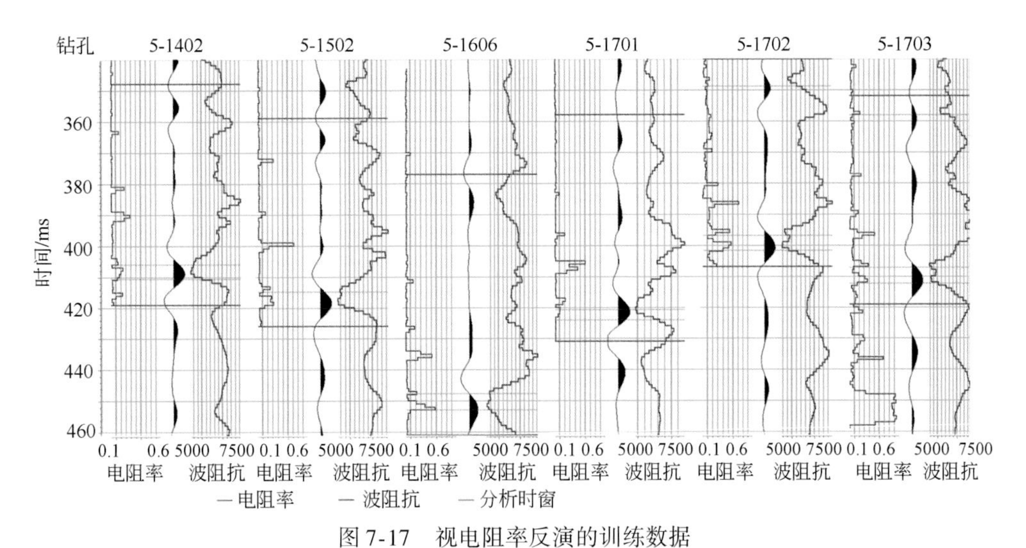

图 7-17　视电阻率反演的训练数据

分别对取值为 3、5、7、9 的褶积算子进行测试，得到交叉验证图，如图 7-18 所示。

根据图 7-18 的预测误差变化图可以确定本次 PNN 反演应该选择褶积算子的长度为 5，其对应的交叉检验如图 7-19 所示。

由交叉检验图可以知道本次反演应该选择 10 种地震属性较合适，各地震属性如表 7-2

所示。

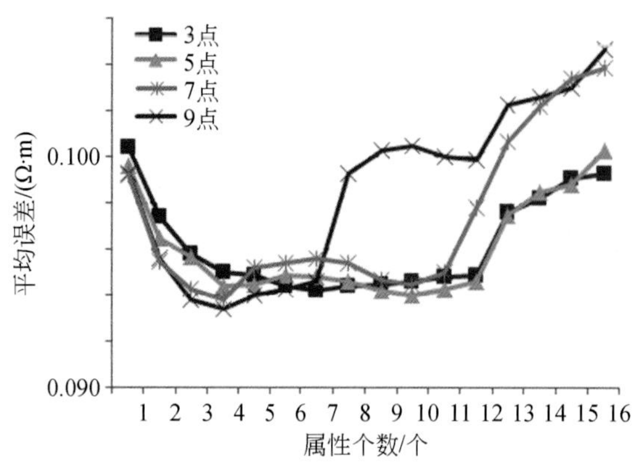

图 7-18　不同长度的褶积算子、属性个数与预测误差的变化图

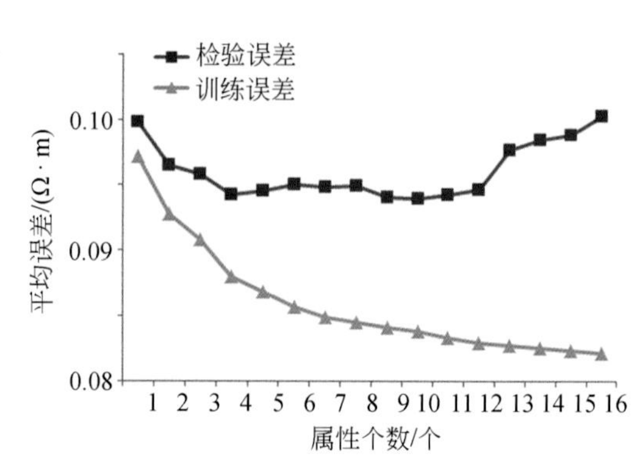

图 7-19　5 点长度的褶积算子对应的交叉检验图

表 7-2　视电阻率反演的最佳地震属性组合

地震属性	训练误差/%	检验误差/%
集成绝对振幅	0.097285	0.099764
瞬时相位的余弦	0.092750	0.096539
波阻抗的平方	0.090750	0.095706
正交道	0.088152	0.094416
瞬时振幅的二阶导数	0.086806	0.094574
瞬时频率	0.085715	0.094888
25/30-35/40 带通分量	0.084973	0.094752
55/60-65/70 带通分量	0.084563	0.094618
15/20-25/30 带通分量	0.084140	0.094245
振幅加权相	0.083290	0.093987

2. 训练神经网络及交叉检验

通过对神经网络的训练，可以得到如图 7-20 所示的训练结果，其训练误差为 0.08%，相似系数为 0.63，可以看出在标志层处，红线和黑线的吻合度非常好，在井口处的训练结果是有效可信的。对训练结果进行交叉检验，得到的平均误差为 0.03%，相似系数为 0.95，认为所选定的几种地震属性可以进行视电阻率反演，该结果可以推广应用到全区所有钻孔。

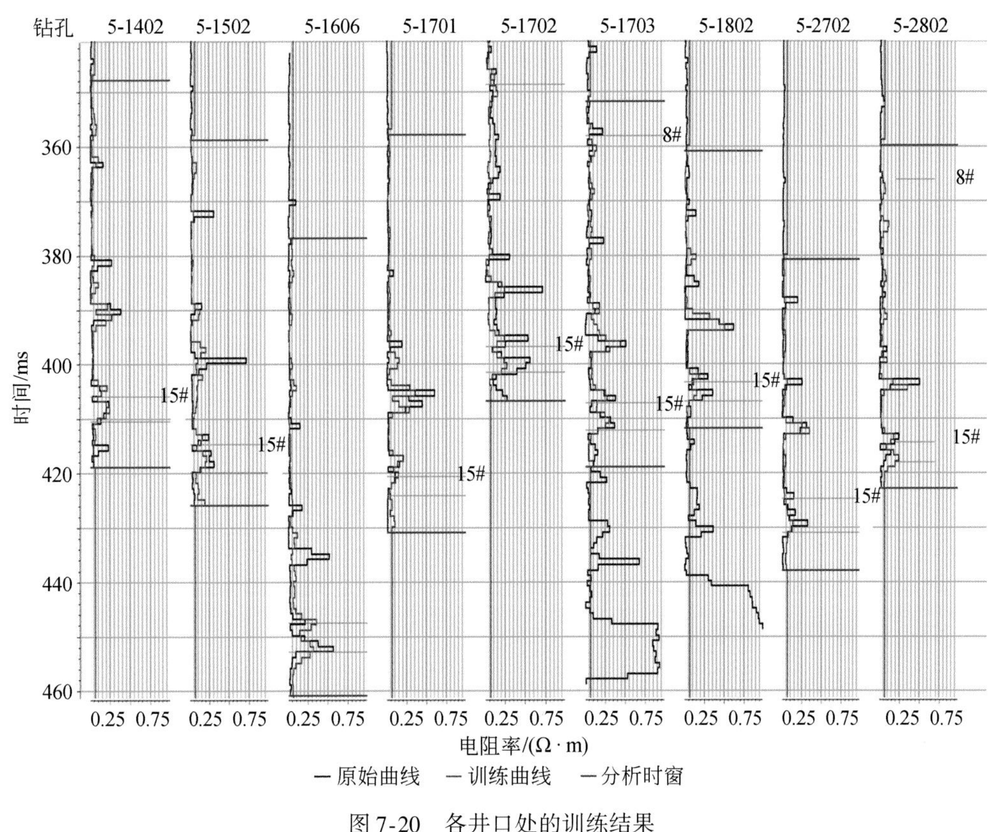

图7-20　各井口处的训练结果

7.3　煤层顶板岩层富水带预测实例

7.3.1　陕西WC煤矿煤层顶板砂体及富水带预测

1. 敏感参数分析

图7-21为WC矿区岩性指示反演自然伽马、电阻率和波阻抗连井剖面，结合钻孔测井曲线分析，认为波阻抗（密度）曲线能够较好地反映煤层（密度<1.7g/cm^{3}为煤层）和灰岩，自然伽马曲线能够较好地反映砂体（自然伽马<70API为砂体），电阻率曲线能较好地反映含水性的强弱。

2. 岩性反演

利用地质统计学随机反演的岩性数据体结果，直接进行砂体解释（图7-22），将砂体从上到下依次编号为 1 ~7 号，由图 7-22 可见这些砂体的在垂向上的位置，5 煤层顶板砂体在平面上的展布范围及其厚度变化情况统计见表 7-3。

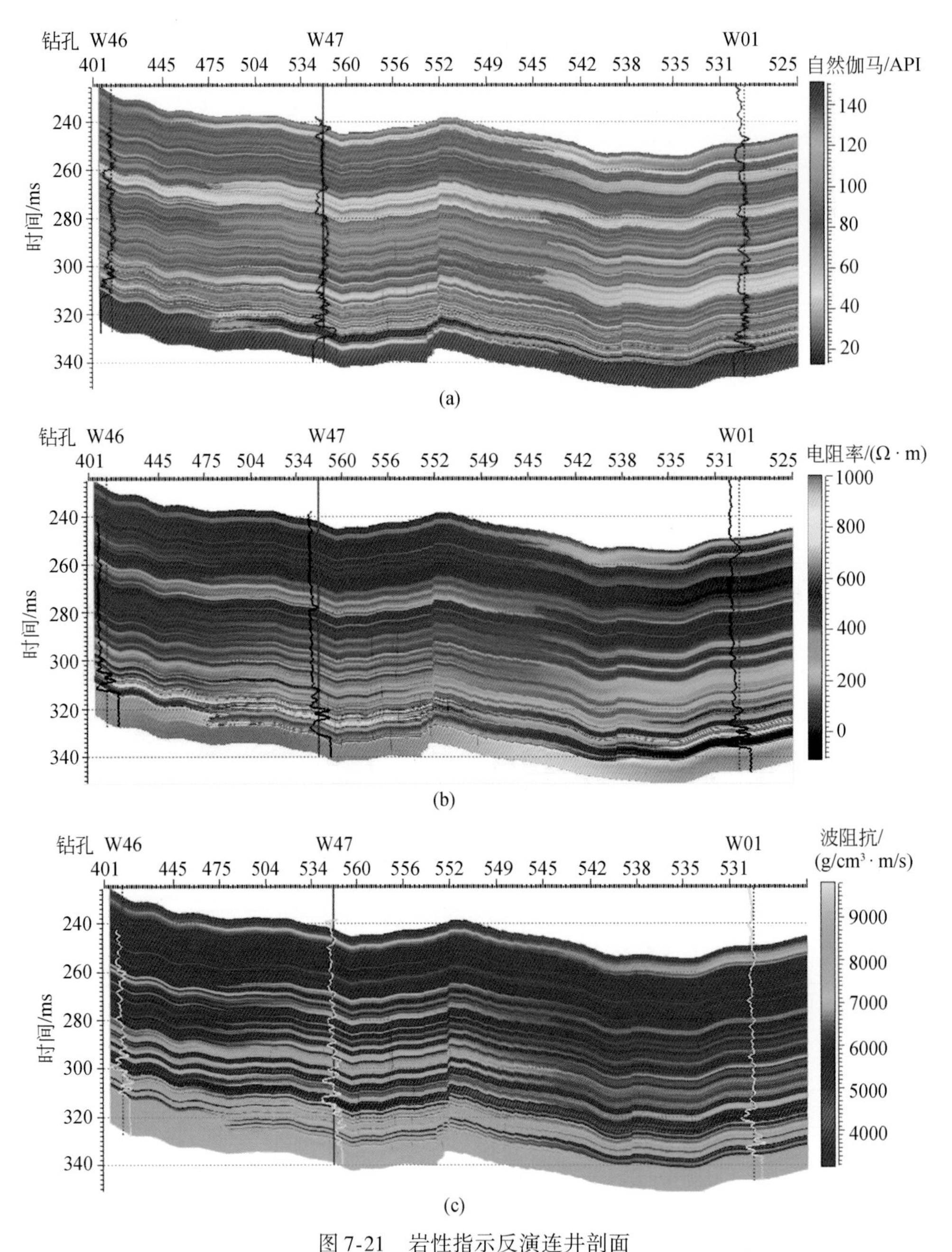

图 7-21　岩性指示反演连井剖面

(a) 反演自然伽马剖面；(b) 反演电阻率剖面；(c) 反演波阻抗剖面

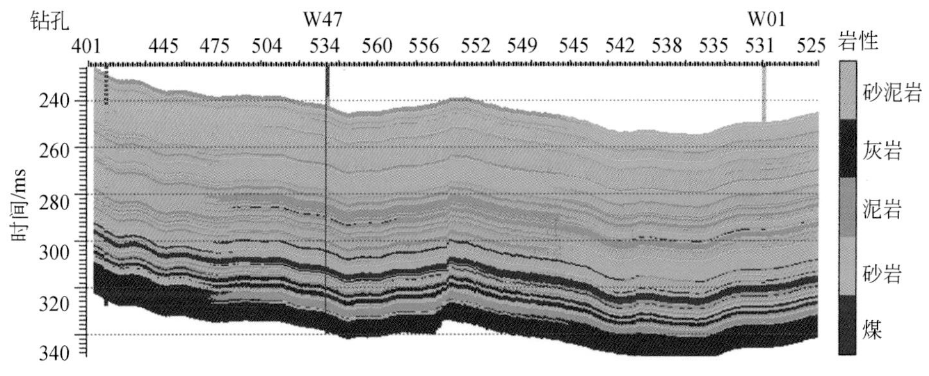

图 7-22　地质统计学反演岩性剖面

表 7-3　5 煤层顶部砂体分布情况统计数据表

砂体编号	1 号砂	2 号砂	3 号砂	4 号砂	5 号砂	6 号砂	7 号砂	合计
砂体面积/km^2	2.45	1.44	1.14	2.28	1.16	1.42	1.03	10.92
最大厚度/m	12	8	9	18	5	16	7	—
最小厚度/m	2	2	2	3	2	2	2	—

1 号砂在工区内全区分布，总面积为 2.45km^2，砂体在东南部处于构造高部位，1 号砂体在工区东部最厚，厚达 12m，在工区西部薄，仅有 2m。见图 7-23、图 7-24。

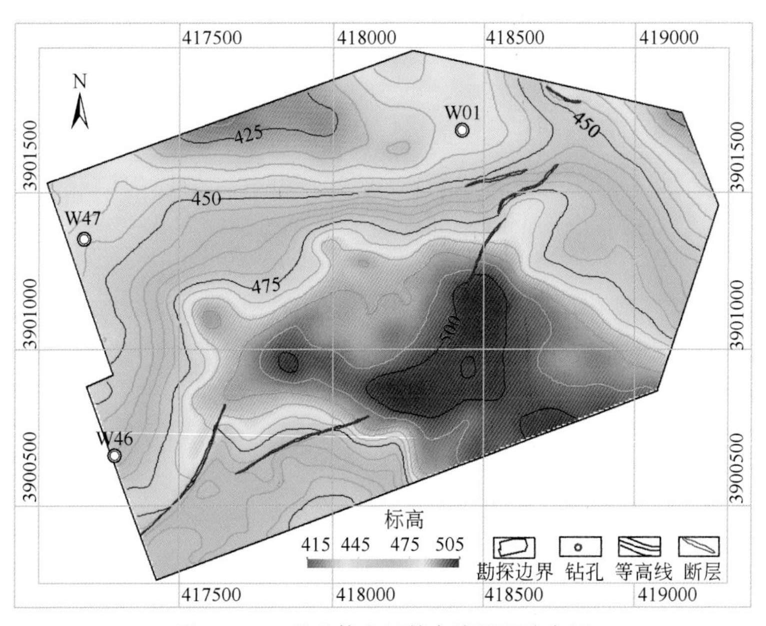

图 7-23　1 号砂体底板等高线平面分布图

2 号砂分布在工区东北部，总面积为 1.44km^2，砂体在西南部处于构造高部位，整体呈一个南高北低、西高东低的单斜。2 号砂体分布较均匀，厚度为 6 ~ 8m。

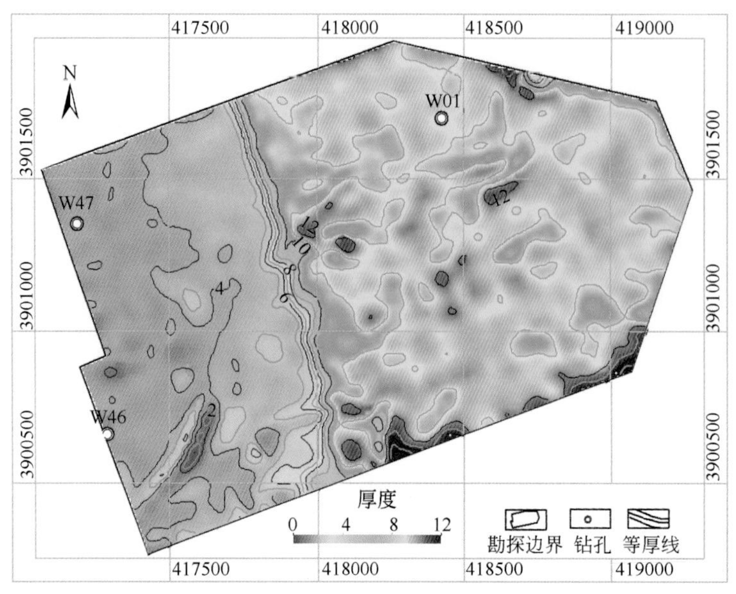

图 7-24　1 号砂体等厚线平面分布图

3 号砂分布在工区南部，总面积为 1.14km^2，砂体在中部处于构造高部位，东西两头处于构造的低部位。3 号砂体东部最厚，厚达 9m，西部较薄，仅有 2m。

4 号砂几乎分布在整个工区范围内，仅在工区的东南部角缺失，分布面积为 2.28km^2，砂体构造趋势为中间高，四周低。4 号砂在西北部最厚，厚达 18m，在西南部和东北部相对较薄，平均厚度 8 ~ 9m，东南部非缺失部分最薄，仅有 3 ~ 6m。

5 号砂仅分布在工区的东北部，分布面积为 1.16km^2，砂体构造趋势为南高北低。5 号砂的厚度分布趋势为由较厚的北部向四周慢慢变薄，厚度为 2 ~ 5m。

6 号砂仅分布在工区的东北部，分布面积为 1.42km^2，砂体构造趋势为南高北低。6 号砂的厚度分布趋势为由较厚的北部向四周慢慢变薄，厚度为 2 ~ 16m，该砂体为该区厚度最大的砂体。

7 号砂仅分布在工区的西部，分布面积为 1.03km^2，砂体构造趋势为中间高，南北低。7 号砂的厚度分布局部变化较大，整体趋势北部薄南部厚，厚度为 2 ~ 7m。

3. 砂体含水性预测

查明了砂体的分布位置及厚度后，根据其电阻率值的变化判断其含水性，通常含水岩体较正常岩体视电阻率偏低，自然电位曲线直接反映了砂体的含水性差异，自然电位负异常越大，说明砂体富水性越强。含水性解释利用反演电阻率成果数据体结合该区的水文地质特征和测井曲线自然电位来说明各砂体的含水性特征。

见图 7-25，图中红色曲线为电阻率测井曲线，粉红色曲线为自然电位测井曲线，从测井曲线中可以看出 5 煤底板上的 7 个砂体，其中 1 号砂、2 号砂、3 号砂、4 号砂、6 号砂都是富水砂体，5 号砂和 7 号砂基本不含水或含水性较差。

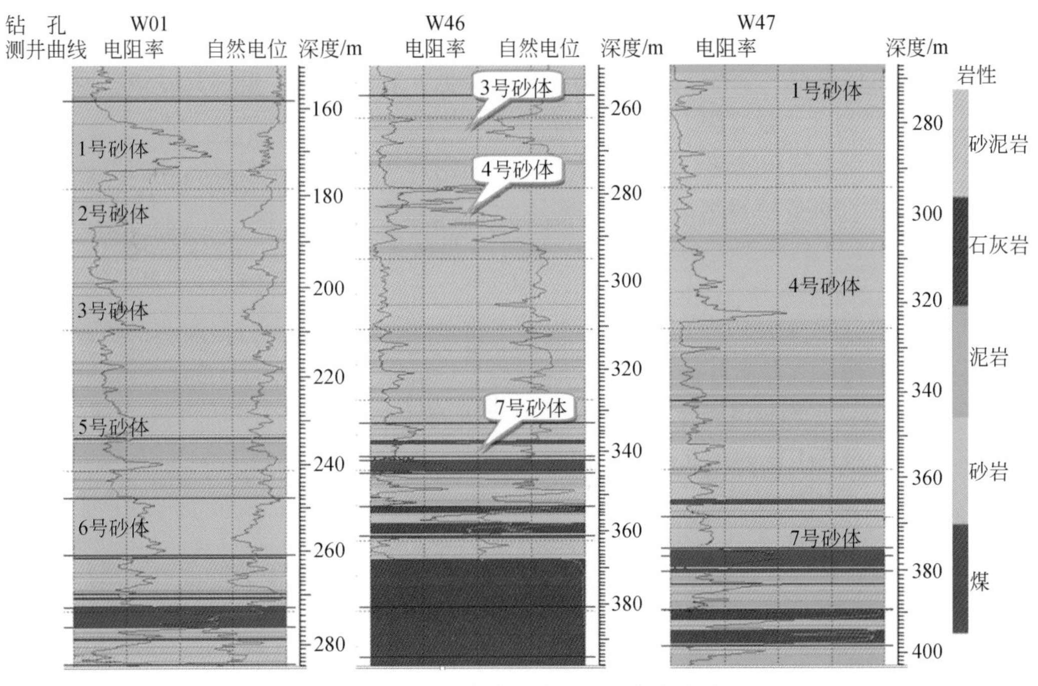

图7-25　测井曲线和岩性的对应关系图

在电阻率数据体中，富水性强的区域表现为电阻率负异常，弱富水区域表现为电阻率正异常。在电阻率数据体中提取各砂体对应层段的均方根属性来说明各层砂体的横向含水变化情况。图7-26是1号砂体电阻率均方根平面属性图，图中红色（橙色）为电阻率高值区，表现为弱含水性，浅蓝色为电阻率低值区，表现为强含水性。

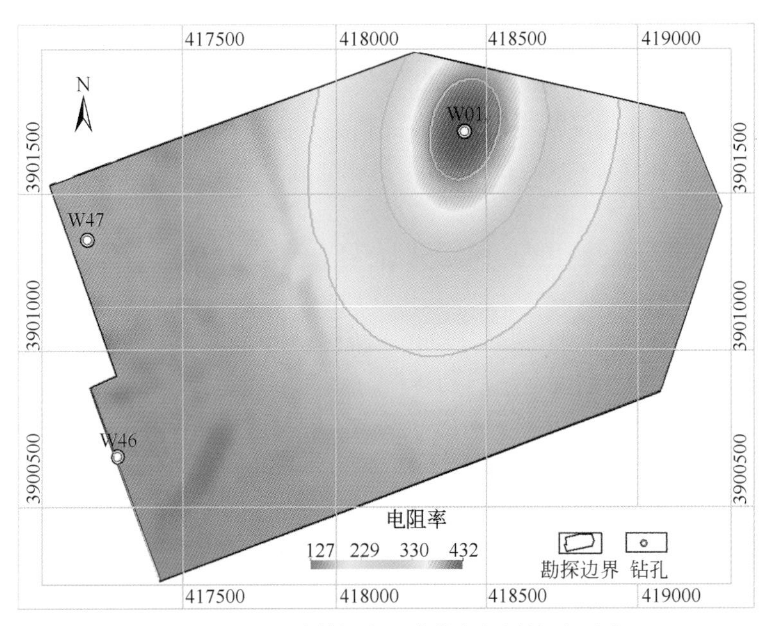

图7-26　1号砂体视电阻率均方根属性平面图

依次做出其余6个砂体的电阻率均方根属性平面图，对电阻率属性、砂体分布及厚度等特征进行叠合，则可得到各层砂体的富水区。

1号砂在工区内全区分布，西部砂体视电阻率低，相对富水，但因其砂体在西部厚度变化小，因此预测含水量有限。

2号砂分布在工区东北部，厚度为6～8m。而南部视电阻率相对较高，北部视电阻率相对较低，预测北部砂体富水可能性较高。

3号砂分布在工区南部，全区砂厚2～9m，3号砂体东部最厚。砂体东北边界处有小范围的低阻区，相对富水。

4号砂几乎分布在整个工区范围内，仅在工区的东南角部缺失，在西北部最厚，厚达16m，在西南部和东北部相对较薄，平均厚度为8～9m。而西部厚度大的地方视电阻率相对较高，不富水；东部视电阻率相对较低，富水可能性大。

5号砂仅分布在工区的东北部，砂体构造趋势为南高北低。5号砂的厚度分布趋势为由较厚的北部向四周慢慢变薄，厚度为2～5m。北部视电阻率高，富水可能性较小。南部视电阻率低，但其厚度变小，富水可能性较小。

6号砂仅分布在工区的东北部，厚度为2～16m，该砂体为该区厚度最大的砂体。砂体四周视电阻率较低，根据构造发育特点，在西部边界处富水可能性较大。

7号砂仅分布在工区的西部，砂体厚度整体趋势为北部薄南部厚，厚度为2～7m。在砂体东南边界附近富水可能性较大。

7.3.2 山西ZHAOJIA煤矿煤层顶板灰岩及富水带预测

1. 敏感参数分析

研究区主要含水层为8煤与15煤之间的灰岩（K_2、K_3、K_4），视电阻率曲线对灰岩的异常反映十分明显；人工伽马曲线对煤层反映清晰、而灰岩岩层则无明显反映。对人工伽马曲线a和视电阻率曲线b进行归一化后，得到曲线c、d，对曲线c、d分别赋予权重值m和n（$m+n=1$），求取加权值e，见式（7-12）。e受加权算法影响，分布在（0，1）的开区间，无法取得端点值，利用归一化公式将其归一化到［0，1］闭区间，输出f；利用式（7-6）将其进行线性变换得到g，使之更好地与煤系密度值匹配[131]。

$$e=m*c+n*d \tag{7-12}$$

$$g=s*f+t \tag{7-13}$$

式中，s为缩放因子；t为偏移因子；g为一条无量纲的曲线，取值为［n，$m+n$］。对其赋予含煤地层物理意义，用n表示含煤地层最小密度值，$m+n$表示最大密度值，将两条测井曲线融合形成拟密度曲线ρ^*。

如图7-27所示，红色曲线表示拟密度值，蓝色曲线表示真密度值，可以很明显地看出，在非灰岩层段，拟密度值与真密度值能够很好地吻合，而在灰岩层段，拟密度值能更好地反映灰岩的特征。图7-28为钻孔岩性剖面与反演剖面对比图。可见拟密度为灰岩的敏感参数。

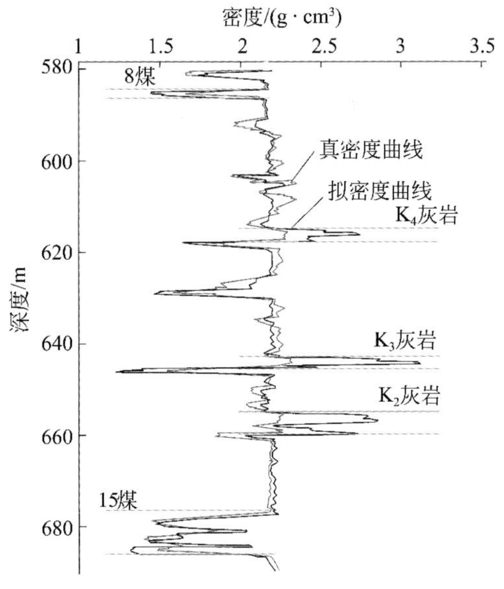

图 7-27　拟密度曲线对灰岩的反映

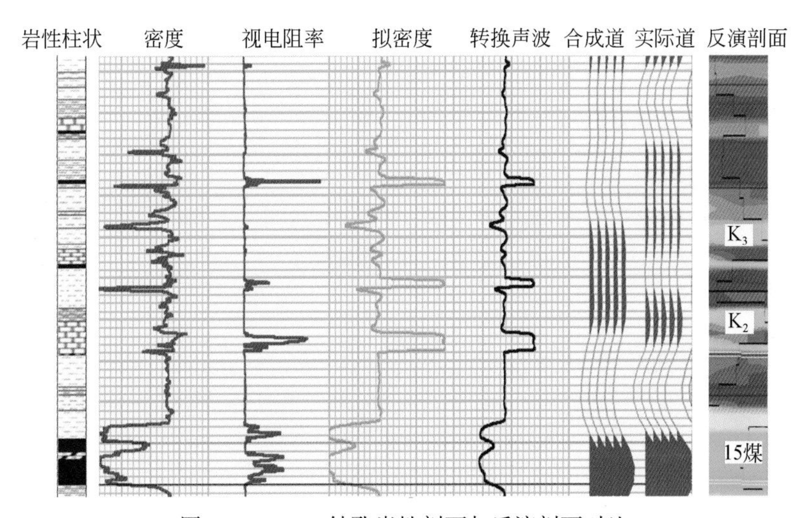

图 7-28　1502 钻孔岩性剖面与反演剖面对比

2. 岩性反演

利用上述敏感参数（拟密度）对区内岩性进行反演，对目的层灰岩直接解释（图 7-29）。

图中 15 煤层的波阻抗值最低，用绿色色标表示；K_2 灰岩在 15 煤层上方，其波阻抗值最高，用蓝、紫色色标表示。K_3 灰岩波阻抗值也很高，也表现为蓝、紫色。

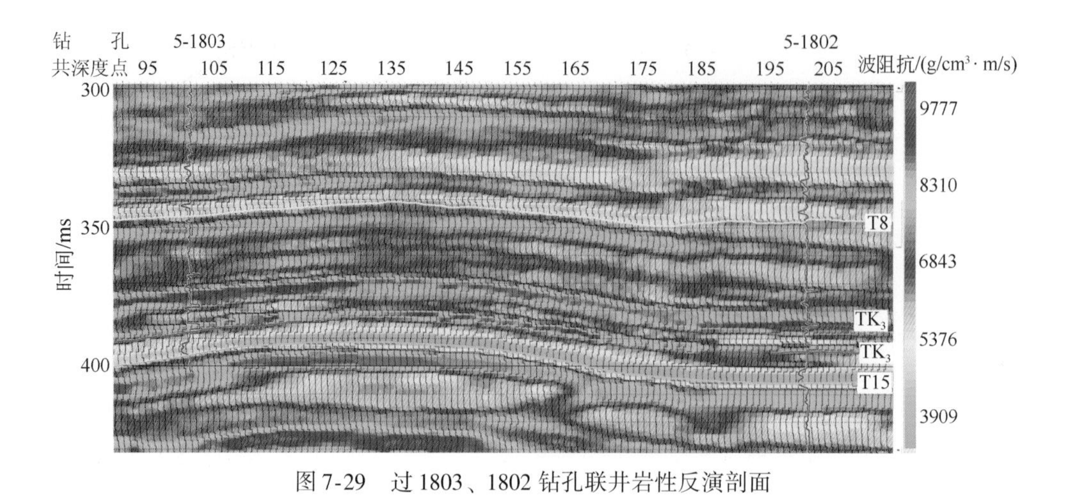

图 7-29 过 1803、1802 钻孔联井岩性反演剖面

3. 孔隙度反演

利用训练好的神经网络对全区进行反演，最终得到孔隙度数据体，图 7-30 为过 1402 钻孔孔隙度剖面。图中不同大小的孔隙度分别用不同的颜色进行标示，其中紫色和蓝色代表高值，红色代表中值，可以看出 K_2 灰岩在孔隙度剖面上表现为低值，在剖面上呈绿色显示，并且连续性很好，可以进行连续追踪。

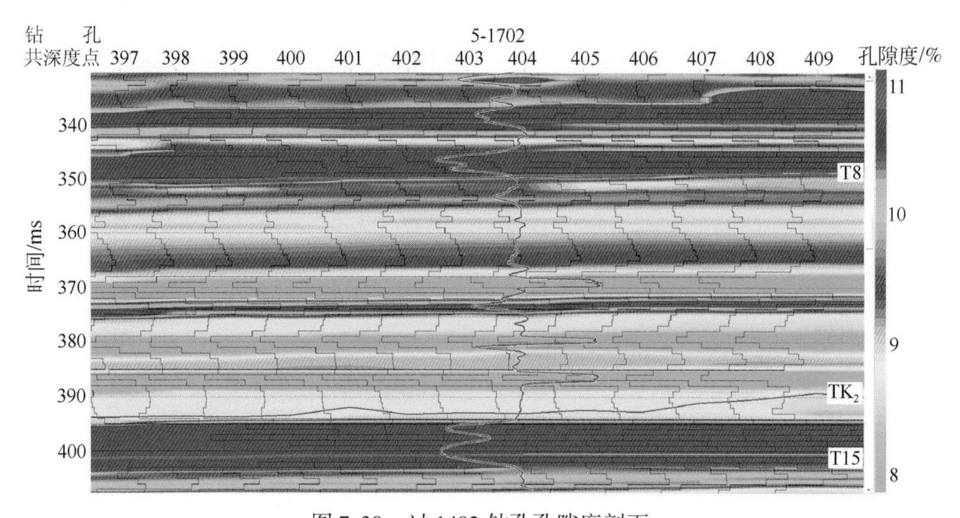

图 7-30 过 1402 钻孔孔隙度剖面

4. 视电阻率反演

利用训练好的神经网络对全区进行反演，在导入层位信息后，针对 K_2 灰岩，最终得到视电阻率剖面如图 7-31 所示，图中绿色代表低视电阻率，蓝色和紫色代表高视电阻率，

可以看出，在电阻率剖面上15煤和K_2灰岩均表现为高视电阻率值，呈紫色显示。

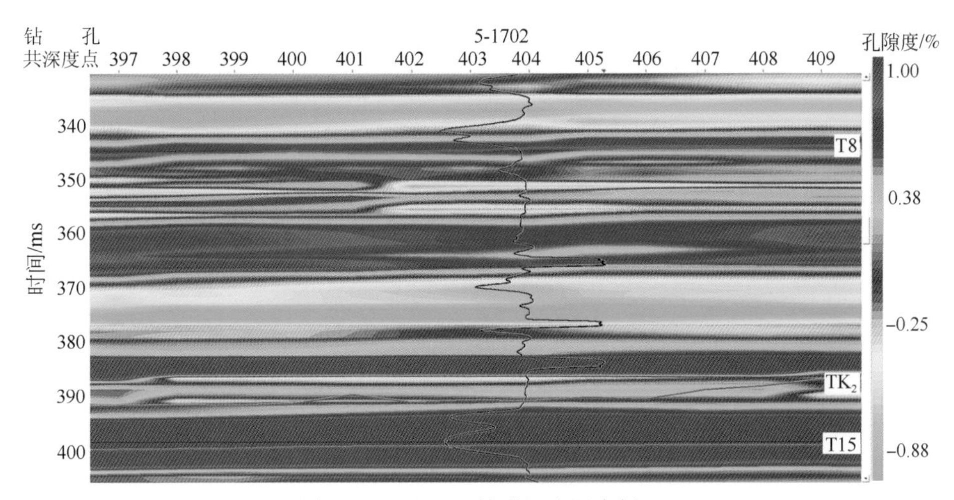

图7-31　过1402钻孔视电阻率剖面

利用K_2灰岩底板层位时间从视电阻率数据体中提取K_2灰岩底板的视电阻率切片，如图7-32所示。在K_2灰岩底板视电阻率切片中，可以根据颜色的对比来区分视电阻率的异常区，红色、黑色和白色区域代表高视电阻率的区域，黄色区域代表低视电阻率的区域，在这些视电阻率偏低的区域，K_2灰岩富水的可能性较高。

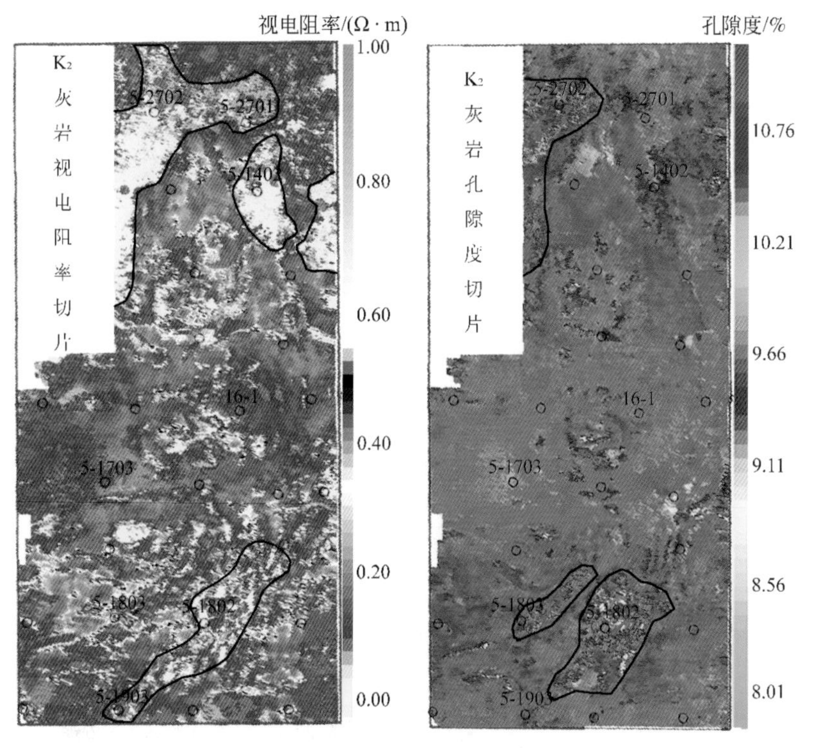

图7-32　K_2灰岩视电阻率（左）、孔隙度（右）切片

5. 灰岩含水性预测

综合利用 K_2 灰岩的孔隙度切片和归一化之后的视电阻率切片，结合 K_2 灰岩的厚度等值线图，对 K_2 灰岩的富水区域进行预测，预测结果如图 7-33 所示，在研究区东南部 1903—1802—2901 钻孔联线一带，K_2 灰岩厚度相对稳定、孔隙度大、视电阻率小，富水可能性较大；在研究区西北角 2701—2702—1403—1503 连线一带，也具有同样的特征，富水可能性也较大。

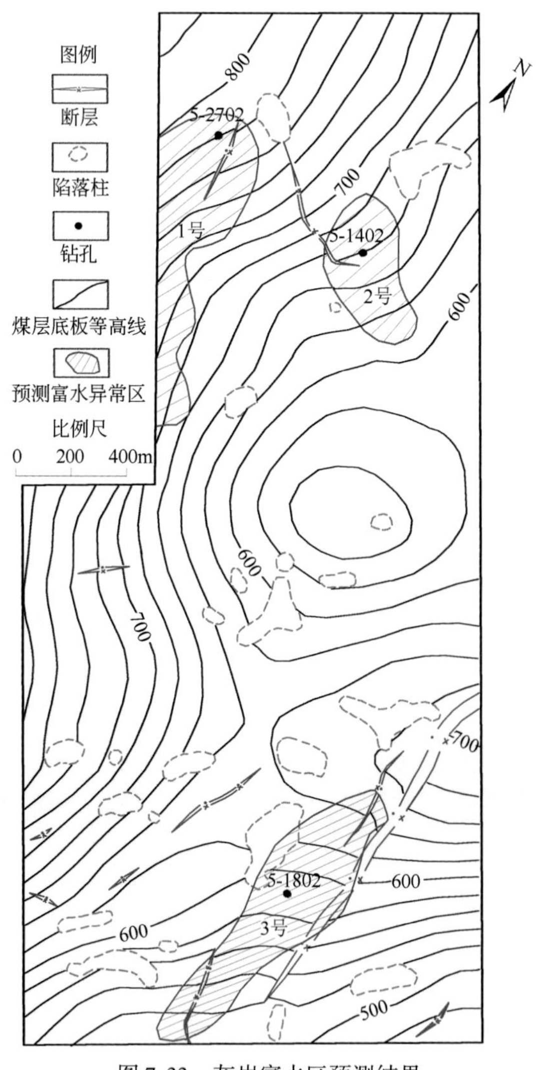

图 7-33　灰岩富水区预测结果

参考文献

[1] 全国矿产储量委员会．煤炭资源地质勘探规范．1986.

[2] 国家开发银行、中国煤田地质总局联合调查组．煤田高分辨地震勘探高新技术的应用——矿井采区地震勘探地质成果验证情况调查报告．1998.

[3] 谢里夫，吉尔达特．勘探地震学．北京：石油工业出版社，1999.

[4] 费米尔．三维地震勘探设计．北京：石油工业出版社，2008.

[5] 郝钧．三维地震勘探技术．北京：石油工业出版社，1992.

[6] 马在田．三维地震勘探方法．北京：石油工业出版社，1989.

[7] 陆基孟．地震勘探原理．北京：石油大学出版社，2009.

[8] 唐建益，方正．煤矿采区实用地震勘探技术．北京：煤炭工业出版社，1998.

[9] 刘东生．黄河中游黄土．北京：科学出版社，1964.

[10] 刘东生．中国的黄土堆积．北京：科学出版社，1965.

[11] 邓国振，张树海，龙利平，等．黄土塬二维直测线地震勘探方法及效果．石油物探，2003，42（2）：219-223.

[12] 阎世信，吕其鹏．黄土塬地震勘探技术．北京：石油工业出版社，2002.

[13] 陆帮干，钟辛生，胡坤诚．黄土高原地震勘探方法．石油地球物理勘探，1982，17（2）：74-83.

[14] 张德忠．复杂地表地区地震勘探实例．北京：石油工业出版社，1994.

[15] 夏竹，张少华，王学军．中国西部复杂地区近地表特征与表层结构探讨．石油地球物理勘探，2003，38（4）：414-424.

[16] 王双明．鄂尔多斯盆地聚煤规律及煤炭资源评价．北京：煤炭工业出版社，1996.

[17] 沈树龙．华亭矿区聚煤规律及控煤因素分析．中国煤田地质，2005，17（1）：11-13.

[18] 秦建强，杨占盈．彬长矿区北部煤层赋存特征．陕西煤炭，2010，29（4）：4-5.

[19] 辛成华．大同煤田石炭二叠纪煤层对比及分布特征研究．能源与节能，2014，(2)：191-192.

[20] 何樵登．地震勘探原理和方法．北京：地质出版社，1980.

[21] 邹才能．油气勘探开发实用地震勘探技术．北京：石油工业出版社，2002.

[22] 李庆忠．论地震次生干扰（续）——兼论困难工区地震记录的改进方向．石油地球物理勘探，1983，18（4）：297-305.

[23] 陆邦干，钟辛生，胡坤城．黄土高原地震勘探方法．石油地球物理勘探，1982，17（2）：74-83.

[24] 丁伟，张家田．地震勘探检波器的理论与应用．西安：陕西科学技术出版社，2006.

[25] 吕公河．地震勘探检波器原理和特性及有关问题分析．石油物探，2009，48（6）：531-543.

[26] 罗福龙，易碧金，罗兰兵．地震检波器技术及应用．物探装备，2005，15（1）：6-14.

[27] 钱荣钧．炸药震源激发效果分析．石油地球物理勘探，2003，38（6）：583-588.

[28] 吕淑然，杨军．震源炸药在土介质中爆炸效应研究．石油地球物理勘探，2003，38（2）：113-116.

[29] 吕公河．地震勘探中振动问题分析．石油物探，2002，41（2）：154-157.

[30] 王建花，李庆忠，邱睿．浅层强反射界面的能量屏蔽作用．石油地球物理勘探，2003，38（6）：589-596.

[31] 吕公河．弱弹性介质中炸药震源下基距面积组合激发效果分析．石油地球物理勘探，2011，46（6）：851-855.

[32] 杨勤勇，常鉴，徐国庆．灰岩裸露区地震激发机理研究．石油地球物理勘探，2009，44（4）：399-405.

[33] 赵延江．黄土塬地区地震勘探激发技术探讨．石油物探，2006，45（6）：646-650.

[34] 李仲远．南方碳酸盐岩地区地震采集技术方法探讨．天然气工业，2009，29（6）：33-36.
[35] 汪学武．南方黔中碳酸盐岩裸露区地震采集方法探讨．石油物探，2007，46（5）：514-520.
[36] 戈革．地震波动力学基础．北京：石油工业出版社，1980.
[37] 徐淑合，于静，胡立新，等．多级延迟爆炸震源的研究与应用．石油地球物理勘探，2003，38（4）：341-340，357.
[38] 刘怀山，王玉岭．组合爆炸法在高分辨率地震勘探中的应用．石油地球物理勘探，1990，25（6）：734-743.
[39] Andreas C. John W P. 陆上三维地震勘探的设计与施工．石油地球物理勘探局，1996.
[40] 国家发展和改革委员会．SY/T 5314-2004，地震资料采集技术规程．2004.
[41] 何光明，贺振华，黄德济，等．几种静校正方法的比较研究．物探化探计算技术，2006，28（4）：310-314.
[42] 林依华，张中杰，尹成，等．复杂地形条件下静校正的综合寻优．地球物理学报，2003，46（1）：101-106.
[43] 谭昌勇，尹成，林依华，等．复杂地区综合寻优静校正方法．石油地球物理勘探，2009，44（3）：288-291.
[44] 王振华，袁明生，阎玉魁，等．复杂地表条件下的静校正方法．石油地球物理勘探，2003，38（5）：487-500.
[45] 李振春，张军华．地震数据处理方法．东营：中国石油大学出版社，2004.
[46] 钱荣钧．山区静校正问题及其资料解释方法．地球物理技术汇编，1986，（6）：19～29.
[47] 张德忠．复杂地表地区地震勘探实例．北京：石油工业出版社，1994.
[48] 林依华，张中杰，尹成，等．复杂地形条件下静校正的综合寻优．地球物理学报，2003，46（1）：101-106.
[49] 谭昌勇，王彦春，张伟宏，等．静校正方法在黄土塬地区的联合应用．石油物探，2009，48（3）：252-257.
[50] 牟永光，陈小宏，李国发，等．地震数据处理方法．北京：石油工业出版社，2007.
[51] 苑益军，牛滨华，王焕弟，等．去噪技术在地震资料处理中的应用．东华理工大学学报（自然科学版），2005，28（1）：12-16.
[52] 张军华，吕宁，田连玉，等．地震资料去噪方法技术综合评述．地球物理学进展，2006，21（2）：546-553.
[53] 钟磊．地层吸收补偿方法研究．东营：中国石油大学（华东）硕士学位论文，2008.
[54] 戴军文，杨勇，李振勇．GRISYS 系统三维地震连片处理及关键技术．石油地球物理勘探，2009，44（S1）：52-56.
[55] 朱红娟，唐汉平，刘斌．地表一致性反褶积算法改进及应用//张明旭，魏振岱．中国煤炭学会矿井地质专业委员会 2008 年学术论坛文集，2008.
[56] 周新龙．地表一致性处理方法技术研究．西安：长安大学硕士学位论文，2007.
[57] 王兆旗．预测反褶积及其相关问题分析．西安：长安大学硕士学位论文，2007.
[58] 麻三怀，杨长春，孙福利，等．克希霍夫叠前时间偏移技术在复杂构造带地震资料处理中的应用．地球物理学进展，2008，23（3）：754-760.
[59] 马在田．地震成像技术有限差分法偏移．北京：石油工业出版社，1989.
[60] 于海铖．叠前时间偏移技术原理及应用．东营：中国石油大学（华东），2006.
[61] 刘飞，陆占国．自适应偏移孔径 Kirchhoff 保幅叠前时间偏移方法分析与应用．西部探矿工程，2013，25（3）：111-113.

[62] 孙渊，周新龙，陈树凯，等．陕北煤田地震数据处理技术初探．煤炭科学技术，2007，35（5）：92-96.
[63] 赵波．西部复杂区地震数据处理技术研究//中国地球物理学会．2001年中国地球物物理理学会年刊——中国地球物理学会第十七届年会论文集，2001.
[64] 中国矿业学院煤田地质勘探教研室．煤矿地质学．北京：煤炭工业出版社，1979.
[65] 袁秉衡．什么是全三维地震解释．石油地球物理勘探，1996，31（6）：751-754.
[66] Brown A R. Seimic attributes and their classification. Leading Edge，1996，15（10）：1090.
[67] Roberts A. Curvature attributes and their application to 3D interpreted horizons. First Break，2001，19（2）：85-100.
[68] 韩文功．地震技术新进展．东营：中国石油大学出版社，2006.
[69] 邹才能．油气勘探开发实用地震新技术．北京：石油工业出版社，2002.
[70] 李明．岩性地层油气藏地球物理勘探技术与应用．北京：石油工业出版社，2005.
[71] Partyka G，Gridley J M，Lopez J. Interpretional application of spectral decomposition in reservoir characterization. Leading Edge，1999，18（3）：353-360.
[72] Peyton L，Bottjer R，Partyka G. Interpretation of incised valleys using new 3-D seismic technigues：A Case history using spectral decomposition and coherency. Leading Edg，1998，1294-1298.
[73] 徐丽英，徐鸣洁，陈振岩．利用谱分解技术进行薄储层预测．石油地球物理勘探，2006，41（3）：299-302.
[74] 张延庆，魏小东，王亚楠．谱分解技术在QL油田小断层识别与解释中的应用．石油地球物理勘探，2006，41（5）：584-586，591.
[75] 杜文凤，彭苏萍．利用地层曲率进行煤层小断层预测．岩石力学与工程学报，2008，27（S1）：2901-2906.
[76] 李志勇，曾佐勋，罗文强．褶皱构造的曲率分析及其裂缝估算——以江汉盆地主场褶皱为例．吉林大学学报：地球科学版，2004，34（4）：517-521.
[77] 张延庆，魏小东，王亚楠．谱分解技术在QL油田小断层识别与解释中的应用．石油地球物理勘探，2006，41（5）：584-586，591.
[78] 杜文凤，彭苏萍，黎咸威．基于地震层曲率属性预测煤层裂隙．煤炭学报，2006，31（增刊）：30-33.
[79] 王雷，陈海清，陈国文，等．应用曲率属性预测裂缝发育带及其产状．石油地球物理勘探，2010，45（6）：885-889.
[80] 刘天放，Sherf R E. 煤层反射．煤田地质与勘探，1990，（3）：49-55.
[81] 程增庆，吴奕峰．地震反射波定量解释煤层厚度的方法．地球物理学报，1991，（5）：657-662.
[82] 张子光，唐建益．中日合作煤炭资源的勘探新技术．西安：西北大学出版社，2003.
[83] 彭苏萍，邹冠贵，李巧灵．测井约束地震反演在煤厚预测中的应用研究．中国矿业大学学报，2008，37（6）：729-733.
[84] 杨起．中国煤田地质学．北京：煤炭工业出版社，1979.
[85] 朱介寿．地震学中的计算方法．北京：地震出版社，1988.
[86] 袁全社，周家雄，李勇，等．声波测井曲线重构技术在储层预测中的应用．中国深海上油气，2009，21（1）：23-26.
[87] 孟宪军．复杂岩性储层约束地震反演技术．东营：中国石油大学出版社，2006.
[88] 李明．岩性地层油气藏地球物理勘探技术与应用．北京：石油工业出版社，2005.
[89] 慎国强，孟宪军，王玉梅，等．随机地震反演方法及其在埕北35井区的应用．石油地球物理勘探，

2004, 39 (1): 75-81.
[90] 穆星. 地震波阻抗反演适用条件与参数设置研究. 北京: 中国石油大学(华东)博士学位论文, 2006.
[91] 孟召平, 郭颜省, 王赟, 等. 基于地震属性的煤层厚度预测模型及其应用. 地球物理学报, 2006, 49 (2): 512-517.
[92] 赵林明. 多层前向人工神经网络. 郑州: 黄河水利出版社, 1999.
[93] 郭文兵, 邓喀中, 邹友峰. 地表下沉系数计算的人工神经网络方法研究. 岩土工程学报, 2003, 25 (2): 212-215.
[94] 张予敏. 瓦斯地质规律与瓦斯预测. 北京: 煤炭工业出版社, 2005.
[95] 张玉贵, 张子敏, 曹运兴. 构造煤结构与瓦斯突出. 煤炭学报, 2007, 32 (3): 281-284.
[96] 程五一, 张序明, 吴福昌. 煤与瓦斯突出区域预测理论及技术. 北京: 煤炭工业出版社, 2005.
[97] 张子敏. 中国煤层瓦斯分布特征. 北京: 煤炭工业出版社, 1998.
[98] 容娇君. 弹性AVO反演. 成都: 成都理工大学硕士学位论文, 2008.
[99] 杨立伟. AVO属性分析. 黑龙江: 大庆石油学院硕士学位论文, 2007.
[100] 王秀芹, 马龙, 石强, 等. 疏松砂岩流体因子气层识别方法研究及应用. 内蒙古石油化工, 2011, 39 (9): 178-180.
[101] 谢月芳, 张纪. 岩石物理模型在横波速度估算中的应用. 石油物探, 2012, 51 (1): 65-70.
[102] 殷八斤, 曾灏, 杨在岩. AVO技术理论与实践. 北京: 石油工业出版社, 1995.
[103] 程彦, 董守华, 赵伟, 等. Zoeppritz方程近似解拟合精确解影响因素. 物探与化探, 2010, 34 (4): 523-527.
[104] 宁媛丽. 频散介质基于反演谱分解的AVO方法研究. 吉林大学硕士学位论文, 2012.
[105] 宋建国, 王艳香, 乔玉雷, 等. AVO技术进展. 地球物理学进展, 2008, 23 (2): 508-514.
[106] 陈信平, 霍全明, 林建东. 煤层气AVO技术. 北京: 石油工业出版社, 2014.
[107] 史松群, 赵玉华. 苏里格气田AVO技术的研究与应用. 天然气工业, 2002, 22 (6): 30-34.
[108] Husam AlMustafa, 张欣, 曹谊. 沙特阿拉伯砂岩的第Ⅳ类AVO响应: 岩性和流体的最佳指示器. 油气地球物理, 2015, 13 (3): 69-71.
[109] 侯伯刚. AVO处理解释技术研究及应用. 北京: 中国地质大学硕士学位论文, 2005.
[110] 彭苏萍, 高云峰, 彭晓波, 等. 淮南煤田含煤地层岩石物性参数研究. 煤炭学报, 2004. 29 (2): 177-181.
[111] 张爱敏, 汪洋. 不同厚度煤层AVO特征及模型研究. 中国矿业大学学报, 1997. (3): 35-41.
[112] 赵庆波. 煤层气勘探开发地质理论与实践. 北京: 石油工业出版社, 2011.
[113] 孟召平, 刘常青, 贺小黑, 等. 煤系岩石声波速度及其影响因素实验分析. 采矿与安全工程学报, 2008, 25 (4): 389-393.
[114] Gregory A R. Fluid saturation effects on dynamic elastic properties of sedimentary rocks. Geophysics, 2012, 41, 895-921.
[115] 张亚兵, 陈同俊, 崔若飞. 多参数岩性反演在灰岩解释中的应用. 矿业安全与环保, 2013, (4): 62-65.
[116] 张亚敏, 张书法, 钱利. 地震资料反演砂岩孔隙度方法. 石油物探, 2008, 47 (2): 136-140.
[117] 邹冠贵, 彭苏萍, 张辉, 等. 地震波阻抗反演预测采区孔隙度方法. 煤炭学报, 2009, 34 (11): 1507-1511.
[118] 彭刘亚, 崔若飞, 张亚兵. 概率神经网络在地震岩性反演中的应用. 煤田地质与勘探, 2012, 40 (4): 63-65.

[119] 何火华，李少华，杜家元，等．利用地质统计学反演进行薄砂体储层预测．物探与化探，2011，35（6）：804-808.

[120] 孙思敏，彭仕宓．地质统计学反演及其在薄层砂体储层预测中的应用．西安石油大学学报：自然科学学报，2007，22（1）：41-44.

[121] 孙思敏，彭仕宓．地质统计学反演及其在吉林扶余油田储层预测中的应用．物探与化探，2007，31（1）：51-54.

[122] 曾威，唐军．地质统计学反演技术浅析．长江大学学报（自然科学版），2012，9（6）：34-35.

[123] 刘兴东．随机反演变差函数适用性研究．石油天然气学报，2010，(2)：253-256.

[124] Artun E, Toro J, Wilson T. Reservoir Characterization Using Geostatistical Inversion. SPE 98012, 2005.

[125] Sullivan C, Ekstrand E, Byrd T, et al. Quantifying uncertainty in reservoir properties using geostatistical inversion at the Holstein Field, Deepwater Gulf of Mexico. Seg Technical Prorgram Expanded Abstracts, 2004, 23（1）：1491.

[126] 孙思敏，彭仕宓．基于模拟退火算法的地质统计学反演方法．石油地球物理勘探，2007，42（1）：38-43.

[127] 王昊，张波，田蔚风．一种基于概率神经网络多信息融合的移动目标跟踪算法．上海交通大学学报，2007，41（5）：792-796.

[128] 李曙光，徐天吉，唐建明，等．概率神经网络储层流体密度反演及应用．地质科技情报，2011，30（1）：76-79.

[129] 张绍红．概率神经网络技术在非均质地层岩性反演中的应用．石油学报，2008，29（4）：549-552.

[130] 赵立明，崔若飞，彭刘亚．基于测井曲线重构的岩性反演方法圈定构造煤发育带．煤矿安全，2013，44（8）：8-10.

[131] Hampson D, Todorov T, Russell B. Using multiattribute transforms to predictlog properties from seismic data. Exploration Geophysics, 2000, 31（3）：481-487.

附　　图

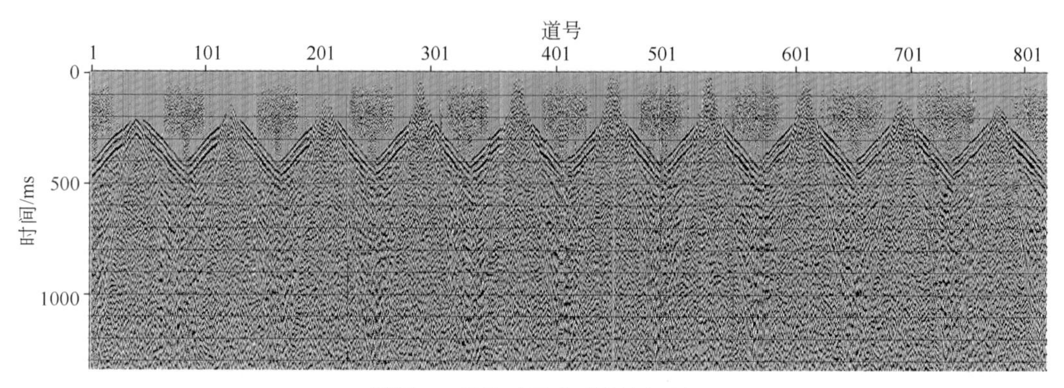

附图1　黄陵矿区典型单炮记录

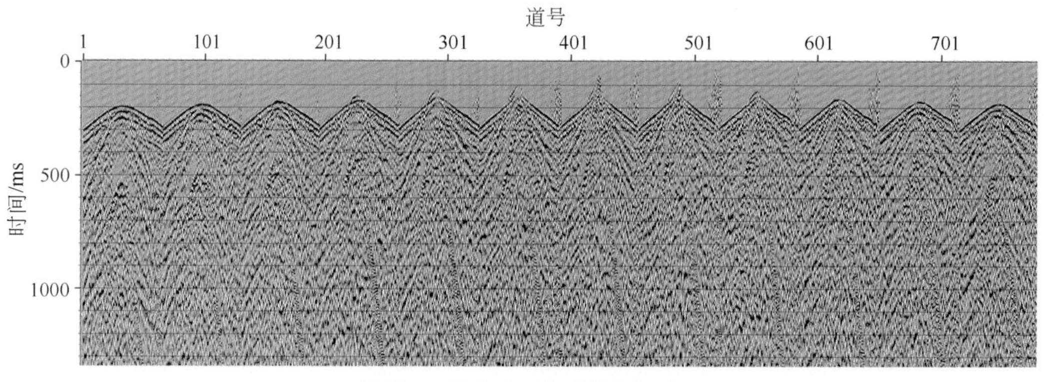

附图2　崔木矿区典型单炮记录

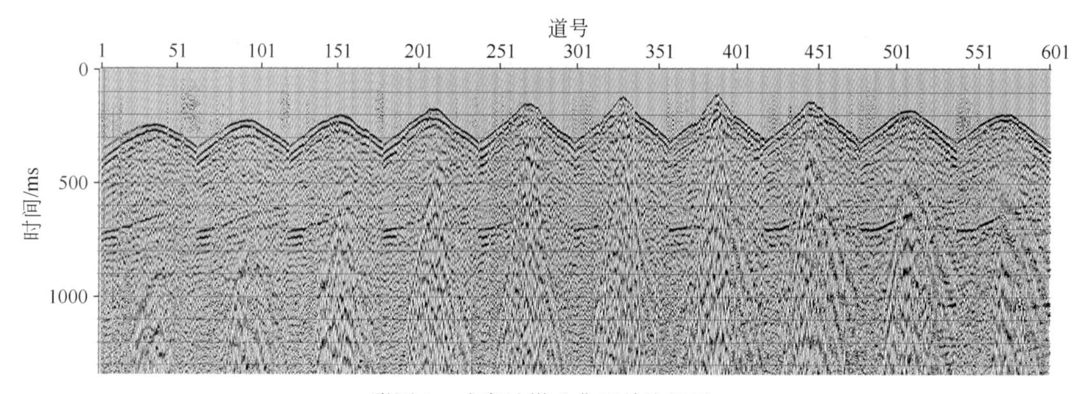

附图3　戚家坡煤矿典型单炮记录

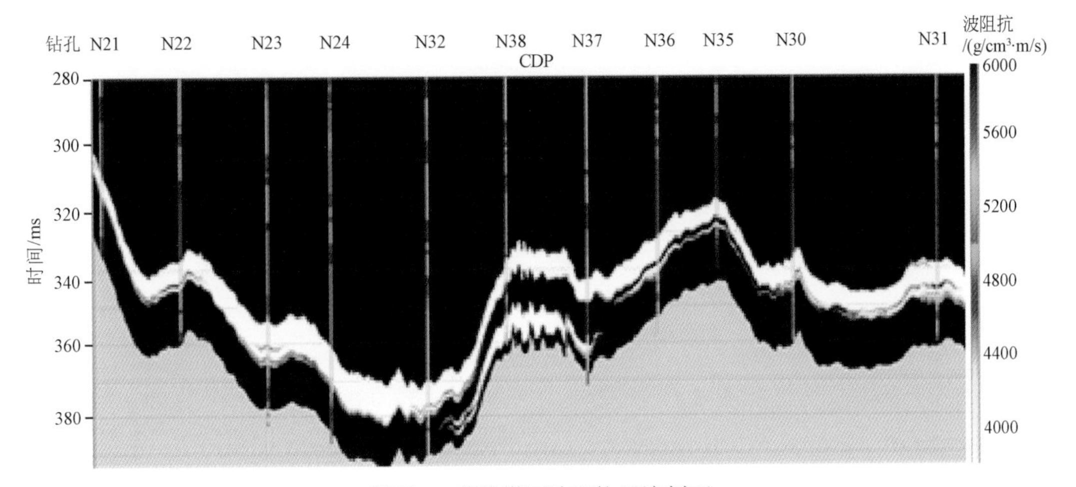

附图 4　黄陵煤厚波阻抗反演剖面

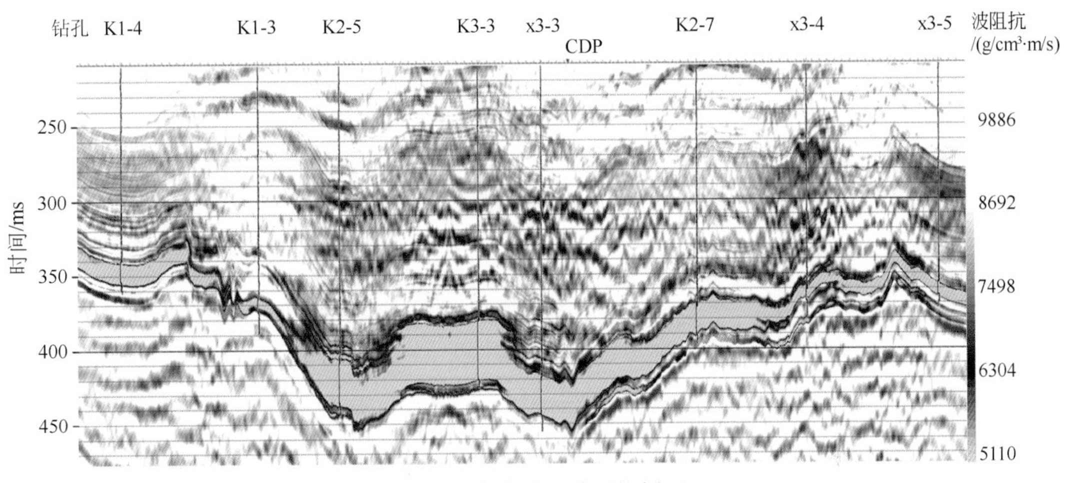

附图 5　永陇矿区波阻抗剖面

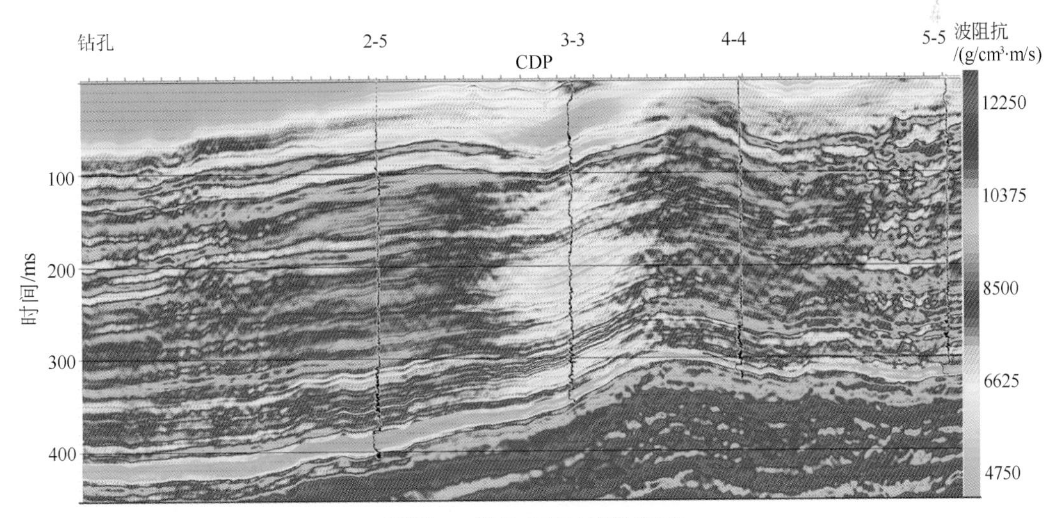

附图 6　彬长矿区波阻抗剖面

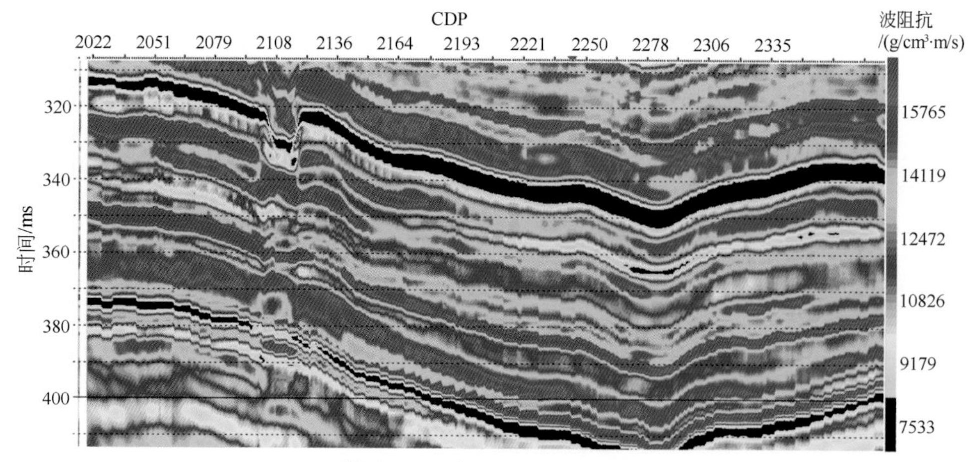

附图 7　阳泉矿区波阻抗剖面

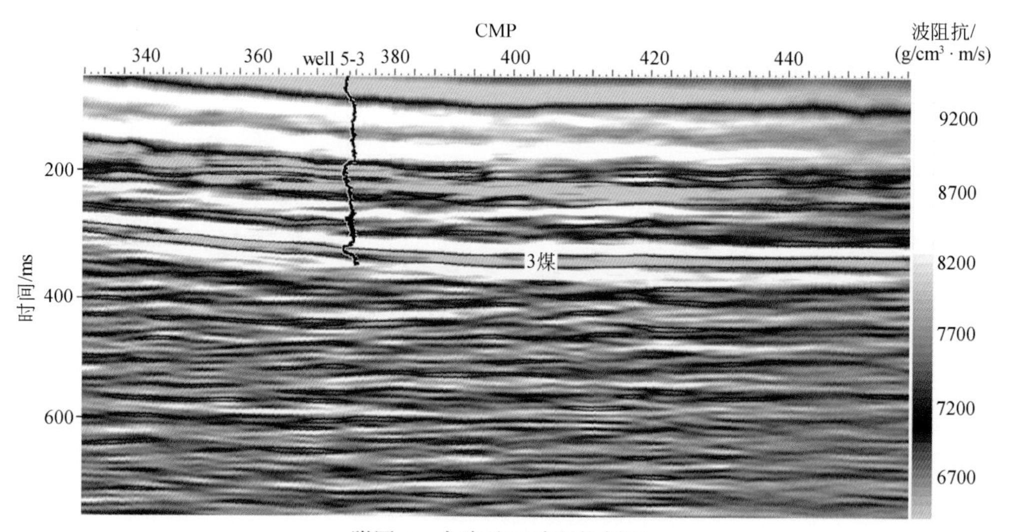

附图 8　永陇矿区波阻抗剖面

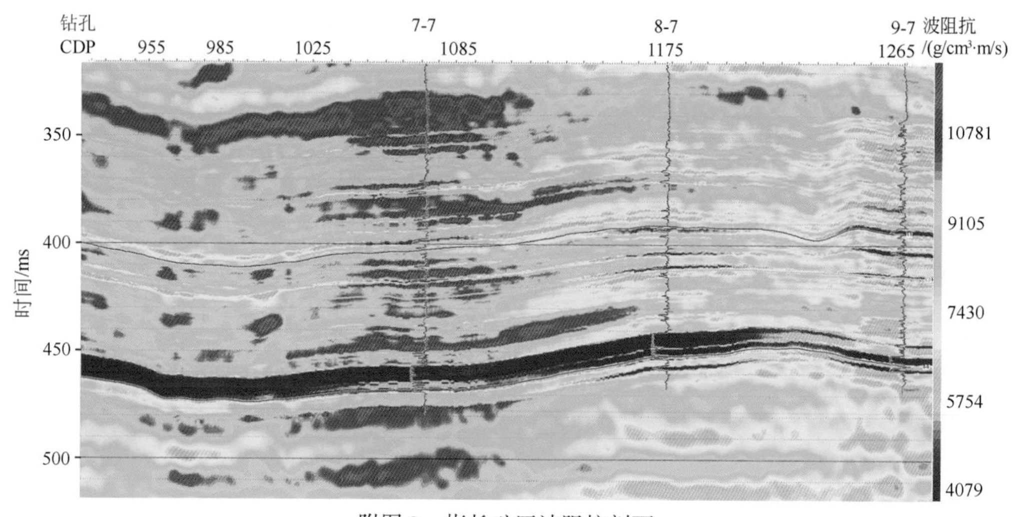

附图 9　彬长矿区波阻抗剖面

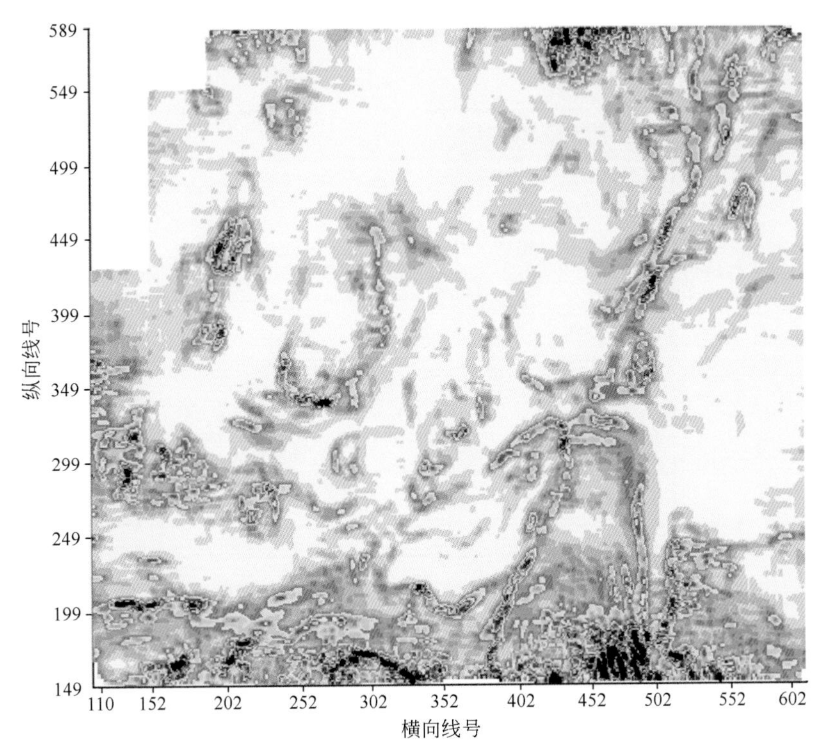

附图 10　阳泉方差体均方根振幅属性切片

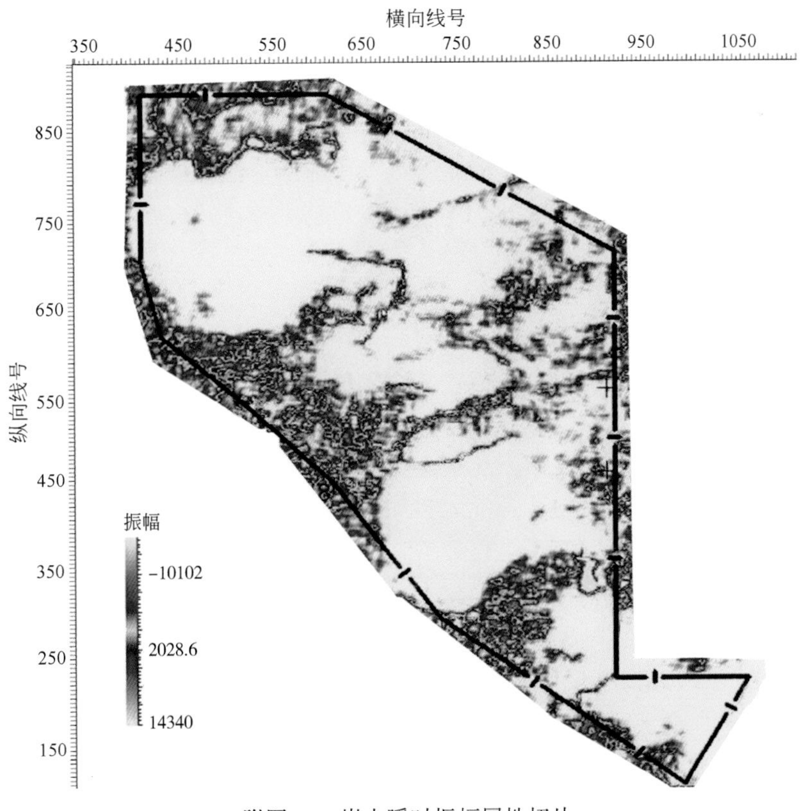

附图 11　崔木瞬时振幅属性切片

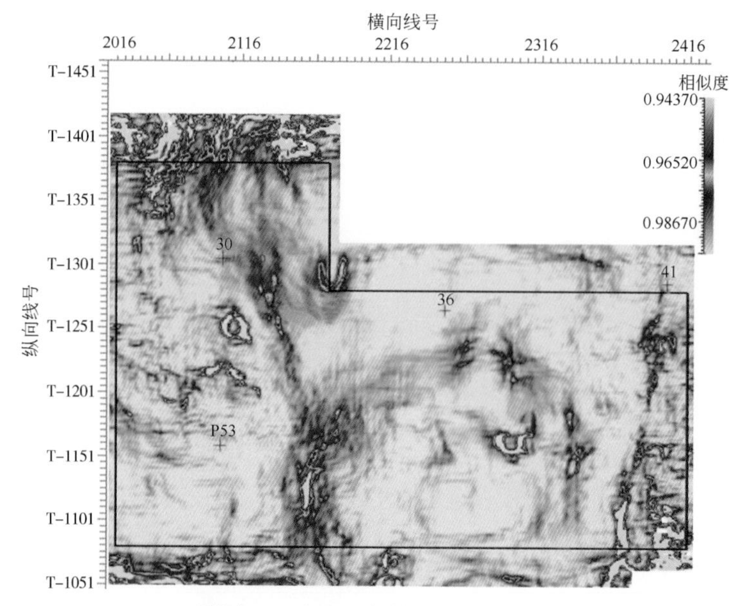

附图 12　寿阳相似体 C2 属性切片

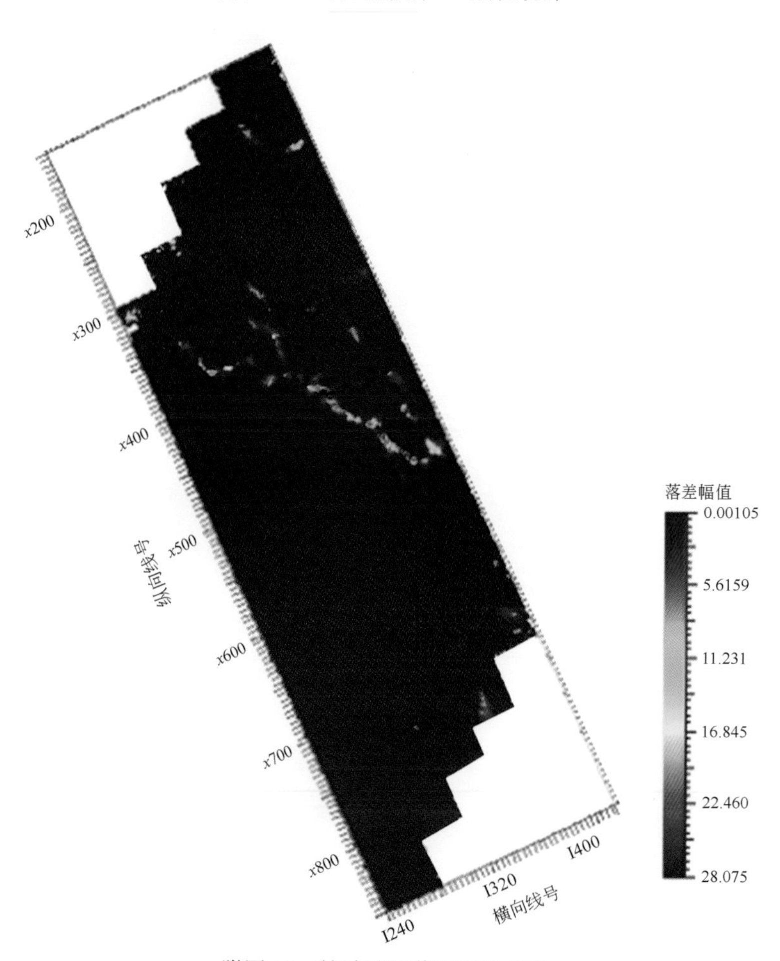

附图 13　韩城矿区落差属性切片

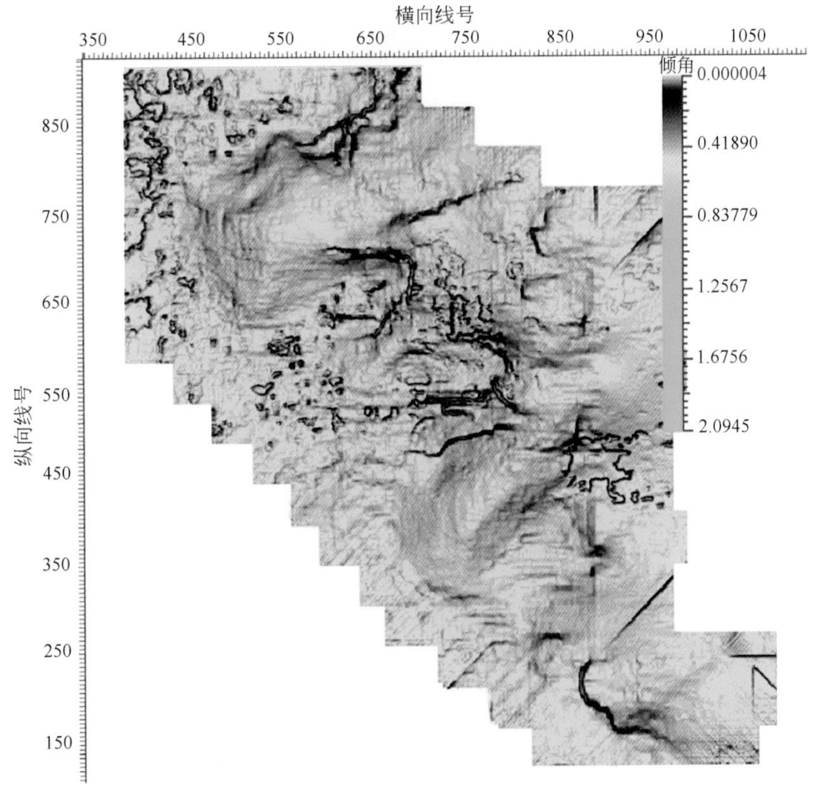

附图 14　崔木倾角属性切片

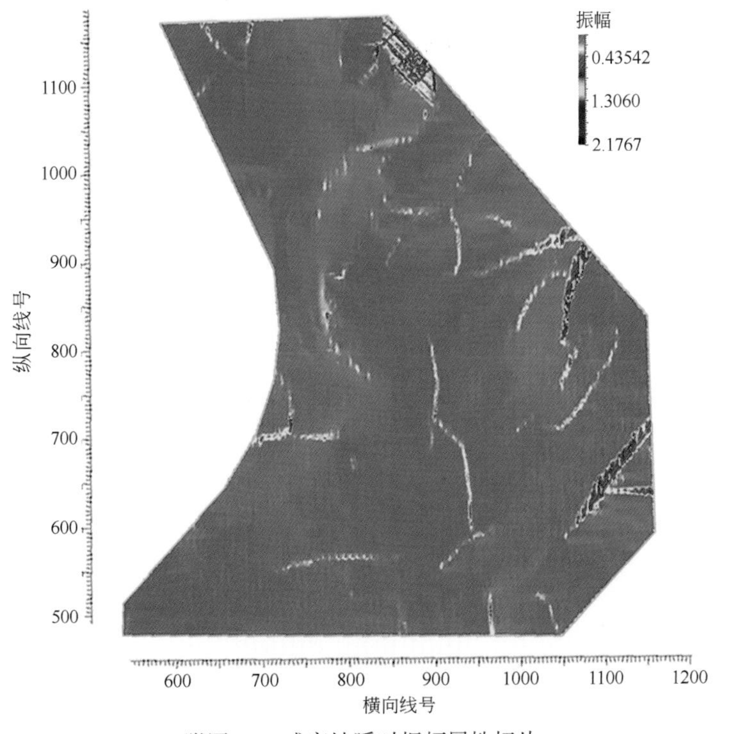

附图 15　戚家坡瞬时振幅属性切片

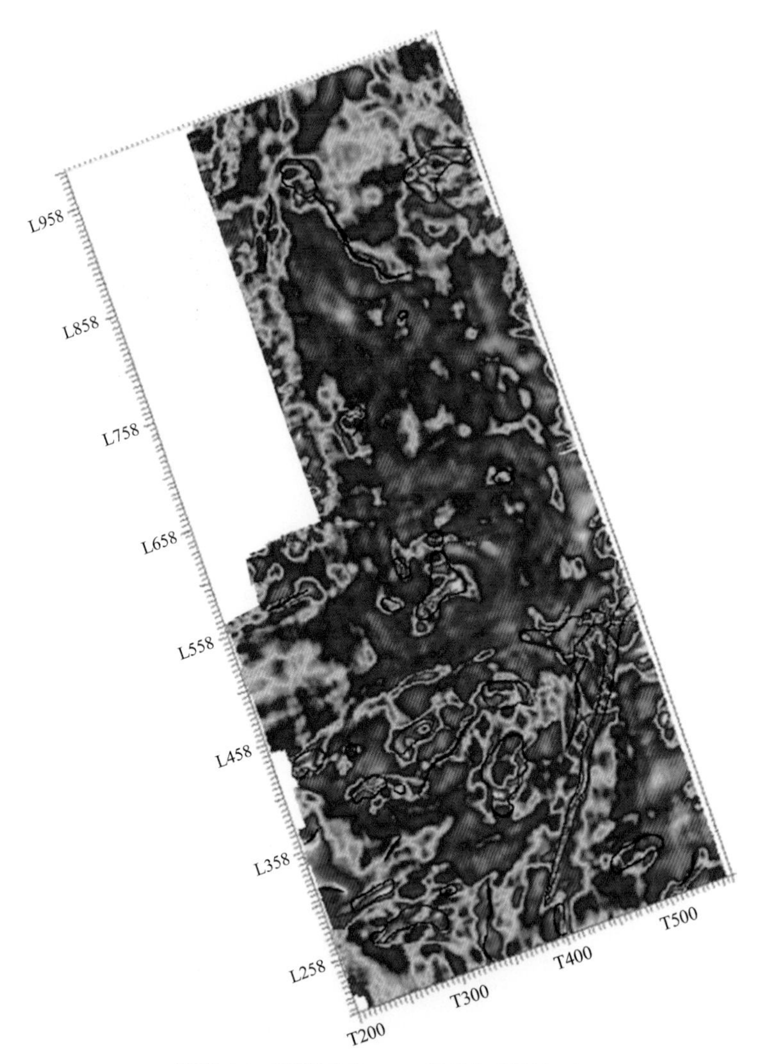

附图 16　阳泉五矿 50Hz 谱分解顺层切片

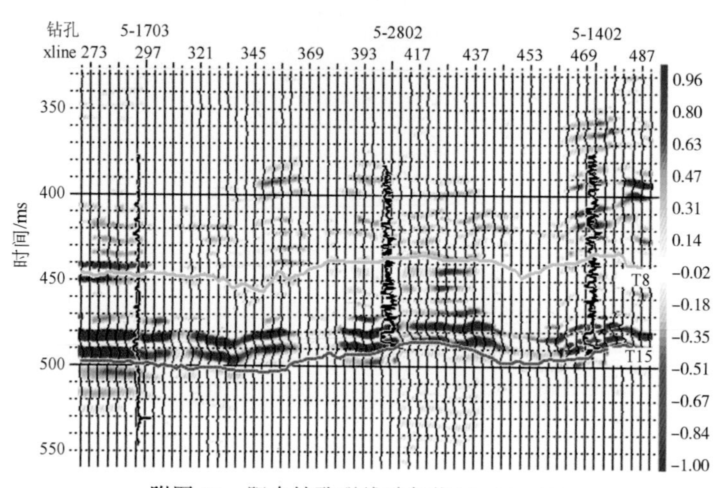

附图 17　阳泉钻孔联线碳氢指示（A・B）

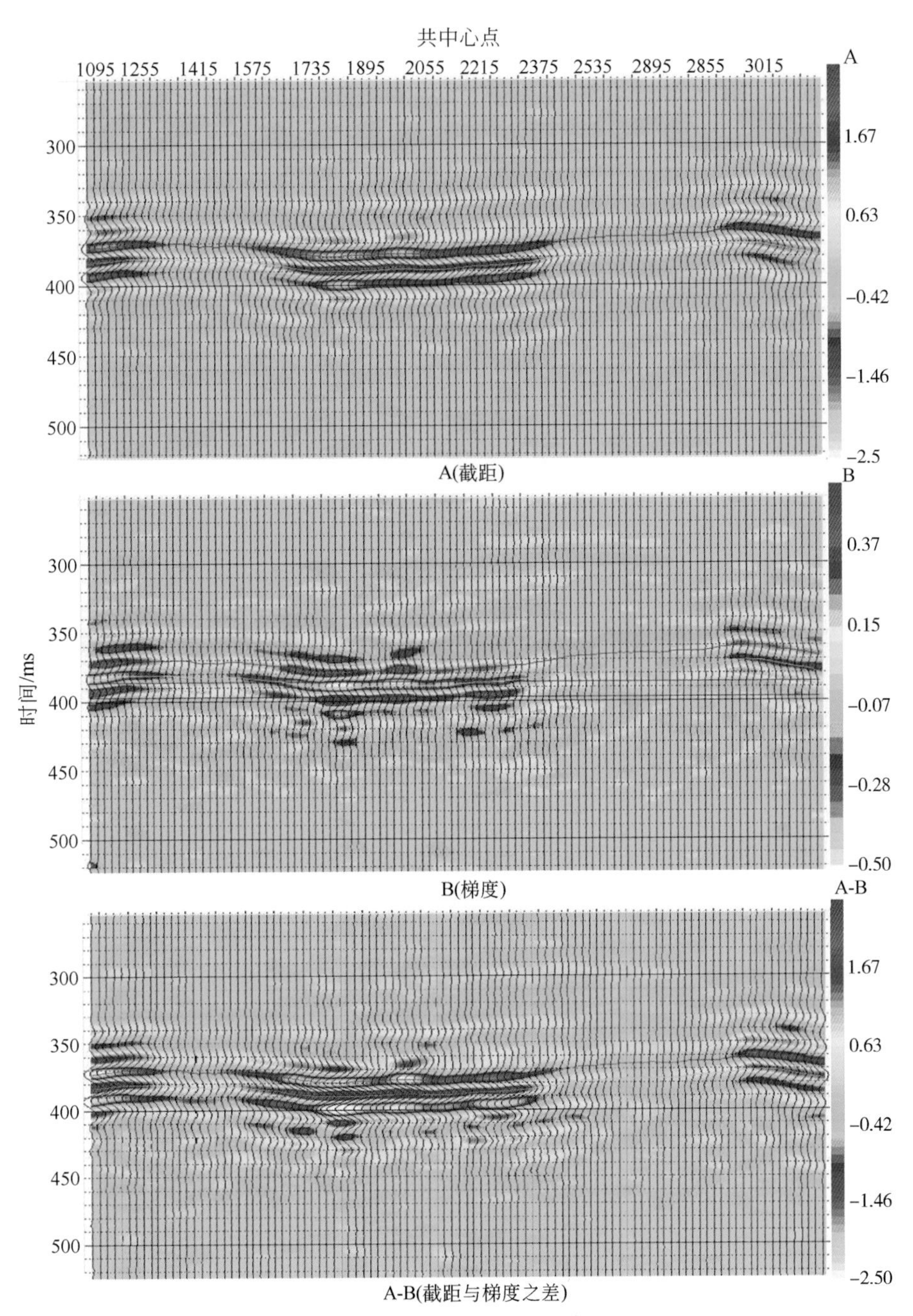

附图 18　黄陵 x350 线碳氢指示